AF532662

Schillinger

Sprengtechnik in der Praxis

Rolf Schillinger

Sprengtechnik in der Praxis

Technische Grundlagen, Risikomanagement, Umweltauswirkungen

2., vollständig überarbeitete Auflage

Der Autor:
Rolf Schillinger, Augsburg

Bibliografische Information der deutschen Nationalbibliothek:
Die Deutsche Nationalbibliothek verzeichnet diese Publikation in der Deutschen Nationalbibliografie; detaillierte bibliografische Daten sind im Internet unter *http://dnb.d-nb.de* abrufbar.

www.hanser-fachbuch.de
Lektorat: Julia Stepp
Herstellung: Melanie Zinsler
Titelmotiv: © stock.adobe.com/J-Hyde
Coverkonzept: Marc Müller-Bremer, *www.rebranding.de*, München
Coverrealisation: Max Kostopoulos
Satz: Eberl & Koesel Studio, Kempten
Druck und Bindung: Druckerei Hubert & Co. GmbH und Co. KG BuchPartner, Göttingen
Printed in Germany

Print-ISBN: 978-3-446-47608-0
E-Book-ISBN: 978-3-446-47621-9

Inhalt

Vorwort

Die Sprengstoff verbrauchende Industrie stellte die Forderung nach der Verfügbarkeit „handhabungssicherer“ Sprengstoffe in den Vordergrund. Diese Sprengmittel sollten unter den üblicherweise rauen Bedingungen dazu beitragen, Unfälle bei der Verwendung zu verhindern. Die Anforderungen der Sprengstoff verbrauchenden Industrie veranlassten die Sprengstoff herstellende Industrie zur Produktion zunehmend „sichererer“ Sprengstoffe, deren Entwicklung, trotz weitreichender und grundlegender Erfolge, bis heute anhält.

Es ist festzustellen, dass die Fachleute verstärkt digitale, computergestützte Techniken in ihre Abläufe einbeziehen. Das ist ein großer Schritt in die richtige Richtung. Allumfassendes Vertrauen in diese Hilfsmittel zu legen und alle anderen Gegebenheiten zu vernachlässigen ist jedoch eine nicht unerhebliche Gefahr für alle sprengtechnischen Abläufe. Die Sprengtechnik bleibt mit wechselnden Gegebenheiten in der Natur und ständigen Veränderungen in ihren Abläufen verbunden. Letztere sind durch eine fundierte Ausbildung und langjährige Erfahrung beherrschbar geworden. Daher kann ein digitales System auch keine schnellen notwendigen Änderungen vor Ort vornehmen. Diese bleiben in der Verantwortung der Sprengverantwortlichen und ihrer Entscheidungen, verbunden mit allen daraus folgenden Konsequenzen.

Was kann aufgrund Jahrzehnte langer Erfahrung getan werden, um eine optimale Sprengtechnik, die den heutigen Anforderungen des Arbeits-, Anrainer- und Umweltschutzes in der vorhandenen Vielschichtigkeit entspricht, an die heutigen und künftigen Sprengberechtigten heranzutragen? Es ist vorstellbar, dass der Anteil des Planens und Ausführens beim Sprengen dort größer ist, wo durch eine gute Ausbildung eine fundierte Voraussetzung dafür gegeben ist. Dadurch können sehr gute Resultate in der Praxis erzielt werden. Dies zeigen andere Branchen. Dazu sei aber gleich gesagt, dass eine solche Vorgehensweise eine sehr feinfühlige Vorbereitung vonnöten hätte.

Die Rolle der Sprengberechtigten/Sprengbefugten

All die, die ins Sprengen eingebunden sind, machen schon seit Langem die Erfahrung, dass die Ausführung ihrer Tätigkeiten durch eine geringe gesellschaftliche Akzeptanz gekennzeichnet ist. Es ist eine unvermeidliche Eigenart dieser Tätigkeiten, dass Belästigungen und Gefahren mit ihnen verbunden sind. Dieser Herausforderung gerecht zu werden, fordert ein großes Maß an Selbstvertrauen, verbunden mit spontaner Entscheidungsfähigkeit, die nicht nur auf persönlicher Erfahrung, sondern auch auf einem breiten Wissen rund um das Sprengwesen beruht. Dazu gehört eine umfangreiche Kenntnis der Sicherheitsbestimmungen, die durch gesetzliche Vorschriften vorgegeben werden, die ständige Einbeziehung des besten Stands der Technik und nicht zuletzt die Qualifikation als Führungskraft mit entsprechendem Durchsetzungsvermögen am Sprengort. Letztere ist entscheidend für eine ordnungsgemäße Durchführung der Sprengung und den Sprengerfolg. Eine wichtige Voraussetzung hierfür sind die klare Kompetenzverteilung am Sprengort und das Bewusstsein für die große persönliche Verantwortung.

Die vorangehend aufgeführten Voraussetzungen führen letztendlich zu einem der Umstände, welcher die Sprengberechtigten/Sprengbefugten von anderen Berufsgruppen gravierend unterscheidet: Sie entscheiden als sogenannte verantwortliche Person alleine, mit den zur Verfügung stehenden persönlichen Kenntnissen, über Erfolg oder Misserfolg einer Sprengung. Und sie tragen letztendlich auch alleine die Verantwortung für den Ausgang der Sprengung. Hinzu kommt, dass die Sprengberechtigten/Sprengbefugten heutzutage vermehrt als Risikomanager im Spannungsfeld zwischen naturräumlichen und urbanen Gefahren, Raumordnung, Politik und auch privaten Interessen agieren müssen. Sie sind angehalten, in schwierigen Situationen Rede und Antwort zu komplexen Techniken zu stehen.

Zu diesen Herausforderungen zählen inhaltliche Aussagen und Interpretationen über Inhalte der Sprengtechnik, wie z. B. das Hinterfragen technischer Abläufen sowie das Aufzeigen der Relativität von Richtig und Falsch, des subjektiven Anteils und des objektiven Limits. Dabei besteht ein Problem: Wenn die Wissensvermittlung die heutigen Sprengberechtigten/Sprengbefugten ansprechen soll, dann ist wichtig, dass eine Art der Aufbereitung gewählt wird, die so viele wie möglich erreicht. Da die Masse des angesammelten Wissensstoffs massiv angewachsen ist und dies in den nächsten Jahren zu einem Problem für die Sprengberechtigten/Sprengbefugten werden könnte, wäre es richtig und auch an der Zeit, ein allgemeines Bekenntnis zur prinzipiellen Vielfältigkeit der Vermittlung des aktuell notwendigen Wissensstoffs zu erwägen.

Das ist ein schwieriges Unterfangen in einer Welt, die vom Krampf des kurzfristig Nützlichen gezeichnet ist und die eine beinahe manische Scheu davor hat, sich auf „Altes“ einzulassen und auf Althergebrachtes zu verweisen. Doch das, was einst gelehrt und gelernt wurde, hat in vielen Bereichen der Sprengtechnik auch heute noch seine Gültigkeit. Nur wenn jüngste Erkenntnisse zeigen, dass Verfahren oder Methoden nicht mehr zeitgemäß sind und abgesicherte neue Methoden diese ablösen, ist es an der Zeit, einen Beitrag zum Neubau zu leisten. Auch wenn es nur ein kleines Haus ist, ist das besser, als einen bebaubaren Platz leer zu lassen. Die Ausführungen in diesem Buch basieren daher neben den allgemeinen, als gesichert geltenden Erkenntnissen, auch auf signifikanten, weitreichenden praktischen Erkenntnissen. Diese resultieren aus umfangreichen, langjährigen Tätigkeiten vor Ort, aber auch aus einer großen Anzahl von verschiedenartigen, nationalen und internationalen Gutachten und deren Schlussfolgerungen hinsichtlich einer sicheren über- und untertägigen Sprengarbeit. Das Buch soll dazu beitragen, dem Fachmann vor Ort diese Erkenntnisse zugänglich zu machen und ihn bei seiner täglichen Arbeit zu unterstützen.

Augsburg im Januar 2023

Rolf Schillinger

1 Geschichte der Sprengstoffe

Die Geschichte der Sprengstoffe lässt sich zwar sehr weit zurückverfolgen, doch der Anfang liegt nach wie vor im Dunkeln. Es kann als gesichert gelten, dass es Pyrotechnik bereits in der Bronzezeit, und zwar im kultischen Bereich, gab. Die Zusammensetzung der damals verwendeten Stoffe ist weitgehend unbekannt und wechselte im Laufe der Jahrhunderte mehrmals. Erst im Mittelalter wurden Explosivstoffe entwickelt, die zu Recht diesen Namen tragen. Aus dieser Zeit stammen auch die ersten Rezepturen für Schwarzpulver, das über Jahrhunderte hinweg der einzige Sprengstoff blieb. Das größte Anwendungsgebiet war dabei der militärische Bereich.

Erst im 17. Jahrhundert setzte die Verwendung des Schwarzpulvers für gewerbliche Zwecke ein. Doch noch mehr als zwei Jahrhunderte mussten bis zur Entdeckung des Dynamits und der anderen heute bekannten Sprengstoffe mit ihren sicherheitstechnischen Anforderungen vergehen. Von da an standen zivile Sprengstoffe für Sprengarbeiten zur Verfügung, die um ein Vielfaches handhabungssicherer waren als das Schwarzpulver. Der berechtigte Wunsch nach immer größerer Handhabungssicherheit bestimmte in den Folgejahren die weltweiten Entwicklungen der Sprengstoffe und Zündmittel. Diese Bemühungen werden bis heute fortgesetzt und stehen zweifelsohne noch nicht an ihrem Ende.

Entwicklung ziviler Sprengstoffe

Nachfolgend sind die wichtigsten Entwicklungsstufen der Sprengstoffe dargestellt.

1190 v. Chr.	Troja verwendet Brandmittel gegen die griechische Flotte.
141 – 87 v. Chr.	Erfindung des Schwarzpulvers durch Kaiser Wu Ti
668 n. Chr.	Griechisches Feuer in Byzanz: Mischung aus Naphtha, Schwefel, Pech und Ätzkalk
1300 – 1320	Roger Bacon (England) und Berthold Schwarz (Deutschland): Schwarzpulver aus 6 Teilen Salpeter, 5 Teilen Schwefel und 5 Teilen Holzkohle

08.02.1627	Erster nachweisbarer Sprengschuss unter Tage im Oberbieber-Stollen von Schemnitz (SK) durch den Tiroler Bergmann Caspar Weindl
1799	Edward Howard (England): Knallquecksilber Hg(CNO)2
1831	William Bickford: Sicherheitszündschnur
1833	Geburtsjahr von Alfred Nobel
1845	Christian Friedrich Schönbein: Nitrocellulose
1847	Ascanio Sobrero: Nitroglycerin
	Durchmischung mit Luft durch sogenannte „Hotspots“
	plötzliche Zersetzung wegen mangelnder Reinheit
	Die „innere Reibung“ bei gefrorenem Nitroglycerin erfordert eine sprengkräftige Zündung.
1863	Julius Wilbrand: TNT
1863	Initialzündung
1866	Gur-Dynamit (25 % Kieselgur, 75 % Nitroglycerin)
	in Kieselgur aufgesaugtes Nitroglycerin, das zylindrisch geformt und in Papier gewickelt ist
	Nachteile: wasserlöslich, geringere Sprengkraft als Nitroglycerin
1867	Ohlsson betrieb großen Aufwand zur sicheren Herstellung von Nitroglycerin.
1875	Sprenggelatine
	besitzt eine sehr hohe Energiedichte
	Verringerung der Energiedichte durch Streckung mit KNO_3, Sägemehl und Kohlestaub (dadurch handhabungssicher)
	verbesserte schiebende Wirkung durch Ersatz von KNO_3 durch NH_4NO_3
1887	Rauchschwaches Pulver (Ballistit)
1897	Chloratsprengstoffe
1898	Hexogen
ca. 1950	H. Lee, R. Akre: ANFO-Sprengstoffe (Akremites)
1956	M. A. Cook, H. E. Farnam Jr.: erster Slurry
ca. 1963	Versuche mit TNT-Slurry und Site-mixed-Slurries
ca. 1981	Site-mixed-Emulsionen mit MPF (Siliconharzemulsion, welche methyl-phenyl-Gruppen enthält)
ca. 1985	Patronierte Emulsionssprengstoffe

2 Explosivstoffe für zivile Zwecke

Der Bereich der Explosivstoffe ist sehr breit gefächert. Er umfasst Sprengstoffe, Zündmittel und pyrotechnische Sätze, aber auch Gegenstände mit Explosivstoff, wie Zünd- und Anzündmittel, und pyrotechnische Gegenstände. Allgemeiner formuliert handelt es sich bei Explosivstoffen um Stoffe und Gegenstände, die nach der Richtlinie 93/15/EWG als solche betrachtet werden oder diesen in Zusammensetzung und Wirkung ähnlich sind. Pyrotechnische Gegenstände werden zwar erfasst, sind aber nicht Teil der vorangehend genannten Definition.

Dieses Kapitel behandelt die Untergruppe der Sprengstoffe. Für den Umgang und Verkehr mit Sprengstoffen müssen Betreiber von Spreng- und Gewinnungsbetrieben die Verbringung, die Lagerung und den Umgang mit Sprengmitteln regeln. Sie müssen auch den Verantwortungsbereich, die Anforderungen an die beschäftigten Personen, die sicherheitstechnischen Anforderungen für den Arbeitnehmer- und Anrainerschutz sowie den Ablauf von Sprengungen klären. Für die Sprengarbeiten werden ausschließlich handhabungssichere, zugelassene Sprengmittel verwendet. Damit wird sichergestellt, dass eine Sprenganlage ausschließlich gezielt zu einem gewissen Zeitpunkt von einer bestimmten Person (also kontrolliert) initiiert wird und ein selbstständiges Auslösen der Sprengung auszuschließen ist. Im Zuge dessen hat sich eine einheitliche Terminologie entwickelt, auf die in Abschnitt 2.1 näher eingegangen wird.

2.1 Technische Terminologie

In den europäischen Normen und Richtlinien, die im Bereich der Explosivstoffe für zivile Zwecke entwickelt wurden, ist die technische Terminologie festgelegt, die in Europa verwendet wird [50]. Zu den relevanten Dokumenten gehören sowohl die EN 13857-1:2003, die Teil einer Normenreihe zu Explosivstoffen für zivile Zwecke ist, als auch die Richtlinie 2014/28/EU. Entsprechend der CEN/CENELEC-Geschäftsordnung sind die nationalen Normungsinstitute der EU-Mitgliedsländer angehalten, diese Europäische Norm zu übernehmen [53].

Für die Anwendung dieser Europäischen Norm gelten die folgenden Begriffe:

- *Abriebfestigkeit:* Fähigkeit der Isolation von Zünderdrähten oder der Beschichtung von Sprengschnur oder von Shock Tubes (Zündschläuchen) einer Dickenreduktion, hervorgerufen durch örtliche Reibung
- *Empfängerladung:* Explosivstoffladung, die eine Anregung durch eine andere Ladung erhält
- *Sekundärladung:* Explosivstoffmasse, die im unteren Teil des Zünders enthalten und dazu vorgesehen ist, die Hauptenergie zu liefern

  Anmerkung: Eine Sekundärladung besteht üblicherweise aus Sekundärsprengstoff, wie z. B. Pentaerythrityltetranitrat (PETN).
- *Schwarzpulver:* pyrotechnische Mischung aus Natriumnitrat oder Kaliumnitrat mit Holzkohle oder anderem Kohlenstoff, mit oder ohne Schwefel
- *Sprengzubehör:* nichtexplosive Gegenstände, die beim Sprengen verwendet werden

  Anmerkung: Beispiele für Sprengzubehör sind Zündmaschinen, Zündkreisprüfgeräte und Zündleitungen.
- *Verstärkungsladung (Booster):* explosive Vorrichtung, die als Geberladung verwendet wird, um die Energie, die auf eine Empfängerladung einwirkt, zu verstärken
- *Glühbrücke:* Widerstandsdraht, der die Zünderdrähte innerhalb eines elektrischen Zünders oder einer elektroexplosiven Einrichtung verbindet
- *loser Sprengstoff:* unpatronierter Sprengstoff, der durch Einrieseln (unter Schwerkraft), durch Pumpen oder pneumatisch geladen werden kann
- *Brenndauer:* Zeit, in der ein Stück Sicherheitsanzündschnur definierter Länge durchbrennt, in Sekunden
- *patronierter Sprengstoff:* Sprengstoff, der in einer Umhüllung (üblicherweise zylindrisch) aus Papier, Pappe, Kunststoff oder anderem Material enthalten ist und der in dieser Form verwendet wird
- *Anwürgung:* durch Anpressen hergestellter Verschluss am Ende einer Sprengkapsel, um eine Sicherheitsanzündschnur in ihrer Lage zu fixieren oder um einen Abschluss für ein Shock Tube (Zündschlauch) oder die Zuleitungsdrähte eines elektrischen Zünders herzustellen
- *Zersetzung:* chemische Reaktion eines Stoffes, die keine Detonation ist und die zu einer wesentlichen Änderung der Eigenschaften führt
- *Deflagration:* Verbrennungsreaktion eines Stoffes mit Unterschallgeschwindigkeit im reagierenden Stoff
- *Verzögerungselement:* derjenige Teil eines Verzögerungszünders, der für eine zeitliche Verzögerung zwischen der Auslösung des Zünders und der Detonation der Sekundärladung sorgt

- *Verzögerungsintervall:* Differenz der Zeiten benachbarter Zünder innerhalb einer Serie von Verzögerungszündern
- *Zeitstufe:* einem Verzögerungszünder zugeordnete Nummer, um seine relative Position in einer Serie von Verzögerungszündern anzugeben
- *Verzögerungszeit:* verstrichene Zeit zwischen der Auslösung und der Detonation eines Verzögerungszünders
- *Sprengschnur:* Gegenstand mit einer Seele aus detonierendem Sprengstoff (üblicherweise PETN), die von einer äußeren flexiblen Umhüllung oder einem weichen Metallrohr umgeben ist

  Anmerkung: Die Sprengstoffladung kann zwischen 0,1 g/m und 200 g/m variieren.
- *Detonation:* Reaktion, die sich mit Überschallgeschwindigkeit im reagierenden Material bewegt
- *Detonationsgeschwindigkeit:* Geschwindigkeit, mit der die Detonation durch die Sprengstoffsäule oder -ladung fortschreitet (in Meter je Sekunde)
- *Zünder:* Gegenstand, der aus einer kleinen Metall- oder Kunststoffhülse besteht und der eine Ladung aus Primärsprengstoff z. B. Bleiazid und eine Ladung aus Sekundärsprengstoff z. B. aus PETN oder andere Sprengstoffkombinationen enthält, die üblicherweise eine Masse von 2 g nicht überschreiten
- *Zeitzünder:* ein Zünder, in dem eine Zeitverzögerung zwischen der Auslösung und der Detonation enthalten ist

  Anmerkung: Zeitzünder können elektronische, elektrische oder nichtelektrische Zünder sein.
- *elektrischer Zünder:* ein Zünder, der durch einen elektrischen Strom ausgelöst wird

  Anmerkung: Eingeschlossen sind durch Gleichstrom und durch Wechselstrom (magnetisch gekoppelt) aktivierte Systeme.
- *elektronischer Zünder:* ein Zünder, bei dem die Zeitverzögerung durch einen elektrisch oder nichtelektrisch aktivierten elektronischen Chip bewirkt wird
- *Zünder ohne Verzögerungselement:* verzögerungsfreier Zünder
- *nichtelektrischer Zünder:* ein Zünder, der durch die Wirkung eines Shock Tubes (Zündschlauchs) oder eine andere nichtelektrische Art als primärer Auslösung initiiert wird
- *Sprengkapsel:* Momentzünder, der ohne Auslöseeinrichtung geliefert wird

  Anmerkung: Sprengkapseln werden üblicherweise durch eine Sprengschnur, eine Sicherheitsanzündschnur, einen pyrotechnischen Anzünder oder einen Zündschlauch ausgelöst.

- *Geberladung:* Explosivstoffladung, die eine Wirkung auf eine andere Ladung ausübt
- *Explosion:* plötzliche Freisetzung von Energie unter Ausbildung einer Sprengwirkung mit möglichem Splitterwurf

  Anmerkung: Sie umfasst die schnelle Verbrennung, die Deflagration und die Detonation.
- *Explosivstoff:* fester oder flüssiger Stoff bzw. festes oder flüssiges Stoffgemisch, der oder das durch chemische Reaktion ohne Beteiligung weiterer Stoffe in der Lage ist, eine Explosion zu erzeugen
- *extreme Bedingungen:* Bedingungen bei hoher oder niedriger Temperatur und/oder Druck und/oder Feuchtigkeit außerhalb der Anwendbarkeit der Prüfverfahren
- *Zündstrom:* konstanter elektrischer Gleichstrom, der zur zuverlässigen Auslösung eines elektrischen Zünders benötigt wird (in Ampere, A)
- *Serienzündstrom:* niedrigster konstanter Gleichstrom, der alle in Serie verbundenen Zünder einer Zündserie zuverlässig zur Auslösung bringt
- *Zündimpuls:* elektrische Energie dividiert durch den elektrischen Widerstand, die einen elektrischen Zünder oder eine elektroexplosive Einrichtung auslöst (in Millijoule je Ohm, mJ/Ω)
- *Zündzeit:* Ansprechzeit; Zeitspanne zwischen der Zuführung des Zündstroms und der Detonation eines Zünders ohne angegebene Verzögerungszeit
- *Überschlagsspannung:* minimale Gleichspannung, die einen elektrischen Überschlag zwischen dem Zuleitungssystem und der Metallhülse eines Zünders bewirkt
- *Gap-Test:* Prüfung zur Bestimmung des größten Abstands, über den hinweg eine Geberladung in der Lage ist, eine Empfängerladung zu zünden
- *Sprengstoff:* Stoff oder Stoffmischung, der oder die zu einer schnellen inneren Zersetzungsreaktion fähig ist, die im Falle der üblichen Verwendung zu einer Detonation führt
- *Zündfähigkeit:* Fähigkeit eines explosiven Stoffes oder Gegenstands, eine Detonation unter definierten Bedingungen auf einen anderen Stoff oder Gegenstand zu übertragen
- *angegebenes Verzögerungsintervall:* Differenz der festgelegten Verzögerungszeiten zwischen benachbarten Zeitstufen in einer Serie von Verzögerungszündern
- *angegebene Verzögerungszeit:* die vom Hersteller für einen speziellen Zünder einer Serie von Verzögerungszündern festgelegte Zeit mit der Überschneidungswahrscheinlichkeit als statistische Wahrscheinlichkeit, dass ein Verzögerungs-

zünder gegebener Zeitstufe in einer Verzögerungsreihe außer der Reihe detonieren wird

- *Initialsprengstoff:* explosiver Stoff, der gegen Funken, Reibung, Schlag oder Flamme empfindlich ist und ohne Einschluss gezündet werden kann

  Anmerkung: Er wird üblicherweise in einem Zünder zur Initiierung der Sekundär- oder Basisladung verwendet.

- *Durchdetonation:* Fähigkeit zur Aufrechterhaltung einer Detonationsfront durch die gesamte Explosivstoffmasse
- *Treibladungspulver (Treibmittel):* deflagrierender Explosivstoff, der zum Treiben von Projektilen oder zur Reduzierung der Rückhaltekraft von Projektilen dient

  Anmerkung: Treibladungspulver können auch als Bestandteil von Gasgeneratoren oder anderen Gegenständen verwendet werden.

- *Anwendungsbereich des Prüfverfahrens:* Bedingungen, wie z. B. Temperatur oder Druck, bei denen das Prüfverfahren ohne wesentliche Änderung der Prüfeinrichtung und der Durchführung, wie sie in der jeweiligen Norm beschrieben ist, ausgeführt werden kann
- *Gültigkeitsbereich der Prüfergebnisse:* die oberen und unteren Grenzwerte der Parameter, z. B. Temperatur oder Druck, zwischen denen die erhaltenen Ergebnisse als anwendbar angenommen werden; sie unterliegen im Umgebungs- oder im Prüfverfahren festgelegten Bedingungen
- *Sprengschnurverzögerer:* Gegenstände, die aus kleinen Metallröhren mit einer Ladung eines pyrotechnischen Verzögerungssatzes und aus Explosivstoffen bestehen und verwendet werden, um Sprengschnurstücke zu verbinden und mit einer definierten Verzögerung der Detonationsweiterleitung der Sprengschnur zu versehen
- *Sicherheitsanzündschnur:* Gegenstand, der aus einer Seele fein gekörnten Schwarzpulvers besteht, die von einer flexiblen Umspinnung und einer oder mehreren Schutzumhüllungen umgeben ist

  Anmerkung: Eine Sicherheitsanzündschnur brennt nach Anzündung mit vorgegebener Geschwindigkeit ohne äußere explosive Wirkung ab.

- *Sensibilisierer:* Stoff, der die Zündempfindlichkeit erhöht
- *Empfindlichkeit:* Empfindlichkeit eines Explosivstoffs gegenüber äußerer Beanspruchung wie Schlag, Flammen, Reibung oder gegenüber Temperatur-, Druck- oder Feuchtigkeitsbedingungen, die zu einer Reaktion oder zu einer Beeinträchtigung der Funktionsweise führen
- *Verwendungszeitraum:* Zeitabschnitt, in dem ein Explosivstoff oder eine Einrichtung unter speziellen Bedingungen vor der Verwendung oder Vernichtung

gelagert oder bereitgehalten werden kann, ohne unsicher zu werden oder die speziellen Eigenschaftskriterien zu verlieren

- *Zündschlauch (Shock Tube):* Schlauch, der üblicherweise auf der inneren Wandoberfläche einen Belag aus einem Explosivstoff enthält und der in der Lage ist, nach Auslösung eine Stoßwelle mit konstanter Geschwindigkeit ohne äußere explosive Wirkung von einem Ende des Schlauches zum anderen zu übertragen

  Anmerkung: Ein Zündschlauch wird üblicherweise als Bestandteil von Zündeinrichtungen verwendet.

- *Oberflächenverbinder:* Vorrichtung, die eine explosive Ladung mit oder ohne Zeitverzögerung enthält und die bei einer Sprengung an der Oberfläche verwendet wird, um ein Signal oder eine Stoßwelle von einer Zündeinheit an eine andere oder von einer Zündeinheit auf einen Zündschlauch zu übertragen
- *Nachweisplatte:* Platte, üblicherweise aus Metall (Blei, Stahl oder Aluminium), die verwendet wird, um das Auftreten einer Detonation oder aus einer Explosion stammender Splitter oder Wurfstücke anzuzeigen

2.2 Definition von Sprengstoffen und Sprengzubehör

Sprengstoffe sind gemäß DIN EN 13857-1 Stoffe oder Stoffmischungen, die zu einer schnellen inneren Zersetzungsreaktion fähig sind, welche im Falle der üblichen Verwendung zu einer Detonation führt. Daneben gilt die Definition, dass Sprengstoffe Erzeugnisse sind, die bei willkürlich auslösbaren chemischen Zustandsänderungen Energie derart freiwerden lassen, dass feste Körper gesprengt werden können [53].

Zum Sprengzubehör zählen Gegenstände und Geräte, die neben dem Sprengstoff für eine Sprengung erforderlich sind, wie z. B. Zündleitungen, Zündmaschinen, Zündmaschinenprüfgeräte, Zündgeräte, Zündkreisprüfer, Verlängerungsdrähte, Isolierhülsen, Ladegeräte und Mischladegeräte.

2.3 Eigenschaften von Sprengstoffen

Sprengstoffe sind leicht brennbare Kohlenstoffverbindungen mit Sauerstoffträgern, die bei Zündung (erzeugt durch eine explosive Initiierung) schlagartig verbrennen. Sprengstoffe entwickeln bei Detonation einerseits eine scherende Deformationsleistung und andererseits ein großes Gasvolumen. Der Detonationsstoß (thermodynamisch) breitet sich dabei mit bis zu 8000 m/s im Gebirge aus. Bei Entwicklung des Gasvolumens (Sprengschwaden) werden Gasdrücke von ungefähr 104 bar erreicht, bei einer Einwirkzeit von 10^{-4} s bis 10^{-1} s. Durch die scherende Wirkung wird das Gebirge in unmittelbarer Nähe des detonierenden Sprengstoffs zermalmt. In weiterer Entfernung wird das Gebirge aufgerissen, der Gasdruck dringt in die Rissbildung ein und zerkleinert das Gebirge. Die dabei entstehende Expansion erzeugt die Sprengwirkung.

2.4 Sicherheitstechnische Anforderungen an Sprengstoffe

Die sicherheitstechnischen Anforderungen richten sich nach der Betriebssicherheit von Explosivstoffen. Hierzu sind insbesondere grundlegende Voraussetzungen zu erfüllen, welche auch von den behördlich benannten „Notified Bodies“ (Prüfungsstellen für Sprengmittel) als zulässig erklärt werden:

- das kleinstmögliche Risiko für das Leben und die Gesundheit von Personen sowie für die Unversehrtheit von Sachgütern und für die Umwelt
- das höchstmögliche Maß an Sicherheit und Zuverlässigkeit
- umweltverträgliche Entsorgbarkeit
- physikalische und chemische Stabilität des Explosivstoffs
- Empfindlichkeit gegenüber Schlag und Reibung
- chemische Reinheit der Explosivstoffe
- Schutz der Explosivstoffe gegen das Einwirken von Wasser
- Widerstandsfähigkeit bezüglich nachteiliger Veränderungen bis zum spätesten Verwendungsdatum
- Widerstandsfähigkeit gegenüber niedrigen und hohen Temperaturen
- Eignung des Explosivstoffs für die jeweilige Verwendung (beispielsweise Schlagwetter führende Bergwerke, heiße Massen usw.)
- Sicherheit gegen frühzeitige oder unbeabsichtigte Zündung oder Anzündung

- richtiges Laden und einwandfreies Funktionieren der Explosivstoffe bei bestimmungsgemäßer Verwendung
- geeignete Anleitungen und Kennzeichnungen in Bezug auf sicheren Umgang und sichere Lagerung, Verwendung und Beseitigung in der oder den Amtssprachen des Empfängerstaates
- Angabe aller Geräte und allen Zubehörs, die für eine zuverlässige und sichere Funktion der Explosivstoffe notwendig sind

2.5 Umsetzungsarten der Sprengstoffe

Die Sprengstoffe können sich je nach Zusammensetzung und der Art der übrigen Rahmenbedingungen auf unterschiedliche Weise chemisch umsetzen. Als Umsetzungsarten der Sprengstoffe stehen insbesondere der Abbrand, die Deflagration und die Detonation im Vordergrund der Betrachtungen. Sie unterscheiden sich, abgesehen von dem völlig unterschiedlichen Chemismus, in den Umsetzungsgeschwindigkeiten und ihren Wirkungen auf die Umgebung.

In den folgenden Abschnitten werden die Charakteristika der Reaktionen (unter anderem nach der Bundesanstalt für Materialforschung und -prüfung, BAM), soweit dies im Rahmen der vorliegenden Ausarbeitung zum besseren Verständnis erforderlich ist, näher beschrieben.

2.5.1 Abbrand von Sprengstoffen

Der Abbrand der Sprengstoffe ähnelt, trotz des in ihnen enthaltenen reaktionsfähigen Sauerstoffs, grundsätzlich der Verbrennung entzündlicher Stoffe. Da der Abbrand der Mitwirkung zusätzlichen Luftsauerstoffs bedarf, handelt es sich bei ihm nicht um eine explosive Reaktion der Sprengstoffe. Explosive Umsetzungen sind nämlich dadurch gekennzeichnet, dass sie ohne Beteiligung anderer Stoffe ablaufen.

Die Gefährdung der Umgebung durch einen Sprengstoff-Abbrand besteht zum einen in der direkten Flammenwirkung und zum anderen in der vom Abbrand ausgehenden Wärmestrahlung. Letztere gehorcht in ihren Abhängigkeiten den allgemeinen Gesetzen der thermischen Strahlung. Die Größe der reagierenden Oberfläche ist normalerweise nicht bekannt, wobei diese je nach ihrer Beschaffenheit unter Umständen um Größenordnungen schwanken kann. Die besondere Gefährlichkeit des Abbrandes von Sprengstoffen für die Umgebung besteht daher nicht so sehr in seiner unmittelbaren, d.h. thermischen Wirkung, sondern vielmehr in der

Möglichkeit, unter ungünstigen Umgebungsbedingungen, wie verminderte Wärmeabfuhr oder fester Einschluss, in eine Deflagration oder gar Detonation überzugehen.

2.5.2 Deflagration von Sprengstoffen

Die Deflagration ist eine explosive Reaktion von Sprengstoffen, bei der die Beteiligung von Luftsauerstoff ausgeschlossen ist. Die ungerichtete Reaktion pflanzt sich durch den Sprengstoff mit nicht konstanter Geschwindigkeit in einer oder mehreren breiten Flammenzonen fort. Zur Aufrechterhaltung der Reaktion ist der Wärmeübergang von der Reaktionszone in den Sprengstoff Voraussetzung. Die Umsetzungsgeschwindigkeit kann dabei beträchtliche Werte annehmen, ist aber stets kleiner als die Schallausbreitungsgeschwindigkeit im Sprengstoff. Die Werte für die Deflagrationsgeschwindigkeiten liegen für die verschiedenen Sprengstoffe zwischen 0,1 und 1000 m/s.

Die Heftigkeit der Deflagrationen bzw. der Umsetzung von Sprengstoffen hängt in entscheidender Weise von den Umgebungsbedingungen ab. So bewirken eine hohe Umgebungstemperatur und ein hoher Umgebungsdruck eine beträchtliche Zunahme der Deflagrationsgeschwindigkeit. Da aber die Umsetzung der Sprengstoffe in einer Deflagration nicht vollständig verläuft, ist ihre Wirkung geringer als die einer Detonation. Die Umgebung ist bei einer Deflagration der Sprengstoffe im Wesentlichen durch Flammen und Wärmestrahlung, aber auch in geringem Maße durch den Druck der expandierenden Gase gefährdet. Druckstoßwellen geringer Stärke treten allerdings nur im Falle plötzlicher Druckentlastung des Einschlusses auf. Die besondere Gefährlichkeit der Deflagration besteht jedoch in der Hauptsache darin, dass sie relativ leicht und unvermittelt in eine Detonation übergehen kann.

2.5.3 Detonation von Sprengstoffen

Die Detonation der Sprengstoffe ist deren vollständige Umsetzung in einer explosiven Reaktion, die stets mit Überschallgeschwindigkeit unter Freisetzung sehr großer Energiemengen in extrem kurzen Zeiträumen abläuft. Der Ablauf der Detonation wird durch die Strömungsgesetze der Verdichtungsstöße im Überschallbereich bestimmt. Die Energie in der Detonationszone ist durch diejenige Energie, die durch die Verdichtungsstöße aufgebracht wird, gegenüber der Energie, die aus der chemischen Umsetzung stammt, vergrößert. Die Fortpflanzungsgeschwindigkeit in der Reaktionszone der Sprengstoffe wird als Detonationsgeschwindigkeit bezeichnet. Sie ist in jedem Falle größer als 1000 m/s und eine für jeden Sprengstoff charakteristische Kenngröße. Sie ist praktisch nur von der Dichte des Sprengstoffes in der Weise abhängig, dass sie mit zunehmender Dichte größer wird.

2.6 Einteilung der gewerblichen Sprengstoffe

Die maßgebliche Beurteilung der Sprengstoffe im Sinne der Sprengstoff-Lagerung ist ausnahmslos der Lagergruppe 1.1. bis 1.4 zuzuordnen. Den weitaus größten Teil der Sprengstoffmischungen nehmen die gewerblichen Sprengstoffe ein. Sie finden bei Gewinnungssprengungen im Bergbau und in der Steine- und Erdenindustrie, im Baubereich und bei Bauwerksprengungen, beim Tunnelbau, bei der Herstellung oberirdischer Hohlräume, bei Sprengungen in heißen Massen sowie bei Eis- und Lawinensprengungen Verwendung. Gesteinsprengstoffe sind alle gewerblichen Sprengstoffmischungen, die den hohen Anforderungen an Wettersprengstoffe nicht zu genügen brauchen. Die Gesteinsprengstoffe werden in Pulversprengstoffe und Nitratsprengstoffe eingeteilt.

Die gewerblichen Sprengstoffe kommen entweder in patronierter Form oder aber in sogenannter loser Form in den Handel. Unter Sprengstoffpatronen werden zylindrisch geformte, in Papier- oder Kunststoffhüllen abgepackte Sprengstoffe unterschiedlichen Durchmessers und unterschiedlicher Länge verstanden. Die Formstabilität der Patronen ergibt sich entweder aus der Konsistenz der Sprengstoffe selbst oder aus der Gestalt und Festigkeit der Umhüllung. Die in Tabelle 2.1 genannten Beispiele stellen eine willkürliche Auswahl verschiedener Handelsprodukte dar.

Tabelle 2.1 Beispiele für Sprengstoffmischungen

Sprengstofftyp	Beispiel
Gewerbliche Sprengstoffmischungen	
Gesteinsprengstoffe:	
Pulversprengstoffe	Schwarzpulver, Sprengpulver
Nitratsprengstoffe:	
gelatinöse Sprengstoffe	Eurodyne, Gelatine-Dynamite, Nobelite, Austrogele, Rowodyn, Riodyn usw.
pulverförmige Sprengstoffe	Donarite (sprengölhaltig) Andexe, Ammonite (sprengölfrei, TNT-haltig) Ammonexe (sprengölfrei, TNT-frei, AN kristallin) Wandex, Austinite, Rioxam (sprengölfrei, TNT-frei, AN in Prillform)

Sprengstofftyp	Beispiel
Suspensionssprengstoffe	Riogel, Dynagele
Emulsionssprengstoffe	Emulinite, Hydromite, Emulexe, Riohite
Wettersprengstoffe:	
Klasse I	Kennfarbe: Gelb
Klasse II	Kennfarbe: Gelbgrün
Klasse III	Kennfarbe: Grün

Die Patronenformen und -abmessungen sind den Bohrlochdimensionen aus der Praxis angepasst. Gewerbliche Sprengstoffe, die mit sogenannten Ladehilfsmitteln (Einblasgeräte oder Pumpen) in die vorbereiteten Laderäume der Sprengobjekte eingebracht werden können, kommen in loser Form zum Einsatz. Diese Sprengstoffe sind grundsätzlich explosivstofffrei und müssen gegenüber den Beanspruchungen, die durch das mechanische Einbringen in die Laderäume entstehen können, unempfindlich sein. Dies ist in der nachfolgend aufgeführten Normenreihe dargelegt.

2.7 Zulassung von gewerblichen Sprengstoffen

Heutzutage zugelassene Sprengstoffe müssen den harmonisierten Normen entsprechen und werden einer Baumusterprüfung unterzogen. Dahingehend prüfberechtigt sind nur benannte Stellen, wie die bereits vorangehend aufgeführten „Notified Bodies". Alle zugelassenen Sprengstoffe erhalten durch die auch in Abschnitt 2.4 benannten Stellen eine CE-Kennzeichnung.

Die Prüfung der Sprengstoffe erfolgt nach der EU-Normenreihe EN 13631, die unter anderem aus folgenden Teilen besteht:

- Thermische Stabilität (Teil 2)
- Reibempfindlichkeit (Teil 3)
- Schlagempfindlichkeit (Teil 4)
- Wasserfestigkeit (Teil 5)
- Widerstandsfähigkeit gegen hydrostatischen Druck (Teil 6)
- Zuverlässigkeit bei extremen Temperaturen (Teil 7)
- Verhalten beim Erhitzen unter Einschluss (Teil 9)
- Verifizierung der Zündweise (Teil 10)

- Detonationsübertragung (Teil 11)
- Zündstärke von Verstärkerladungen (Teil 12)
- Dichte (Teil 13)
- Detonationsgeschwindigkeit (Teil 14)
- Thermodynamische Eigenschaften (Teil 15)
- Toxische Gase (Teil 16)
- Eignung für Gebrauch in entflammbaren Gasen in brennbaren Staubwolken (Teil 18)

2.8 Umweltrelevanz von Sprengstoffen

Da Arbeitnehmer- und Nachbarschaftsschutz (Anrainerschutz) bei Sprengungen den primären Fokus bilden, werden die Interessen des Umweltschutzes in der Regel automatisch gewahrt. Es gilt die Grundregel, dass ein Sprengstoff dann die geringste Schadstoffmenge freisetzt, wenn er mit bestmöglicher Wirkung zur Umsetzung gebracht wird. Auch die wirtschaftliche Optimierung des Sprengerfolgs trägt zum Umweltschutz bei.

Die Entwicklung von Sprengstoffrezepturen, die frei von Nitroaromaten[1] sind, ist vom ökologischen Standpunkt prinzipiell begrüßenswert. Es ist zu beachten, dass eine Umweltrelevanz nur bei nicht umgesetzten Sprengstoffresten entsteht. Aus der weltweiten Demilitarisierung von Artilleriemunition ergibt sich eine erhöhte Verfügbarkeit von TNT. Ein möglicher Entsorgungsweg dieses TNT ist die Zumischung zu zivilen Sprengstoffen, wodurch ebenfalls eine Umweltrelevanz entsteht.

Grundsätzlich sind drei Mechanismen bei Sprengungen bekannt, die eine Wirkung auf die Umwelt haben: der Kontakt von Sprengstoff mit Wasser, der Kontakt von Sprengstoffresten mit Wasser nach der Detonation und die Schwadenreaktion (Hydrolyse). Bei patronierten Sprengstoffen wird die Wasserresistenz bei geschlitzter Patronenhülle getestet, wobei der Nachweis der Funktion nach gewisser Zeit erfolgt.

Die Normenreihe EN 13631, „Explosivstoffe für zivile Zwecke“, enthält eine Prüfnorm zur Bestimmung des Kohlenmonoxid- und Stickstoffoxidgehalts in den Sprengschwaden. Eine Beurteilung ist über folgende Faktoren möglich:

- Emissionsschätzfaktoren z. B. nach AP-42, „Compilation of Air Pollutant Emission Factors“ [71]

[1] Sammelbezeichnung für eine oder mehrere Nitrogruppen tragende aromatische Kohlenwasserstoffe, z. B. Nitrotoluole wie DNT oder TNT

- Schwadenberechnungen mit Richtwerten aus Schwadenkammerversuchen [5]
- Schwadenmessungen nach EN 13631-16 [5]
- Eluatanalysen (Ab- oder Herauslösen von Substanzen aus einer stationären Phase, die sowohl aus festem als auch aus flüssigem Material bestehen kann) [5]
- Bodeneintrag [5]

Eine Umweltrelevanz entsteht nur bei größeren Mengen an nicht umgesetzten Sprengstoffresten, ähnlich wie z. B. bei größeren Mengen Gülleeintrag durch die Landwirtschaft oder bei größeren Mengen von Substanzen, die aus Rüstungsaltlasten stammen.

Der Einsatz von nitroaromatenfreien Sprengstoffen ist von Vorteil, da Nitroaromaten für die Umweltbelastung als extrem bedenklich einzustufen sind. Generell ist festzuhalten, dass durch nitroaromatenfreie Sprengstoffe nach umweltrelevanten Erkenntnissen keine erhebliche Belastung des Umfeldes durch Sprengungen hervorgerufen wird. Die genannten Emissionen sind unter Beachtung der gesetzlichen und normativen Vorgaben sowie der sprengtechnischen Vorgaben begrenzt.

2.8.1 Relevanz von Sprengrückständen

Bei der Wirkung ziviler Sprengstoffe und ihrer Zusammensetzung auf die Umwelt ist grundsätzlich zwischen folgenden Arten zu unterscheiden:

- Sprengschwaden mit toxischen Gasen und Feinstaub
- Sprengstoffreste wie Explosionsrückstände
- nicht umgesetzter Sprengstoff

Sprengstoffe sind wasserresistent, besitzen aber trotzdem eine gewisse Wasserlöslichkeit (Zeitfaktor und Geometrie). Durch Randeffekte wird sich ein sehr geringer Teil nicht immer umsetzen. Die Umweltbeeinflussung ist bei ordnungsgemäßer Sprengarbeit jedoch vernachlässigbar.

Nach den Erkenntnissen aus Messungen in den letzten Jahren sind die Feststoffrückstände einer vollständigen Sprengstoffumsetzung aus Sicht der Umweltverträglichkeit vernachlässigbar gering. Aufgrund dieser Erkenntnisse ist für zivile Sprengstoffe die Gefährdungsanalyse des Schadstoffeintrags in den Boden nicht gefordert. Im Bundes-Bodenschutzgesetz (BBodSchG) bzw. in der Bundes-Bodenschutz- und Altlastenverordnung (BBodSchV, Stand: Juni 2020) ist kein dementsprechender Hinweis vorhanden. Auch im Chemikaliengesetz (ChemG, Stand: August 2021) sind explosionsgefährliche Stoffe von bestimmten Forderungen/Bewertungen explizit ausgenommen, wobei die Normenreihe EN 13631 dazu ebenfalls keine Informationspflicht vorschreibt.

Bei Auffinden von Sprengstoffresten ist die Entsorgung nur durch Rückgabe oder Sprengen (Mitsprengen oder Wegsprengen) zulässig. Der offene Abbrand oder das Auflösen in Wasser sind demnach nicht mehr zulässig. Diese beiden Vernichtungsmethoden waren stark umweltbelastend. Die neuen Regelungen stellt die Entsorgung von Sprengstoffen damit auf eine neue Basis maximal möglicher Umweltverträglichkeit.

2.8.2 Einsatz von nichtexplosiven Expansionsmitteln

Die alternative Pyrotechnik-Technologie der nichtexplosiven Expansionsmittel zählt nicht zu den Sprengstoffen. Sie kann jedoch dort, wo die Sprengtechnik nicht mehr eingesetzt werden kann, einen umweltrelevanten Ersatz für die herkömmliche Gesteinszerkleinerung bieten. Die pyrotechnischen Systeme sind geeignet, um eine erhebliche Verringerung der Erschütterungen im Vergleich zu gewerblichen Sprengstoffen zu erreichen. Im Gegensatz zu konventionellen Sprengstoffen erfordert das System keinen Besatz, kein Sprengstoffzubehör und hat einen Räumbereich von ca. 50 m.

Ein entsprechendes Kartuschensortiment bietet eine felsbrechende Lösung für die meisten Einsatzbereiche. Die neuartige Sicherheitstechnologie gewährleistet einen sicheren Transport, eine sichere Lagerung und Handhabung sowie wasserdichte Gehäuse. Diese verhindern eine Verunreinigung des Wassers während des Ladevorgangs. Da die Kartusche nicht detoniert, sind die Auswirkungen auf die betroffenen Felsbereiche und Infrastrukturen gering und können daher auch in der Nähe von Gebäuden eingesetzt werden. Die Zündung kann als elektrische Zündung oder durch Sprengkapsel-Zündung erfolgen. Dieses setzt voraus, dass die Anwendung durch einen Sprengberechtigten/Sprengbefugten erfolgt.

3 Typen von Sprengstoffen

Sprengstoffe werden entsprechend ihrer jeweiligen Verwendung eingeteilt. Man unterscheidet zwischen drei Haupttypen von Sprengstoffen: den Initialsprengstoffen, den militärischen Sprengstoffen und den gewerblichen Sprengstoffen.

Initialsprengstoffe werden durch Reibung, Funken, Schlag und Flamme, auch ohne Einschluss, sehr leicht zur Detonation gebracht. Sie dürfen nur als Gegenstände (Zündmittel wie Sprengkapsel oder sprengkräftige Zünder) transportiert werden. Diese bestehen aus Knallquecksilber, Bleiazid und Bleitrinitroresorzinat.

Militärische Sprengstoffe bestehen meist aus molekularen Sprengstoffen oder aus Mischungen molekularer Sprengstoffe, die eventuell plastifiziert sind. Sie sind extrem lange haltbar und beschusssicher. Außerdem haben sie eine hohe lokale Zerstörungskraft und ein geringes Gasvolumen. Sie werden in folgende Gruppen unterteilt:

- Trinitrotoluol (TNT)
- Pentaerythrityltetranitrat (PETN)
- Trimethylentrinitramin (RDX)
- Composition B (TNT + RDX)

Den weitaus größten Teil der Sprengstoffmischungen nehmen die *gewerblichen Sprengstoffe* ein. Sie finden bei Gewinnungssprengungen im Bergbau und in der Steine- und Erdenindustrie, im Baubereich und bei Bauwerksprengungen, beim Tunnelbau, bei der Herstellung oberirdischer Hohlräume, bei Sprengungen in heißen Massen sowie bei Eis- und Lawinensprengungen Verwendung. Dieses Kapitel geht auf die verschiedenen Typen von gewerblichen Sprengstoffen ein.

Sprengschüre bilden eine Ausnahme bei der Einteilung der Sprengstoffe. Sie haben eine vielseitige Verwendung im militärischen undzivilen Bereich. Sprengschnüre enthalten üblicherweise reines Nitropenta. Das Sprengstoffgewicht pro Laufmeter beträgt 3 g bis 200 g. Ihr Aufbau gestaltet sich wie folgt (von innen nach außen): Sie bestehen aus Sprengstoff, einem Kunststoffstreifen, eventuell Markenfäden, einer Umspinnung und einer Kunststoffhülle. In Abschnitt 6.6 finden Sie weitere Informationen zur Zündung mit Sprengschnur.

3.1 Einteilung der gewerblichen Sprengstoffe

Bei den gewerblichen Sprengstoffen, auf die sich dieses Kapitel konzentriert, unterscheidet man zwischen *Gesteinsprengstoffen* und *Wettersprengstoffen*. Gesteinsprengstoffe sind alle gewerblichen Sprengstoffmischungen, die den hohen Anforderungen an Wettersprengstoffe nicht zu genügen brauchen. Die Gesteinsprengstoffe werden in *Pulversprengstoffe* und *Nitratsprengstoffe* unterteilt. In den nächsten Abschnitten werden sowohl die Pulversprengstoffe als auch folgende Typen von Nitratsprengstoffen vorgestellt:

- pulverförmige Sprengstoffe
- sprengölhaltige Sprengstoffe
- sprengölfreie Sprengstoffe
- gelatinöse Sprengstoffe (mit den Untergruppen semigelatinöse Sprengstoffe und nitroaromatenfreie gelatinöse Sprengstoffe)
- wasserhaltige Sprengstoffe (Sprengschlämme) (Slurries und Watergels)
- ANFO-Sprengstoffe
- Emulsionssprengstoffe

3.2 Pulversprengstoffe

Schwarzpulver setzt sich standardmäßig aus folgenden Inhaltsstoffen zusammen:

- 75 % KNO_3 (Kaliumnitrat)
- 10 % S (Schwefel)
- 15 % C (Kohlenstoff)

Abstufungen bis 64 % KNO_3 sind möglich. Wenn KNO_3 durch $NaNO_3$ ersetzt wird, spricht man von Sprengsalpeter.

Es gibt folgende Körnungen von Schwarzpulver:

- Sprengpulver: 1,5 - 8 mm
- Böllerpulver: 0,2 - 2 mm
- Zündschnurpulver: 0,2 - 0,7 mm
- Feuerwerkspulver (Mehl): < 0,15 - 0,7 mm
- Feuerwerkspulver (Korn): 0,3 - 0,8 mm
- Jagdpulver: 0,15 - 1,2 mm

3.3 Pulverförmige Sprengstoffe

Es existieren pulverförmige Sprengstoffe mit bzw. ohne Sprengöl. Die Unterschiede sind in Tabelle 3.1 aufgeführt.

Tabelle 3.1 Merkmale pulverförmiger Sprengstoffe ohne bzw. mit Sprengöl

Ohne Sprengöl	Mit Sprengöl
Ammoniumnitrat: 80 - 85 %	Ammoniumnitrat: 80 - 85 %
Nitroaromaten: 15 - 20 %	Nitroaromaten: 5 - 10 %
Holz- und Pflanzenmehle, Farbe	Nitroglykol/-glycerin: 4 - 8 %
Stabilisatoren	Holz- und Pflanzenmehle, Farbe
nicht wasserbeständig	Stabilisatoren

3.4 Sprengölhaltige Sprengstoffe

Sprengölhaltige Sprengstoffe sind auch unter dem Namen Sprenggelatine (sogenannte Dynamite) bekannt. Sie bestehen aus 92 - 94 % Nitroglycerin sowie 6 - 8 % Kollodiumwolle und zeichnen sich durch eine sehr gute Wasserbeständigkeit aus.

3.5 Gelatinöse Sprengstoffe

Gelatinöse Sprengstoffe setzen sich aus folgenden Inhaltsstoffen zusammen:

- Nitroglykol/-glycerin: 20 - 40 %
- Nitrocellulose: 12 %
- Ammoniumnitrat: 50 - 65 %
- Nitroaromaten: -10 % (dürfen keine enthalten!)
- Stabilisatoren, Farbe etc.

Bei semigelatinösen Sprengstoffen liegt der Sprengölgehalt zwischen pulverförmig und gelatinös. Das Sprengöl ist nur teilweise mit Kollodiumwolle gelatiniert. Diese Sprengstoffe sind nur beschränkt wasserbeständig.

Nitroaromatenfreie gelatinöse Sprengstoffe enthalten kein Dinitrotoluen (DNT) und Trinitrotoluen (TNT).

3.6 Wasserhaltige Sprengstoffe

Wasserhaltige Sprengstoffe werden auch als Sprengschlämme bezeichnet. Sie besitzen eine ausgezeichnete Wasserbeständigkeit. Man unterscheidet zwischen Slurries und Watergels. Im Folgenden sind die Unterschiede zwischen Sprengschlämmen und Emulsionssprengstoffen aufgeführt (Tabelle 3.2).

Tabelle 3.2 Unterschiede zwischen Sprengschlämmen und Emulsionssprengstoffen

Sprengschlämme	Emulsionssprengstoffe
Ammoniumnitrat: 40 - 70 %	Ammoniumnitrat: 50 - 80 %
Natriumnitrat: 0 - 20 %	Natriumnitrat: 0 - 20 %
Wasser: 10 - 25 %	Wasser: 5 - 20 %
Brennstoffe: 10 - 20 %	Brennstoffe: 5 - 10 %
Eindickmittel: 0,2 - 2 %	Emulgatoren: 0,5 - 5 %

3.7 ANC-Sprengstoffe (ANFO)

ANC-Sprengstoff besteht aus Ammoniumnitrat und Kohlenstoff. Die Namensgebung ANFO ist international verbreitet und setzt sich aus Ammoniumnitrat (als Sauerstoffträger AN) und dem englischen Wort Fuel Oil (als Kohlenstoffträger C) zusammen.

Um ANC-Sprengstoff (ANFO) herzustellen, versetzt man das Ammoniumnitrat mit Mineralöl. Die beste Sprengwirkung wird erreicht, wenn das Öl während der Detonation vollständig umgesetzt wird. Bei der Körnerüberprüfung werden Teilchen mit weniger als 0,5 mm Durchmesser als Feinanteil angesehen. Ein Anteil unter 5 % ist anzustreben. Die Anforderung an die Zusammensetzung für ANC-Sprengstoffe ist folgende:

- Ammoniumnitrat (AN): 94 %
- (Mineral)öl (C): 6 %

Ammoniumnitrat zur Sprengstoffherstellung

Das Ammoniumnitrat (AN) findet nicht nur als Düngemittel Verwendung, sondern ist auch Bestandteil vieler Explosivstoffe. Dieser Verwendungszweck stellt an das Produkt besondere Anforderungen. Dazu zählt hauptsächlich eine poröse Struktur, die ein hohes Ölaufnahmevermögen besitzt.

Diese Eigenschaft wird erreicht, indem eine ca. 96,5 %ige Schmelze verprillt wird. Unter Prillen versteht man das Versprühen einer Lösung in einem sogenannten bis zu ca. 70 m hohen Prillturm, wobei das versprühte Produkt durch am Turmfuß eingespeiste, meist konditionierte Luft gekühlt wird und durch die Temperaturdifferenz zwischen Förderstrom und Luft im Turm amorph erstarrt. Am Fuße angelangt, schließen sich weitere Trocknungs- und Kühlungsschritte an. Durch diesen Vorgang erhält das AN eine große poröse Oberfläche und dadurch eine größere Grenzfläche zwischen Oxidationsmittel und Brennstoff C.

Im Sprengstoff dient das Ammoniumnitrat als Sauerstofflieferant. Die Verbesserung der Sprengeigenschaften, z. B. durch eine optimale Porenstruktur, die eine noch effektivere Verteilung des Sprengöles sichert, bzw. durch zusätzliche geschlossene Poren, die die Detonationswelle besser weiterleiten und damit die Sprengkraft erhöhen, ermöglicht es, weniger ANFO-Masse zur Erzielung der gleichen Sprengergebnisse einzusetzen. Dadurch erniedrigt sich die Schadgasmenge, und die umweltrelevanten Bestimmungen und Auflagen können damit erfüllt werden.

3.8 Emulsionssprengstoffe

Emulsionssprengstoffe sind wie Gemische aus sauerstoffliefernden, hochkonzentrierten Salzlösungen und verbrennlichen Bestandteilen, die mithilfe von Emulgatoren in Form einer „Wasser-in-Öl-Emulsion“ stabilisiert sind. Sie enthalten keine als Explosivstoff eingestuften Komponenten. Emulsionssprengstoffe können patroniert oder als loses Schüttgut (Bulk) mit vorgefertigter Sensibilisierung oder vor Ort sensibilisiert eingesetzt werden. Emulsionen besitzen folgende Vorteile:

- ausgezeichnete Wasserbeständigkeit
- hohe Leistungsfähigkeit
- Schwadenanteil um 50 – 90 % reduziert (verglichen mit gelatinösen Sprengstoffen)
- geringe Empfindlichkeit gegen mechanische und thermische Beanspruchung
- frei von giftigen Bestandteilen
- geringste toxische Schwadenanteile

3.8.1 Aufbau von Emulsionssprengstoffen

Die folgenden Darlegungen konzentrieren sich auf Emulsionen, die auf der Basis von „Chemical Gassing" hergestellt werden. Das Prinzip des „Chemical Gassing" beruht auf einer Dichteänderung durch eine chemische Reaktion. Durch Verwendung eines Katalysators wird die Zersetzung eines Reagenzes hervorgerufen. Dies führt zur Bildung von Stickstoffbläschen. In der Regel entsteht dabei der gasförmige Stickstoff durch die Zersetzung von Natriumnitrit in einem sauren Medium (z. B. Essigsäure). Dieser bewusst herbeigeführte chemische Vorgang verändert die Dichte und führt zu einer Ausdehnung der Emulsion.

Ammoniumnitrat stellt mengenmäßig das wichtigste Oxidationsmittel. Daneben können auch andere Sauerstofflieferanten eingesetzt werden, wie Calciumnitrat, Natriumnitrat usw. Sie werden verwendet, um die Sprengschwaden durch Veränderung der Sauerstoffbilanz zu optimieren, die Energie des Sprengstoffes zu erhöhen oder den Kristallisationspunkt der übersättigten Lösung zu erniedrigen, um damit die Herstellung zu erleichtern und die Lagerstabilität zu verbessern.

3.8.2 Sensibilisierung

Eine Sensibilisierung der Emulsion wird erreicht durch

- Mikroballons: Glas- oder Kunststoffkugeln, gefüllt mit Gas, Größe ca. 0,1 mm
- Chemical Gassing: Gasentwicklung durch chemische Reaktion
- Beimischung von ANC-Sprengstoffen (ANFO, gilt nur für Heavy ANFO)

3.8.3 Mischungen von ANFO und Emulsion

Durch die Mischung von ANC-Sprengstoff (ANFO) und Emulsionssprengstoff entstehen Variationen des Emulsionsgehalts mit geringerer oder besserer Wasserbeständigkeit, die zur Pumpen- oder Schneckenförderung eingesetzt werden können.

3.8.4 Heavy ANFO

Heavy ANFO-Sprengstoffe bestehen, je nach Verwendungszweck, aus ANFO und 0 - 50 % Emulsion. Die Eigenschaften sind folgende:

- geringe Wasserbeständigkeit > 30 %, Entwässerungspumpe notwendig
- exzellente Wasserbeständigkeit > 40 %, Entwässerungspumpe notwendig
- Schneckenförderung: praktisch in Bohrlöchern > 100 mm

3.8.5 Pumpfähige Emulsion Blends (Mischungen)

Pumpfähige Blends bestehen, je nach Verwendungszweck, aus ANFO und 60 – 100 % Emulsion (Dichte: 1,2 – 1,3 g/cm³). Die Eigenschaften sind folgende:

- exzellente Wasserbeständigkeit
- sensitiv in Bohrlöchern > 75 mm
- SME (Site Mixed Emulsions): Die Emulsion wird vor Ort aus Salzlösung und Ölphase erzeugt, sensibilisiert und ins Bohrloch gepumpt.
- SSE (Site Sensitized Emulsions): Die fertige Emulsion (Matrix, Emax) wird vor Ort ins Bohrloch gepumpt und dabei nur noch sensibilisiert.

3.8.6 Sprengstoffmatrix

Bei der Herstellung der Sprengstoffmatrix liegen die anorganischen Salze zunächst in einer heißen konzentrierten Lösung vor. Durch Abkühlen der Emulsion auf Raumtemperatur wird der Kristallisationspunkt des Salzgemisches weit unterschritten. Dass die übersättigte Lösung trotzdem nicht auskristallisiert, ist zum einen der Stabilisierung durch Grenzflächenphänomene zu verdanken und zum anderen der Fähigkeit des Emulgators, die Kristallform teilweise durch auskristallisierende Ammoniumnitratteilchen abzuändern.

Aus Gründen der Sauerstoffbilanz ist der Anteil der Ölphase in der Emulsionsmatrix äußerst niedrig. Mengenmäßig liegt der Anteil des Brennstoffs, zu dem auch der Emulgator zu rechnen ist, bei etwa 4 – 8 %. Somit ist die Ölschicht zwischen den Wassertröpfchen um Zehnerpotenzen dünner als die Tröpfchendurchmesser selbst.

Die Sprengstoffmatrix ist nicht detonationsfähig. Erst durch die Zugabe dichteregulierender Substanzen werden Emulsionssprengstoffe detonationsfähig. Dies können Mikrohohlkugeln, aber auch gasbildende Substanzen sein. Interessanterweise wird die Ausbreitung der Detonationswelle durch diese Inhomogenität des Explosivstoffs begünstigt. Die eingeschlossenen Gasblasen haben im Vergleich zur festen Masse eine wesentlich höhere Kompressibilität und eine viel geringere Dichte. Durch die eintreffende Druckwelle werden die Blasen zusammengepresst (adiabatische Kompression) und dabei stark aufgeheizt. Noch mehr Wärme wird an der Grenze zwischen Blase und Stoff erzeugt und an die Umgebung abgestrahlt. Zusätzlich wird die Blase in Folge ihrer wesentlich geringeren Masse durch die Stoßwelle in Vorwärtsrichtung getrieben und erhält so eine relative Bewegung zur Stoffmatrix. Wenn die Blase hoch genug beschleunigt wird, kann sie die Stoßfront überholen und in das Niederdruckgebiet vordringen, wo sie dann schlagartig expandiert und ihre Energie freisetzt.

4 Detonative Umsetzung von Sprengstoffen

Dieses Kapitel erläutert Grundlegendes zum Ablauf einer detonativen Umsetzung von Sprengstoff [16, 43]. Bei der Umsetzung wirken sowohl der Detonationsdruck (dynamisch) als auch der Gasdruck (quasi statisch) auf das Sprengobjekt ein. Der Detonationsdruck ist sehr groß (etwa 10 – 250 kbar) und wirkt nur etwa 10^{-6} Sekunden lang. Dadurch wird ein Detonationsstoß erzeugt, der unmittelbar auf die Bohrlochwandung und radial nach allen Seiten wirkt.

Durch den Detonationsstoß um die Ladung entsteht eine plastische Zone, in der die Geschwindigkeit der Masseteilchen des Gesteins sehr groß und die Ausbreitungsgeschwindigkeit des Stoßes größer als die Schallwellengeschwindigkeit ist. Es handelt sich um eine nicht oszillierende, longitudinale Verdichtungswelle mit Transport von Materie.

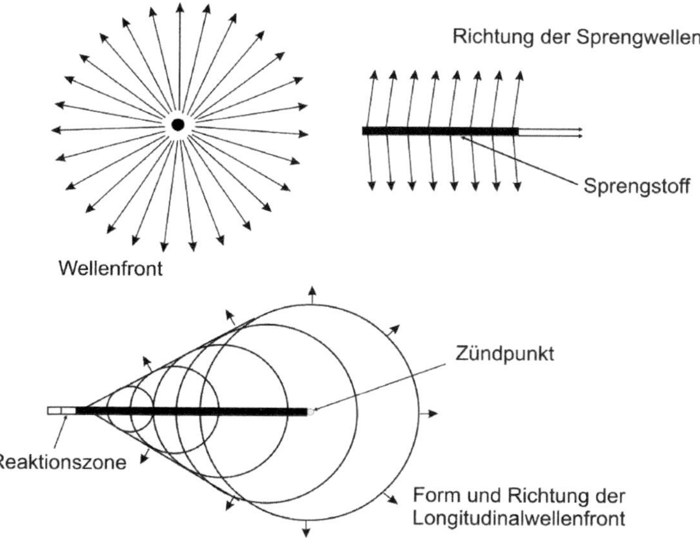

Bild 4.1 Darstellung der Umsetzung einer Sprengladung

Diese Stoßwelle wird vom Gebirge rasch gedämpft und klingt in elastischen Spannungswellen aus. Man unterscheidet dabei – je nach Ausbreitungsrichtung der Wellen – zwei Schwingungsarten, die sich aus der Gesamtbewegung der Masseteilchen zusammensetzen:

- Kompressionswellen, bei welchen die Teilchen in Ausbreitungsrichtung der Wellenfront schwingen
- Schubwellen (Transversalwellen), bei welchen die Teilchen infolge der durch Scherkräfte bewirkten Formänderungen normal zur Ausbreitungsrichtung der Wellenfront schwingen

Das Produkt aus Longitudinalwellengeschwindigkeit und Dichte ist die Impedanz *Z* oder akustische Härte des Gesteins. Die Impedanz als spezifischer Gesteinskennwert hat eine besondere Bedeutung in der Sprengtechnik. Die Druckwellenfront breitet sich kugelförmig im umgebenden Gebirge aus, wobei die Ausbreitungsgeschwindigkeit im Gebirge im Allgemeinen kleiner ist als die Detonationsgeschwindigkeit *VOD* (Velocity of Detonation). Dadurch ergibt sich für zylindrische Bohrlochladungen eine kegelförmige Wellenfront. Die von der Detonationsfront ausgehenden Schwingungen werden durch folgende Vorgänge gedämpft:

- die Verringerung an Energiedichte durch den immer größer werdenden Einflussbereich der Welle
- energieabsorbierende Mechanismen, wie Dämpfung infolge der elastisch-plastischen Gebirgseigenschaften, Wärmeverlust an der Stoßfront und Schaffung neuer Oberfläche (Bruch, Rissbildung)

An Flächen mit Impedanzunterschieden > 1 werden die elastischen Druckspannungswellen zum Teil als Zugspannungswellen reflektiert. Da solche Flächen nicht nur an der „freien Oberfläche" bei Medium-Luft vorkommen, sondern auch im Gestein durch Inhomogenitäten, Kluftflächen und dergleichen gegeben sind, baut sich durch die Überlagerung verschiedenster reflektierter und unreflektierter Druck- und Zugwellen ein komplizierter Spannungszustand auf. Die Wirkungszonen können wie folgt dargestellt werden: **(1)** Zermalmungszone, **(2)** + **(3)** Riss- oder Zertrümmerungszone sowie **(4)** Erschütterungszone. In Bild 4.2 sind die Bereiche der Beanspruchung in vereinfachter Weise dargestellt.

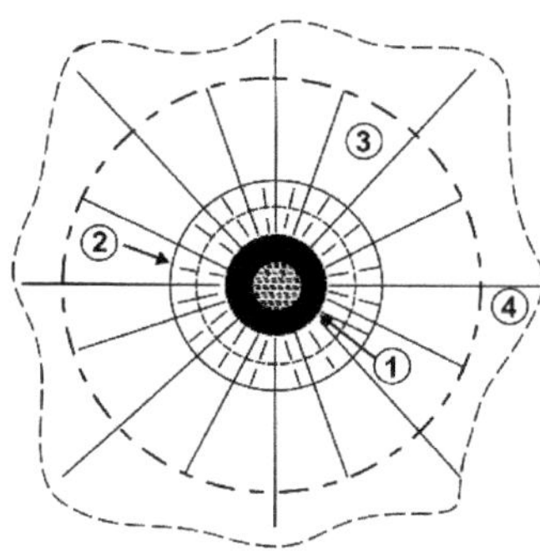

Zone	Das Gebirge wird ...
- Zermalmungszone	... zermalmt.
- Wurfzone	... zertrümmert und geschleudert.
- Risszone	... zertrümmert und nicht mehr bewegt.
- Erschütterungszone	... nur noch erschüttert.

Bild 4.2 Darstellung der Wirkungszonen um eine Sprengladung [16, 43]

■ 4.1 Zermalmungszone

Die durch den Detonationsstoß hervorgerufene Stoßwelle breitet sich mit Überschallgeschwindigkeit im Medium aus. Sie erzeugt eine Druckspannung, welche die Druckfestigkeit des Gebirges im Bereich um das Bohrloch übersteigt. Das Gebirge wird in diesem Bereich pulverisiert (zermalmt). Dadurch wird neue Oberfläche geschaffen und ein großer Teil der Wellenenergie absorbiert. Die Energie der Stoßwelle nimmt etwa mit der dritten bis vierten Potenz des Abstands vom Detonationspunkt ab. Reicht die Energie nicht mehr aus, um die Druckfestigkeit des Gebirges zu übersteigen, so geht die Stoßwelle in elastische Spannungswellen über. Die Reichweite der Zermalmungszone beträgt etwa das Zwei- bis Zehnfache des Ladungsdurchmessers je nach Gesteinsart, Sprengstoffeigenschaften und -menge.

■ 4.2 Risszone

Diese elastische Druckwelle breitet sich mit Schallgeschwindigkeit im Gebirge aus. Sie erzeugt nicht nur longitudinale Schwingungen in Ausbreitungsrichtung, sondern auch transversale normal dazu. Diese rufen tangentiale Zugspannungen hervor (Risszone). Die Zugfestigkeit von Gesteinen beträgt nur das 0,02- bis 0,05-Fache ihrer Druckfestigkeit. Dadurch werden die Tangentialspannungen gesteinszerstörend wirksam. Rund um das Bohrloch entsteht als Folge der direkten Druckwelle ein System von radialen Rissen. Da die Transversalwellengeschwindigkeit kleiner als die Ausbreitungsgeschwindigkeit der Longitudinalwellen ist, pflanzen sich die Radialrisse langsamer fort als die Druckwellenfront. Trifft nun eine Druckspannungswelle, bevor ihre Energie durch das Medium absorbiert wurde, auf eine Diskontinuitätsfläche, wo das Impedanzverhältnis > 1 ist, wird sie zum einen Teil als Zugwelle reflektiert und zum anderen Teil als Druckspannungswelle verminderter Intensität weiter übertragen.

An Grenzfläche zwischen Gebirge und Luft wird aufgrund des hohen Impedanzverhältnisses (etwa 104) nahezu die gesamte auf eine freie Fläche auftreffende Druckspannung als Zugspannung reflektiert. Dies ist angesichts der geringen Zugfestigkeit von Gesteinen für den Sprengvorgang von Bedeutung. Durch die reflektierte Zugspannungswelle, das Resultat sich überlagernder Zug- und Druckspannungen sowie durch die Entlastungswelle, die der Druckwellenfront nacheilt, entstehen Risssysteme. Die Energie der elastischen Druckspannungswelle wird mit zunehmender Entfernung *R* vom Bohrloch gedämpft. Die Reichweite der Risszone beträgt etwa den hundert- bis 120-fachen Bohrlochdurchmesser [16, 43].

4.3 Erschütterungszone

Die Sprengwelle klingt außerhalb der Risszone in einer Schwingung aus, deren Energie nicht mehr ausreicht, das Gebirge zu zerlegen. In diesem Wirkungsbereich der Sprengwelle werden die Schwingungen als Erschütterungen wahrgenommen. Die Energie der Erschütterungswelle nimmt mit zunehmender Entfernung vom Bohrloch ab. Die Ausbreitung der Erschütterungszone und Dämpfung der Erschütterung ist von den Gebirgseigenschaften abhängig.

4.4 Gasphase

Die durch den Detonationsstoß hervorgerufenen Druck- und Zugspannungswellen leisten nur einen Teil der Zerkleinerungsarbeit. Der größere Teil der Zerkleinerungsarbeit und auch das Werfen der Gesteinsmassen erfolgten durch die Expansionsenergie der Sprengschwaden (Gasphase). Die heißen Schwaden stehen im Bohrloch unter sehr hohem Gasdruck (ca. 10^5 bar). Die Höhe des Gasdrucks p_G wird von der Explosionstemperatur, der spezifischen Energie der Schwaden, der Lademenge und dem Volumen des Bohrlochs bestimmt.

$$p_G = f \cdot G / V \tag{4.1}$$

p_G Gasdruck [N/m²]
f spezifische Energie [kJ/kg]
G Sprengstoffmasse [kg]
V Hohlraumvolumen [m³]

Der unter Druck stehende Hohlraum ist größer als das Bohrlochvolumen und entspricht dem Volumen des durch die dynamische Belastung entstandenen zerstörten Bereichs. Das durch den Gasdruck hervorgerufene quasi statische Spannungsfeld überlagert sich mit den Zugspannungen der reflektierten Welle der dynamischen Phase und erzeugt zusätzlich zu den bereits entstandenen Risssystemen weitere Risse im Gebirge. Die Sprengschwaden können nun durch ihre Expansionskraft in die vorhandenen Risse eindringen und diese erweitern und vergrößern. Dies führt zur Gebirgszerlegung innerhalb der Vorgabe (bei nur einer freien Fläche, Abstand zum nächsten Bohrloch). Das Eindringen der Gase in das Gebirge führt dazu, dass die Vorgabe aus dem Gebirgsverband gelöst und geworfen wird. Die Detonationsphase und die Gasphase spielen sich innerhalb weniger Sekundenbruchteile ab.

4.5 Sprengenergieübertragung

Die durch Umsetzung des Sprengstoffs frei werdende Energie wird in das die Ladung umgebende Gebirge übertragen. Nur ein Teil der Energie wird für die Zerkleinerung genutzt. Die Energiebilanz ist hierbei wie folgt: Zerkleinerungsenergie 1 %, Rest: kinetische Energie, Erschütterungsenergie, Luftdruckwelle und Wärme. Etwa nur 1 % der eingebrachten Sprengstoffenergie dient dem eigentlichen Sprengziel, der Zerkleinerung. Die Übertragung der Energie von Sprengstoff ins Gebirge wird von der Umsetzungscharakteristik des Sprengstoffs, dem Laderaum und dem Gebirge beeinflusst [16, 43].

5 Gebirge und Sprengen

Die Eigenschaften eines Gebirges werden durch Eigenschaften der das Gebirge aufbauenden Gesteine, durch das Gefüge und eventuell durch vorkommende Gase sowie Wasser bestimmt. Hinzu kommen noch Gebirgsspannungen und Gebirgstemperatur, die ebenfalls die Gebirgseigenschaften beeinflussen können. Da Gebirge vielfach sehr inhomogen sind, kann das technische Verhalten im Allgemeinen nicht mehr durch Einzelparameter charakterisiert werden.

■ 5.1 Gebirge und Gestein

Der Begriff *Gebirge* entspricht dem natürlich entstandenen Teil der Erdkruste, aufgebaut aus *Festgestein* (Felsgestein) oder *Lockergestein* (Böden), manchmal im Wechsel beider und aus Füllungen aus festen, flüssigen oder gasförmigen Bestandteilen.

Der Begriff *Gestein* dagegen bezieht sich auf jene Locker- und Festkomponenten, welche die feste Erdkruste aufbauen. Gesteine können aus einem oder verschiedenen Mineralien zusammengesetzt sein (mono- oder polymineralisch). Im Allgemeinen können Gesteine im Hinblick auf ihr technisches Verhalten durch Einzelparameter wie etwa die Druck-, Zug- und Scherfestigkeit oder dem E-Modul charakterisiert werden. Aufgrund der Aktualisierung verschiedener Normen der VOB/C in 2015 bzw. deren Überarbeitung in 2016 sind Boden und Fels entsprechend ihrem Zustand vor dem Lösen in Homogenbereiche einzuteilen. Die Homogenbereiche sind zum Beispiel für die Bauleistungen Erdarbeiten, Rohrvortriebsarbeiten und Untertagebauarbeiten anzugeben [8, 17].

Die Klassifikationsangebote für die bautechnische Beurteilung von Festgesteinen (Fels) und Festgebirgen, mit den Bezeichnungen der Homogenbereiche, können zu unterschiedlichen, vereinzelt auch widersprüchlichen Auffassungen führen, die zum einen auf den Felsbaustellen zu Nachtragsforderungen führen. Zum anderen werden für die verschiedensten felsbaulichen Aufgabenstellungen genaue naturnahe Parameter sowie Kennzeichnungen der Festgesteine und -gebirge benötigt, die insbesondere für die Erarbeitung von realistischen Berechnungsmodellen und die Anwendung moderner Berechnungsverfahren geeignet sind. In Deutschland ist der Begriff Homogenbereich für alle Boden- und Felsarbeiten anzuwenden. Es sind daher auf der Grundlage langjähriger Erfahrungen im Umgang mit gesteinsphysikalischen und felsmechanischen Kennwerten der verschiedensten Festgesteine bzw. -gebirge Zusammenhänge wichtiger Parameter aufzuzeigen sowie diese zur Klassifizierung für verschiedene felsbauliche Fragestellungen zu nutzen. Außerhalb Deutschlands werden die bestehenden Gesteinsklassifizierungen zur Beurteilung mit einbezogen.

5.1.1 Begriffe und Definitionen

Nachfolgend werden die notwendigen Begriffe und Definitionen aufgeführt, die insbesondere für das Sprengen im Feld von großer Bedeutung sind. Es ist sehr wichtig, dass im Gespräch immer höchstmögliche identische Bezeichnungen genannt werden, die eine Verwechslung nicht zulassen. Im Bauwesen und in der Geotechnik, die den Erd-, Grund-, Fels- und Tunnelbau sowie die Grundlagen der Ingenieurgeologie, Boden- sowie Felsmechanik einschließt, werden die Gesteine wegen ihrer deutlichen Unterschiede im mechanischen Verhalten in die im Folgenden genannten Arten unterteilt.

Lockergesteine (Böden)

Wie bereits vorangehend erwähnt, ist der natürlich entstandene Teil der Erdkruste aus Festgestein (Felsgestein) oder Lockergestein (Böden) aufgebaut. *Lockergestein* (Boden) ist ein Gemisch von locker gelagerten oder/und aneinanderhaftenden Korngrößen aus Mineralien, Gesteinsteilchen oder/und organischen Beimengungen, das durch Kneten und Schütteln in Wasser zerfällt. Lockergestein (Boden) besteht manchmal zusammen im Wechsel mit Festgestein und aus Füllungen aus festen, flüssigen oder gasförmigen Bestandteilen. *Lockergesteinsverband* ist ein zusammenhängendes Vorkommen der Lockergesteine in der Natur, das durch die Lagerungsverhältnisse, geologische Bildungsbedingungen und Vorgeschichte geprägt ist.

Festgesteine (Fels)

Festgestein (Fels) ist ein Gemenge miteinander verkitteter oder verwachsener Minerale und/oder Gesteinsbruchstücke mit/ohne organische Beimengungen so fester Bindung, dass mindestens eine einaxiale Druckfestigkeit von 1 MPa gegeben ist bzw. durch Kneten oder Schütteln in Wasser kein Zerfall eintritt.

Festgebirge (Festgesteinsverband) ist ein zusammenhängendes Vorkommen der Festgesteine in der Natur, das sowohl durch das Vorhandensein von Trennflächen als auch durch die geologisch bedingten Bildungsbedingungen und Lagerungsverhältnisse gekennzeichnet ist.

Gefüge

Gefüge ist die Ausbildung, die räumliche Anordnung sowie die flächenhafte und lineare Orientierung aller Einzelbestandteile der geologischen Kategorien Mineral, Gestein, Gebirge und geologische Einheit. Die Minerale haben ein Kristallgefüge, die Gesteine ein Korngefüge, die Gebirge ein Flächengefüge und die regionalgeologische Einheit ein tektonisches Störungsgefüge. Die Gefügemerkmale sind in mechanischer Hinsicht wichtiger als stoffliche Eigenschaften [16, 17, 43]:

- *Korngefüge* ist die Ausbildung, Anordnung sowie Orientierung der Gemengteile eines Gesteins. Dies ist maßgebend zur Benennung.
- *Diskontinuitäten* sind alle Verformungs-, Brucherscheinungen, Hohlräume, verborgene Spaltebenen und Risse, die das mechanische Verhalten beeinflussen. Schichtung, Schieferung und mineralische Regelungen sind Diskontinuitäten.
- *Trennflächen* (synthetische Klüfte, Rupturen) sind natürliche Brüche oder Bruchsysteme, entlang derer der Zusammenhalt des Festgesteins aufgehoben ist und die genetisch bedingte gesetzmäßige Raumstellungen aufweisen. Brüche parallel zur Schichtung sind Schichtflächen. Bei Brüchen parallel zur Schieferung handelt es sich um Schieferungsflächen und bei denen entlang von Bewegungsbahnen um Störungsflächen.
- *Trennflächenscharen* sind annähernd parallele Trennflächen einer Richtung und Genese. Die Festgebirge haben in der Regel drei richtungskoordinierte Trennflächenscharen.
- *Trennflächengefüge* umfasst die Ausbildung, Anordnung, Verteilung und Orientierung der Trennflächen bzw. Kluftkörper eines Homogenbereichs im Festgebirge gleicher Entstehung.
- Der *Trennflächenabstand* ist der kürzeste Abstand zwischen Trennflächen gleicher Größenordnung und Trennflächenschar. In der dargelegten Form wird nach klarstellender Definition für den Felsbau aufgezeigt, dass folgende physikalische Parameter der Gesteine zur geotechnisch felsmechanischen Klassifikation geeignet sind:
  - akustische (anstelle der einaxialen) Impedanz
  - Druckfestigkeit
  - Porosität
  - Wasseraufnahme

Zwischen diesen Eigenschaften gibt es statistisch gesicherte Zusammenhänge (Bild 5.1) [17]. Die Kluftabstände, die durchschnittliche Kluftkörperkantenlänge bzw. die Häufigkeit der Trennflächen der Festgebirge auf der x-Achse und die akustische Impedanz der Festgesteine auf der y-Achse gestatten, aus einem langjährig bewährten Diagramm die Ausbruchfestigkeit unter Tage und die Sprengbarkeit über Tage objektiv einzuordnen [16, 17, 43]. Die Ergänzung der Gebirgsklassifizierung kann durch die Ableitung der Bohrbarkeit aus der Festigkeitseinteilung und Abrasivität der Festgesteine erfolgen.

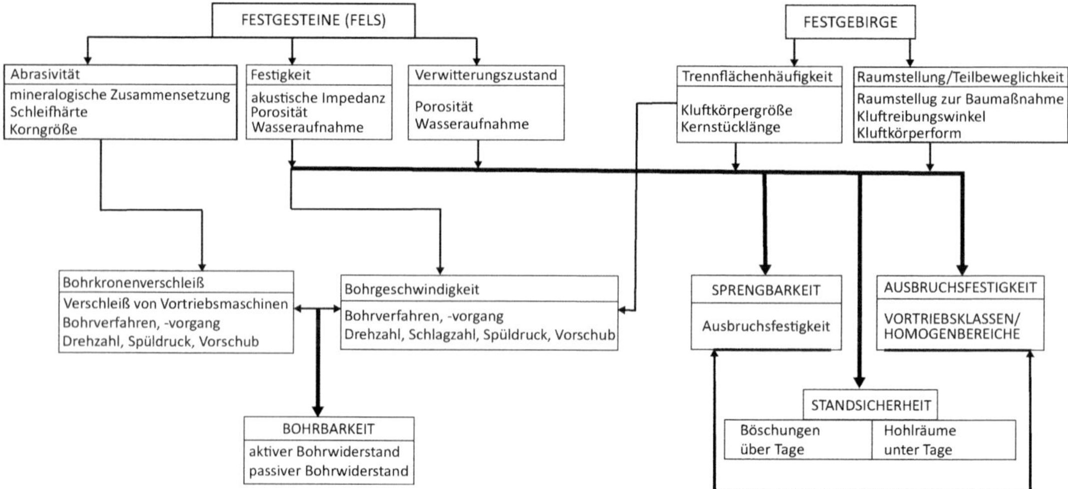

Bild 5.1 Klassifikationsvorschläge [17] und deren direkte Zusammenhänge

5.1.2 Gebirgseigenschaften

Je homogener ein Gebirgskörper hinsichtlich seiner stofflichen Zusammensetzung aufgebaut ist und je weniger Diskontinuitäten diesen Aufbau stören, desto eher bestimmen die Gesteinseigenschaften das Sprengergebnis. Zu beachten sind daher folgende Punkte:

- Gebirgseigenschaften
- Gesteinseigenschaften
- Gebirge und Bohrarbeit
- Gesteins- und Gebirgseigenschaften bei Dimensionierung der Sprenganlage
- Gesteinseigenschaften und Sprengergebnis bei der Korngrößenverteilung
- Gebirge und Sicherheit

Die Gebirgs- oder Verbandsfestigkeit ist wegen der mehr oder weniger zahlreichen festigkeitsmindernden Trennflächen im Gebirge wie Spalten, Klüfte, Schichtflächen und dergleichen in der Regel erheblich geringer als die Substanzfestigkeit des Gesteins, aus dem sich der Gebirgskörper aufbaut.

Die Stabilität einer Böschung im Festgestein wird durch das vorliegende geologische Gefüge, dessen mechanische Eigenschaften und die Orientierung des Gefüges zur Böschung bestimmt.

Ein Versagen des Gebirges/des Untergrunds tritt dann ein, wenn die Scherfestigkeit des Gefüges/des Gesteins überschritten wird und nicht mehr im Gleichgewicht mit der Gravitation, einer möglichen Auflast oder dem Porenwasserdruck im Gleichgewicht steht. Ein Versagen folgt bestimmten Mechanismen (Versagensmechanismen), wobei diese im Regelfall bei Festgesteinen durch zwei Prozesse, Gleiten oder/und Rotation gesteuert werden. Für die Böschungshöhe stellt eine an die Geologie und die eingesetzten Arbeitsmittel angepasste Höhe den wichtigsten Beitrag dar. Eine Reduktion der Höhe bewirkt immer eine Reduktion des Ausmaßes von Versagensereignissen und beider Gefahrenbereiche. Eine Reduktion der Höhe vermindert im Lockergestein die Eintrittswahrscheinlichkeit. Allerdings ist Gebirge im Allgemeinen inhomogen aufgebaut, d. h., es weist Risse und Klüfte mit verschiedenen Kluftfüllungen, Störungszonen mit Dichte- oder Druckunterschieden etc. auf. Auch stofflich ist seine Zusammensetzung unter Umständen uneinheitlich. Aus diesem Grund treten vielfach die Gesteinseigenschaften wie Festigkeit, Elastizität, akustische Eigenschaften, Bruchverhalten und andere mehr gegenüber den Gefügeeigenschaften im Hinblick auf das Sprengverhalten in den Hintergrund.

Aus den vorangehend dargelegten Gründen muss immer auf die jeweiligen Gebirgsverhältnisse eingegangen werden. Im Zweifelsfall sollte eine mit der Geologie vertraute Person hinzugezogen werden. Bild 5.2 zeigt den Grad der Gesteinszerlegung in Abhängigkeit von Durchtrennungsgrad und Klüftigkeit sowie die damit verbundene Abnahme der Gebirgsfestigkeit. Die Festigkeit von Gesteinen nimmt mit zunehmendem Durchtrennungsgrad (Klüftigkeit) stark ab. Die Klüftigkeit hat einen großen Einfluss darauf, inwieweit die Gebirgseigenschaften noch von den das Gebirge aufbauenden Gesteinen bestimmt werden.

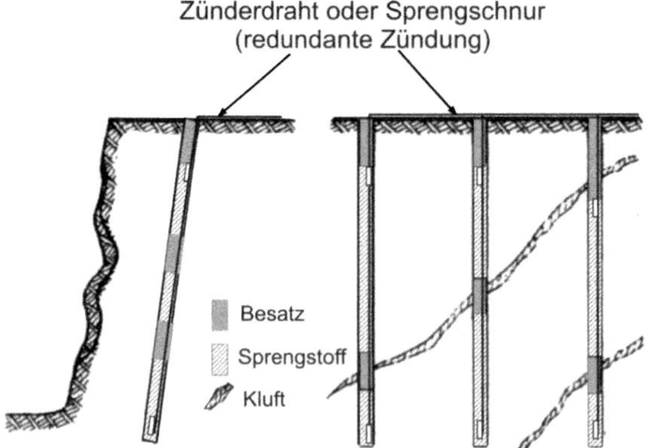

Bild 5.2
Darstellung von Kluftbereichen in der Abbauwand

5.2 Wirtschaftliche Bedeutung der Sprengarbeit

Die Sprengarbeit stellt in den allerwenigsten Fällen das Endziel der betrieblichen Tätigkeiten dar. Vielmehr ist die Sprengarbeit eine sehr praktische und effiziente Methode, um vorgegebene Endziele zu erreichen. Im Falle des Gewinnungsbergbaus ist das Endziel, ein Verkaufsprodukt, das möglichst hohe Erlöse erzielt, zu den geringstmöglichen Kosten zu erzeugen. Im Falle der Auffahrung eines Tunnels oder des Abteufens eines Schachtes mithilfe der Bohr- und Sprengarbeit ist das Endziel, einen sicheren und funktionsfähigen Tunnel oder Schacht, welcher die ihm gestellten Aufgaben erfüllt, möglichst kostengünstig herzustellen. In beiden Fällen ist die Sprengarbeit ein Mittel zum Erreichen eines Endzweckes (= Teilprozess der Wertschöpfungskette).

Dieser Aspekt muss bei der Beurteilung der wirtschaftlichen Bedeutung der Sprengarbeit berücksichtigt werden. In Bild 5.3 wird die Abhängigkeit des Sprengstoffs von der Druckfestigkeit des Gebirges dargestellt. Auf dieses wichtige Thema wird in Kapitel 8 noch näher eingegangen. Dies ist für die wirtschaftliche Beurteilung der Sprengarbeit von Bedeutung, da die Zielsetzung entweder die Maximierung der Profite (Erlöse – Kosten) oder die Minimierung der Kosten ist. Aus dieser Sicht muss der Beitrag der Sprengarbeit als wichtiger Teil des Gesamtsystems gesehen werden.

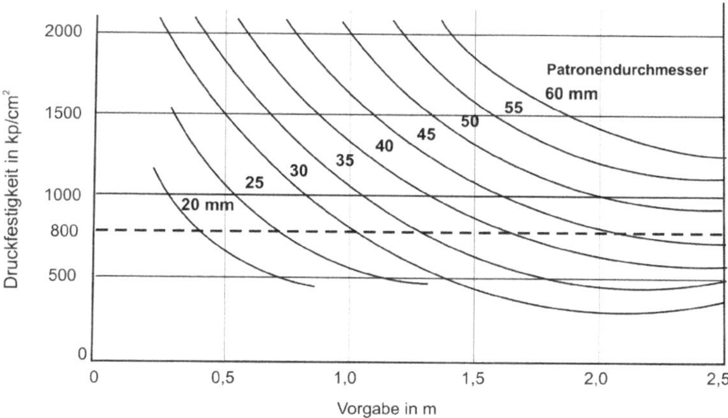

Bild 5.3 Abhängigkeit zwischen Druckfestigkeit des Gebirges und Patronendurchmesser

Die Sprengarbeit ist im Allgemeinen ein Teilvorgang eines größeren Prozesses. Im Falle der Gewinnung mineralischer Rohstoffe ist die Aufgabe der Sprengarbeit das Lösen des Lagerstätteninhalts aus dem Gebirgsverband sowie die Vorbereitung des hereingesprengten Minerals für die nächsten Schritte des Gewinnungsprozesses, d. h. das Laden, Abfördern und Aufbereiten des Minerals. Eine wichtige zusätzliche Forderung ist, dass die Qualität und die Menge des Verkaufsprodukts durch die Sprengarbeit nicht nachteilig beeinflusst wird bzw. dass die mit der Sprengarbeit verbundenen unvermeidbaren Beeinträchtigungen der Umwelt minimiert werden.

Die wirtschaftlich zweckmäßigste Vorgehensweise beim Lösen (Zerkleinern, Freisetzen) von Gebirge wird vornehmlich von den Festigkeitseigenschaften des Gesteins sowie der Klüftigkeit bestimmt. In vielen Fällen kann dies bedeuten, dass die geringsten Sprengkosten nicht unbedingt die wirtschaftliche Lösung für das Unternehmen sind. Dies gilt insbesondere dann, wenn durch die Sprengarbeit die Produktmenge oder Produktqualität, d. h. die Erlöse ungünstig beeinflusst werden oder wenn nachgeschaltete Aktivitäten infolge einer ineffizienten Sprengarbeit erforderlich werden. Bild 5.4 zeigt die Abgrenzung der mechanischen Gewinnungsverfahren vom Gewinnen durch Bohren und Sprengen [43]. Es ist zu berücksichtigen, dass durch eine eventuell aufwendigere Sprengarbeit nachgeschaltete Aktivitäten entweder ganz vermieden oder wesentlich erleichtert werden.

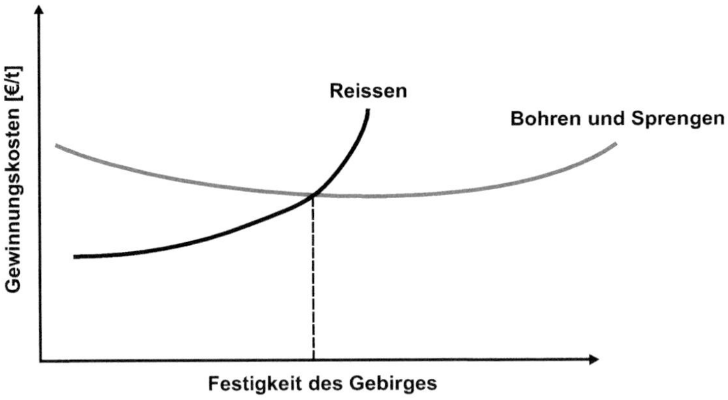

Bild 5.4 Darstellung des Bohrens und Sprengens im Vergleich zum mechanischen Reißen

Bei der Beurteilung des wirtschaftlichen Potenzials und der wirtschaftlichen Bedeutung der Sprengarbeit ist es zweckmäßig, die verschiedenen funktionalen Aufgaben des Sprengens nochmals kritisch zu betrachten.

5.2.1 Aufgaben der Sprengarbeit

Die Aufgaben der Sprengarbeit können wie folgt zusammengefasst werden:

- Lösen und Gewinnen von Gesteinen aus dem natürlichen Gebirgsverband
- Zerkleinern des Gesteinsmaterials
- Auflockern und Vorbereiten des Gebirges für andere Tätigkeiten und Zwecke, z.B. Auflockern des Gebirges für nachfolgendes chemisches oder mechanisches Herauslösen des Wertstoffinhalts
- Transport des hereingesprengten Materials: Dies kann durch Schaffung eines lade- und transportfreundlichen Haufwerkes erreicht werden.
- Schaffen von Hohlräumen, Böschungen, Einschnitten, Gräben und Fundamenten

5.2.2 Beurteilung der Bohr- und Sprengarbeit

Die Gewinnung mittels Bohr- und Sprengarbeit besteht aus

- dem Vorbereiten des Bohrbereiches für die Bohrarbeit,
- dem Markieren der Bohrlöcher,
- dem Bohren der Sprengbohrlöcher,

- dem Laden und Besetzen der Sprengbohrlöcher,
- der Herstellung der Zündleitung,
- den Sicherheitsmaßnahmen vor dem Abtun der Sprengung,
- der Wartezeit nach der Sprengung und
- den Sicherheitsmaßnahmen vor
  - dem Beginn der Ladearbeit,
  - dem Beräumen der Bruchwand,
  - dem Laden des hereingesprengten Materials,
  - dem Abtransport der Knäpper,
  - dem Zerkleinern der Knäpper,
  - dem Abfördern des hereingewonnenen Materials und
  - dem Einbringen des Ausbaus (im Falle der untertägigen Gewinnung).

Aus der Aufzeichnung der vielen einzelnen Tätigkeiten werden die wirtschaftlichen Vorteile größerer Sprenganlagen ersichtlich, da gewisse Vorgänge unabhängig von der Größe der Sprenganlage durchgeführt werden müssen, wie z. B. das Absichern des Sprengbereichs sowie die Wartezeiten vor und nach der eigentlichen Sprengung. Zudem ist bei größeren Sprenganlagen die Möglichkeit der Mechanisierung gewisser Tätigkeiten eher gegeben als bei kleinen Sprenganlagen. Wie später noch aufgezeigt wird, haben große Sprengungen nicht nur Vorteile, sondern auch gewisse Nachteile. Vielfach stehen die Betriebsgröße und der Betriebszuschnitt der Betriebe Großsprengungen entgegen.

5.2.3 Bohrgenauigkeit

Der Bohrgenauigkeit wird im Allgemeinen nicht die Aufmerksamkeit geschenkt, die sie verdient. Dies gilt insbesondere für längere Sprengbohrlöcher. Eine Abweichung von 3° bedeutet bei einem zehn Meter langen Sprengbohrloch eine Abweichung von 0,5 m.

Bild 5.5 Bohrlochverlauf bei einem Bohrloch (BL) mit einem Durchmesser von 89 mm (mit und ohne Verwendung einer Führungsstange)

In der Praxis werden die Bohrungenauigkeiten meist durch einen unnötigerweise hohen spezifischen Sprengstoffverbrauch oder durch eine Verringerung der Vorgabe und des Seitenabstands kompensiert. Dies führt zu hohen Sprengstoffkosten, einem hohen Bohraufwand und einem hohen Feinkornanteil.

Außer der durch Bohrungenauigkeiten verursachten Verdünnung des Förderguts führt ungenaues Bohren zu zusätzlichem Ausbauaufwand und erhöht die Steinfallgefahr (Bild 5.5, Bild 5.6 und Bild 5.7).

Bild 5.6
Steinschlaggefahr durch Bohrfehler

Bild 5.7
Steinschlaggefahr durch Abrutschen

Eine der Besonderheiten der Sprengarbeit ist, dass Verbesserungen in der Bohrgenauigkeit (Bild 5.8) ohne gleichzeitige Verbesserung der Zündgenauigkeit nur teilweise Verbesserungen erbringen. Aus wirtschaftlicher Sicht ist es demnach erforderlich, sowohl die Bohr- als auch die Zündgenauigkeit zu verbessern. Der dafür erforderliche Aufwand ist in der Mehrzahl der Fälle mehr als gerechtfertigt.

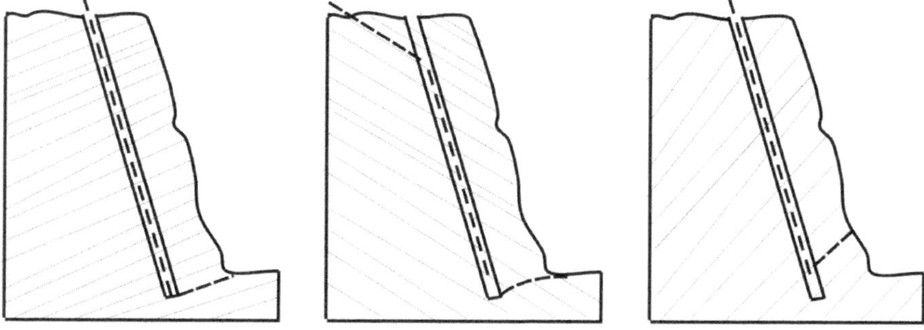

Bild 5.8 Anpassung des Bohrens von unterschiedlichen Gebirgsschichtungen

Bild 5.9 zeigt die in der Praxis angetroffenen Bohrungenauigkeiten, wie **(1)** falscher Ansatzpunkt, **(2)** falscher Bohrwinkel, **(3)** falsche Bohrlochtiefe, **(4)** zugefallene Bohrlöcher und **(5)** Abweichungen.

Im Falle des untertägigen Bergbaus führt die ungenaue Bohrarbeit häufig zu einer unnötigen Verdünnung des Förderguts und damit verbunden zu höheren Lade-, Transport- und Aufbereitungskosten. Im Falle von Bergwerken mit begrenzter Förderkapazität führt die durch ungenaues Bohren verursachte Verdünnung zu einer Verringerung der Wertstoffmenge und somit zu verringerten Erlösen.

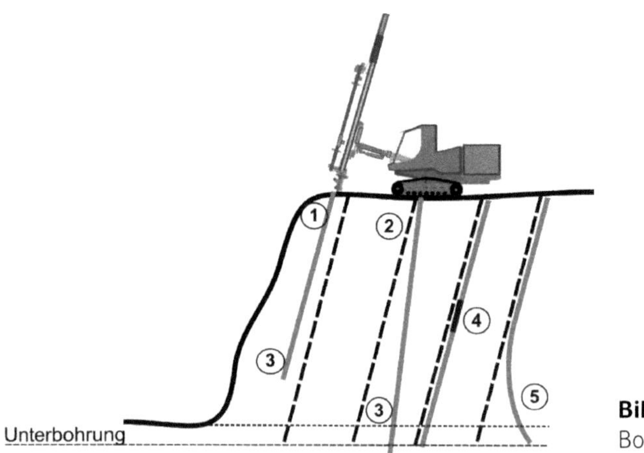

Bild 5.9
Bohrfehler

6 Zündmittel

Die Erfahrung zeigt, dass der Einsatz hochwertiger Zündmittel aus Sicht der Gesamtwirtschaftlichkeit eines Betriebs in der überwiegenden Zahl der Fälle gerechtfertigt ist. Grund dafür ist das nachweisbar bessere Sprengergebnis bei Verwendung hochwertiger Zündmittel. So sind unter anderem Beispiele aus dem Tunnelbau bekannt, wo durch den Einsatz von hochwertigen Zündmitteln die Profilgenauigkeit entscheidend verbessert werden konnte. Dies führte zu deutlichen Kostenersparnissen beim Tunnelausbau. Auf die Vorteile hochwertiger Zündmittel für die Kontrolle der Bodenerschütterungen und der Druckwelle wurde bereits hingewiesen. Durch die Verwendung hochwertiger Zündmittel ist es demnach möglich, größere Sprenganlagen bei gleicher Umweltbelastung abzutun.

6.1 Allgemeines zur Zündung

Die Sicherheit und der Erfolg oder Misserfolg bei der Durchführung von Sprengungen hängen in hohem Maße von der Möglichkeit ab, den Auslösungszeitpunkt und den kontrollierten Ablauf einer Sprengstoffumsetzung lenken zu können. Dazu bedient man sich der Zündmittel. Unter Zündmitteln versteht man alle Stoffe, Gegenstände, Maschinen und Hilfsmittel, die zur Auslösung von Sprengstoffumsetzungen herangezogen werden können. Der heutige Stand der Sprengtechnik basiert letztendlich auf einer fertigungstechnisch hochwertigen Ausführung von Zündmitteln, die dazu beitragen, dass eine umweltgerechte Durchführung von Sprengungen möglich ist.

Um die Umsetzung eines Sprengstoffs einleiten zu können, werden physikalische Bedingungen notwendig, die einer Detonationswelle in der Umsetzungszone des Sprengstoffs gleichen. Dies ermöglicht die Erzeugung einer Stoßwelle, deren Intensität so groß ist, dass sie den Trägheitsfaktor des Sprengstoffs überwindet und so lange einwirkt, bis die initiierte Stoßwelle den Sprengstoff umsetzt. Die notwendige Initiierungsenergie wächst dabei mit der Reaktionszeitlänge, der Detonationsgeschwindigkeit sowie der Ladedichte des Sprengstoffs [43]. Die Bezeichnung für Stoffe, die zur Initiierung von Sprengstoffen eingesetzt werden, ist Initialsprengstoffe. Der Detonationsimpuls wird entsprechend als Initialstoß bezeichnet. Typisch für Initialsprengstoffe ist es, dass ihre Auslösung durch Funken oder Flammen eine so schnelle Reaktion einleiten, dass sich die ausgelöste Umsetzung in eine Detonation steigert [20, 43, 47].

In der Sprengtechnik kommen folgende Zündungsarten zum Einsatz, die in den nächsten Abschnitten vorgestellt werden:

- elektrische Zündung
- nichtelektrische Zündung
- elektronische Zündung
- Zündung mit Sicherheitsanzündschnur
- Zündung mit Sprengschnur

6.2 Elektrische Zündung

Die elektrische Zündung steht mit der historisch gewachsenen Produktpalette für fast alle sprengtechnischen Anwendungen bereit (Bild 6.1). Die Genauigkeit der Millisekundenzünder verhindert Überlappungen und leistet bei richtiger Handhabung einen wesentlichen Beitrag zur besserer Bruch- und Erschütterungskontrolle. Schlagwettersichere Zünder sind für den Gebrauch in Umgebungen, in denen das Risiko der Entzündung von explosiven Methan-Luft- und Kohlenstaub-Luft-Gemischen besteht, konstruiert.

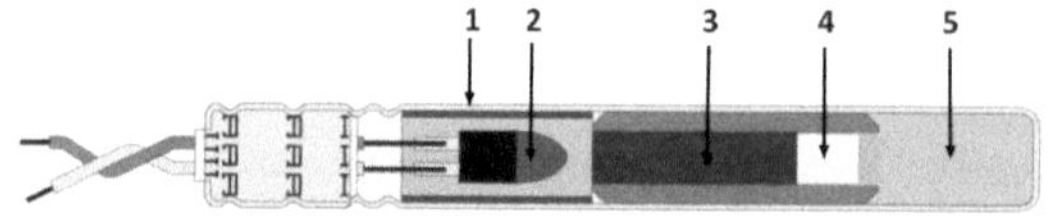

1 = Isolierhülse
2 = Anzündpille
3 = Verzögerungssatz
4 = Primärladung
5 = Sekundärladung

Bild 6.1 Elektrischer Zünder

Lange Verzögerungszeiten ermöglichen genügend große Zeitabstände für die erfolgreiche Sprengung von Gräben und Kanälen, Tunnels, Schächten, Stollen und andere Arbeiten unter und über Tage. Farben der Drahtisolationen müssen den Anforderungen nationaler Vorschriften entsprechen. Bei schwer beherrschbaren Nebenschlüssen und erheblicher Fremdstromgefährdung kann heutzutage jedoch auf die nichtelektrische Zündschlauchzündung zurückgegriffen werden.

Elektrische Zünder bestehen aus einem mit zwei Zuleitungsdrähten versehenen Zünderköpfchen, das mithilfe eines PVC-Stopfens in einer mit einer Sprengkapselladung versehenen Metallhülse festgehalten wird. Durchfließt die beiden Zünderdrähte ein Strom, wird die Glühbrücke des Zünderköpfchens erhitzt. Erreicht das Glühdrähtchen die Entzündungstemperatur der Zündmasse des Köpfchens, wird durch die entstehende Flamme zuerst die Primär- und dann die Sekundärladung zur Detonation gebracht und durch die Detonation der Sprengkapsel auch der die Kapsel umgebende Sprengstoff. Bei Zeitzündern (Viertel-, Halb- und Millisekunden-Zünder) befindet sich zwischen Köpfchen und Primärladung das sogenannte Verzögerungssatzstück, das nach zeitlich genau festgelegtem Abbrennen die Primärladung zündet.

Brückenzünder: Der wesentliche Bestandteil der Brückenzünder besteht aus zwei voneinander isolierten, durch eine kräftige Kunststoffklammer in ihrer gegenseitigen Lage festgehaltenen Kontaktlamellen. Die Befestigung der Glühbrücke an den Kontaktlamellen ist bei den Brückenzündern durch Einklemmen und Verschweißen auf verlässlichste Art hergestellt. Die Glühbrücke ist von einer kugelförmigen Zündpille umgeben. Eine metallisierte antistatische Lackschicht schützt das Köpfchen gegen Feuchtigkeit und bildet durch eine hochohmige elektrische Verbindung mit den Anschlusslamellen einen Faraday'schen Käfig als Schutz gegen statische Spannungsausgleiche.

Brückenwiderstand und Empfindlichkeit: Es werden vorwiegend elektrische Zünder mit drei verschiedenen Empfindlichkeiten (A, U und HU) verwendet, deren Zündimpulse etwa im Verhältnis 1 : 10 : 1000 stehen.

Normalempfindliche Brückenzünder A: In vielen Ländern werden die Brückenzünder A nur noch in Ausnahmefällen verwendet, so zum Beispiel in der Pyrotechnik und für seismische Zwecke.

Unempfindliche Zünder U: Die Streustromsicherheit der U-Zünder ist mindestens dreimal so hoch wie bei den Brückenzündern A. Die U-Zünder benötigen zu ihrer sicheren Zündung einen etwa zehnmal größeren Zündimpuls als A-Zünder. Zur sicheren Unterscheidung der U-Zünder von Zündern anderer Empfindlichkeitsstufen muss die Kennzeichnung der Zünderdrähte beim Hersteller erfragt werden.

Hochunempfindliche Zünder HU: Wie schon erwähnt, wird mit diesen Zündern eine hohe Schutzwirkung gegen ungewollte Zündungen durch statische und atmosphärische Elektrizität, durch Einflüsse von Bahn- und Hochspannungsnetzen und durch Streuströme aus Starkstromanlagen erreicht. Darüber hinaus sind diese Zünder auch in hohem Maße nebenschlusssicher. Da beim Schießen mit solchen Zündern der Widerstand des Zündkreises, infolge der verwendeten Kupferleitungen, im Vergleich zu den möglichen Nebenschlüssen sehr klein ist, wird der Zündstrom nur wenig geschwächt. Beim Abtun von HU-Zündern ist darauf zu achten, dass eine Schießleitung verwendet wird, die besonders gut isoliert ist, damit die

Spannung der Kondensatorzündmaschine ohne Durchschläge bis zur Zünderkette gelangt. Der Isolationszustand der Zünderkette selbst ist nicht so kritisch wie bei anderen Zündern, da der Zündkreiswiderstand wesentlich kleiner ist als eventuell vorhandene Nebenschlüsse zur Erde. Frühzündungen durch Induktion sind nicht zu erwarten. Zum Abtun der HU-Zünder ist ein etwa tausendmal größerer Zündimpuls nötig als für die Brückenzünder A. Die HU-Zünder werden in der Regel nur an verzinnten Kupferdrähten geliefert. Die Kennzeichnung der Zünderdrähte muss beim Hersteller erfragt werden.

6.2.1 Einteilung der elektrischen Zünder

Je nachdem, ob die Sprengkapsel direkt vom Zünderköpfchen oder indirekt über ein Verzögerungssatzstück gezündet wird, unterscheidet man Moment- und Zeitzünder. Nach den Brenndauerintervallen unterscheidet man Viertelsekunden, Halbsekunden und Millisekundenzünder [20, 45]. Während die Sprengladungen bei Verwendung von Momentzündern im Augenblick der Zündung gleichzeitig detonieren, kommen sie bei der Anwendung von Zeitzündern in vorbestimmten Zeitintervallen zur Detonation.

6.2.2 Elektrische Zeitzünder

Die Verzögerungsdauer wird durch die Brennzeit des Verzögerungssatzstücks, das sich zwischen Zünderköpfchen und der Sprengkapsel befindet, bestimmt. Das Verzögerungssatzstück wird in verschiedenen Längen hergestellt, sodass die Zünder in regelmäßigen Intervallen gezündet werden. Die Zeitstufen werden durch Etikettenbänder angegeben, die an den Zünderdrähten befestigt sind. Außerdem ist die Nummer der Zeitstufe, zusammen mit den Herstellerinitialen, auch noch am Sprengkapselboden eingeprägt.

Halbsekundenzünder: Halbsekundenzünder bestehen in der Regel je nach Hersteller aus 15 bzw. 18 Zeitstufen. Die Brennzeiten der Halbsekundenzünder haben Intervalle von 0,5 Sekunden (500 ms), d. h., die Nummer 1 zündet eine halbe Sekunde nach dem Einschaltmoment, während die Nummer 15 erst nach 7,5 s bzw. die Nummer 18 erst neun Sekunden nach dem Stromdurchgang zur Detonation kommt. Kommt zu diesen Serien von Zeitstufen noch die Stufe 0 hinzu, so stehen hier 16 bzw. (je nach Hersteller) 19 Intervalle zur Verfügung.

Viertelsekundenzünder: Viertelsekundenzünder bestehen in der Regel je nach Hersteller aus 15 bis max. 18 Zeitstufen. Die Brennzeiten der Viertelsekundenzünder haben Intervalle von 0,25 Sekunden (250 ms), d. h., die Nummer 1 zündet eine Viertelsekunde nach dem Einschaltmoment, während die Nummer 15 erst nach

3,75 s bzw. die Nummer 18 erst 4,5 Sekunden nach dem Stromdurchgang zur Detonation kommt. Kommt zu diesen Serien von Zeitstufen noch die Stufe 0 hinzu, so stehen 16 bzw. (je nach Hersteller) 19 Intervalle zur Verfügung.

Millisekundenzünder: Die Zünderserie 80 ms bzw. (je nach Hersteller) 100 ms wurde speziell für den Tunnel- und Straßenbau geschaffen. In ihrem Aufbau sind die Millisekundenzünder (MS-Zünder) gleich den Viertel- und Halbsekundenzündern. Die Millisekundenzünder mit Intervallen von 25 ms bis 100 ms fallen unter den Begriff Kurzzeitzünder, während die Viertel- und Halbsekundenzünder mit Intervallen von 250 ms und 500 ms unter den Begriff Langzeitzünder fallen. Die Millisekundenzünder werden in der Regel in Serien von 30 Zeitstufen geliefert, nämlich 1 bis 20 in 25 ms und 21 bis 30 in 50 ms, sodass bei Mitverwendung der Zeitstufe 0 bis 31 Zeitstufen zur Verfügung stehen. Bei der Millisekundenzündung handelt es sich um eine Zeitzündung, bei der die Schüsse in sehr rascher Folge nacheinander kommen [43]. Die günstige Wirkung der Zündungsart beruht darauf, dass sie die Vorteile der Momentzündung mit der Zeitzündung vereint. Ähnlich wie bei der Momentzündung ergeben die Schüsse eine Summenwirkung, ohne dass dabei unerwünschte erhebliche Erschütterungen wie bei der Momentzündung auftreten.

Die Wirkung der Millisekundenzündung kommt dadurch zustande, dass die von jedem einzelnen Schuss erzeugte Detonationswelle das Gebirge in seiner Umgebung in einen Zustand der Spannung und Schwingung versetzt. Durch diesen Zustand wird die Schlagkraft des folgenden Schusses sehr günstig beeinflusst, da er in ein vorgespanntes Gebirge wirkt. Außerdem wird durch die Wirkung dieses Schusses die Arbeit des Gasdrucks des vorhergegangenen Schusses unterstützt. Die Folge davon ist, dass die Vorgabe bei gleichem Aufwand an Sprengstoff viel stärker zertrümmert wird als bei jeder anderen Zündungsart. Es ist daher in der Regel möglich, die Bohrlöcher weiter auseinanderzusetzen und so an Kosten für Sprengstoff und Bohrarbeit zu sparen. Überdies lässt sich die Streuwirkung auf das Hauwerk weit besser beeinflussen als bei der normalen Zeitzündung oder bei der Momentzündung. Durch diesen Umstand sowie durch den fein stückigen Anfall, wird der Einsatz von mechanischen Ladegeräten sehr begünstigt. Die bei einem mit Millisekundenverzögerung gezündeten Abschlag entstehenden Erschütterungen sind geringer als bei Momentzündung mit der gleichen Sprengstoffmenge. Das nachteilige Lockern und Ansprengen des stehen gebliebenen Gebirges wird vermieden [20, 43, 47].

Auch unter Tage bringt die Anwendung des Verfahrens Vorteile. Das bei der Verwendung von Viertel- oder Halbsekundenzündern manchmal vorkommende Abschlagen der Schlagpatronen der später kommenden Schüsse durch die Wirkung der vorhergehenden fällt weg, da bereits alle Schüsse gezündet haben, ehe eine Bewegung der Vorgabe auftritt. Beim Schießen in durch Schlagwetter gefährdeten Gruben ist es wichtig, dass ein direkter Kontakt zwischen den Schussflammen und den gegebenenfalls vor Ort befindlichen schlagenden Wettern vermieden wird, da sich die Vorgabe bis zur Detonation des letzten Schusses beinahe noch in ihrer ursprünglichen Lage befindet.

Eine der Spezialeigenschaften von Zündern der Klassen III und IV (Tabelle 6.1) ist ein größerer Schutz gegen unbeabsichtigte Zündung durch fremde Energiequellen (Streuströme, elektrostatische Entladungen, Radio- oder Radarwellen, atmosphärische Entladungen). Zünder der Klasse III wurden speziell für Zündungen in Wohngebieten hergestellt, und Zünder der Klasse IV werden für Sprenganlagen mit Risiko durch unbeabsichtigte Zündung (Starkstromleitungen, Eisenbahnlinie usw.) benützt. Es ist nicht möglich, für die Anwendung der Millisekundenzündung allgemeingültige Regeln aufzustellen, da diese Zündungsart viel mehr als jede andere von den örtlichen Verhältnissen, von der Art und Beschaffenheit des Gebirges, von der Art des Sprengstoffs und von weiteren Umständen abhängig ist. Es gibt jedoch einige Voraussetzungen, die erfüllt werden müssen, damit die optimale Wirkung der Millisekundenzündung zustande kommt. Die wichtigste von diesen dürfte die Forderung sein, dass die benachbarten Bohrlöcher parallel oder nur in einer schwachen Neigung gegeneinander geführt werden sollen, weil nur dann die von einem Schuss erzeugte Spannungswelle auf den folgenden und auf den vorher gezündeten Schuss richtig wirken kann.

Tabelle 6.1 Empfindlichkeitsklassen

Standard-Empfindlichkeitsklassen	Klasse I	Klasse II	Klasse III	Klasse IV
Nichtansprechstromstärke	0,18 A	0,45 A	1,2 A	4,0 A
Nichtansprechstromimpuls	0,8 mJ/Ω	8 mJ/Ω	80 mJ/Ω	1,1 J/Ω
Serienzündstrom	≥ 1 A	≥ 1,5 A	≥ 3,5 A	≥ 25 A
Ansprechstromimpuls	≥ 3,0 mJ/Ω	≥ 16 mJ/Ω	≥ 140 mJ/Ω	≥ 2,5 J/Ω

Verwendung an Orten mit Schlagwettergefahr: Dafür werden Moment- und Zeitzünder erzeugt, die den internationalen Vorschriften für schlagwettersichere Zünder entsprechen müssen. Alle schlagwettersicheren Zünder werden in Kupfersprengkapseln eingebaut.

Seismische Zünder: Für seismische Bodenuntersuchungen werden Zünder mit einer hohen Zündgleichmäßigkeit und einer unter einer Millisekunde liegenden Ansprechzeit verlangt. Die seismischen Zünder müssen gut gegen statische Elektrizität geschützt sein.

6.2.3 Belastbarkeit vs. Funktionssicherheit von Sprengzündern

Unter der Belastbarkeit von Sprengzündern wird die maximal zulässige Größe einer äußeren Belastbarkeit von Sprengzündern verstanden, ohne dass eine erhebliche, die Handhabungssicherheit beeinflussende Beschädigung oder eine ungewollte Detonation erfolgt. Der Begriff ist nicht zu verwechseln mit der Festlegung der Funktionssicherheit von Sprengzündern [5].

Unter der Funktionssicherheit von Sprengzündern wird allgemein die maximal zulässige Größe einer äußeren Beanspruchung von Sprengzündern verstanden, wobei die Funktionssicherheit (= die Detonation eines Sprengzünders bei ordnungsgemäßer Zuführung der Zündenergie zum erforderlichen Zeitpunkt) nicht infrage gestellt wird. Es ist dabei zu bemerken, dass die die Funktionssicherheit in Frage stellenden Belastungsgrößen in der Regel unter denen liegen, welche die Belastbarkeit bestimmen. Elektrische Zünder reagieren bei Zufuhr der Stromstärke, der Energie sowie des Stromimpulses über die Zünderdrähte auf die Glühbrücke. Dabei ist zu bedenken, dass die Übertragung auf die Zündanlage nicht nur durch galvanischen Kontakt, sondern auch durch kapazitive und induktive Ankoppelung stattfinden kann [5].

6.2.4 Einwirkung von Hochfrequenzenergien (Sender)

Neuere wissenschaftliche Untersuchungen und europäische Normenvorschläge zeigen, dass die in der Technischen Regel zum Sprengstoffrecht (SprengTR 310 - Sprengarbeiten) vom 5. Oktober 2016 genannten Sicherheitsabstände zu Funksendern den aktuellen Kenntnisstand beschreiben. Durch die Einhaltung der Sicherheitsabstände bzw. Messungen der elektromagnetischen Felder (EMF) können Unfälle durch Frühzündung vermieden werden. Die Abstände können mit folgender Formel ermittelt werden, wobei die Berechnung des Mindestabstands a_M eine Funktion aus der wirksamen Strahlungsleistung *EIRP* und der Sendefrequenz f ist [58]:

$$a_M = f\left[EIRP, f\right] \quad (6.1)$$

EIRP bedeutet äquivalente isotrope Abstrahlung (Equivalent Isotropic Radiated Power).

Der Aufbau elektrostatischer Ladungen in elektrisch leitfähigen Strukturen entsteht durch Ladungstrennung bei bewegten Materialien und kann Personen, Maschinen oder andere Gegenstände umfassen. Ladespannung, Speicherkapazität und Entladewiderstand bestimmen die charakteristischen Eigenschaften der elektrostatischen Entladung. Die Gefährdung von Zündern durch ESD (= elektrostatische Entladungen) hängt auch von den Eigenschaften der Zünder selbst ab. Diese müssen im Rahmen einer ESD-Qualifikation ermittelt werden. Im Zweifelsfall müssen nichtelektrische Zündsysteme verwendet werden. Eine Abschätzung kann anhand von Tabelle 6.1 durchgeführt werden.

Beispiel: Es wird eine Strahlungsleistung *EIRP* von 500 kW und eine Sendefrequenz *f* von 20 MHz angenommen. Daraus ergibt sich aus Tabelle 6.2 ein Mindestabstand a_M von 3200 m [58].

Tabelle 6.2 Mindestabstand a_M bei Verwendung von Zündern der Klasse II

	f > 0,1–1,5 MHz	*f* > 1,5–10 MHz	*f* > 10–30 MHz	*f* > 30–100 MHz	*f* > 100–500 MHz	*f* > 500–1000 MHz	*f* >1,5 GHz
EIRP > 0,1 W bis 0,5 W	2	2	3	2	1	1	1
EIRP > 0,5 W bis 1 W	3	3	4	3	1	1	1
EIRP > 1 W bis 5 W	6	3	8	5	2	1	1
EIRP > 5 W bis 20 W	15	6	15	10	4	1	1
EIRP > 20 W bis 100 W	30	15	35	25	8	2	1
EIRP > 100 W bis 1 kW	85	40	100	70	30	6	3
EIRP > 1 kW bis 10 kW	270	120	330	210	80	20	10
EIRP > 10 kW bis 100 kW	850	400	1000	660	260	60	30
EIRP > 100 kW bis 400 kW	1700	750	2000	1320	510	120	60
EIRP > 400 kW bis 1 MW	2600	1200	3200	2100	800	180	95
EIRP > 1 MW bis 3 MW	4500	2000	5500	3610	1400	310	160

6.3 Nichtelektrische Zündung (nonel)

Der Effekt beruht darauf, dass in kleinsten Röhren (lichte Querschnitte von wenigen Millimetern) feinstverteilter Explosivstoff (Sprengstoffstaub oder explosibles Gas) eine Explosion mit Detonationseigenschaften über weite Strecken leiten kann und dabei die Röhre (Kunststoffschlauch) als Transportmittel nicht einmal zerstört wird. Ein Bedürfnis für ein neues sprengtechnisches Zündverfahren bestand parallel und objektiv, weil für die international üblichen elektrischen A-Zünder mit nur 0,18 A Nichtansprechstromstärke zunehmend Risiken erkannt wurden. So ist es nachvollziehbar, dass in den 1970er-Jahren ein nichtelektrisches Zündsystem mit dem Kürzel „nonel" – von „non electric" entlehnt – von der damaligen Nitro Nobel AB Schweden auf den Markt kam, das den Schockschlaucheffekt als wesentliches Merkmal nutzte. Die nichtelektrischen Zündsysteme der verschiedenen Hersteller sind prinzipiell vergleichbar [58].

6.3.1 Nichtelektrische Zeitzünder

Die nichtelektrische Zündung bietet mehrere Vorteile, z.B. bei der Handhabung (Bild 6.2). Die fehlende Messmöglichkeit und die zum Teil verbotene Kürzung der Zündschläuche könnten aber auch als Nachteil verstanden werden. Statt der beiden Zünderdrähte, wie bei den elektrischen Zündern, besitzt der nichtelektrische Zünder einen Kunststoffschlauch (Shock Tube). Dieser Schlauch hat einen Außendurchmesser von ca. 3 mm und ist aus zwei verschiedenen Materialien gefertigt. Der innere Schlauch hat eine chemische Beschichtung (je nach Hersteller) von ca. 16 mg pro Meter. Diese Beschichtung detoniert nach der Zündung mit einer Geschwindigkeit von ca. 2000 m/s. Der Schlauch behält nach seiner Zündung seine ursprüngliche Form. Am Ende des Schlauchs zündet die Flamme der Detonationsfront das Verzögerungselement des Zünders. Die Länge der Zündschläuche hängt vom Verwendungszweck ab und kann in der Regel von 2 m bis 30 m in Sprüngen von 0,5 m bis 1,0 m bezogen werden.

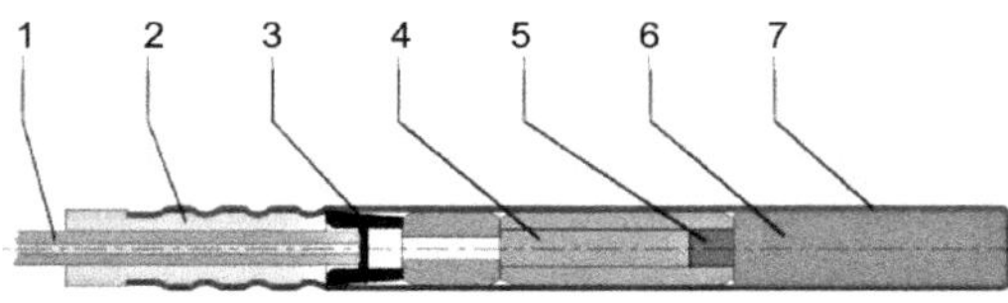

Bild 6.2 Nichtelektrischer Zünder

Zwei Verfahrensvarianten unterstreichen die relativ universelle Anwendbarkeit. Mit dem nichtelektrischen Zündsystem (nonel) ist ein Instrument gegeben, das ein umweltgerechtes Sprengen erlaubt.

6.3.2 Einsatzbereiche

Das System kommt insbesondere dann zur Anwendung, wenn die Zündzeitstufen der elektrischen Zündung nicht ausreichen oder wenn Fremdeinwirkungen wie z. B. elektrostatische Felder oder andere elektrische Energie die Sprengarbeiten gefährden. Das nichtelektrische Zündsystem ist ein erprobtes, ausgereiftes und vollständiges Zündsystem, mit dem ein weiter Teil der Sprengtechnik abgedeckt werden kann.

Keine Anwendung bietet es in methangasgefährdeten Gruben und bei seismischen Sprengungen. Das nichtelektrische Zündsystem bietet höchstmögliche Sicherheit gegen alle gefährlichen Einwirkungen elektrischer Energie. Die nichtelektrischen Verzögerungszünder sind für die präzise Steuerung von Sprengungen in Tagebauen, Untertagebauen, Metall- und Nichtmetallerzgruben und auf Baustellen ausgelegt, in welchen die Gefahr von Schlagwetter oder Kohlenstaubexplosionen nicht besteht. Verwendet werden hier Moment-, Kurzzeit- und Langzeitzünder. Erweitert gehören dazu Oberflächenverzögerer. Dies sind nichtelektrische Zünder mit stark verminderter Grundladung. Die Aluminium-Hülse befindet sich dabei in einem Kunststoffblock. Dieser ist speziell so konstruiert, dass die Hülse nur für die Verbindung der Bohrlochzünder und zum Aufbau der Zündanlage dient und nur zur Zündung der Zündschläuche verwendet werden kann. Die Verzögerungszeiten sind mit 0 ms bis 200 ms ausgestattet. In den Kunststoffblöcken können mehrere Anzündschläuche befestigt werden.

■ 6.4 Elektronische Zündung

Die elektronische Zündung ist ein elektrisches Zündverfahren, bei dem im Gegensatz zur elektrischen Zündung bzw. zu den nichtelektrischen Zündverfahren die Verzögerung des Sprengzünders über einen Mikroprozessor (Chip) gesteuert wird. Die darauf basierende hohe Zündgenauigkeit ist das im Vergleich zur konventionellen pyrotechnischen Verzögerung wesentliche Merkmal der elektronischen Zündung.

6.4.1 Zündgenauigkeit

Allein die Zündgenauigkeit kann zu einer Verbesserung der Sprengergebnisse beitragen. Generell erwachsen aus dem Einsatz elektronischer Zündtechnik in den verschiedenen Marktsegmenten und Anwendungen wie in Steinbrüchen, im Tunnelbau, in Kohlentagebauen, im Erztage- und Tiefbau weitere Möglichkeiten zur Optimierung der Sprengergebnisse. Zu den wichtigsten Vorteilen gehören die Optimierung von Haufwerksstückigkeit und -lage, die Verringerung des spezifischen Sprengstoffaufwands, die Minimierung von Erschütterungen (minimale Schwinggeschwindigkeiten und hohe Frequenzen), die Verbesserung der Profilgenauigkeit im Tunnelbau, die Verbesserung der Standfestigkeit der Bruchwände, die Beeinflussung der Vermischung von Wertstoff und Nebengestein (selektive Gewinnung) sowie die flexible Gestaltung von komplizierten, großen Sprenganlagen [1, 20, 43, 47].

6.4.2 Einsatzbereiche

Die elektronische Zündung kann alle Aufgaben der elektrischen und nichtelektrischen Zündung erfüllen (Bild 6.3). Der Zünder ist hinsichtlich seiner Abmessungen, seines Aussehens und seiner Initiierungskraft mit dem bekannten herkömmlichen Momentzünder mit der Sprengkapsel Nr. 8 nahezu identisch. Die Leiterplatte ist auf der einen Seite unter anderem mit einem Kondensator, auf der anderen Seite mit einem Mikroprozessor bestückt. Der Kondensator übernimmt als Energiespeicher die Funktion eines pyrotechnischen Verzögerungssatzes. Dieser ist bei der Zündung aufgeladen, sodass jeder Zünder unabhängig von der eingestellten Verzögerungszeit zwischen 0 und 15 000 ms sicher gezündet wird [20].

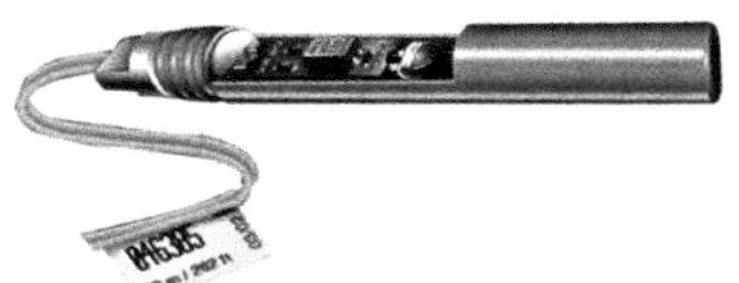

Bild 6.3 Elektronischer Zünder

Die im weltweiten Markt verfügbaren elektronischen Zündsysteme unterscheiden sich im Gegensatz zu den konventionellen Zündsystemen je nach Hersteller ganz wesentlich hinsichtlich ihrer Sicherheit, Zuverlässigkeit und Funktionalitäten (wie z. B. Handhabung, Systemkomponenten, Systemspezifikationen wie maximaler Widerstand der Zündleitung, maximale Zünderzahl, maximale Verzögerungszeiten, Programmierbarkeit, Überprüfbarkeit etc.). In diesem Zusammenhang ist zu erwähnen, dass die elektronische Zündung gerade im Zusammenspiel mit Planungs-, Analyse- und Dokumentationsprogrammen ganz neue Möglichkeiten bietet. Auch hier unterscheiden sich die von den Herstellern angebotenen Systeme deutlich. Bei Verwendung der unterschiedlichen Zündsysteme sind die technischen Details von den Herstellern zu hinterfragen und mit in die Planung einzubeziehen. Systeme von verschiedenen Herstellern dürfen dabei nicht zusammen verwendet werden.

Heutzutage stehen dem Anwender unterdessen vier homogene Zündarten zur Verfügung, die alle ihre Existenzberechtigung haben (Bild 6.4). Das gilt auch für die Zündschnurzündung [20]. Sie ist die einzige Zündart, bei der keine materielle Verbindung beim Auslösen der Zündung zur Zündanlage bestehen muss. Bis heute ist sie deshalb die einzige geeignete Zündart, z. B. für Wurfladungen, im Bereich der Katastrophenbekämpfung.

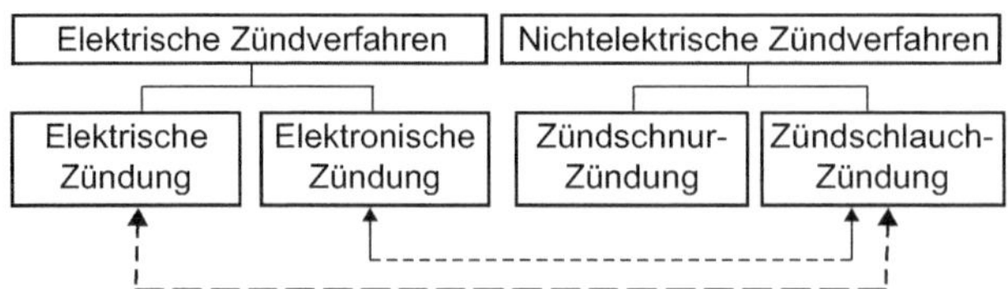

Bild 6.4 Zündmöglichkeiten

6.5 Zündung mit Sicherheitsanzündschnur

Beim Einsatz von Sicherheitsanzündschnüren sind diese vor ihrer Verwendung auf Unversehrtheit (z. B. Knickstellen, Brüchigkeit, Feuchtigkeit) zu überprüfen (Bild 6.5). Des Weiteren muss die Brenndauer überprüft werden. Die Länge der Sicherheitsanzündschnur ist so zu bemessen, dass rechtzeitig eine Deckung aufgesucht oder der Gefahrenbereich verlassen werden kann, jedenfalls aber so, dass die Brenndauer der Sicherheitsanzündschnur mindestens zwei Minuten beträgt.

Zündschnurzündung ist die einzige Zündart, bei der keine materielle Verbindung beim Auslösen der Zündung zur Zündanlage bestehen muss. Bis heute ist sie deshalb die einzige geeignete Zündart, z. B. für Wurfladungen im Bereich der Katastrophenbekämpfung.

Bild 6.5 Sicherheitsanzündschnur

Die Brenndauer der Sicherheitsanzündschnur ist bei fortlaufender Verwendung mindestens einmal monatlich, sonst vor jeder erneuten Verwendung zu prüfen. Unter sicherheitsrelevanten Aspekten ist die Verwendung von Pulverzündschnüren in vielen Bereichen der Sprengtechnik zurückgegangen oder sogar verboten. Elektrische, elektronische und nichtelektrische Zündsysteme werden heute in diesen Bereichen eingesetzt.

Anforderungen

Bei der Verwendung dürfen Zündschnüre unter 2 m Länge nicht eingesetzt werden, damit für die Personen am Sprengort ein genügender Sicherheitszeitraum bleibt. Weiterhin müssen die Zündschnüre 20 cm aus dem Laderaum herausragen und dürfen sich nicht ringeln, um ein vorzeitiges Erlöschen zu vermeiden. Ausgenommen von den vorangehend genannten Maßen sind Zündschnurlängen bei Wurfladungen, wie sie bei Eissprengungen und Schneefeldsprengungen vorkommen. Während des Verbindens von Sprengkapseln mit Sicherheitsanzündschnüren ist ein Abstand von mindestens fünf Metern zu anderen Arbeitnehmern/Arbeitnehmerinnen, Sprengstoffen und sprengkräftigen Zündmitteln einzuhalten. Zum Herstellen der Verbindung sind nur geeignete Werkzeuge, wie Sicherheitsanwürgezangen, zu verwenden, die auch im Falle einer unbeabsichtigten Detonation der Sprengkapsel während des Anwürgevorgangs Schutz gegen Verletzungen gewährleisten [1, 5, 43, 47].

6.6 Zündung mit Sprengschnur

Nach der Erfindung der Sprengschnur als mit Schießbaumwolle gefüllten Blei- bzw. Zinnröhrchen und ihrem erstem Einsatz 1879 in der französischen Armee dauerte es bis 1930, dass die etwa bis heute verwendete Sprengschnur mit Nitropentafüllung zur Anwendung kam (Bild 6.6). Sprengschnur kann Sprengstoff oder Zündmittel bei ihrer Verwendung sein. Wenn es um die sichere Übertragung des Zündimpulses auf alle Teile der Sprengladung geht, übernimmt die Sprengschnur die zündtechnischen Aufgaben. Diese Situation wird bei Großbohrlöchern angetroffen, was die Verwendung zur Zündverteilung bei Stahlsprengungen mit hochbrisanten Schneidladungen erklärt.

Bild 6.6
Aufgerollte Sprengschnur

Aus zündtechnischer Sicht hat der Sprengschnureinsatz Höhen und Tiefen erlebt, weil er unumstritten einen Sicherheit bringenden Faktor darstellt, aber andererseits ein Kostenfaktor ist. In jüngster Zeit wird bei Gewinnungssprengungen aus detonationstechnischen Gründen (Schallentwicklung) öfter auf die Sprengschnur verzichtet. Ihre hohe Detonationsgeschwindigkeit von > 6000 m/s bedeutet, dass erst 6 m Längenunterschied 1 ms Zeitunterschied verursachen. Damit kann ein Sprengschnureinsatz bei kurzen Längenunterschieden genauere Zündzeiten liefern als mehrere Momentzünder. Zu beachten ist bei der Anwendung von Sprengschnüren, dass das Kaliber (Sprengstoffgehalt je Meter) der Sprengschnur zur Initiierung des betreffenden Sprengstoffs geeignet ist. Kurze Stücke großkalibriger Sprengschnüre können auch den Charakter von Zündverstärkern (Booster) bewirken [5]. Zündverstärker sind meist ein Element der sicheren Zündübertragung bzw. werden zur Gestaltung optimaler Detonationsverläufe eingesetzt. So wird das Initiiervermögen von Sprengkapseln erhöht oder eine höhere anfängliche Detonationsgeschwindigkeit angestrebt. Mit vollständiger Sprengschnurverteilung lassen sich im Extremfall Zündanlagen mit einem einzigen Zünder auslösen. Dafür kann dann sogar eine Zündschnurzündung benutzt werden. Mit Spreng- oder Detonationsverzögerern, die zwischen die Sprengschnur gekuppelt werden, lassen sich sogar Verzögerungen in der Zündanlage erzielen. Diese Elemente sind jedoch kaum mehr in Anwendung. Es darf nicht vergessen werden: Auch das ist eine Form nichtelektrischer Zündung. Die Sprengschnur lässt sich mit allen Zündarten zusammen einsetzen und kann jede Zündart variieren. Die Verwendung von Sprengschnüren in Zündanlagen hat meist Einfluss auf die Gestaltung der Zündanlage. Booster dienen der sicheren und günstigen Gestaltung von Detonationsvorgängen [1, 5, 32, 43, 47].

6.6.1 Einsatzbereiche

Ein wesentlicher Vorteil durch das Zünden mit Sprengschnur besteht in der Möglichkeit, lange Ladesäulen mit gewolltem oder ungewolltem Zwischenbesatz (wie z.B. das Hineinfallen von bereits aufgelockertem Material innerhalb des Bohrlochs) mit den dabei auftretenden Teilladesäulen sicher zu zünden.

Auch ANC-Sprengstoffe können mit den entsprechenden Sprengschnüren sicher gezündet werden. Bei der Zündung mit Sprengschnur gibt es keine eigentliche Schlagpatrone, da die Sprengschnur auf ihrer gesamten Länge jeden kapselempfindlichen Sprengstoff zündet. Die Sprengschnur wird in der Regel mit der ersten Patrone in das Bohrlochtiefste eingebracht. Dadurch ist sichergestellt, dass die gesamte Ladesäule durchdetoniert, auch wenn gewollte oder ungewollte Unterbrechungen vorhanden sind. Beim Einsatz von Sprengschnüren ist darauf zu achten, dass diese straff bis in das Bohrlochtiefste eingebracht werden, damit keine Schlingenbildung entstehen kann. Eine Schlingenbildung könnte das Einbringen von Sprengstoff behindern sowie dazu beitragen, dass eine Unterbrechung der Detonation bewirkt wird.

6.6.2 Sprengschnurverbindungen

Es kann vorkommen, dass während der Ladetätigkeit mit einer Sprengschnur der Rest auf einer Rolle mit einer neuen Sprengschnur verbunden werden muss. Wenn eine Verbindung notwendig ist, so darf diese keine Behinderung innerhalb des Bohrlochs für die Ladetätigkeit darstellen. In schlecht eingebrachten Bohrlöchern sowie beim Einsatz von patronierten Sprengstoffen sollte daher darauf verzichtet werden. Das Verbinden der beiden Schnurenden hat so zu erfolgen, dass in einer Länge von 20 cm die Schnüre dicht aneinander liegen und fest mit Isolierband umwickelt werden. Dadurch werden gleichzeitig die offenen Schnurenden abgedichtet. Sprengschnurverbindungen sollen nicht im Wasser liegen [43].

6.6.3 Sprengschnurabzweigungen

Eine Zeitverzögerung bei Sprengschnurzündung zwischen den einzelnen Bohrlöchern kann durch einen Kurzzeitzünder erreicht werden, der über seine ganze Länge am Bohrlochmund mit der Sprengschnur verbunden ist (Zünder zeigt in Richtung Detonationsverlauf), oder eine Verzögerung durch Sprengverzögerer oder eine Momentzündung mit Abzweigungen von der Haupt- oder Leitsprengschnur.

Die Abzweigungen werden so hergestellt, dass die Sprengschnüre der einzelnen Bohrlöcher in einer Länge von 20 cm an die Leitsprengschnur angelegt und mit Isolierband fest verbunden werden. Die Abzweigungen müssen in Richtung Detonationsverlauf angebracht sein, andernfalls sind Versager möglich. Abknicken, Schlingenbildung sowie Überkreuzungen sind grundsätzlich zu vermeiden. Müssen mehrere Sprengschnüre parallel geführt werden, so muss der Abstand zwischen ihnen mehr als 20 cm betragen. Anhand des peitschenden Knalls von Sprengschnüren und der daraus folgenden hohen Schallimmission sind Sprengschnüre sorgfältig abzudecken. Bei Lagerung und Anwendung ist darauf zu achten, dass keine Feuchtigkeit an den offenen Enden der Sprengschnur eindringen kann. Ab einem bestimmten Feuchtigkeitsgehalt lassen sich die Schnüre nicht mehr durch einen seitlich angelegten Zünder initiieren. Daher sollen die Schnittstellen der Sprengschnüre wasserdicht verschlossen werden (Isolierband, Abdichtkappen) [43].

6.7 Zündmittelentwicklungen

Hinsichtlich einer zukünftigen Nachhaltigkeit ist zu bemerken, dass der Verzicht auf große Mengen von Zünderdrähten, bestehend aus Stahl, Zink und Kupfer, umweltschonendere Ressourcen erwarten lässt. Hier beginnt der Ansatz, einen nichtelektrischen Zünder mit elektronischer Verzögerung zu entwickeln (Bild 6.7). Eine Stromquelle für die vorangehend genannten Zünder ist eine „Thermalbatterie" mit aktivierbarem Impuls-Zündschlauch (Shock Tube), die in der Lage ist, die Elektronik des Zünders länger als zehn Sekunden zu versorgen. Die Batterie kann nur über einen Zündschlauch (Shock Tube) aktiviert werden. Dazu besteht eine hohe Sicherheit gegenüber ähnlichen pyrotechnischen Verzögerungen, da sie nicht durch mechanische Störung aktiviert werden kann und widerstandsfähig gegen Wasser und Hitze bis zu 300 °C ist. Wird die Batterie aktiviert, beginnt die Stromversorgung der Elektronik, welche die vorprogrammierte Verzögerungszeit erkennt. Diese aktiviert die Zündpille mit Primär- und Sekundärladung.

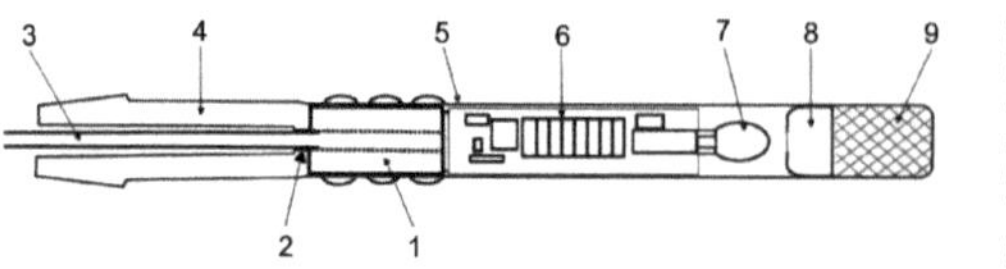

1 Thermalbatterie
2 Stutzen mit Öffnung
3 Zündschlauch
4 Schlauchstopfen
5 Alu-Hülse
6 elektronisches Verzögerungselement
7 Zündpille
8 Primärladung
9 Sekundärladung

Bild 6.7 Nichtelektrischer Zünder mit elektronischer Verzögerung

Ein Zündertyp dieser Art ermöglicht 150 bis 300 Nennverzögerungszeiten, was für Pyrotechnik unerreichbar ist. Das Hauptgebiet der Anwendung von Thermalbatterie-Zündern ist die Genauigkeit von in das Bohrloch eingebrachten Zündern (Inhole) für Sprengabläufe mit längeren Verzögerungszeiten bei nichtelektrischer Zündung. Bei herkömmlichen Zündern sind nicht genug Zündzeitstufen (max. 30 – 40) vorhanden.

Die weiteren technologischen Entwicklungen der Zündsysteme, wie die Funkfernzündung über verschlüsselte Übertragungsprotokolle [1, 61] oder die Einbeziehung von satellitengestützten Positionierungssystemen bei der Vorbereitung einer Sprenganlage, werden insbesondere dem zunehmenden Einsatz von Expertensystemen in der Sprengtechnik zuzuschreiben sein. Heutzutage werden bereits verschiedenste computergestützte Programme zum Beispiel zur Prognose und Analyse von Erschütterungen oder der Haufwerksstückigkeit eingesetzt.

Die Ergebnisse solcher Analysen werden in Datenbanken abgelegt, welche die Basis eines Expertensystems bilden. Zugang in ein solches Expertensystem finden dann beispielsweise geologische Daten, die beim Bohren der Sprenganlage direkt erfasst werden, Bohrlochdaten zur Verknüpfung mit der softwaregestützten Planung für ein nichtelektrisches, elektronisches Zündsystem, alle weiteren sprengtechnischen Parameter, die Auswertung des Sprengergebnisses sowie eine abschließende Bruchwandvermessung. Mit jeder weiteren Sprengung wird die Datenbasis des Expertensystems vergrößert, sodass die für die Betriebe sprengtechnisch relevanten Eingangsparameter immer besser dargestellt werden können. Das Expertensystem ermöglicht dann die optimale Festlegung der Sprengparameter für die nächste Produktionssprengung entsprechend den betrieblichen Anforderungen.

7 Umweltaspekte bei der Sprengarbeit

Die Gewinnung mineralischer Rohstoffe wird in zunehmendem Maße von der Bewältigung der mit dem Rohstoffabbau verbundenen Auswirkungen auf die Umwelt beeinflusst. In diesem Zusammenhang kommt der Sprengarbeit eine besondere Bedeutung zu. Bei der Sprengarbeit werden große Energiemengen in sehr kurzen Zeitintervallen umgesetzt. Dadurch kommt es zu den bekannten Sprengerschütterungen, der Emission von Schallwellen und der Entwicklung von Staub. Ein Hauptanliegen der ingenieurmäßigen Behandlung sprengtechnischer Fragestellungen muss es daher sein, die Umweltauswirkungen der Sprengarbeit, unter Berücksichtigung betriebswirtschaftlicher Einschränkungen, zu minimieren.

7.1 Sprengerschütterungen

Unter dem Begriff Erschütterungen (Vibrationen) im technischen Sinn werden alle Arten mechanischer Schwingungen in festen Körpern verstanden. Erschütterungsimmissionen sind durch technische Vorgänge an schützenswerten Orten (z. B. innerhalb eines Wohngebäudes) auftretende Erschütterungen. Dadurch werden betroffene Gebäude und Bauteile dynamisch belastet. Erschütterungsimmissionen wirken aber auch auf Menschen ein, die sich in betroffenen Gebäuden aufhalten (Bild 7.2).

Wenn eine Sprengstoffladung in einem Sprengbohrloch zur Detonation gebracht wird, dann wird die im Sprengstoff enthaltene chemische Energie in Bruchteilen von Millisekunden umgesetzt. Die zeitliche Rate der Energieumsetzung wird durch die Detonationsgeschwindigkeit beschrieben. Die Temperatur der entstehenden Gase beträgt einige 1000 K und der Gasdruck einige 10 000 MPa. Durch den hohen Initialdruck wird das Gestein in der unmittelbaren Umgebung des Bohrlochs zermalmt. Der Durchmesser der Zermalmungszone beträgt etwa das Doppelte des ursprünglichen Bohrlochdurchmessers. Im Einzelfall hangt er vom verwendeten Sprengstoff der Ladedichte und dem Gesteinstyp ab. Von der Peripherie der Zermalmungszone entwickeln sich radiale Risse. Das expandierende Gas dringt in diese Risse ein und erweitert sie.

Mehrere Millisekunden nach der Detonation beginnt sich das Gestein zu bewegen. Der Großteil der im Sprengstoff enthaltenen Energie wird für die Gesteinszerkleinerung, d.h. das Schaffen neuer Oberflächen sowie das Werfen des Gesteins, aufgebraucht. Ein Teil der Energie breitet sich in der Form von elastischen Wellen im Gebirge und in der Form von Schallwellen aus. Es sind diese Wellen, welche für einen Großteil der mit der Sprengarbeit verbundenen Umwelteinwirkungen verantwortlich sind (Bild 7.1).

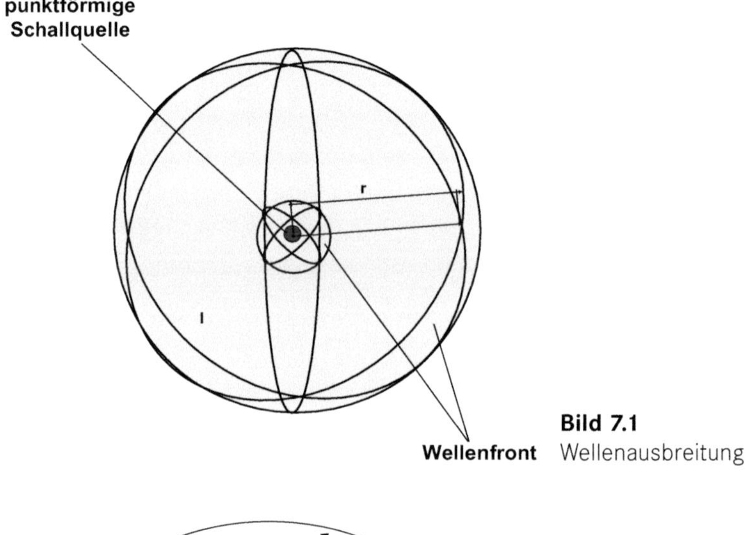

Bild 7.1
Wellenausbreitung

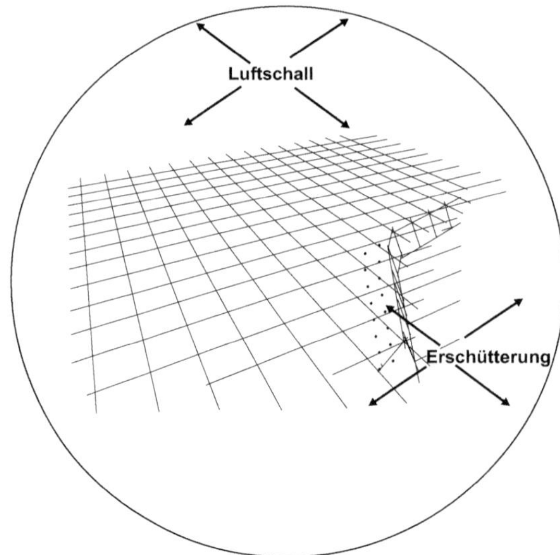

Bild 7.2
Erschütterung und Schallausbreitung

7.1.1 Erschütterungswellen

Die bei Gewinnungsarbeiten durch Explosion erzeugte Verschiebung von Gebirgs-(Masse-)Teilchen erfolgt in Wellen, die als Erschütterungen wahrgenommen werden. Die Transversal- oder Scherwellen bewegen sich oberflächennah mit ca. 3,1 km/s bzw. oberflächenfern mit ca. 7,5 km/s. Da die Longitudinalwellen einen bestimmten Ort eher erreichen, bezeichnet man sie als Primärwellen (P-Wellen), die Transversalwellen hingegen als Sekundärwellen (S-Wellen). P-Wellen und S-Wellen bezeichnet man auch als Raumwellen. Im Unterschied dazu stehen die besonderen räumlichen Verhaltensmuster der sogenannten Oberflächenwellen, die Love-Wellen (L-Wellen) oder Rayleigh-Wellen (R-Wellen) sind.

Die L-Wellen kann man sich als in der Oberflächenebene schwingende Transversalwellen vorstellen, wobei sich in den nach unten anschließenden Parallelebenen die Amplituden exponentiell verkleinern. Dahingegen setzen sich die R-Wellen aus tangential wirkenden Longitudinalwellen und senkrecht zur Oberfläche schwingenden Transversalwellen zusammen. Die resultierenden Amplituden der R-Wellen nehmen ebenfalls mit der Tiefe exponentiell ab. Man kann sie mit den Wasserwellen vergleichen, die beim Hineinfallen eines Steines ins Wasser auftreten. Die Wasserteilchen bewegen sich dabei elliptisch horizontal vorwärts und zurück sowie vertikal auf- und abwärts. Die Überlagerung von Wellen wird als Interferenz bezeichnet. Gibt es nur zwei Quellen, von denen Wellen ausgehen, so spricht man von Zwei-Quellen-Interferenz (ZQI). Beispiele für Sender (bzw. Quellen) sind zwei Tupfer in einer Wasserwellenwanne. Diese Ausbreitungsform ist in Bild 7.3 dargestellt.

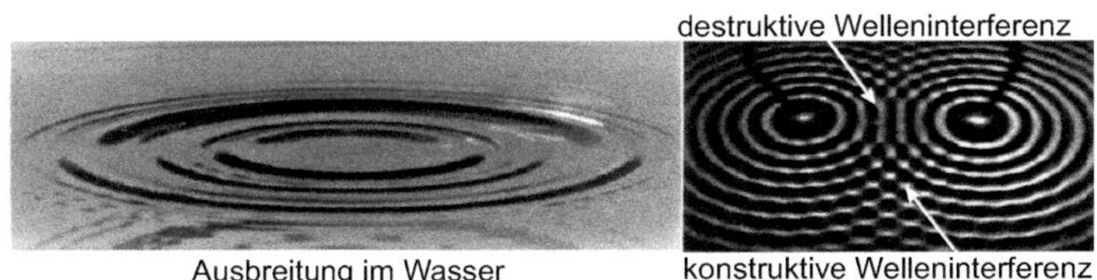

Bild 7.3 Welligkeit durch einen Stein bei der Ausbreitung

Um die Wellen und die dadurch ausgelöste Bewegung im Untergrund erfassen zu können, müssen die drei senkrechten Bewegungskomponenten L, T und V gemessen werden. Die longitudinale Komponente L ist normalerweise entlang eines horizontalen Radius zur Explosion orientiert. Die beiden anderen senkrechten Komponenten sind in den meisten Fällen transversal (T) und vertikal (V) zur radialen Richtung orientiert.

Bei kleineren Entfernungen kommen die drei Wellentypen gemeinsam an und machen eine Einzelidentifizierung sehr schwer, wobei sich in größeren Entfernungen die langsamer ausbreitenden Scher- (S) und Oberflächenwellen (R) von der Kompressionswelle (P) trennen und eine genauere Identifizierung erlauben. Die Kompressionswelle P ist der gleiche Wellentyp, der Geräusche in Wasser oder Luft überträgt. In Wasser bewegt sich die P-Welle (auch Sonic- oder Schallwelle) mit ca. 1490 m/s, in Luft mit ca. 340 m/s und in unterschiedlichen Gebirgen mit ca. 1830 m/s bis 6100 m/s fort. Das menschliche Ohr kann die Geräusche dieser Wellen im Wasser oder in der Luft (oder durch Gebirge zur Luft und so zum Ohr) feststellen, wenn diese in einen menschlichen Hörbereich von ca. 20 Hz bis 20 000 Hz fallen.

In den vorangehend genannten Bewegungskomponenten mit ihrer typischen Wellenausbreitung haben die P-Wellen oftmals die höchste Frequenz und die geringste Verschiebung. Nach den Kompressionswellen P folgen die Scherwellen S, die sich mit in etwa ⅗ der Geschwindigkeit der P-Wellen fortbewegen. Normalerweise haben diese Wellen niedrigere Frequenzen und größere Verschiebungen als die P-Wellen.

Die letzten ankommenden Wellen sind die Oberflächenwellen R. Typisch für die Oberflächen- oder Rayleigh-Wellen ist eine Fortbewegungsgeschwindigkeit vom ca. 0,9-Fachen der S-Wellen. In Betrachtung der vorangehend beschriebenen „Wellenfamilie" wird bei größeren Entfernungen die Oberflächenwelle die niedrigsten Frequenzen und die größte Verschiebung aufweisen. Bei kürzeren Entfernungen vom Emissionsort werden die P- und S-Wellen dominanter sein, jedoch wird dieser Zustand unbedeutend sein, denn die Wellen haben sich diesem Fall noch nicht weit genug fortgepflanzt und ausgebreitet. Alle bewegen sich gleichzeitig in einer komplexen Kombination fort und sind, wie bereits angesprochen, in kürzeren Entfernungen nur sehr schwer als einzelne Wellen zu identifizieren. Die Oberflächenwellen R benötigen eine gewisse Entfernung und können sich auf das ca. ½- bis 1-Fache der Wellenlänge entwickeln. In unregelmäßigem Gelände werden sie sich nur sehr schlecht entwickeln und über große Entfernungen letztendlich nicht mehr feststellbar sein.

Wenn eine Sprengstoffladung in einem Bohrloch zur Detonation gebracht wird, entsteht eine Reihe von Wellen unterschiedlicher Charakteristik. Man unterscheidet zwischen zwei Gruppen von Erschütterungswellen, nämlich Körperwellen (Body Waves) und Oberflächenwellen (Surface Waves). Durch dynamischen Eintrag entstehende Erschütterungen des Untergrunds breiten sich in Form von Wellen aus. Es wird zwischen folgenden Wellenformen unterschieden:

- Raumwellen (siehe Bild 7.4): Kompressionswellen (P-Wellen) und Scherwellen (S-Wellen)
- Oberflächenwellen (siehe Bild 7.5): Rayleigh-Wellen (R-Wellen) und Love-Wellen (L-Wellen)

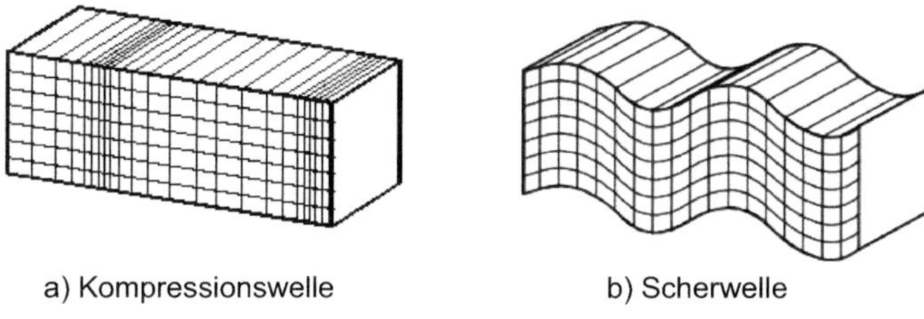

a) Kompressionswelle b) Scherwelle

Bild 7.4 Raumwellen: Kompressionswellen und Scherwellen

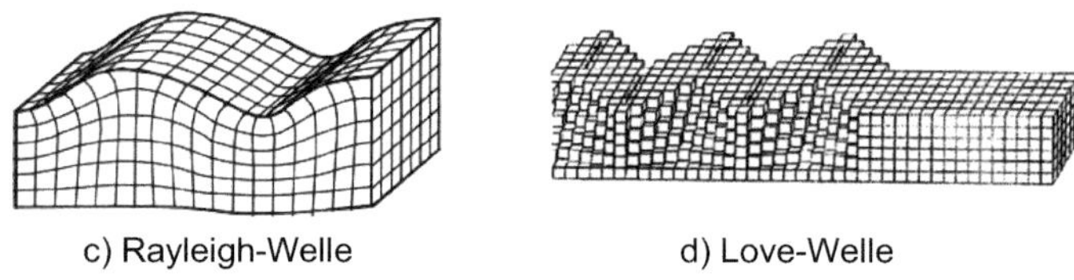

c) Rayleigh-Welle d) Love-Welle

Bild 7.5 Oberflächenwellen: Rayleigh-Wellen und Love-Wellen

7.1.1.1 Körperwellen

Bei den Körper- und Oberflächenwellen unterscheidet man zwischen den Druck- und den Scherwellen. Die Druckwellen oder Longitudinalwellen bestehen aus Zonen der Kompression und der Expansion. Longitudinal- oder Druckwellen haben die höchste Ausbreitungsgeschwindigkeit. Vergleicht man die verschiedenen Familien von Wellen, so stellt man fest, dass nahe dem Detonationsbereich die Druck- und Scherwellen dominieren, während in größerer Entfernung vom Detonationspunkt die Oberflächenwellen dominant sind. Eine Besonderheit ist, dass die Oberflächenwellen durch vertikale Einschnitte im Gelände abgeschnitten werden können. Als Folge der Dämpfung (Attenuation) nimmt die Intensität aller Wellen mit der Entfernung vom Entstehungsort ab. Die Körperwellen breiten sich sowohl durch den Gebirgskörper als auch entlang der Oberfläche aus, während sich die Oberflächenwellen nur an die Tagesoberfläche ausbreiten (Bild 7.6).

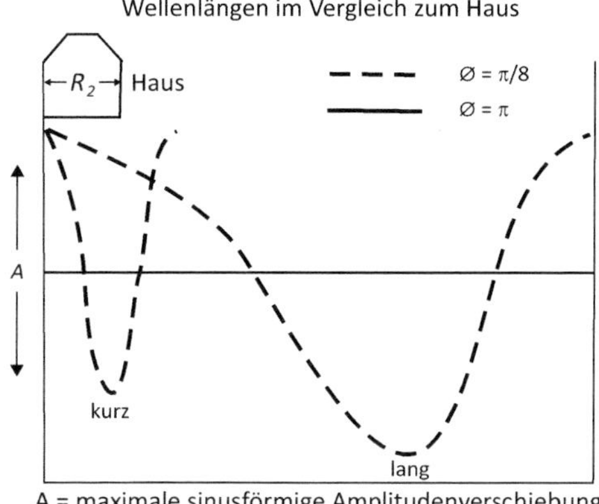

Bild 7.6 Wellengröße

7.1.1.2 Oberflächenwellen

Bei Tagebausprengungen spielen die Oberflächenwellen eine besondere Rolle. Von den verschiedenen Oberflächenwellen ist die sogenannte Rayleigh-Welle von Bedeutung. Die RayleighWelle bereitet sich mit einer Geschwindigkeit von etwa 90 % der Scherwellengeschwindigkeit aus. Die Rayleigh-Welle führt dabei eine elliptische Bewegung in einer vertikalen Ebene aus. Die Amplitude der Wellen nimmt durch die Materialdämpfung des Bodens mit der Entfernung vom Erregungsort ab (Energieumwandlung durch innere Reibung). Allein aufgrund der Energieverteilung im Halbraum auf den mit der Entfernung von der Quelle wachsenden Flächen der Wellenfronten ergibt sich die sogenannte geometrische Dämpfung. Sie ist abhängig von der Entfernung, der Wellenart und der Art der Quelle. Die Amplitude in der Entfernung r von der Quelle ist bei der Punktquelle proportional zu r^{-1} in der Tiefe und r^{-2} an der Oberfläche des Halbraums. Die Amplitude der hauptsächlich für Schäden an Gebäuden relevanten Rayleigh-Wellenform nimmt durch geometrische Dämpfung mit der Entfernung r vom Erregungsort bei einer punktförmigen Erregungsquelle nur langsam ab, nämlich proportional zu $r^{-1/2}$.

Folgende Definitionen gelten bei einer punktförmigen Erregungsquelle:

- r^{-1} für Raumwellen in der Tiefe
- r^{-2} für Raumwellen an der Oberfläche des Halbraumes
- $r^{-1/2}$ für Rayleigh-Wellen

Bei der Linienquelle nimmt die Amplitude proportional zu. Folgende Definitionen gelten:

- $r^{-1/2}$ für Raumwellen in der Tiefe
- r^{-1} für Raumwellen an der Oberfläche des Halbraumes
- r_0 für Rayleigh-Wellen, d. h. unabhängig von r

7.1.2 Ausbreitung von Sprengerschütterungen

In den vorangehend genannten Bewegungskomponenten mit ihrer typischen Wellenausbreitung haben die Kompressionswellen P oftmals die höchste Frequenz und die geringste Verschiebung. Nach den Kompressionswellen P folgen die Scherwellen S, die sich mit ca. ⅗ der Geschwindigkeit der P-Wellen fortbewegen (Bild 7.7). Die Kompressionswellen sind bis ca. 170 m erkennbar, die Scherwellen ab ca. 170 m bis ca. 310 m und die Rayleigh-Wellen (Oberflächenwellen) ab ca. 310 m.

Normalerweise haben diese Wellen niedrigere Frequenzen und größere Verschiebungen als die P-Wellen. Die letzten ankommenden Wellen sind die Oberflächenwellen R. Typisch für die Oberflächen- oder Rayleigh-Wellen ist eine Fortbewegungsgeschwindigkeit vom ca. 0,9-Fachen der S-Wellen. In Betrachtung der vorangehend beschriebenen „Wellenfamilie" wird bei größeren Entfernungen die Oberflächenwelle die niedrigsten Frequenzen und die größte Verschiebung aufweisen. Bei kürzeren Entfernungen vom Emissionsort werden die P- und S-Wellen dominanter auftreten, jedoch wird dieser Zustand unbedeutend sein, denn die Wellen haben sich in diesem Fall noch nicht weit genug fortgepflanzt und ausgebreitet. Alle bewegen sich gleichzeitig in einer komplexen Kombination fort und sind, wie bereits angesprochen, in kürzeren Entfernungen nur sehr schwer als einzelne Wellen zu identifizieren. Die Oberflächenwellen R benötigen eine gewisse Entfernung und können sich auf das ca. ½- bis 1-Fache der Wellenlänge entwickeln [43].

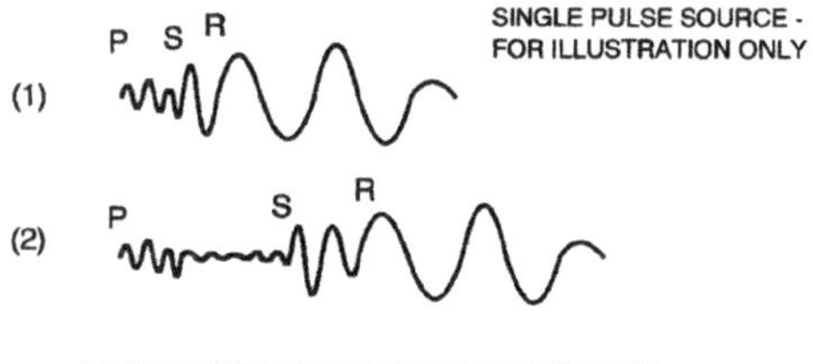

Bild 7.7
Ausbreitung der unterschiedlichen Wellen

7.1.3 Stärke der Sprengerschütterungen

Aus der Sicht der Beurteilung des Schadenspotenzials von Sprengerschütterungen kommt der Teilchengeschwindigkeit (Schwinggeschwindigkeit) der Erschütterungswellen (Particle Velocity) die größte Bedeutung zu (Bild 7.8 und Tabelle 7.1). Die Teilchengeschwindigkeit beschreibt die durch die Sprengung hervorgerufenen Bodenbewegungen pro Sekunde. Da sich, wie vorangehend angeführt, der Boden in allen drei Richtungen bewegen kann, wird die Teilchengeschwindigkeit *V* in der x-, y- und z-Richtung ermittelt (Bild 7.9). Die maximale Teilchengeschwindigkeit V_{max} wird häufig als Schadenskriterium herangezogen.

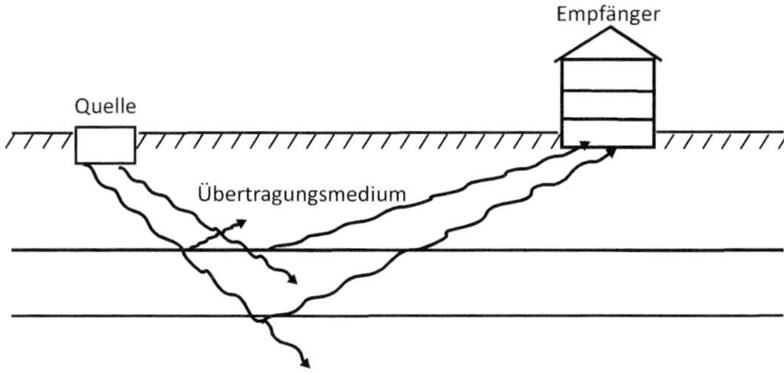

Bild 7.8 Übertragung der Erschütterungswellen

Tabelle 7.1 Wellengeschwindigkeiten

	Wellengeschwindigkeit (m/s)	
	Kompressionswelle	Scherwelle
Kalkstein	2000 - 5900	1000 - 3100
Metamorphose Gesteine	2100 - 3500	1000 - 1700
Basalt	2300 - 4500	1100 - 2200
Granit	2400 - 5000	1200 - 2500
Sand	500 - 2000	250 - 850
Lehm/Ton	400 - 1700	200 - 800

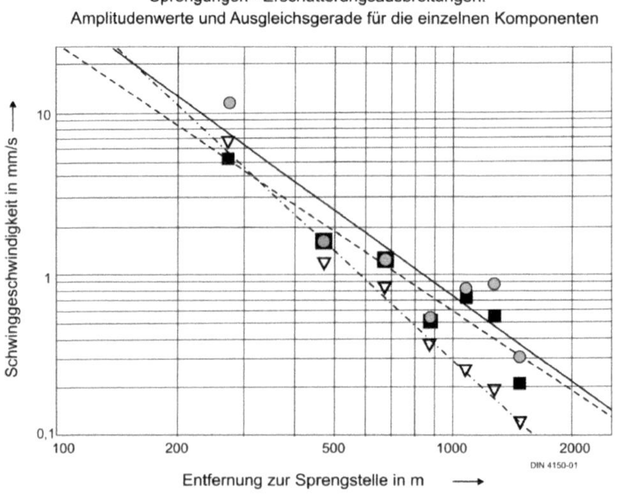

Legende

- ▽ Z - Komponente (vertikal)
- —— Ausgleichsgerade für Z - Komponente
- ■ Y - Komponente (quer)
- - - - Ausgleichsgerade für Y - Komponente
- ● X - Komponente (radial)
- -·-· Ausgleichsgerade für X - Komponente

Bild 7.9 Ausbreitung der Erschütterungswellen

Neben der Entfernung vom Entstehungsort, an dem die Bodenbewegungen eingeleitet werden, sind noch weitere Faktoren maßgeblich, die die Stärke einer Erschütterung beeinflussen. Dazu zählen die Sprengladungsgröße, die geologischen Verhältnisse, die Erschütterungseinwirkung und die Erschütterungsintensität.

Nach allgemeinen Erkenntnissen tragen insbesondere nichthomogene, unregelmäßige geologische Verhältnisse des Untergrunds zur dämpfenden Wirkung der Wellenausbreitungen von Sprengerschütterungen bei. Dagegen werden im homogenen, kompakten Untergrund die Erschütterungen höher ausfallen. Die Stärke der Erschütterungen und der Einwirkungsbereich werden vor allem durch die Größe der Lademenge pro Zündzeitstufe und die Art der Sprengung bestimmt. Im Zeitfenster lassen sich in größerer Entfernung im Allgemeinen höherfrequente Raumwellen und niederfrequente Oberflächenwellen unterscheiden.

7.1.4 Erschütterungsüberwachung

Um eine rationelle, den Anforderungen der jeweiligen Aufgabenstellung angepasste Erschütterungsbeurteilung durchführen zu können, sehen die einschlägigen Normen mehrere Stufen der Beurteilung und Überwachung von Sprengungen vor. Bei Bauwerken, welche durch Sprengerschütterungen beeinflusst werden können, sind Erschütterungsmessungen bei wesentlichen Änderungen der sprengtechnischen Parameter (Verfahren, Vorgabe, spezifischer Sprengstoffverbrauch), der geologischen Gegebenheiten oder der Entfernung vom Sprengort durchzuführen. Für die Überwachung von Sprengungen werden hierfür speziell entwickelte Erschütterungsmessgeräte verwendet. Diese bestehen aus einem oder mehreren Dreikomponenten-Geophonen und einem Aufzeichnungsgerät. Die Besonderheit der Erschütterungsmessgeräte ist, dass sie selbstständige Einheiten mit einer eigenen Stromversorgung sind. Bei Geräten der neueren Generation gibt es eine digitale Aufzeichnung und Auswertung des Signals. Von Bedeutung ist, dass die Orientierung der Dreikomponenten-Geophone relativ zum Sprengort genau festgelegt wird. Die Aufstellung der Geophone ist kritisch für die Beurteilung und Interpretation der Ergebnisse. Bei mehreren Sprengungen sollte der Aufstellungsort der Geophone nicht verändert werden, um Vergleiche zu ermöglichen. Im Falle von Gebäuden sollten die Messungen dort erfolgen, wo die Erschütterungen in das Gebäude eingeleitet werden, d.h. im Fundamentbereich. Bei erhöhten Erschütterungen muss zudem in höheren Niveaus gemessen werden. Dort werden die Einwirkungen auf Decken und Böden beurteilt.

7.1.4.1 Ermittlung von Schwinggeschwindigkeiten

Nach der Regel der Technik haben die in den letzten Jahren ermittelten Prognosewerte einen genügend großen rechnerischen Sicherheitsspielraum zu den wirklich gemessenen Erschütterungswerten und überschreiten diese normalerweise nicht. Des Weiteren können die Prognosewerte mit den Anhaltswerten der einschlägigen Literatur verglichen werden. Dadurch wird eine Überschreitung der dort aufgeführten Anhaltswerte vermieden. Zudem können die vorgegebenen Werte dadurch eingehalten werden. Die Übertragungseigenschaften des Gebirges zwischen Spreng- und Messort haben dabei eine große Bedeutung für die Vorausermittlung der zu erwartenden Werte. Die Annahme, dass eine Radialsymmetrie vorliegt, ist nur eine sehr grobe Näherung. Anhand der vorausermittelten und gemessenen Erschütterungswerte können neue Erschütterungszahlen berechnet und zur Verbesserung der Prognose sowie zur Emissionskontrolle herangezogen werden.

7.1.4.2 Prognoseverfahren für Erschütterungen

Es gibt zahlreiche Verfahren für die Erschütterungsprognose. Viele davon beziehen sich auf die speziellen geologischen Gegebenheiten oder rechtlichen Vorgaben im Lande des jeweiligen Autors. Von den in Abschnitt 7.1.4.5 und Abschnitt 7.1.4.6 angeführten Prognoseverfahren hat sich in Deutschland das Erschütterungszahlverfahren (Abschnitt 7.1.4.5) durchgesetzt.

7.1.4.3 Zuverlässigkeit von Erschütterungsprognosen

Man kann sich leicht vorstellen, dass die Reduzierung der komplexen Zusammenhänge zwischen der Erschütterungsquelle und der Einleitung der seismischen Energie am Sprengort, die Ausbreitung und gegebenenfalls die Veränderungen der Erschütterungen auf dem Übertragungsweg im Untergrund sowie die Einleitung der Erschütterungsimmission in das zu beurteilende Gebäude durch wenige Kennziffern zwangsläufig zu einer großen Streuung der Werte der Erschütterungsprognose führen muss. Eine ausführlichere Besprechung dieser Problematik findet sich in der Veröffentlichung: „Erschütterungsprognose und Erschütterungskataster – Forschungsarbeiten zur Anwendung des Prognoseverfahrens“ von Lüdeling und Hinzen [15]. Nach langjährigen Erfahrungen kann man mit den dort publizierten Abstandslademengenbeziehungen, die auf der statistischen Auswertung vieler Tausend Einzelmessungen der Schwinggeschwindigkeit bei Gewinnungssprengungen in Steinbrüchen basiert, eine einigermaßen verlässliche Erschütterungsprognose vornehmen. Das angeführte Prognoseverfahren unterscheidet zwei unterschiedliche Gesteinstypen, nämlich weiche bis mittelharte Sedimentgesteine und die Gruppe der kristallinen Hartgesteine, also im wesentlichen Granit, Gneise, Diabas oder Basalt. Diesen beiden Hauptgesteinstypen werden unterschiedliche empirische Kennzahlen zugeordnet. Es ist wichtig zu wissen, dass die mithilfe der Abstandslademengenbeziehungen bestimmten Maximalwerte der Schwinggeschwindigkeit $v_{i,max}$, einen sogenannten Freifeldwert angeben, d. h. die Schwinggeschwindigkeit im Gelände außerhalb eines Gebäudes. Dieser Wert entspricht erfahrungsgemäß in etwa dem zu erwartenden Gebäudewert auf Erdgeschossniveau unter der Voraussetzung, dass keine Deckenresonanzen auftreten. Um den für die Erschütterungswirkung heranzuziehenden Anhaltswert für die Schwinggeschwindigkeit $v_{i,max}$ zur Beurteilung der Wirkung von kurzzeitigen Erschütterungen auf Gebäude abzuschätzen, sollte man den errechneten Freifeldwert in etwa halbieren. Dabei sei auch auf die Streubreite der mithilfe der vorangehend angegebenen Abstandslademengenbeziehung abgeschätzten Schwinggeschwindigkeit verwiesen. Die Berechnungen basieren auf dem Medianwert aller vorliegenden Erschütterungsmessungen. Die Streubreite der nach der Abstandslademengenbeziehung aufbereiteten Messwerte beträgt Faktor ±2. Bei Kenntnis der Geometrie der Sprenganlage, der sprengtechnischen Parameter sowie der Ausbildung des Geländes zwischen der Sprengstelle und dem zu beurteilenden Immissionsort kann der Fachmann die Erschütterungsprognose noch verfeinern.

7.1.4.4 Empirische Erschütterungsprognosen

Die Thematik zur Erschütterungsprognose ist außerordentlich vielfältig und im Einzelfall sehr komplex und auch örtlich sehr begrenzt. Man kann nicht voraussetzen, dass alle Beteiligten sich ohne Weiteres ein Bild von den jeweils auftretenden Erschütterungen machen und über die Bearbeitungstiefe einer Erschütterungsprognose befinden können. Um diesem entgegenzukommen, gibt es kein schematisch vorgeschriebenes anzuwendendes Verfahren zur Vorermittlung von Schwingungsgrößen, das allgemein verbindlich vorgeschrieben wäre. Daher stehen zahlreiche praxisnahe Formeln für die Prognose zur Verfügung, die zum Teil erheblich unterschiedliche Werte aufzeigen können. Verschiedene empirische Formeln wurden entwickelt, um die maximale Teilchengeschwindigkeit oder Bodenvibration für eine bestimmte Sprengung vorherzusagen. Nachfolgend werden Verfahren angeführt, die geeignet sind, die bei der Durchführung von Sprengarbeiten auftretende Schwinggeschwindigkeit v [mm/s] möglichst praxisnah zu berechnen. Im Prinzip wird immer das gleiche Datenkollektiv beschrieben. Alle Formeln beziehen sich auf Erschütterungsmessungen im Freifeld. Diese Verfahren beruhen auf langjährigen Erfahrungen und Erkenntnissen aus der Praxis und haben sich als abgesichert erwiesen. Anhand der im Folgenden aufgeführten Erkenntnisse, die sich aus zahlreichen Erschütterungsmessungen ergaben, kann die Prognose in ihrer allgemeinen Form aus der Beziehung zwischen dem maximalen Wert der Bodenvibration V_{max}, der Lademenge je Zündstufe L_S und der Entfernung vom Sprengort R berechnet und wie folgt ausgedrückt werden:

$$V_{max} = k \cdot L_S \cdot R^{-m} \tag{7.1}$$

V_{max} maximale Bodenvibration (Schwinggeschwindigkeit) in mm/s
k, b, m empirisch ermittelte Faktoren oder Exponenten, welche die geologischgeomechanischen Verhältnisse und die verwendete Sprengtechnologie beschreiben
L_S Lademenge pro Zündzeitstufe in kg
R Entfernung vom Sprengort zum betrachteten Bereich in m

Dies sind Beispiele unterschiedlicher Erschütterungsprognosen:

- Koch, 1958: $V = 80 \cdot L_S^{0,5} \cdot \mathrm{R}^{-1}$
- Mossinez, 1980: $V = 1350 \cdot L_S^{0,495} \cdot R^{-1,5}$
- Böttcher, 1982: $V = 1299 \cdot L_S^{0,5} \cdot R^{-1,52}$
- Lüdeling, 1986: $V = 969 \cdot L_S^{0,6} \cdot R^{-1,5}$
- Wieck, 1994: $V = 138 \cdot L_S^{0,67} \cdot R^{-1,32}$
- ÖNORM S 9020, 2015: $V = 450 \cdot L \cdot R^{-1,6}$

7.1.4.5 Ermittlung nach dem Erschütterungszahlverfahren

Dieses Verfahren beruht auf einer weiteren Variante der Sicherheitsabstands-Lademengenbeziehung. Es baut auf einer Abstandslademengenbeziehung auf, in der aus der Entfernung des Prognosepunkts R und der eingesetzten Lademenge per Zündzeitstufe L der Sprengung die zu erwartende Schwinggeschwindigkeit v resultiert. Mithilfe der Exponenten kann der Faktor k, der als Erschütterungszahl l bezeichnet wird, bestimmt werden:

$$l_j = \log k_j = \log v_j - b \cdot \log L_j + m \cdot \log R_j \tag{7.2}$$

Daraus ergibt sich:

$$v = k \cdot \left(L / L_0\right)^b \left(R / R_0\right)^{-m} \tag{7.3}$$

v	Schwinggeschwindigkeit $v_{i,max}$ im Freifeld
L	Lademenge per Zündzeitstufe (kg Sprengstoff)
L_0	Bezugslademenge
R	Entfernung von der Sprengstelle
R_0	Bezugsentfernung
k	Faktor
b, m	empirisch ermittelte Exponenten

Die Exponenten b und m sind aus einer großen Zahl von Schwinggeschwindigkeitsmessungen $v_{i,max}$ im Freifeld in der Umgebung von unterschiedlichen Sprengungen an unterschiedlichen Orten durch eine Regressionsrechnung zu b und m ermittelt worden. Der Faktor k ist eine Konstante, die durch Erfahrung (Messungen) ermittelt wurde. Tabelle 7.2 zeigt im Feld erprobte und empfohlene empirische Werte nach [33].

Tabelle 7.2 Anhaltswerte für Erschütterungsprognosen

Granit, Granodiorit	Gneise	Massenkalk	Dolomit	Weicher Kalk	Schiefer
206	235	646	897	969	1299
0,80	0,80	0,59	0,68	0,60	0,60
-1,30	-1,27	-1,52	-1,51	-1,50	-1,52

7.1.4.6 Ermittlung nach dem Scaled-Distance-Verfahren (Skalierter Abstand)

Das Verfahren ist insbesondere im angelsächsischen Raum verbreitet und verwendet eine feste Relation zwischen Entfernung vom Sprengort und der eingesetzten Lademenge pro Zündzeitstufe:

$$v = \alpha \cdot \left(\left(R / R_0 \right) / \left(L / L_0 \right)^{0,5} \right)^{-\beta} \tag{7.4}$$

v Schwinggeschwindigkeit [mm/s]
L maximale Lademenge je Zündzeitstufe [kg]
R Entfernung des Messorts vom Sprengort [m]
α, β Parameter

α und β sind Parameter, die auf die örtliche Situation eingehen und durch Regressionsrechnungen aus der Schwinggeschwindigkeit v und der skalierten Entfernung $((R / R_0) / (L / L_0)^{0,5})$ abgeleitet werden. Daneben wird auch die Beziehung

$$v = \alpha \cdot \left(\left(R / R_0 \right) / \left(L / L_0 \right)^{1/3} \right)^{-\beta} \tag{7.5}$$

verwendet, wobei die Parameter α und β entsprechend geändert werden müssen [35].

7.1.5 Art der Einwirkung

Sprengerschütterungen fallen unter die Kategorie Einzelereignisse. Letztere sind Ereignisse, die zeitlich und räumlich so voneinander getrennt sind, dass die Wirkungen zweier aufeinanderfolgender Ereignisse nicht mehr zusammentreffen können. Sprengungen sind punktförmige, impulsartige Quellen. Sprengerschütterungen, die aus mehreren räumlich und zeitlich getrennten Einzelladungen (Zündzeitstufen) bestehen, ergeben sich als Überlagerungen der Erschütterungen der Einzelladungen. Erschütterungen aus Einzelereignissen führen in der Regel nicht zu ausgeprägten Resonanzen von Gebäuden oder Bauteilen. Grund dafür ist, dass bei der Kürze der Andauer von Sprengerschütterungen Resonanz nicht erreicht werden kann, weil der Einschwingvorgang bereits in der Anfangsphase abgebrochen wird.

7.1.5.1 Einwirkungen auf Gebäude

Wirkt eine Erschütterungsquelle z. B. auf ein Wohngebäude ein, wird dieses als Ganzes bzw. werden seine Bauteile – insbesondere der Fußboden – zu Schwingungen angeregt. Diese Schwingungen werden dann auf Menschen innerhalb des Gebäudes entweder direkt vom Fußboden über die Beine oder indirekt über die Sitzflächen von Stühlen, über das Bett oder über Tische und Ähnliches übertragen. Ob diese Schwingungen von Menschen allerdings als Erschütterungen wahrgenommen werden oder nicht, hängt von sehr unterschiedlichen Faktoren ab.

7.1.5.2 Einwirkungen auf den Menschen

Ob ein Mensch Erschütterungsimmissionen als belästigend empfindet, hängt nicht nur von physikalischen Parametern wie Stärke, Frequenz und zeitlichem Verlauf des eigentlichen Erschütterungsereignisses ab, sondern auch vom Menschen selbst. Gesundheitszustand, Art der Tätigkeit während der Erschütterungswahrnehmung, Grad der Gewöhnung sowie Erwartungshaltung an den Aufenthaltsort sind eher subjektive Parameter, die beeinflussen, ob Erschütterungen als erheblich belästigend empfunden werden. Sekundäreffekte, wie z. B. Schwingungsbewegungen von Pflanzen oder hörbares Klirren von Gläsern, können zudem das Belästigungsempfinden vergrößern [43].

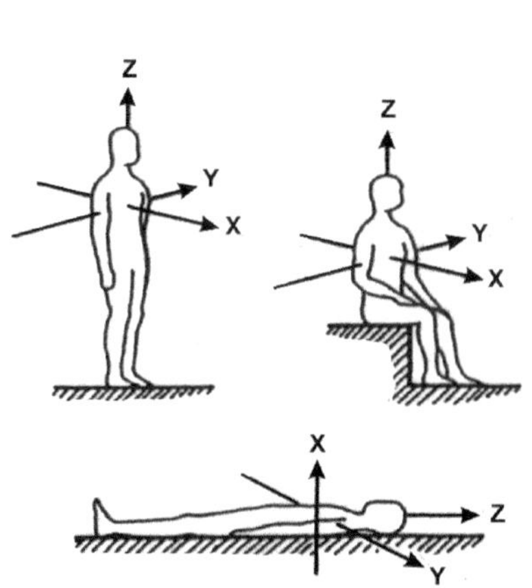

Bild 7.10 Einwirkung auf den Körper

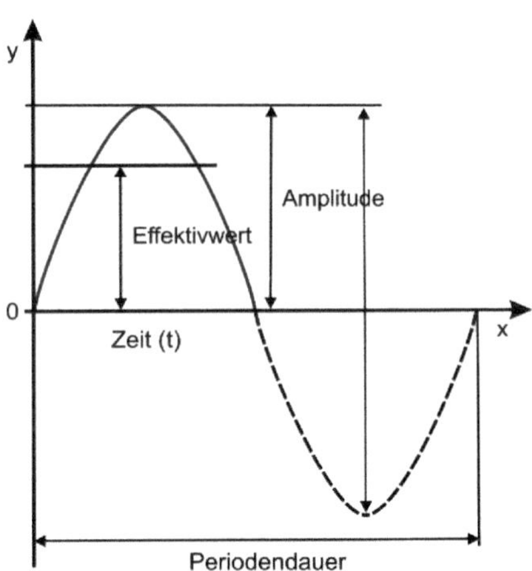

Bild 7.11 Amplitude der Schwingung

Die Wahrnehmbarkeit von Erschütterungen hängt neben der Intensität (Größe des Scheitelwerts oder des Effektivwerts) auch von der Frequenz und der Einwirkungsrichtung ab. Diese Einflüsse wurden für Sinusschwingungen in Laborversuchen untersucht (Bild 7.12 und Bild 7.13). Daraus wurden vereinfachte mittlere Kurven für die Frequenzabhängigkeit abgeleitet und genormt. Bei Messungen dienen sie als Basis für die Frequenzbewertung, mit der eine der Schwingungswahrnehmung entsprechende Größe gebildet wird (Bild 7.14). Dies ist die bewertete Schwingstärke mit Abkürzung *KB*. Durch die messtechnische Ermittlung der bewerteten Schwingstärke lässt sich die Wahrnehmbarkeit von Erschütterungen für die überwiegende Zahl der Betroffenen objektiv ermitteln. Als Unsicherheitsfaktor bleibt allerdings die individuell sehr unterschiedliche Wahrnehmungsempfindlichkeit einzelner Menschen [4].

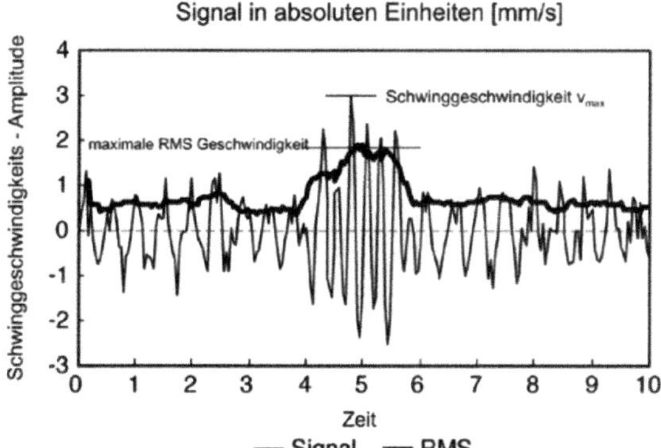

Bild 7.12
Signal der Schwinggeschwindigkeit

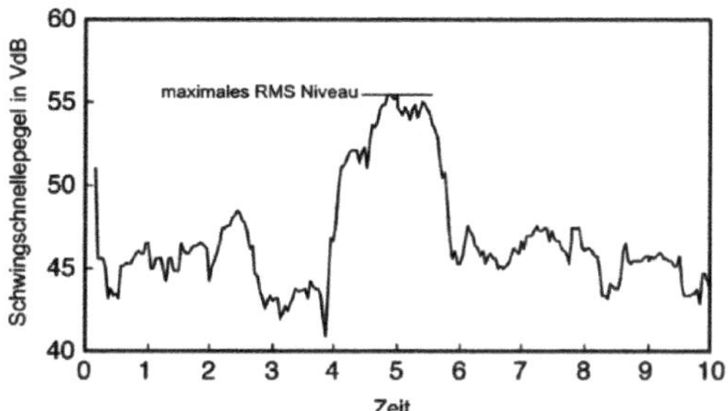

Bild 7.13
Signal der Schwingbeschleunigung

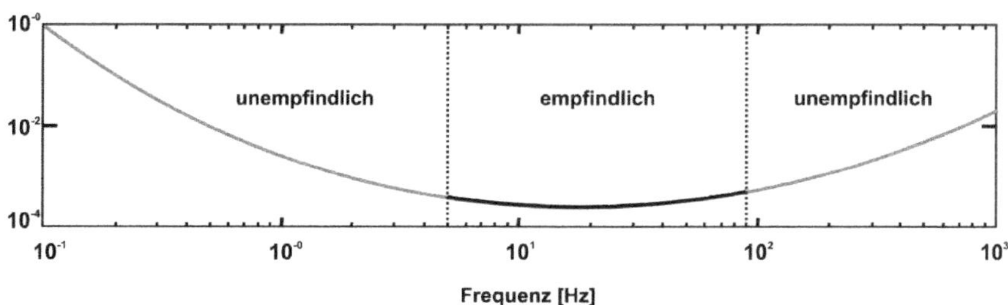

Bild 7.14 Normierte Erschütterungsfühlschwelle in Abhängigkeit von der Frequenz

So werden Erschütterungsreize vom Menschen grundsätzlich anders verarbeitet als z. B. Schall- oder Lichteinwirkungen, für deren Empfang und Verarbeitung der Mensch spezielle Sinnesorgane besitzt. Erschütterungen hingegen werden von verschiedenen, über den ganzen Körper verteilten unspezifischen Rezeptoren aufgenommen und weitergeleitet. Bild 7.15 und Tabelle 7.3 veranschaulichen die Wahrnehmungsschwellen in unterschiedlicher Nomenklatur. Grundsätzlich wird die Wahrnehmbarkeit von Erschütterungen durch

- die Intensität der Erschütterungen,
- deren Frequenzzusammensetzung,

- die Einwirkungsrichtung in Bezug auf die Körperachse (Wirbelsäule),
- die Dauer der Einwirkung und
- die individuellen Empfindlichkeiten des betroffenen Menschen

beeinflusst.

Zusammenhang zwischen W_m - bewerteter Schwingbeschleunigung, bewerteter Schwingstärke *K* und subjektiver Wahrnehmung

W_m - bewertete Schwing-beschleunigung in mm/s²	Bewertete Schwingstärke *K*	Beschreibung der Wahrnehmung	
3,57	0,1	"Fühlschwelle"	nicht wahrnehmbar
7,14	0,2		gerade wahrnehmbar
14,3	0,4		schwach wahrnehmbar
28,6	0,8	"Weckschwelle"	wahrnehmbar
57,1	1,6		deutlich wahrnehmbar
113	3,15		stark wahrnehmbar
228	6,3		
446	12,5		
893	25		sehr stark wahrnehmbar
1790	50		
3570	100		

Bild 7.15 Vergleich der Wahrnehmungsschwellen des Menschen in mm/s² und *K*

Tabelle 7.3 Vergleich der Wahrnehmungsschwellen vertikaler harmonischer Schwingungen bei einer stehenden Person in mm/s² und mm/s [30]

Beschreibung der Wahrnehmungsschwelle	Bereich *f* = 1 bis 10 (Hz) Amplitude *a* (in mm/s²)	Bereich *f* = 10 bis 100 (Hz) Amplitude *v* in (mm/s)
gerade wahrnehmbar	30 - 40	0,4 - 0,6
deutlich wahrnehmbar	100	1,0 - 2,0
unangenehm/störend	400 - 500	6,0 - 8,0
nicht tolerierbar	> 1000	> 16,0

Im Beurteilungssystem der Normen und Standards wird versucht, Beurteilungsgrößen aus physikalischen Messgrößen abzuleiten, die eine objektive Beurteilung der Belästigungssituation ermöglichen. Ein Mensch kann vereinfacht in einem physikalischen Modell auch als Schwingungssensor abgebildet werden, der im Frequenzbereich zwischen 5 Hz und 80 Hz besonders empfindlich ist. Für tiefere Frequenzen nimmt die Schwingungsempfindlichkeit des Menschen deutlich ab. Neben der physikalischen Fühlkurve des Menschen werden im Beurteilungsverfahren auch die maximale Größe, Dauer und Häufigkeit der Erschütterungseinwirkungen und der berechtigte Anspruch an den Aufenthaltsort berücksichtigt. Wenn gewerblich, industriell oder hinsichtlich ihrer Erschütterungsauswirkungen vergleichbar genutzte und zum Wohnen dienende Gebiete aneinandergrenzen (Gemengelage), können die für die zum Wohnen dienenden Gebiete geltenden Immissionswerte auf einen geeigneten Zwischenwert der für die aneinandergrenzenden Gebietskategorien geltenden Werte erhöht werden, soweit dies nach der Pflicht zur gegenseitigen Rücksichtnahme erforderlich ist. Die Immissionswerte für Kern-, Dorf- und Mischgebiete sollen dabei nicht überschritten werden. Es ist vorauszusetzen, dass der Stand der Erschütterungsminderungstechnik eingehalten wird.

7.1.5.3 Bauwerksbezogene Wahrnehmungsstärke

Neben Sprengerschütterungen mit ihren Auswirkungen auf Bauwerke sind, wie vorangehend angeführt, noch weitere umweltrelevante Aspekte grundsätzlich zu beachten. Dazu gehört die Wahrnehmungsstärke, mit der ein Mensch die Erschütterungen aufnimmt und die als bauwerksbezogene Wahrnehmungsstärke *KB* bezeichnet wird. Der entsprechende Wert dahingehend wird aus der maximalen gemessenen Schwinggeschwindigkeit v_{max} und der zugehörigen Frequenz ermittelt. Da der Mensch auf Bewegungen in Räumen besonders empfindlich reagiert, werden das Ausmaß und die schädlichen Auswirkungen von Erschütterungen in vielen Fällen erheblich überschätzt. Für die Beurteilung der Wirkung von Erschütterungen auf bauliche Anlagen reicht daher die subjektive Wahrnehmung und Einschätzung des Menschen nicht aus. Die Belästigung von Menschen hängt insbesondere von folgenden Faktoren ab:

- der Größe (Stärke) der auftretenden Erschütterung (auch durch Schallruck)
- der Frequenz
- der Einwirkungsdauer
- der Häufigkeit und Tageszeit des Auftretens
- der Anfälligkeit (Überraschungseffekt)
- der Art der Erschütterungsquelle

Im Einzelfall sind folgende Eigenschaften von Bedeutung:

- der Gesundheitszustand (physisch, psychisch)
- die Tätigkeit während der Einwirkung
- die Gewöhnung
- die Einstellung zum Erschütterungserzeuger
- die Erwartungshaltung in Bezug auf ungestörtes Wohnen
- die Sekundäreffekte (durch Schallruck)

Das Maß der Belästigung ist von den aufgeführten individuellen und situationsbedingten Einflüssen abhängig. In Räumen, die für den dauernden Aufenthalt von Menschen bestimmt sind, sind spürbare Erschütterungen unerwünscht, obwohl dies auch nach dem Stand der Technik nicht immer zu vermeiden ist. Wie bereits vorangehend angeführt, sind die Wirkungen, die diese Erschütterungen bei Menschen verursachen, nicht nur von der Intensität der Schwingungen abhängig. Hinzu kommen andere gleichzeitige Einwirkungen wie Lärm, sichtbare Bewegungen, Klappern von Gegenständen, Vibrieren von Fenstern und Türen usw.

7.1.5.4 Ermittlung des *KB*-Werts

Für eine Beurteilung der Erschütterungseinwirkungen auf Menschen in Gebäuden nach [64] wird aus den bei einer Messung aufgezeichneten Schwinggeschwindigkeiten $v(t)$ die bewertete Schwingstärke $KB_{\mathrm{F(t)}}$ berechnet. Es handelt sich hierbei um eine Art Pegelaufzeichnung der aufgetretenen Schwingstärken, bei deren Berechnung die frequenzabhängige Fühlkurve des Menschen und ein gleitendes Mittel über den Betrag der Schwinggeschwindigkeiten eingehen. Dieser gleitende Mittelwert ist die Basis zur Bildung der Beurteilungsgrößen bzw. Beurteilungsverfahren zur Klärung, ob belästigende Erschütterungen auftreten oder nicht.

Bevorzugte Ausgangsgröße nach ISO 2631-5:2018-07 [64] bzw. DIN 4150 ist die Schwinggeschwindigkeit. Wird die Schwinggeschwindigkeit gemessen, so ist die Schwingungswahrnehmung des Menschen in weiten Bereichen frequenzunabhängig und nur proportional zum Messwert. Die Frequenzabhängigkeit bei niedrigen Frequenzen (unterhalb etwa 10 Hz) wird näherungsweise durch eine Filterfunktion berücksichtigt, welche die sogenannte *KB*-Bewertung ergibt. Folgende Grundgleichung zeigt die *KB*-Bewertung:

$$H_{\mathrm{KB}}(f)=\frac{1}{\sqrt{1+\left(\frac{f_0}{f}\right)^2}} \tag{7.6}$$

f Frequenz
f_0 5,6 Hz

Wie aus den vorausgegangenen Darstellungen in Bild 7.12 und Bild 7.13 zu ersehen ist, unterscheidet sich die früher verwendete *KB*-Bewertung nicht von der neuen frequenzbewerteten Beschleunigung W_{m}: Zur Beurteilung wurden die „Stufen“ der ehemaligen *KB*-Filterfunktion mess- wie auch auswertungstechnisch durch einen annähernd gleichen kurvenförmigen Filterverlauf dargestellt, sodass von einer identischen Bewertung ausgegangen werden kann. Dieser Filter realisiert keine Kurve gleicher Wahrnehmung, sondern ist eine Interpolation zwischen zwei unterschiedlichen Kurven für verschiedene Einwirkungsrichtungen. Der tatsächliche Grad der Wahrnehmung kann daher von Fall zu Fall niedriger liegen, als der mithilfe dieses Filters ermittelte Wert ausweist. Wie in der grafischen Darstellung von Bild 7.16 zu erkennen ist, werden die Frequenzen oberhalb 80 Hz durch einen Sperrfilter abgeschnitten (Bandbegrenzung), da diese Frequenzen bei Erschütterungseinwirkungen über das Gebäude auf den ganzen Körper keinen Beitrag zur Wahrnehmung liefern.

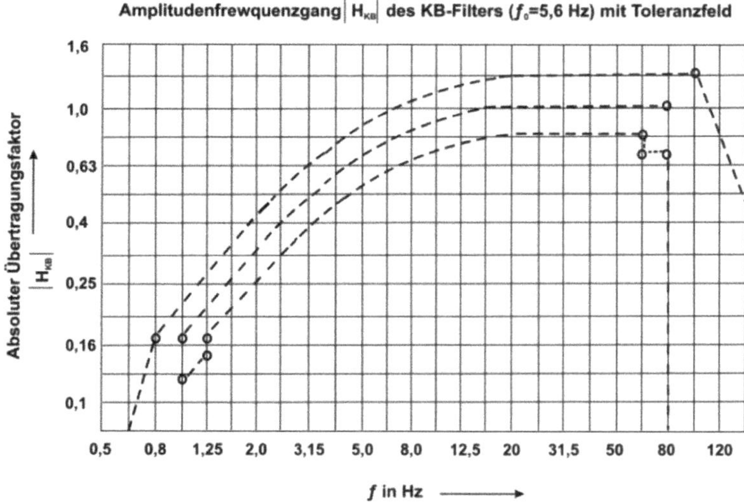

Bild 7.16 Amplitudenfrequenzgang $H_{KB}(f)$ des *KB*-Filters

Von dem so frequenzbewerteten Signal (Bild 7.17) wird der sogenannte gleitende Effektivwert, wie in Formel 7.7 und Formel 7.8 in Abschnitt 7.2 dargestellt, mit der Zeitkonstanten τ = 125 ms gebildet. Diese Zeitkonstante ist die gleiche, die auch bei der Geräuschmessung in der Einstellung „Fast" (schnell) benutzt wird. Daher werden die auf der Basis dieses Effektivwerts ermittelten Größen (*KB*) mit dem Index *F* gekennzeichnet. Unverändert geblieben ist auch die Empfehlung, für die Effektivwertberechnung eine Sekunde als Integrationskonstante zu verwenden.

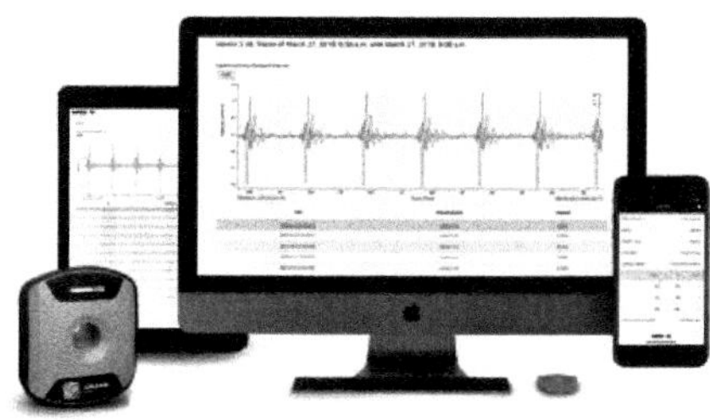

Bild 7.17
Erschütterungsmessgerät (neue Generation mit Datenauswertung)

Dieses bandbegrenzte und frequenzbewertete Signal wird als bewertete Schwingstärke $KB_{F(t)}$ bezeichnet und unterliegt in der Regel zeitlichen Schwankungen. Der während der Beurteilungszeit erreichte höchste Wert der bewerteten Schwingstärke, die maximale bewertete Schwingstärke KB_{Fmax}, ist eine wichtige Beurteilungsgröße und behält anhand der vorangehend genannten Darstellungen ihre Gültigkeit zur Ermittlung der Erschütterungseinwirkung auf Menschen in Gebäuden.

Der unterschiedliche Schutzanspruch vor Erschütterungsimmissionen resultiert aus der Gebietseinordnung (z. B. hinsichtlich eines Wohn- oder Gewerbegebietes), daraus, ob die Erschütterungen tags und/oder nachts auftreten sowie aus der maximal auftretenden Erschütterung und der Dauer der Erschütterungseinwirkung. Darüber hinaus werden für Erschütterungsimmissionen einige Sonderregelungen getroffen, die durch seltene Ereignisse (z. B. Gewinnungssprengungen in Steinbrüchen), Bautätigkeit oder Verkehr verursacht werden. Eine erhebliche Belästigung von Menschen, die sich in Wohnungen oder vergleichbar genutzten Räumen aufhalten, liegt in der Regel nicht vor, wenn die in den Normen genannten Anhaltswerte unterschritten werden.

7.2 Messtechnische Ermittlung von Schwinggeschwindigkeiten

Bei der messtechnischen Ermittlung von Schwinggeschwindigkeiten oder *KB*-Werten treten erfahrungsgemäß Unsicherheiten von bis zu ±15 % auf. Sollen Anordnungen auf die Messergebnisse gestützt werden, ist in der Regel vom durch Messung ermittelten Wert ein Abzug von 15 % vorzunehmen. Erschütterungseinwirkungen auf Menschen in Gebäuden können erhebliche Belästigungen hervorrufen. Diese ergeben sich aus der negativen Bewertung von Erschütterungseinwirkungen und deren Folgeerscheinungen (z. B. sichtbare Bewegungen oder hörbares Klappern von Gegenständen). Zur Belästigung tragen auch die mit Erschütterungen verbundenen Beeinträchtigungen bestimmungsgemäßer Nutzung von Gebäuden und Gebäudeteilen bei, die zu einer erheblichen Belästigung führen.

Treten in Einzelfällen erhebliche Sekundäreffekte auf und lassen sich diese nicht auf einfache Weise abstellen, wie z. B. Resonanzen, so erfordern sie Untersuchungen im Einzelfall. Für die Beurteilung des von schwingenden Raumbegrenzungsflächen abgestrahlten sekundären Luftschalls sind die maßgebenden akustischen Regelwerke heranzuziehen. Als Messort ist die Stelle der stärksten Schwingungseinwirkung auf dem Fußboden eines Aufenthaltsraums zu wählen. Für die vertikale Richtung ist dies in der Regel die Mitte des Deckenfelds. Weitere Messungen der horizontalen Komponenten x und y können auch an anderen Stellen, z. B. dicht am aufgehenden Mauerwerk, erfolgen. Wenn die Schwingbeschleunigung 1,96 m/s^2 (0,2 g) überschreitet, kann eine Entkopplung (Verrutschen) des Geophons stattfinden. In Abhängigkeit vom erwarteten Schwingbeschleunigungspegel ist eine dementsprechende Befestigung am Boden für das Geophon angebracht:

- Ist der erwartete Schwingbeschleunigungspegel kleiner als 1,96 m/s^2 (0,2 g), ist keine besondere Befestigung erforderlich.

- Liegt der erwartete Schwingbeschleunigungspegel zwischen 1,96 m/s² (0,2 *g*) und 9,81 m/s² (1,0 *g*), können Befestigungen erforderlich werden. Auch dünne Spikes können (z. B. bei Kunststoffböden wie Linoleum) hilfreich sein.
- Ist der erwartete Schwingbeschleunigungspegel größer als 9,81 m/s² (1,0 *g*), ist eine Befestigung nötig.

Beurteilung für Sprengungen

Bei Sprengungen können aus einer festgestellten (gemessenen) Schwingungsgröße und der auftretenden Frequenz die Beurteilungsgrößen ermittelt werden. Die Aufstellungsorte müssen DIN 4150, „Erschütterungen im Bauwesen – Teil 2: Einwirkung auf Menschen in Gebäuden“ (Juni 1999), sowie ISO 2631-5:2018-07, „Mechanische Schwingungen und Stöße – Bewertung der Einwirkung von Ganzkörper-Schwingungen auf den Menschen – Teil 5: Verfahren zur Bewertung von stoßhaltigen Schwingungen“, entsprechen [63, 64]. Sind die Messsystemanforderungen erfüllt, darf wie folgt ausgewertet werden: Der Maximalwert des $v(t)$-Signals und die Frequenz der Aufzeichnung sind zu bestimmen. Danach ist das *KB*-bewertete Signal zu berechnen. Nach Ermittlung des KB_{Fmax}-Werts wird dieser mit den Anhaltswerten A nach Tabelle 3 der DIN 4150-2 verglichen, die nach den Einwirkungsorten entsprechend der baulichen Nutzung und ihrer Umgebung, der Dauer und Häufigkeit der Einwirkung sowie nach der Tageszeit des Auftretens unterteilt sind. In der Regel darf der KB_{Fmax}-Wert in Wohngebäuden (je nach Anzahl der Sprengungen) 3 bis 6 und in Mischgebieten 5 betragen. Die Werte können wie beschrieben, nur durch die Sprengung begleitende Erschütterungsmessungen und deren Messergebnisse, berechnet werden. Für den Vergleich mit den A_0-Werten (obere Anhaltswerte) werden die Ergebnisse als Grundlage für die KB_{Fmax}-Wert-Berechnung herangezogen.

Beurteilungsverfahren für bis zu 15 Sprengungen pro Woche

Unter der Bezeichnung „selten auftretende Erschütterungen“ verstehen sich nach den Regeln der Technik wenige, kurzzeitig einwirkende Ereignisse, wie z. B. solche durch bis zu drei Sprengungen je Tag und somit 15 Sprengungen in der Woche. Der Anhaltswert A_0 muss dabei gleich oder geringer nach Tabelle 1 der DIN 4150-2 sein. Wenn die Sprengungen werktags mit Vorwarnung außerhalb der Ruhezeiten erfolgen, gelten in der Umgebung eines Abbaus die Zeilen 3 und 4, aber auch die A_0-Werte nach Zeile 1, wenn nur ein Ereignis pro Tag stattfindet. Die Ermittlung des *KB*-Werts erfolgt mit folgender Gleichung:

$$KB = \frac{1}{2}\sqrt{2} \cdot v_{\max} \; / \; \sqrt{1 + (f_0 \; / \; f)^2} \tag{7.7}$$

KB dimensionslos
f_0 Bezugsfrequenz 5,6 Hz (Grenzfrequenz des Hochpasses)
f gemessene Frequenz in Hz
v_{max} maximale gemessene Schwinggeschwindigkeit in mm/s
c_F Konstante

Die Ermittlung des KB_{Fmax}-Werts erfolgt mit der Gleichung $KB_{Fmax} = KB \cdot c_F$. c_F ist ein mittlerer Erfahrungswert (Tabelle 7.4). Die gemessenen Werte sind um 15 % zu reduzieren, da mit Messunsicherheiten in dieser Größe gerechnet werden muss.

Tabelle 7.4 Erfahrungswerte für die Konstante c_F für verschiedene Arten von Erschütterungseinwirkungen

Zeile	Kurzbeschreibung der Einwirkungsart	c_F
1	Harmonische Schwingungen mit geringen Verzerrungen (z. B. Sägewerke in großer Entfernung oder bei wesentlicher Resonanzbeteiligung)	0,9
2	Wie Zeile 1, jedoch stärker verzerrt; mehr als 20 % Verzerrungen (z. B. Sägewerke in enger Nachbarschaft, wenn noch mehrere Oberschwingungen vorhanden sind)	0,8
3	Stochastische Schwingungen und periodische Vorgänge mit Schwebungen	
	a) mit Resonanzbeteiligung (z. B. Webereien, Rammen, gemessen auf mitschwingenden Wohnungsfußböden)	0,8
	b) ohne Resonanzbeteiligung (z. B. auf nicht unterkellerten Wohnungsfußböden)	0,7
4	Einzelereignisse von kurzer Dauer	
	a) mit Resonanzbeteiligung	0,8
	b) ohne Resonanzbeteiligung	0,6

Beurteilungsverfahren für über 15 Sprengungen pro Woche

Bei über 15 Sprengungen in der Woche ist in der Regel die Beurteilungsschwingstärke KB_{FTr} erforderlich. Für diese müssen für eine ausreichend große Anzahl von 30-s-Takten der Erschütterungseinwirkungen aus den Maximalwerten v_{Ti} der einzelnen Takte mittels Formel 7.8 die KB_{FTi}-Werte ermittelt werden. Dabei ist KB_{FT} die Anzahl der Maximalwerte der bewerteten Schwingstärke mit dem Index i, mit dem die Takte nummeriert werden. Mithilfe dieser Werte kann dann das Beurteilungsverfahren, wie es vorangehend in „Allgemeine Beurteilung“ dargestellt wurde und wie es in DIN 4150-02, 2016 [50] beschrieben ist, durchgeführt werden. Der KB_{FTr}-Wert wird mit folgender Gleichung ermittelt:

$$KB_{\mathrm{FTr}} = KB_{\mathrm{FTm}} \sqrt{\frac{T_{\mathrm{e}}}{T_{\mathrm{r}}}} \tag{7.8}$$

T_{r} Beurteilungszeit (tags 16 h, nachts 8 h)
T_{e} Einwirkungszeit außerhalb von Ruhezeiten
KB_{FTm} Taktmaximal-Effektivwert

Unverändert geblieben ist auch die Empfehlung, für die Effektivwertberechnung eine Sekunde als Integrationskonstante zu verwenden. Dieses bandbegrenzte und frequenzbewertete Signal wird als bewertete Schwingstärke $KB_{\mathrm{F(t)}}$ bezeichnet und unterliegt in der Regel zeitlichen Schwankungen. Der während der Beurteilungszeit erreichte höchste Wert der bewerteten Schwingstärke, die maximale bewertete Schwingstärke KB_{Fmax}, ist eine wichtige Beurteilungsgröße und behält anhand Bild 7.16 ihre Gültigkeit zur Ermittlung der Erschütterungseinwirkung auf Menschen in Gebäuden. Alle weiteren Details sind den einschlägigen Normen zu entnehmen.

8 Schallemission

Schallemissionen gehören zu den unumgänglichen Begleiterscheinungen von Sprengarbeiten. Bei Sprengungen wird neben den Erschütterungen auch Schall weitergeleitet, der sich allseitig ausbreitet und erst mit wachsender Entfernung von der Erschütterungsquelle allmählich abklingt. Neben dem unvermeidlichen Bodenschall im Untergrund ist auch Luftschall vorhanden, dem besondere Aufmerksamkeit zuzuordnen ist. Bis in eine gewisse Entfernung vom Sprengort (in Abhängigkeit von Lademengen und Umwelteinflüssen) ist Luftschall für den Menschen deutlich spürbar.

Mit diesem Hintergrund wird erkennbar, dass neben den Sprengerschütterungen noch andere Kriterien zu beachten sind, die einen nicht unerheblichen Einfluss neben den Erschütterungseinwirkungen haben können. In seinem Wohnbereich ist das Alltagsleben des Menschen dadurch charakterisiert, dass keine ständig wahrnehmbaren Erschütterungsimmissionen auf ihn einwirken, sondern nur einzelne Ereignisse, die vorwiegend von anderen Hausbewohnern einschließlich der Nachbarn hervorgerufen werden.

Abgestrahlte Körperschallemissionen werden hörbar, sobald sie den Grundgeräuschpegel überschreiten. Dieser ist in Wohngebieten verhältnismäßig niedrig anzusetzen und in den einschlägigen Verordnungen festgelegt. Da der Mensch Erschütterungen und sekundären Luftschall somit in unterschiedlicher Weise wahrnimmt, sind auch unterschiedliche Bewertungsverfahren notwendig. Bei größeren Abständen kommen Schallwellen erst im Sekundenbereich nach den Bodenwellen an. Die Ausbreitung der Schallwellen steht dabei in Abhängigkeit vom Zeitverlauf und von der Detonationssequenz einer Sprengung. Aufgrund dieses Einflusses werden Sprengungen, auch über größere Entfernungen hinweg, von Personen oftmals als „stark“ empfunden, obwohl die vorangegangene seismische Einwirkung kaum wahrgenommen (gespürt) wurde bzw. keine ablehnende Reaktion darauf erfolgte.

Neben den Sprengerschütterungen sind die von der Sprengung verursachten Luftdruckwellen, welche sich im Frequenzbereich von 16 Hz bis 20 000 Hz als Schallwellen (Lärm) und unterhalb von 20 Hz als Druck- oder Stoßwellen auswirken, umweltfeindliche Nebenerscheinungen der Sprengarbeit. Häufig sind die psychologischen Auswirkungen der Schallwellen größer als jene der Bodenerschütterungen. Es ist demnach erforderlich, sich mit der Frage der Luftdruckwellen (Air Blast) näher auseinanderzusetzen.

Es kann festgestellt werden, dass die Ausbreitung von Druckwellen in der Luft stark von den atmosphärischen Bedingungen, d.h. Druck und Temperatur, Luftfeuchtigkeit und Windgeschwindigkeit, abhängt. Daneben muss hervorgehoben werden, dass seismische Wellen im Boden ca. fünf- bis zwanzigmal schneller sind als Schallwellen in der Luft.

8.1 Schallintensität und Schalldruck in Dezibel

Der Beurteilung von Lärm liegt heutzutage ein Schallpegel zugrunde, der mit dem A-Filter bewertet wird. Dieser A-bewertete Schalldruckpegel wird durch die Dezibelangabe dB(A) gekennzeichnet. Bei Schallpegelmessungen ist neben dem A-Messbereich auch die lineare Anzeige mit L- und C-Bewertung wählbar. Diese Bewertung wird durch elektronische Filter realisiert. Die Filter dienen dazu, den gemessenen Schalldruckpegel der Frequenzabhängigkeit der Lautstärkeempfindung des menschlichen Gehörs grob anzupassen. Ihre Wirkungsweise an der Eingangsseite des Schallpegelmessgeräts ist vergleichbar mit der Wirkung der Klangregler für Bässe und Höhen auf der Ausgangsseite eines Stereoverstärkers. Durch die Filter werden sozusagen die „Bässe“ (tiefe Frequenzen) und „Höhen“ (hohe Frequenzen) „weggedreht“, wobei der A-Filter die tiefen und hohen Frequenzen am stärksten abschwächt. Die Frequenzabhängigkeit ändert sich auch mit der Lautstärke des Schallereignisses. Frequenzen unter ca. 16 Hz sind dabei für das menschliche Ohr nicht mehr wahrnehmbar [4, 10, 23, 43]. Die Dämpfungswerte der genannten Filter und ihre zulässigen Toleranzbereiche sind international genormt.

Damit Schallwellen entstehen können, ist Energie oder präziser ausgedrückt Leistung (Energie/Zeit) notwendig. Bei Sprengarbeiten fällt die Energie in Watt sozusagen unbeabsichtigt nebenbei ab. Zum Vergleich: Bei Lautsprecheranlagen wird die Leistung ebenfalls in „Watt“ angegeben. Wenn die Schallquelle am Sprengort die Schallleistung erbringt, breiten sich die Schallwellen in alle Raumrichtungen aus (Bild 8.2). Da nur an einer Stelle gehört werden kann, nämlich dort, wo man sich gerade befindet, interessiert nicht die ganze Schallleistung, sondern nur der Teil, der gerade an diesem Ort ankommt [43]. Die ankommende Schallleistung wird daher auf 1 m^2 bezogen und nennt sich Intensität. Für „normale“ Luftdruck-

und Temperaturverhältnisse lässt sich der Zusammenhang zwischen der Schallintensität I und dem messbaren Luftdruckunterschied Δ_p berechnen (Bild 8.1). Wenn die physikalisch messbare Größe Schalldruck Δ_p und die physikalisch bedeutsame Größe Schallintensität I mit dem Schallpegel L in Dezibel angegeben werden, kann wie folgt ermittelt werden, wobei I in W/m² und Δ_p in N/m² eingesetzt wird:

$$I = 0{,}0004 \cdot \left(\Delta_p\right)^2 \qquad (8.1)$$

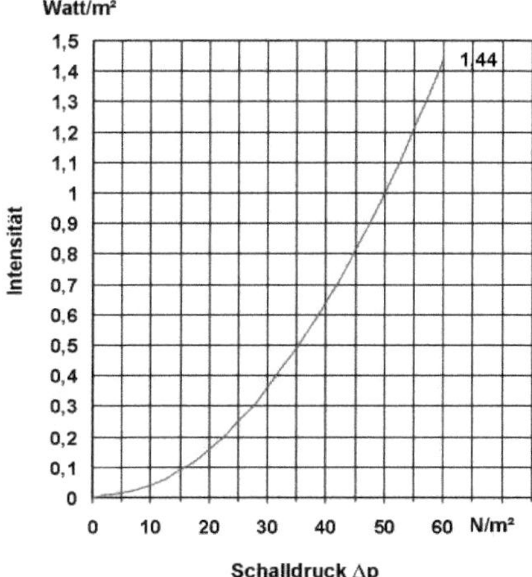

Bild 8.1 Zusammenhang zwischen dem Schalldruck Δ_p und der Intensität I

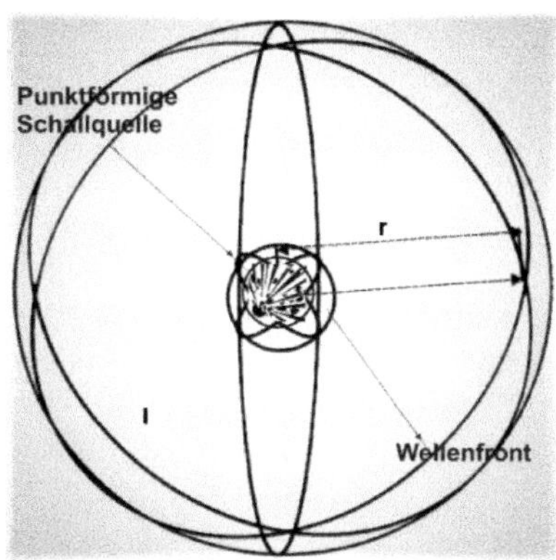

Bild 8.2 Punktförmige Schallquelle

Der Umrechnungsfaktor 0,0004 hat die Dimension W · m²/N². Der durch die Gleichung beschriebene Zusammenhang ist quadratisch und wird in Bild 8.3 veranschaulicht. Neben der Frequenzzusammensetzung, die sozusagen die Tonhöhe bzw. die Geräuschcharakteristik eines Schallereignisses kennzeichnet, spielt die Schalldruckamplitude, also die Größenordnung des Schalldrucks, für die Empfindung eine entscheidende Rolle. Das bedeutet, je stärker die Lautstärke bei einer Sprengung ist, umso heftiger werden die Luftmoleküle dadurch zusammengedrückt. Einhergehend wird die Schalldruckamplitude größer und die Lautstärke umso lauter empfunden.

In Dezibel ausgedrückt liegt die Grenze bei der Zahl 13. Auf der logarithmischen Schallpegelskala in Bild 8.3 wird der Zusammenhang zwischen Schalldruck in N/m² und Schallpegel in Dezibel ersichtlich. Die Schallfrequenz verursacht größtenteils die Empfindung der Tonhöhe, während die Schalldruckamplitude die empfundene Lautstärke bestimmt [1]. Hohe Schalldruckamplituden lösen zusätzlich zur Geräuschempfindung noch ein deutliches unangenehmes Schmerzempfinden aus. Die Grenze für einen möglichen Gehörschaden liegt beginnend bei ca. 60 N/m² bzw. bei ca. 1,4 W/m².

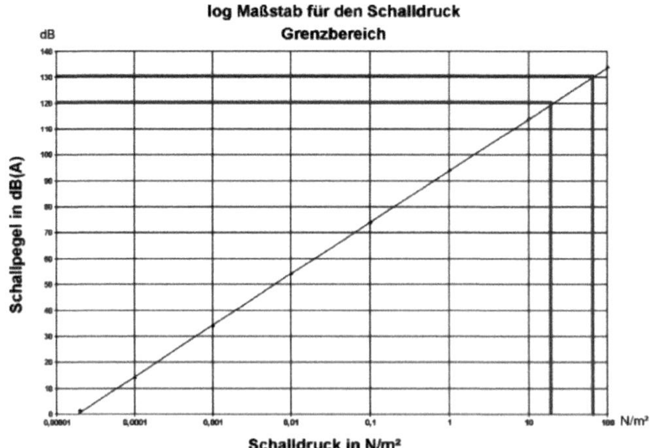

Bild 8.3 Zusammenhang zwischen Schalldruck in N/m² und Schallpegel in dB

Auf der logarithmischen Schallpegelskala in Bild 8.4 wird der Zusammenhang zwischen Schallintensität in W/m² und Schallpegel in Dezibel ersichtlich. Der Zusammenhang der messbaren physikalischen Größe Schalldruck Δ_p und der physikalisch bedeutsamen Größe Schallintensität I auf der Dezibelskala kann mit Formel 8.2 und Formel 8.3 als Schallpegel L errechnet werden (Bild 8.5). Da zwischen der Schallintensität I und der Schalldruckamplitude Δ_p wie erwähnt ein quadratischer Zusammenhang besteht [24], gilt Folgendes:

$$L = 10 \log I / I_0 \tag{8.2}$$

$$L = 10 \log\left(\Delta_p / \Delta_{p0}\right)^2 = 20 \log \Delta_p / \Delta_{p0} \tag{8.3}$$

Dabei ist Δ_{p0} der Mindestschalldruck, der gerade zu einer Hörempfindung führt. Erfolgt beim Sprengen z. B. die Zündung aus dem Bohrlochtiefsten ohne Sprengschnur, werden Sprengschnüre sorgfältig gekürzt und abgedeckt oder werden Luftpuffer und Endbesatzkappen verwendet, so kann dies einer schallhemmenden Maßnahme entsprechen, die z. B. die Schalldruckamplitude um den Faktor ca. 0,1 reduziert.

Wenn der ursprüngliche Schalldruck 1 N/m² betragen hat, so würde mit den vorangehend genannten Maßnahmen (1 · 0,1) = 0,1 N/m² auftreten. Auf der Dezibelskala hätte sich der Schallpegel von z. B. 94 dB auf 75 dB verringert. Das Ergebnis ist in Bild 8.5 dargestellt.

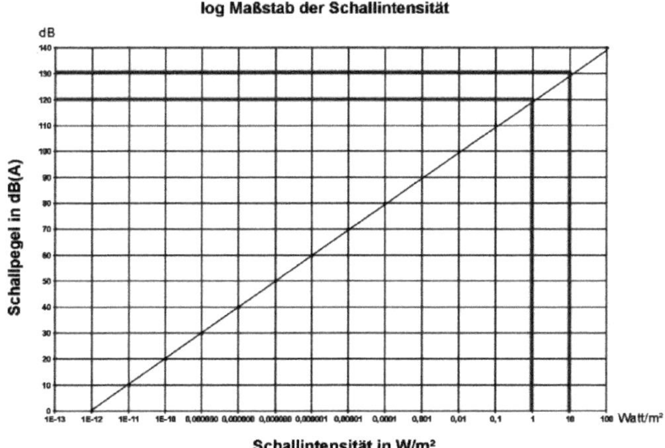

Bild 8.4 Zusammenhang zwischen Schalldruck in W/m² und Schallpegel in dB

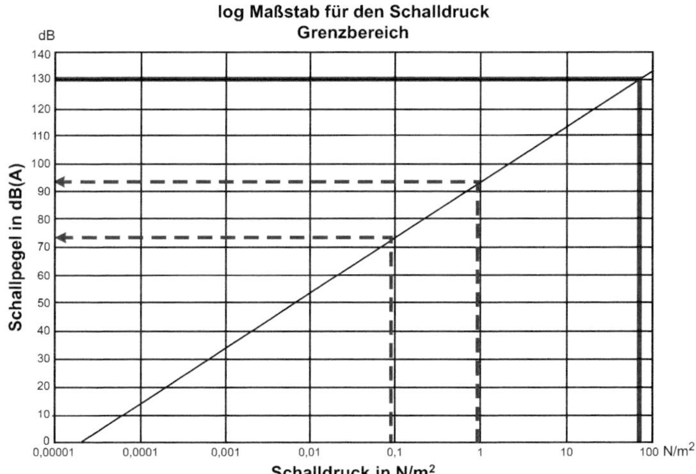

Bild 8.5 Veranschaulichung des logarithmischen Maßstabs für die Reduzierung der Schalldruckamplitude um den Faktor 0,1

8.2 Schalleinwirkungen beim Sprengen

Schallemissionen gehören zu den unumgänglichen Begleiterscheinungen von Sprengarbeiten. Bei Sprengungen werden Erschütterungen, aber auch Schall weitergeleitet, der sich allseitig ausbreitet und erst mit wachsender Entfernung von der Erschütterungsquelle allmählich abklingt (Bild 8.6). Neben dem unvermeidlichen Bodenschall ist auch Luftschall vorhanden, dem besondere Aufmerksamkeit zuzuordnen ist [38]. Bis in eine gewisse Entfernung vom Sprengort ist dieser für den Menschen deutlich spürbar.

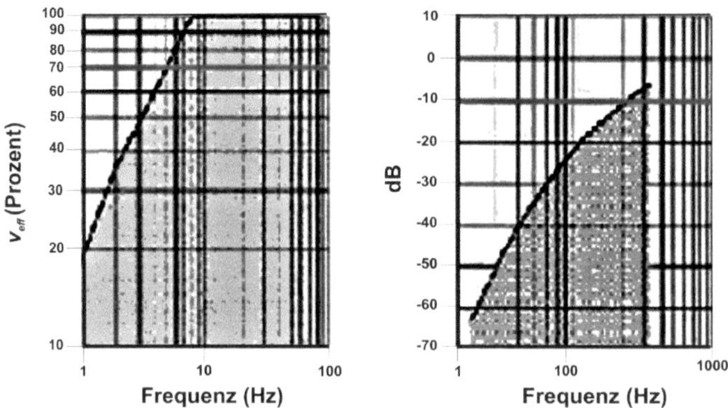

Bild 8.6 Fühlschwelle Erschütterung (links) und Schalldruck (rechts)

Vor diesem Hintergrund wird erkennbar, dass neben den Sprengerschütterungen mit den Anhaltswerten der Schwinggeschwindigkeit v_i noch andere Kriterien zu beachten sind, die einen nicht unerheblichen Einfluss auf Erschütterungseinwirkungen haben können. In seinem Wohnbereich ist das Alltagsleben des Menschen dadurch charakterisiert, dass keine ständig wahrnehmbaren Erschütterungsimmissionen auf ihn einwirken, sondern nur einzelne Ereignisse, die vorwiegend von anderen Hausbewohnern, einschließlich der Nachbarn, hervorgerufen werden.

8.3 Definition von Brechung und Reflexion

Wie bereits erwähnt, entstehen Schallwellen durch Energie bzw. Leistung (= Energie/Zeit). Bei Sprengarbeiten fällt die Energie in Watt unbeabsichtigt durch Umsetzung des Sprengstoffs nebenbei ab. Wenn die Schallquelle am Sprengort die Schallleistung erbringt, breiten sich die Schallwellen kugelförmig in alle Raumrichtungen aus (Bild 8.2). Die vorhandene Leistung der Schallquelle (Sprenggeräusch) ist auf der Kugeloberfläche verteilt.

Mit zunehmender Größe der Kugel wächst deren Oberfläche mit dem Quadrat des Abstandes *r*. Die gleiche Schallleistung verteilt sich daher immer auf die größer werdende Fläche. Dies ist in Bild 8.7 veranschaulicht [43]. Das gilt allerdings nur für den Spezialfall des freien Schallfelds (z. B. freie Wiese), der in der Praxis als Ausnahme angesehen werden muss. In der praktischen Umsetzung hat sich herausgestellt, dass die Schallintensität durchaus mit der Entfernung zur Schallquelle abnimmt, allerdings nicht in einem solchen Maße, wie es das freie Schallfeld erwarten ließe [24].

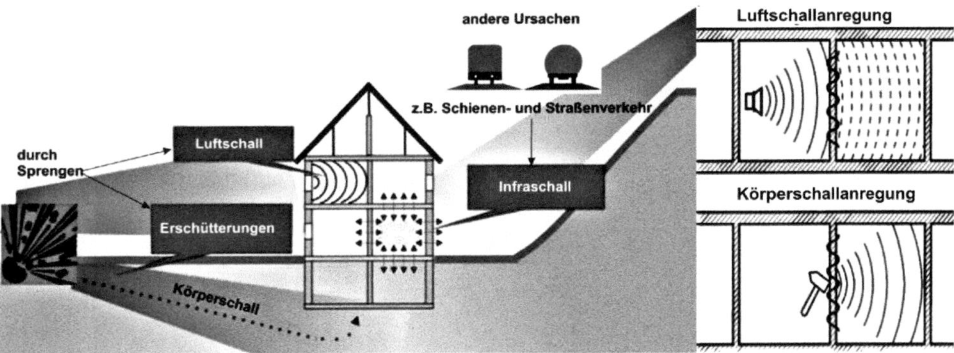

Bild 8.7 Schalleinwirkung auf Gebäude [43]

8.3.1 Brechung

Schall breitet sich in homogenen, unendlichen, ausgedehnten flüssigen oder gasförmigen Medien unverzerrt und mit konstanter Geschwindigkeit aus. In der Praxis sind die Übertragungsmedien jedoch vielfach nicht homogen und stets endlich. Für die Analyse der Luftschallübertragung müssen daher noch andere Effekte wie Brechung und Reflexion berücksichtigt werden. Das physikalische Phänomen der Brechung tritt immer dann auf, wenn die Schallausbreitungsgeschwindigkeit nicht konstant ist. Ursache hierfür können Schwankungen der Lufttemperatur und der Windgeschwindigkeit sein [1, 4, 31].

8.3.2 Reflexion

Eine Reflexion der Schallwellen kommt dann zustande, wenn die Luftmoleküle, die den Schall sozusagen transportieren, auf ein Medium prallen und dort zurückgeworfen werden. Letzteres liegt dann vor, wenn Schallwellen auf ein großes, näherungsweise ebenes Hindernis auftreffen (z. B. Hauswand) und dort reflektieren. Die Reflexionseigenschaften sind denen des Lichts ähnlich (Spiegelung). Medien, die den Schall reflektieren, werden als „schallhart" bezeichnet. Schallharte Flächen wie Beton-, Ziegel- und Fliesenwände, Metall- und Glasflächen reflektieren den auftretenden Luftschall fast vollkommen. Im ungünstigsten Fall kann eine Mehrfachreflexion an solchen Flächen bis zu einer Schallpegelerhöhung von ca. 10 dB betragen [24].

8.4 Luftschallausbreitung

Wie bereits erwähnt, kann bei Sprengungen Schalldruck mit Frequenzen von ca. 250 Hz bis ca. 600 Hz als Begleiterscheinung der Sprengung in dB(A) gemessen werden. Daneben kann Luftschalldruck (Air Blast) auftreten, der sich im niederfrequenten Bereich bewegt und somit als Geräusch nur schwer identifizierbar ist. Die dominanten Frequenzen liegen bei dieser Art von Schalldruck bei ca. 1 Hz, wobei Frequenzüberlagerungen mit Spitzen von ca. 10 Hz bis 30 Hz festzustellen sind [1, 18].

Zur Erfassung dieses Schalldrucks sind Schallpegelmesser mit A-Bewertung (Filter) nicht geeignet. Für diesen Fall muss im niederfrequenten Bereich von 1 Hz bis 30 Hz gemessen werden. Neben dem Messbereich der A-Bewertung sind auch die lineare oder die L- und C-Bewertung wählbar, wobei der A-Filter die tiefen und hohen Frequenzen am stärksten abschwächt. Die Dämpfungswerte in dB der genannten Filter und ihre zulässigen Toleranzbereiche sind, wie bereits erwähnt, international genormt [56].

Durch die drei unterschiedlichen Messergebnisse, nämlich den unbewerteten Schalldruck in *L* mit den bewerteten Schallpegeln in dB(A), dB(L) und dB(C), sind gewisse Rückschlüsse auf die frequenzmäßige (spektrale) Zusammensetzung des gemessenen Geräuschs zu ziehen. Unabhängig von dem spürbaren Geräusch kann niederfrequenter Schalldruck vorhanden sein, der für das Gehör nicht feststellbar ist. In den Beispielen in Bild 8.8, Bild 8.9 und Bild 8.10 werden die Unterschiede in den Bewertungsfiltern dB(A), dB(C) und linear für ein Schallereignis aus einer Sprengung [6] dargestellt.

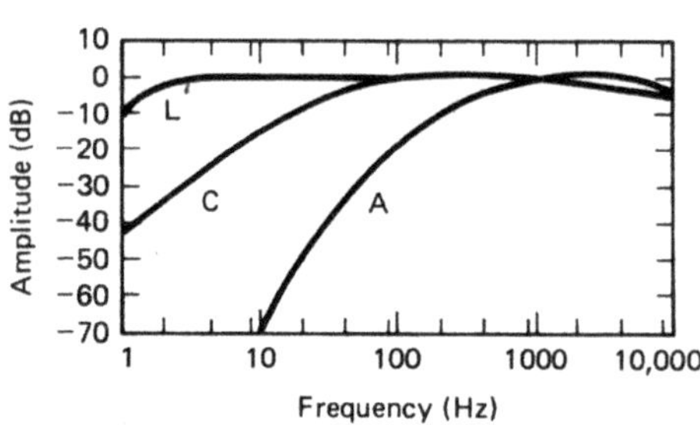

Bild 8.8 Bewertungsfilter A, C und L

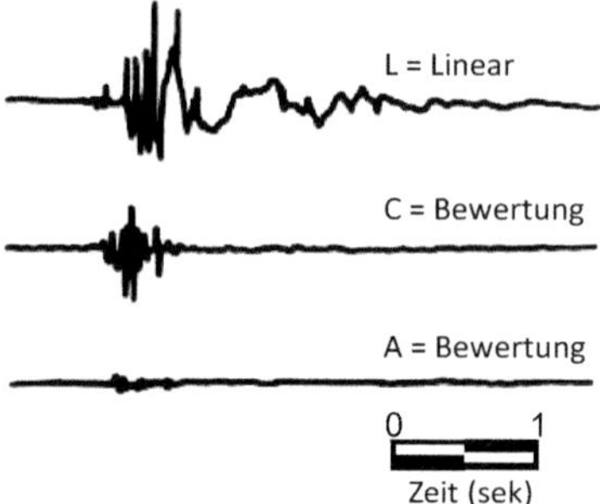

Bild 8.9 Zeitlicher Verlauf eines Schallereignisses in dB(A), dB(C) und linear

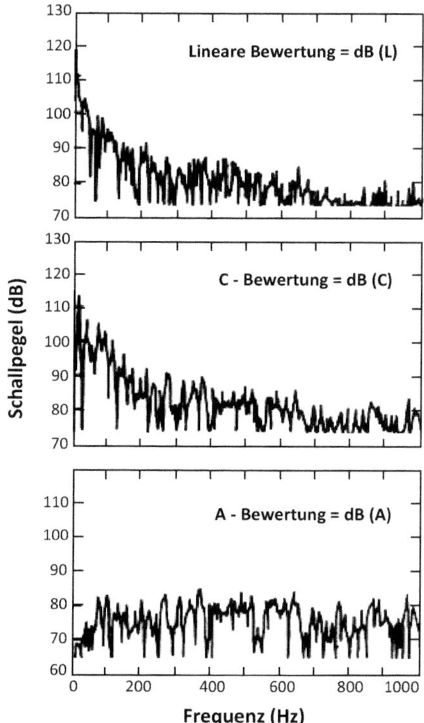

Bild 8.10
Schallpegel A, C und linear

Die Hauptmerkmale des Luftschalls bei Sprengungen sind international [6] vielfach untersucht worden und werden danach in drei Rubriken aufgeteilt:

- **Unmittelbare Massenbewegungen im Gestein durch das Sprengen (Air Pressure Pulse, APP):** APP wird durch jedes umsetzende Sprengbohrloch produziert. Jede Zündzeitstufe entwickelt dabei seine eigenen Spitzen, die erst nach größerem Abstand von der Sprengstelle zusammenwachsen.
- **Bodenerschütterungen in bestimmtem Abstand von der Sprengstelle (Rock Pressure Pulse, RPP):** RPP wird von den vertikalen Schwingungen erzeugt und kommt gleichzeitig mit den Sprengerschütterungen im Boden an. RPP ist kleiner als APP und bildet die untere Grenze eines möglichen Luftschalls durch Sprengen.
- **Entweichen der Reaktionsprodukte (Gase) aus dem Sprengbohrloch (Gase Release Pulse, GRP):** GRP ist abhängig von der Möglichkeit und Größenordnung des Ausblasens. Das Ausblasen beim Sprengen ist normalerweise verantwortlich für eine unerwartete hohe Schallintensität in (dB (*A*)), impulsförmigen Luftschall in (dB (C)) oder linear in (dB (L)) [23].

8.4.1 Einwirkung auf den Menschen

Für den Menschen ist die Fühlbarkeitsschwelle einer Sprengung innerhalb eines Gebäudes oft erheblich niedriger als außerhalb. Der Unterschied liegt vermutlich darin, dass der Schall innerhalb eines Bauwerks vom Bauwerk selbst erzeugt wird. Daneben lässt ein allgemein niedriges Akzeptanzniveau gegenüber Sprengarbeiten sofort eine erhebliche Erschütterungsimmission vermuten, die ein betroffenes Bauwerk beschädigen könnte. Neben dem Schalldruck in den zu bewertenden dB(A)- oder dB(C)-Filtern kann auch linearer Schalldruck in dB(L) anliegen (Bild 8.11). Die dominanten Frequenzen liegen bei dieser Art von Schalldruck bei ca. 1 Hz bis 10 Hz, wobei Frequenzüberlagerungen mit Spitzen von ca. 10 Hz bis 15 Hz festgestellt werden können.

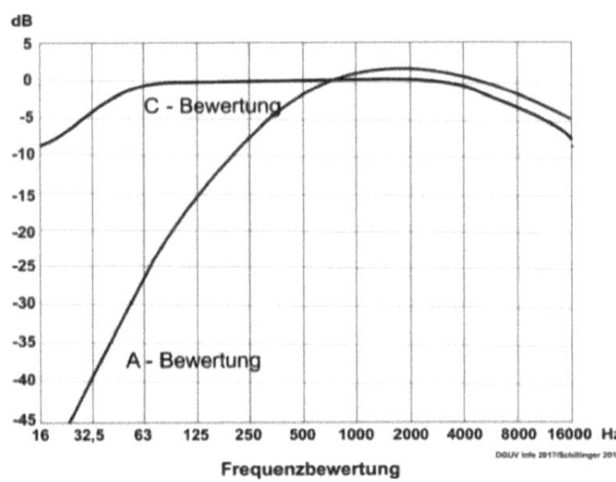

Bild 8.11
Unterschiedliche Filter: dB(A) und dB(C)

In diesen Fall muss im niederfrequenten Bereich linear von 1 Hz bis 16 Hz gemessen werden. Dieser Luftschalldruck, der sich im niederfrequenten Bereich bewegt und somit als Geräusch nur schwer oder gar nicht identifizierbar ist, muss bei Sprengungen durch geeignete Maßnahmen am Ort der Emission höchstmöglich vermieden werden. Unabhängig von den Immissionsrichtwerten für seltene Ereignisse für den Beurteilungspegel in dB(A) an Immissionsorten innerhalb bzw. außerhalb von Gebäuden in Wohngebieten ist Folgendes zu beachten: Für den Arbeits- und Anrainerschutz [57] gelten die Auslösewerte *L* (Linear) in Bezug auf den Spitzenschalldruckpegel.[1] Dabei gelten folgende oberen und unteren Auslösewerte:

- obere Auslösewerte LEX, 8 h = 85 dB(A) bzw. $L_{pC,peak}$ = 137 dB(C)
- untere Auslösewerte LEX, 8 h = 80 dB(A) bzw. $L_{pC,peak}$ = 135 dB(C)

[1] Der obere Auslösewert von 85 dB(A) ist epidemiologisch abgeleitet worden, d. h., er gilt unter der Voraussetzung, dass zur Gehörerholung eine lärmfreie Zeit von mindestens zehn Stunden zwischen den Arbeitsschichten mit einem Schalldruckpegel nicht größer als 70 dB(A) eingehalten wird.

Tabelle 8.1 Spitzenschalldruckpegel $L_{pC,peak}$ in dB(C) im Vergleich zu LEX, 8 h in dB(A)

LEX, 8 h in dB(A)	79	80	81	82	83	84	85	86	87	88	89	90	91
$L_{pC,peak}$ **in dB(C)**	134	135	136				137	138	139	140	141	142	143

Abgestrahlte Körperschallimmissionen werden hörbar, sobald sie den Grundgeräuschpegel überschreiten. Dieser ist in Wohngebieten verhältnismäßig niedrig anzusetzen und in den technischen Regeln für Lärm festgelegt. Da der Mensch Erschütterungen und sekundären Luftschall somit in unterschiedlicher Weise wahrnimmt, sind auch unterschiedliche Bewertungsverfahren notwendig. Bei größeren Abständen kommen Schallwellen erst im Sekundenbereich nach den Bodenwellen an. Die Ausbreitung der Schallwellen steht dabei in Abhängigkeit von Zeitverlauf und der Detonationssequenz einer Sprengung.

Aufgrund dieses Einflusses werden Sprengungen auch über größere Entfernungen von Personen oftmals als „stark" empfunden, obwohl die vorangegangene seismische Einwirkung kaum wahrgenommen (gespürt) wurde bzw. keine ablehnende Reaktion darauf erfolgte. Normalerweise werden die vorangehend genannten Maximalwerte nicht erreicht. Aus umweltrelevanten Gründen sollten jedoch von Fall zu Fall begleitende Schalldruckmessungen dahingehend durchgeführt werden, um die Schallimmission zu überprüfen und zu bestätigen.

8.4.2 Luftdruck

Beim Sprengen entsteht eine Druckwelle in der Luft. Diese wird durch die schlagartig expandierenden Sprenggase, welche mit den Luftpartikeln kollidieren, verursacht. Von ausschlaggebender Bedeutung für die Größe der entstehenden Druckwelle sind die Lademenge je Zündzeitstufe. Diese bestimmt das Volumen der Sprenggase und die Art der Wechselwirkung der Sprenggase mit der Luft. Im Fall von unverdünnten, bis nahe dem Bohrlochmund beladenen Sprengbohrlöchern kann sie direkt sein oder im Fall von gut besetzten Sprengbohrlöchern indirekt über den Besatz erfolgen. Für die Größe der von der Sprengladung verursachten Druckwelle kommt der Qualität des Besatzes demnach eine große Bedeutung zu. Durch die Verwendung von gutem Besatz kann der durch die Sprengung verursachte Überdruck um 30 dB bis 40 dB verringert werden. Wie bereits erwähnt üben die atmosphärischen Bedingungen einen starken Einfluss auf die mit dem Sprengen verbundenen Luftdruckauswirkungen aus. Besonders ungünstig sind

- nebelige, dunstige windstille Tage sowie Inversionswetterlagen,
- durchziehende Kaltfronten,

- Perioden mit fallender Temperatur,
- in den frühen Morgenstunden sowie an klaren Tagen die Zeit nach dem Sonnenuntergang und
- eine niedere Wolkendicke, besonders an windstillen Tagen.

8.4.2.1 Methoden zur Kontrolle

Es existieren folgende Methoden zur Kontrolle des Luftdrucks:

- frei liegende Sprengschnur mit Besatzmaterial in einer Höhe von mind. 0,3 m bedecken
- Bei Gewinnungssprengungen soll der Besatz ca. der Vorgabe entsprechen.
- Sprengschnur mit einem niedrigen Lademetergewicht verwenden.
- Splitt mit länglicher und nicht kubischer Kantenlänge als Besatzmaterial in ausreichender Menge verwenden
- im Fall der Frontreihe von Sprengbohrlöchern zusätzlichen Besatz verwenden, wenn die Bruchwand durch die vorherige Sprengung stark beansprucht wurde
- Die Sprengbohrlöcher haben eine gleiche Vorgabe und Seitenabstand.
- hohe Bohrgenauigkeit einhalten
- Das Zeitintervall zwischen Reihen von Bohrlöchern ist größer als das Intervall zwischen Sprengbohrlochern in einer Reihe. Dadurch wird das Werfen der Vorgabe begünstigt.
- durch Zündschema sicherstellen, dass Situationen hoher Verspannung vermieden werden
- möglichst widersinnig zum Einfallen sprengen

8.4.2.2 Ermittlung des Luftdrucks bei Wind

Für normale Windgeschwindigkeiten zwischen 32 und 45 km/h, wie sie allgemein vorkommen, findet der einhergehende Winddruck – nach internationalen Erkenntnissen [1, 6] – Ausdruck in folgenden Beziehungen:

$$p = (0{,}00504)\,v^2 \qquad (8.4)$$

p Druck in psf (pounds per square foot)

v Windgeschwindigkeit in mph (miles per hour)

Bei Umrechnung in psi gilt: p[psf] dividiert durch 144 = p[psi], wobei p[psi] · 6,9 = p[kPa] und v[mph] · 1,609 = v[km/h] sind.

Für höhere Windgeschwindigkeiten, die in Windtunneln ermittelt wurden, gilt:

$$p = (0{,}00256)\,v^2 \tag{8.5}$$

Die Windgeschwindigkeiten von 32 bis 45 km/h sind das Äquivalent zu etwa 134 dB. Höhere Windgeschwindigkeiten sind dabei nicht zugrunde gelegt. Bei hohen Windgeschwindigkeiten sollten Sprengarbeiten nicht durchgeführt werden, wenn die Windrichtung auf schallgefährdete Objekte zeigt und keine Schutzmaßnahmen ergriffen wurden. Anhand messtechnischer Untersuchungen kann als Beispiel [2] angeführt werden, dass sich eine mögliche Windgeschwindigkeit verändert und 67 km/h bei 3,0 m, 96 km/h bei 9,1 m und 117 km/h bei 36 m über dem Boden aufweist.

8.4.2.3 Ermittlung der Lademengenbegrenzung

Nach allgemeinen Erkenntnissen [2] kann für die Beurteilung unterschiedlichen Schalldrucks angenommen werden, dass

- bei 180 dB (3,0 psi oder 20,7 kPa) Schäden an Bauwerken entstehen können,
- bei 171 dB (1,0 psi oder 6,9 kPa) Fenster zu Bruch gehen,
- bei 151 dB (0,1 psi oder 0,69 kPa) vereinzelt Fenster brechen und
- 140 dB (0,029 psi oder 0,2 kPa) als sicher hinsichtlich Schäden angesehen werden können (entspricht Wind mit ca. 64 km/h).

Maximal 134 dB (0,0145 psi oder 0,1 kPa) können als Empfehlung für Sprengungen über Tage angesehen werden.

Für die Messungen können keine Geräte verwendet werden, die nur ein begrenztes Frequenzband, insbesondere zur Aufzeichnung für hohe Frequenzen, enthalten. Ein typisches Beispiel sind hierbei die gebräuchlichen Messgeräte, die Schallereignisse in dB(A) aufzeichnen. Durch die A-Filterung wird das Geräusch verändert und ausschließlich für die Empfindung des menschlichen Ohrs bewertet [1, 6, 19, 43]. Bei allen Planungen für eine Sprenganlage wird der Endbesatz eine durchschnittliche Mindesthöhe vorweisen. In Bild 8.12 ist dargestellt, in welcher Abhängigkeit die Überdeckung (Endbesatz) einer Ladesäule zum Grenzbereich des Schalldrucks ist.

Zur Abschätzung des entstehenden Schalldrucks kann aus den Beziehungen Folgendes abgeleitet werden: 134 dB, die 1,0 Millibar entsprechen und als Empfehlung für Sprengungen über Tage angesehen werden können, müssen zuerst in psi umgewandelt werden, wobei sich alle Formeln auf die Basisformel

$$L = 10\log\left(\Delta_{\mathrm{p}} / \Delta_{\mathrm{p0}}\right)^2 = 20\log\Delta_{\mathrm{p}} / \Delta_{\mathrm{p0}} \tag{8.6}$$

beziehen (mit log ist der Logarithmus zur Basis 10 gemeint). Daraus folgt:

$$
\begin{aligned}
&\text{dB} = 20\log p + 170{,}75\\
&\text{oder}\\
&p[\text{psi}] = \log-1\left(\left(\text{dB}-170{,}75\right)/20\right)\\
&p[\text{psi}] = \log-1\left(-36{,}75/20\right)\\
&p[\text{psi}] = 0{,}0145\,\text{psi oder}\,0{,}1\,\text{kPa}\left(1\,\text{Millibar}\right)
\end{aligned}
\qquad (8.7)
$$

p Schalldruck in psi

Zur Abschätzung wird die zutreffende Linie in Bild 8.12 mit der entsprechenden Formel herangezogen. Würde z. B. die Linie mit der Vorgabe auf entsprechenden optimalen Endbesatz p = 1,0 $(SD)^{-1,1}$ zutreffen, so ergibt dies Folgendes:

$$p[\text{psi}] = 1{,}0\left(SD\right)^{-1{,}1} \qquad (8.8)$$

$$SD = \log\text{-}1\left(\log p[\text{psi}]/-1{,}1\right) = \log\text{-}1\left(-1{,}8375/-1{,}1\right) \qquad (8.9)$$

$$SD = 46{,}8\ \text{ft/lbs}^{1/3}\ \text{oder}\ 18{,}57\ \text{m/kg}^{1/3} \qquad (8.10)$$

SD Scaled Distance (Skalierter Abstand)

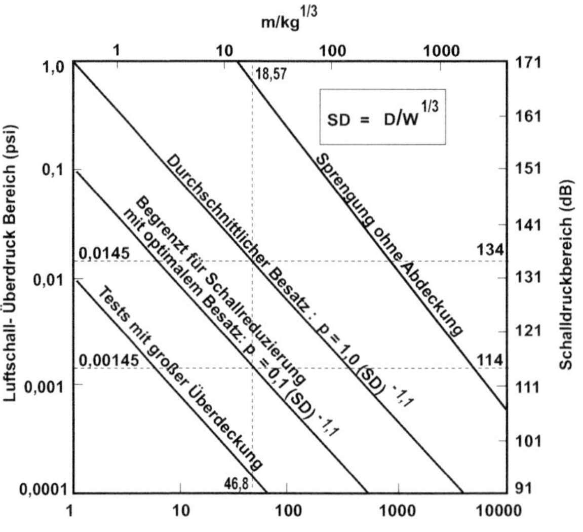

Bild 8.12
Cube Root, Scaled Distance (Kubikwurzel, Skalierte Distanz) in Bezug auf Schalldruck und Überdeckung (Besatz) der Ladesäule

Für eine Abschätzung in der Praxis würde das bedeuten, dass folgende Lademenge bei 300 m (ca. 984 ft) Entfernung (bei optimaler Abdeckung) zu einem Objekt eingesetzt werden kann, damit die Grenze [1, 4, 9, 28, 30] von 134 dB Schalldruck nicht überschritten wird:

$$SD = D / W^{1/3} \tag{8.11}$$

Dabei ist *SD* der ermittelte Scaled Distance-Wert (= die skalierte Distanz), *W* (Weight) die Lademenge und *D* (Distance) der Abstand.

$$W = (D / SD)^3 = (984 / 46{,}8)^3 = 9294\,\text{lbs} \tag{8.12}$$

Oder in kg:

$$W = (D / SD)^3 = (300 / 18{,}57)^3 = \text{ca.}\,4220\ \text{kg} \tag{8.13}$$

Es kann aber auch gleich in den allgemein bekannten Dimensionierungen gerechnet werden:

$$SD = R / L^{1/3} \tag{8.14}$$

$$L = (R / SD)^3 = (300 / 18{,}57)^3 = \text{ca.}\,4220\,\text{kg Sprengstoff} \tag{8.15}$$

Dabei ist *L* die Lademenge (in kg) und *R* die Entfernung von der Sprengstelle (in m).

Die Lademenge setzt voraus, dass alle Parameter (insbesondere der Endbesatz) vorher sorgfältig ausgewählt wurden, wobei sich Splitt, der sich im Bohrloch verkantet, besonders geeignet ist. Für besondere Sprengungen in unmittelbarer Nähe von Objekten, bei denen besondere Vorsicht angeraten ist, sollte gemäß folgender Formel vorgegangen werden:

$$p = 0{,}1 (SD)^{-1{,}1} \tag{8.16}$$

Es hat sich gezeigt, dass bei Sprengungen Einflüsse durch Schalldruck zu beachten sind, wie z. B. folgende:

- Größe der Vorgabe und Zustand der Bruchwand
- Menge (Volumen) des herauszulösenden Gesteins
- maximale Lademenge pro Zündzeitstufe
- Zündung (Verzögerungszeit und die Richtung der Initiierung)
- Art des gewählten Sprengstoffs
- Länge der Überdeckung des Sprengstoffs (Menge und Art des Endbesatzmaterials)
- eingesetzte Hilfsmittel (Luftpuffer, Endbesatzkappen)
- freiliegende Explosivstoffe auf der Oberfläche (z. B. Sprengschnur auf der Oberfläche)

- Ausrichtung der Bruchwand relativ zu Bauwerken
- atmosphärische Einflüsse (relativer Einfluss bei größeren Entfernungen)
- Temperaturunterschiede
- atmosphärische Bedingungen (Nebel, Regen, Schnee)
- Topografie
- Windrichtung

Bei größeren Abständen (800 m; 1,6 km) kommen Schallwellen erst im Sekundenbereich nach den Bodenwellen an. Die Ausbreitung der Schallwellen steht dabei in Abhängigkeit vom Zeitverlauf und von der Detonationssequenz einer Sprengung. Aufgrund dieses Einflusses werden Sprengungen über größere Entfernungen von Personen oftmals als „stark“ empfunden, wobei die vorangegangene seismische Einwirkung kaum gespürt wurde bzw. keine ablehnende Reaktion darauf erfolgte. Diese Thematik ist in Abschnitt 8.4.1 genauer beschrieben.

Wie einschlägige Laborversuche zeigen, kann der Mensch verschieden starke Erschütterungsimmissionen erst dann unterscheiden, wenn sich ihre Stärke um 25 % ändert. In Dezibel ausgedrückt ergibt dies ein Auflösungsvermögen des Menschen für unterschiedliche Erschütterungsimmissionen von ±2 dB, das somit demjenigen für Schallimmissionen recht ähnlich ist. Daraus folgt auch, dass der Mensch erst eine Verdoppelung der Schwingstärke als wesentliche Qualitätsveränderung empfindet, was er durch eine unterschiedliche Wahrnehmungsbeschreibung ausdrückt.

In seinem Wohnbereich ist das Alltagsleben des Menschen dadurch charakterisiert, dass keine ständig wahrnehmbaren Erschütterungsimmissionen auf ihn einwirken, sondern nur einzelne Ereignisse, die vorwiegend von anderen Hausbewohnern einschließlich der Nachbarn hervorgerufen werden. Abgestrahlte Körperschallimmissionen werden hörbar, sobald sie den Grundgeräuschpegel überschreiten. Dieser ist in Wohngebieten verhältnismäßig niedrig anzusetzen und in der TA Lärm festgelegt. Da der Mensch Erschütterungen und sekundären Luftschall in unterschiedlicher Weise wahrnimmt, sind auch unterschiedliche Bewertungsverfahren notwendig. Bei größeren Abständen kommen Schallwellen erst im Sekundenbereich nach den Bodenwellen an.

Aufgrund der unvermeidlich begleitenden Schallimmission bei Sprengungen werden die Schallereignisse in vielen Fällen von Außenstehenden mit Erschütterungen verwechselt und als besonders „große“ oder „starke“ seismische Einwirkung empfunden, obwohl dies messtechnisch nachweisbar nicht der Fall war. Für den Menschen ist die Fühlbarkeitsschwelle einer Sprengung innerhalb eines Gebäudes oft erheblich niedriger als außerhalb. Der Unterschied liegt vermutlich darin, dass der Schall innerhalb eines Bauwerks vom Bauwerk selbst erzeugt wird. Auch lässt ein allgemein niedriges Akzeptanzniveau gegenüber Sprengarbeiten sofort eine erhebliche Erschütterungsimmission vermuten, die ein betroffenes Bauwerk beschädigen könnte. Erklärungen an die Betroffenen können ausschließlich anhand von durchgeführten Schallmessungen in dB(A) oder linear unter Vorzeigen der Messergebnisse glaubwürdig dargestellt werden.

Schalldruck kann bei Sprengungen mit Frequenzen von ca. 250 Hz bis ca. 600 Hz als Begleiterscheinung einer Sprengung in dB(A) gemessen werden. Daneben kann Schalldruck in dB(L) anliegen. Die dominanten Frequenzen liegen bei dieser Art von Schalldruck bei ca. 1 Hz, wobei Frequenzüberlagerungen mit Spitzen von ca. 10 Hz bis 30 Hz festzustellen sind [1, 18, 19].

In Bild 8.13 sind Systeme zur Reduzierung des Luftschalldrucks dargestellt. Dieser Luftschalldruck, der sich im niederfrequenten Bereich bewegt und somit als Geräusch nur schwer identifizierbar ist, ist bei Sprengungen durch geeignete Maßnahmen am Sprengort höchstmöglich zu vermeiden. Zur Erfassung dieses Schalldrucks sind Schallpegelmesser mit A-Bewertung (Filter) nicht geeignet. Für diesen Fall muss im niederfrequenten Bereich ohne Filter von 1 Hz bis 30 Hz gemessen werden.

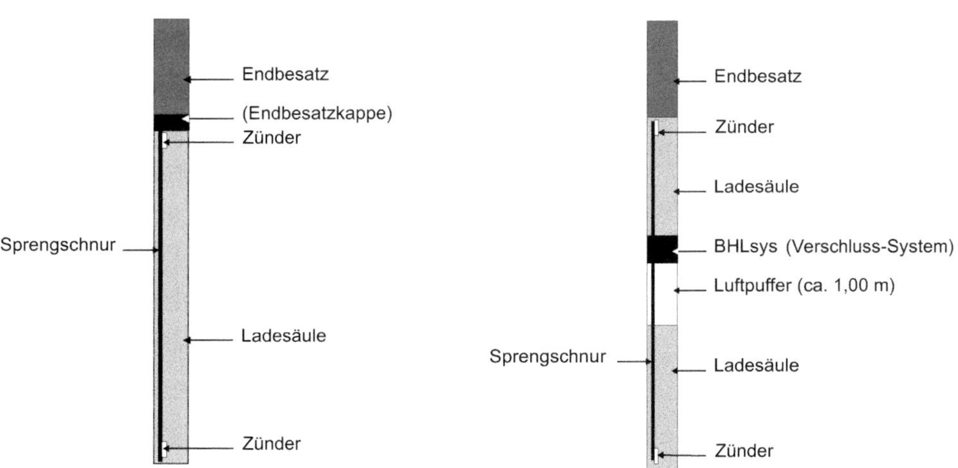

Bild 8.13 Reduzierung der Schalleinwirkung durch Endbesatzkappe im Bohrloch (BL) oder Luftpuffer

Es ist daher von großer Bedeutung, dass geräuschmindernde Maßnahmen am Ort der Emission durchgeführt werden. Maßnahmen dieser Art am Sprengort sind z. B. das Einführen der Zünder in den Bohrlochmund, das Kürzen und Einführen der Sprengschnüre in den Bohrlochmund, das sorgfältige und ausreichende Abdecken der Zündmittel mit ordnungsgemäßem Besatz, die Zündung aus dem Bohrlochtiefsten, der Einsatz von Bohrlochverschlusskappen unter dem Endbesatz und die Luftpufferung von Ladesäulen (Bild 8.14). Nach allgemeinen Erkenntnissen (Messungen) kann dadurch bei Sprengungen das begleitende Schallereignis auf unter 60 dB(A) sowie unter 100 dB(L) reduziert werden. Weiterhin ist festzustellen, dass bei vermindertem Schalldruck das Akzeptanzniveau der meist in negativer Erwartungshaltung befindlichen Außenstehenden erheblich erhöht wird [43].

8.4.2.4 Luftschallkontrollen

Die bisherigen Ausführungen haben gezeigt, dass Schallkontrollen anhand geeigneter Bewertungsverfahren erforderlich sind, um die Schallsituation objektiv und eindeutig zu erfassen. Darüber hinaus bilden die so gewonnenen Erkenntnisse eine Basis für die Konzeption geeigneter Gegenmaßnahmen. Diese zielen insbesondere darauf ab, bei den Betroffenen unangenehm und lästig wirkende Störeinflüsse möglichst weitgehend zu vermeiden.

Die unmittelbaren Bemühungen der Luftschallbekämpfung beim Sprengen konzentrieren sich vor allem auf die Vermeidung vereinzelter Schallspitzenpegel, sofern impulsförmige Schallereignisse vorherrschen, und auf die Vermeidung störender Einzeltöne wie z. B. einen Sprengknall. Die Ziele lassen sich durch geeignete Eingriffe in den Vorgang der Schallerzeugung und Übertragung, durch organisatorische und begleitende Maßnahmen im Vorfeld sowie durch lineare Schalldruckmessungen verwirklichen.

Damit ist das Feld der Möglichkeiten abgesteckt, innerhalb dessen Maßnahmen zur Schallbekämpfung beim Sprengen zur Anwendung kommen. Bei der Reduzierung von störenden Schallereignissen ist zu berücksichtigen, dass ursächlich für alle Schallemissionen beschleunigte Bewegungen jeder Art innerhalb des Frequenzbereiches f zwischen 16 Hz und 20 KHz sind [43]. Dazu gehören vor allem Schwingungen von Festkörpern sowie Strömungen von Flüssigkeiten oder Gasen, z. B. das Entweichen der Reaktionsprodukte (Gase) aus dem Sprengbohrloch. Das Schallabstrahlungsverhalten einer Schallquelle wird durch den Abstrahlungsgrad gekennzeichnet, der abhängig von

- der abgestrahlten Schallleistung in W,
- dem mittleren Schnellequadrat senkrecht zur Oberfläche in m^2/s^2,
- der strahlenden Fläche in m^2,
- der Dichte der Luft in kg/m^3 und
- der Schallgeschwindigkeit in m/s

ist.

Möglichkeiten zur Schallreduzierung an der Schallquelle bei Körperschallübertragung durch Luftschallübertragung sind durch organisatorische und technische Maßnahmen gegeben. Nach messtechnischer Erfassung der Schalldruckwerte können diese durch die in Bild 8.14 dargestellten Hilfsmittel meist erheblich reduziert werden.

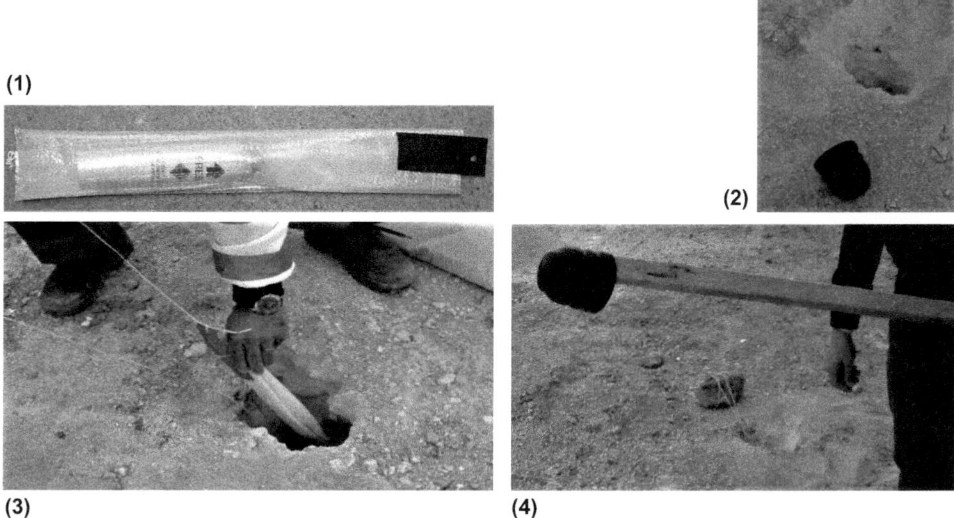

Bild 8.14 Reduzierung der Schalleinwirkung: **(1)** Gas Bag zum Verschließen des BL, **(2)** Besatzkappe zum Verschließen des BL, **(3)** Einbringen des Gas Bag in das BL und **(4)** Besatzkappe vor dem Einbringen in das BL

9 Sprengen im Naturwerksteinbruch und Baubetrieb

Die moderne Sprengtechnik hat eine maßgebliche Bedeutung für die Abläufe in der Natursteinindustrie und dem Baugewerbe. Der hohe technische Stand bei Spreng- und Zündmitteln sowie moderne Bohrtechnik bilden die Grundlage für optimale Sprengungen mit unterschiedlichen Sprengverfahren. Neben den Verfahren mit Einzelsprengungen wie z. B. Knäpper-, Kessel-, Lassen- und Spaltsprengungen sowie seismischen Sprengungen sind die Sprengverfahren mit Sprenganlagen wie z. B. Aushub-, Gewinnungs-, Vortriebssprengungen, aber auch Abbruch- und andere Sondersprengverfahren in der Praxis von wirtschaftlicher Bedeutung für die Betriebe. Die rationellen Verfahrensweisen mit Sprenganlagen bilden die Grundlagen für eine technische und wirtschaftliche Sprengtechnik unter Berücksichtigung der sicherheitstechnischen Aspekte gegenüber der Umwelt [16, 23, 43, 46, 47].

9.1 Sprengverfahren

Unter Sprengverfahren versteht man den vielfältigen Einsatz von Spreng- und Zündmitteln in Bezug auf ein Verfahren innerhalb der Sprengtechnik, das einen optimalen Sprengerfolg erwarten lässt. Im Vordergrund steht dabei der Sprengzweck zur Lösung von technischen Aufgaben, wie das Herauslösen von Gesteinen für die Werksteinindustrie mit Gewinnungsarbeiten, unter Verwendung von Explosivstoffen. Schwarzpulver kommt allgemein kaum mehr zum Einsatz. Schwarzpulver ist weniger handhabungssicher, erfordert ein zeitaufwendiges Verschließen und Ausblasen der Bohrlöcher und ist bei nassen Bohrlöchern nicht einsetzbar. Deshalb kommt es zum Einsatz von Sprengschnüren, die diese Nachteile des Schwarzpulvers weitestgehend vermeiden.

Begriffsbestimmungen

Es ist wichtig, dass Begriffsbestimmungen in der Sprengtechnik mit der Regel der Technik übereinstimmen. Durch Einhaltung von Begriffsbestimmungen aus den Regelwerken der Sprengtechnik können unklare Auslegungen über Sprengverfahren vermieden werden. Klare Bezeichnungen, wie das „Zerteilen von Fels", d.h. der Abtrag des Felsens durch Sprengen, den Vortrieb durch Sprengen sowie das Lösen des Felsens bzw. Gebirges durch Sprengen, oder wie das „Aufreißen von Fels", d.h. die Auflockerung des Felsens durch Sprengen bzw. Lockerungssprengungen, haben sich durchgesetzt [16, 41, 43, 47]. Die Einteilung der Sprengverfahren kann nach unterschiedlichen Gesichtspunkten erfolgen, wie z.B. nach dem Sprengzweck, nach Art der Laderäume und deren Anordnung, nach der Anordnung der Zündmittel, nach der Art oder Zusammensetzung der verwendeten Ladung und dergleichen. Es wird zwischen folgenden Sprengungsarten unterschieden:

- Auflockerungssprengungen (Aufreißen), bei denen die Vorgaben des Mediums nicht geworfen, sondern nur aufgelockert werden (Aufreißen des Gefüges von Gestein, Bauteilen oder anderen verfestigten Materialien ohne deren Auswurf)
- Zertrümmerungssprengungen oder Felslösungssprengungen (Zerteilen), bei denen das Material stark zertrümmert und fallweise nicht – wie z.B. bei einer übertägigen Strossen- oder Gewinnungssprengung – umgelagert wird

Die klare Bestimmung des Sprengverfahrens hält dazu an, dass nach der geeigneten sprengtechnischen Vorgehensweise so zu verfahren ist, dass der erwünschte optimale Sprengerfolg erzielt wird.

Die Sprengarbeit umfasst alle für das Sprengen notwendigen Tätigkeiten mit Ausnahme des Herstellens der Laderäume, wobei die Sprengtechnik die Verfahrenstechnik für das Sprengen ist.

Sprengen ist das gewaltsame plötzliche Aufreißen sowie Zerteilen von Sprengobjekten durch die bei der Umsetzung einer Sprengladung frei werdende Energie [J]. Sprengverfahren werden nach der Art des Einbruchs, nach dem Zweck des Sprengens, nach den Laderäumen und deren Anordnung, nach der Anordnung der Zündmittel und anderen Merkmalen bezeichnet. Der Zweck der sprengtechnischen Planungen besteht darin, dass bei den vor Ort gegebenen Verhältnissen ein im technischen, wirtschaftlichen und sicherheitstechnischen Sinn optimaler Sprengerfolg sichergestellt ist. Ein Sprengverfahren ist demnach die Art und Weise der Anwendung der Sprengmittel zur Erreichung des angestrebten Sprengzwecks.

9.2 Einzelsprengungen

Die Sprengverfahren zur Gewinnung von Gebirge sind weitläufig unterschiedlich und stets auf die Bedürfnisse des laufenden Betriebs ausgerichtet. Die besonderen Sprengungen sind nachfolgend dargestellt.

9.2.1 Werksteingewinnung

Die Werksteingewinnung erfordert eine völlig auf die örtlichen Verhältnisse und den jeweiligen Verwendungszweck abgestimmte Gewinnungstechnik. Neben der sprengtechnischen Gewinnung von Gebirge, das zur Aufbereitung als Zuschlagsstoffe, Schotter und Splitte dient, unterliegt die Gewinnung von Werksteinen zur Weiterverarbeitung einer besonders schonenden Behandlung. Letztere ist Voraussetzung zur Vermeidung von Anrissen, Haarrissen und sonstigen Beeinträchtigungen oder Zerstörungen des zu verarbeitenden Werksteins. Die besondere Technik besteht darin, dass bestimmte Gesteinsstücke, unter Ausnutzung ihrer natürlichen Teilbarkeit, schonend aus dem Gebirge herausgelöst werden. Dazu wird eine vorsichtige, allmähliche Auflockerung und Trennung des Gebirges entlang der vorgesehenen Spaltrichtung angestrebt [16, 43]. Dies wird durch kleinere Sprengungen, zum Teil mit Einzelschüssen unter Einsatz von Pulversprengstoffen, durchgeführt. Die Blockgewinnung ist in Bild 9.1 dargestellt. Das Gassensprengen ist in Bild 9.2 dargestellt.

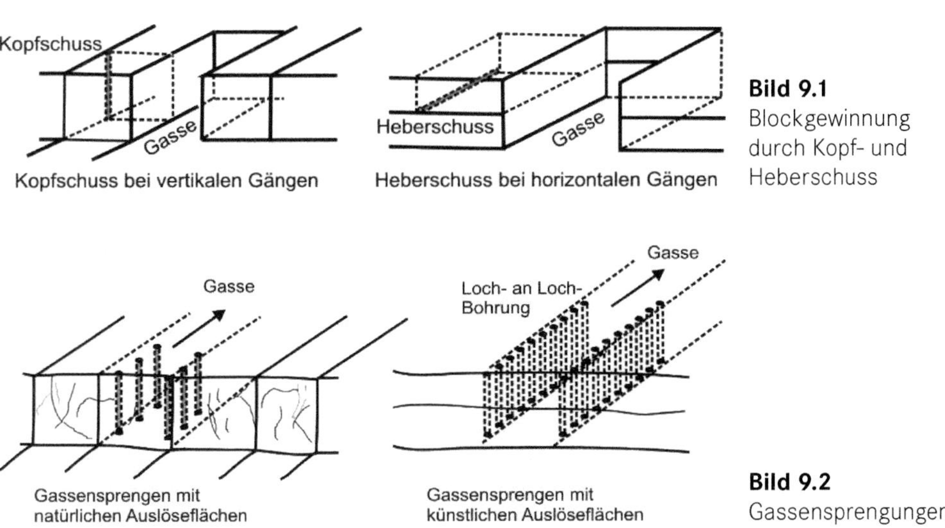

Bild 9.1 Blockgewinnung durch Kopf- und Heberschuss

Bild 9.2 Gassensprengungen

9.2.2 Kesselsprengungen

Ist der Laderaum eines Bohrlochs mit kleinem Durchmesser nicht in der Lage, die zum ordnungsgemäßen Werfen der Vorgabe benötigte Sprengstoffmenge aufzunehmen, so wird das Bohrloch im Tiefsten durch Zünden einer brisanten Sprengladung erweitert [8, 45]. Dieses wird so oft wiederholt, bis der Laderaum die erforderliche Größe zur Aufnahme des benötigten Sprengstoffs hat. Das Verfahren der Kesselsprengung eignet sich für alle Gebirgsarten.

9.2.3 Lassensprengungen

Beim Lassensprengen werden die natürlich vorhandenen Spalten und Klüfte des Gebirges als Laderaum für den Sprengstoff benutzt (Bild 9.3 und Bild 9.4). Das Einbringen von Bohrlöchern entfällt hierbei. Sind die Klüfte oder Spalten mit Material (Lehm, Ton, Sand usw.) ausgefüllt, so muss der vorgesehene Laderaum zuerst bereinigt werden [8, 45]. Der Laderaum sollte wenn möglich seitlich und in der Tiefe durch Holzpflöcke abgegrenzt und mit Lehm oder Ton oder ähnlichem Material abgedichtet werden. Der Laderaum wird anschließend mit Pulversprengstoff besetzt.

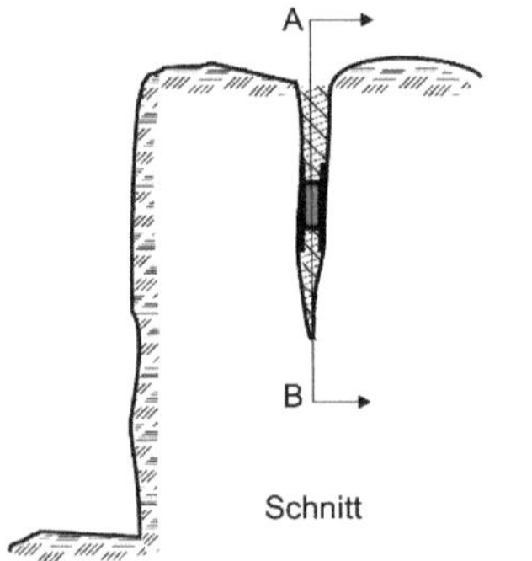

Bild 9.3 Lassensprengung, Schnitt A/B

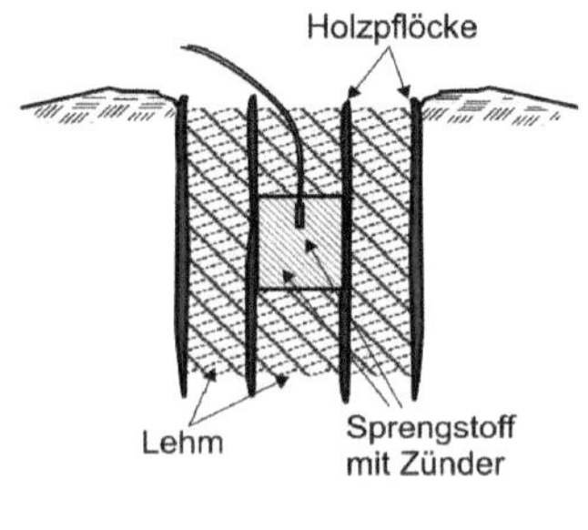

Bild 9.4 Lassensprengung, Schnitt

9.2.4 Schnüren

Wie die Lassensprengungen dient das Schnüren zur Gewinnung von Werksteinen (Bild 9.5). Dazu werden in Bohrlöchern oder Trennfugen kleine Sprengpulverladungen gezündet, welche die natürlichen Löseflächen erweitern sollen. Oftmals sollen nur Spalten aufgerissen werden, die dann als Laderaum für Lassensprengungen dienen [16, 43]. Ähnlich den Kesselsprengungen (Bild 9.6) wird die Lademenge von Sprengung zu Sprengung gesteigert. Dabei sollte nicht mehr als ⅓ des Laderaums mit Sprengstoff besetzt werden. Dadurch wird eine Beschädigung des Werksteins weitgehend vermieden.

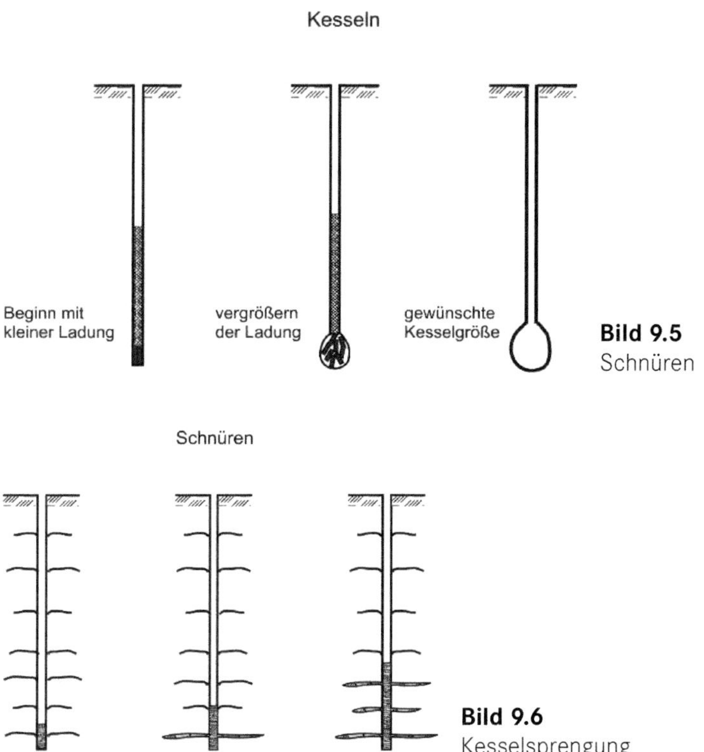

Bild 9.5
Schnüren

Bild 9.6
Kesselsprengung

9.2.5 Knäppersprengung (Freistein)

Zur Nachzerkleinerung von zu groß angefallenen Gesteinsstücken, die von den Brecheranlagen nicht aufgenommen werden können, wird die Knäppersprengung (Bild 9.7) oder die Auflegersprengung (Bild 9.8) angewandt.

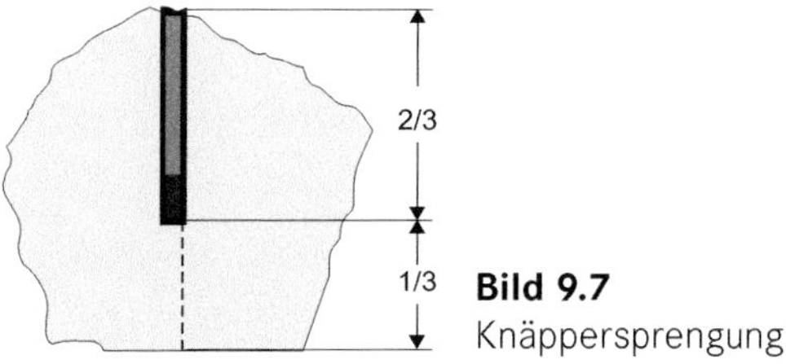

Bild 9.7
Knäppersprengung

Aufgrund der erheblichen Nebenwirkung von Schallimmissionen sollte auf diese Art der Freisteinzerkleinerung bei umweltrelevanten Gegebenheiten verzichtet werden. Bei Knäppersprengungen wird die Zerkleinerung durch in Bohrlöcher eingebrachten Sprengstoff erzielt. Dazu werden die Steine bis ½ bzw. ⅔ der Gesteinsdicke mit einem oder mehreren Bohrlöchern angebohrt und mit einer berechneten

Lademenge aus gelatinösem oder losem Sprengstoff besetzt und elektrisch gezündet. Als Verdämmung (Besatz) eignen sich Sand oder Wasser (Bild 9.7). Je nach Zerkleinerungsgrad und verwendetem Sprengstoff kann mit einer Lademenge für weiche bis mittelharte Gesteine zwischen 50 g und 150 g/m³ und für Hartgestein von ca. 150 g bis 250 g/m³ gerechnet werden. Diese Lademengen sollten nicht überschritten werden, da sonst die Gefahr eines erheblichen Steinflugs besteht. Für die Nachzerkleinerung von Blöcken gilt folgende Formel:

$$L = 0V_{\mathrm{A}} + 50\left[\text{in Gramm}\right] \qquad (9.1)$$

Die Berechnung ist für Gesteinsblöcke bis maximal 10 m³ ausreichend genau.

9.2.6 Auflegersprengung

Im Folgenden werden die Parameter zur Berechnung (Sprengstoffmenge) des zu sprengenden Materials (Gesteinsbestimmung) vorgestellt [16, 43]. Bei Auflegersprengungen wird die Ladung eines möglichst hochbrisanten Sprengstoffs als gebündelte oder geballte Ladung auf den Freistein aufgelegt und sorgfältig mit feuchtem, steinfreiem Besatz gut verdämmt. Die Ladungsanordnung ist in Bild 9.8 dargestellt.

$$L = V \cdot q$$

L Lademenge in g
V Volumen des zu sprengenden Blocks in m³
$L_{\mathrm{max}} \cdot B_{\mathrm{max}} \cdot H_{\mathrm{max}} \cdot 0{,}7$ (Korrekturfaktor)
q spezifischer Sprengstoffverbrauch in kg/m³

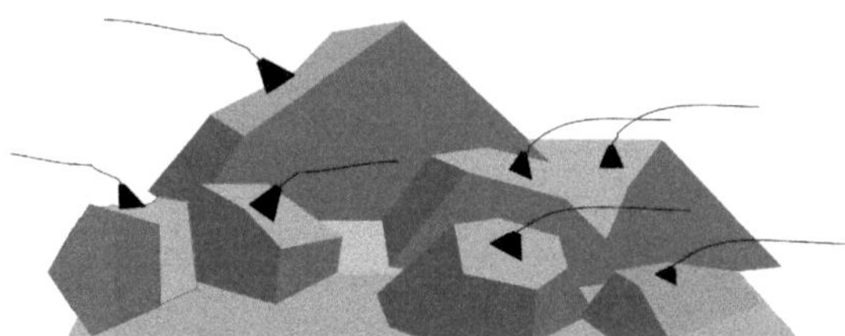

Bild 9.8
Auflegersprengung

Die Werte in Tabelle 9.1 können nur als Anhaltswerte gelten und sollen lediglich einen groben Überblick über die Vielfalt der vorkommenden Gesteine geben. Bei jeder Sprengung soll der verantwortliche Sprengleiter die Sprengstoffmenge den Umständen entsprechend anpassen und eine Probesprengung ausführen.

Es gelten folgende Ladungszuschläge und Abzüge:

- Ist der Fels sehr zäh,
- ist der Fels verwittert,

- wird gelatinöser Sprengstoff verwendet oder
- wird die Ladung unterlegt,

so soll die Lademenge um ca. 30 % erhöht werden. Die Lademenge kann um ca. 30 % reduziert werden,

- wenn der Block zum zweiten Mal gesprengt wird (z. B. Nachsprengungen in Steinbrüchen) oder
- wenn die Ladung gut verdämmt wird.

Tabelle 9.1 Anhaltswerte in kg für Aufleger

Gesteinsart	Spezifischer Sprengstoffverbrauch (brisanter Sprengstoff)
Granit	bis zu und mehr als 0,700 kg/m³
Gneis	wie Granit, ca. 0,500 kg/m³
Basalt	0,400 - 0,600 kg/m³
Dolomit	0,350 - 0,500 kg/m³
Kalk	0,100 - 0,300 kg/m³
Sandstein	0,150 - 0,500 kg/m³
Nagelfluh	0,150 - 0,500 kg/m³
Schiefer	bis 0,200 kg/m³

Aufgrund der hohen Geräuschentwicklung können Auflegersprengungen nur dort durchgeführt werden, wo keine Umweltbeeinträchtigung durch Schallereignisse auftreten kann. Ist dies nicht möglich, so müssen Quellmittel oder mechanische Geräte zum Einsatz kommen.

9.3 Sprenganlagen im Baugewerbe

Ein weites Feld von Einsatzmöglichkeiten der Sprengtechnik findet sich im Baugewerbe. Der effektive Aushub von Gebirge für bautechnische Zwecke mittels Sprengtechnik ist in weiten Bereichen unerlässlich. Sprengarbeiten im Baubereich unterliegen oftmals umweltrelevanten Zwängen. Insbesondere im Nahbereich von Bauwerken sind genaue Erschütterungsprognosen und besondere Sicherheitsmaßnahmen gefordert. Daneben besteht die Anforderung eines maßgerechten und schonenden Lösens des Gebirges. Diese Probleme können in vielen Fällen nur mit einer relativ kleinen Lademenge per Zündzeitstufe gelöst werden. Das heißt, dass im Umfeld von Bauwerken oder Versorgungseinrichtungen kleine Bohrlochdurchmesser zur Anwendung kommen werden. Dies führt wiederum dazu, dass kleinere

Raster geplant werden müssen, die einer Beeinträchtigung der Umwelt entgegenwirken. In vielen Fällen wird das „schonende" Sprengen zur Anwendung kommen.

9.3.1 Strossensprengungen für Anschnitte

Zur Herstellung von Baugruben oder Einschnitten wird in der Regel der Strossenabbau angewandt. Die Größenordnungen der Sprengparameter befinden sich dabei in Abhängigkeit von der zulässigen Lademenge per Zündzeitstufe, die z. B. durch Erschütterungsprognosen ermittelt wurde. Dadurch wird wiederum der Laderaum bestimmt, in dem der errechnete Sprengstoff untergebracht werden kann.

Anhand der wechselhaften Anforderungen und Immissionsbegrenzungen im Einzelfall wird die Sprenganlage unterschiedliche Parameter aufweisen. Bei der Festlegung und Verteilung des Sprengstoffs für eine Strossensprenganlage ist davon auszugehen, dass im Strossenfuß – anhand von Verspannungen – der Sprengwiderstand ca. zwei- bis dreimal so groß ist wie im oberen Bereich [42, 43, 47].

Vorgabe und Seitenabstand

Anhand der Verspannung wird die Ladesäule in Grundladung und Oberladung aufgeteilt. Die Grundladung soll aufgrund der Verspannungseffekte entweder ein höheres Lademetergewicht haben und/oder aus einem stärkeren Sprengstoff bestehen. In der Regel liegt der spezifische Sprengstoffaufwand q bei Strossensprengungen zwischen 0,250 kg/m^3 bis 0,400 kg/m^3. Dabei ist $d_B{}^2$ in mm einzusetzen. Bei der Anwendung ist Folgendes zu berücksichtigen: Die Grundladung im Bohrlochtiefsten soll sich bis zu einer Höhe, die ca. der 1,3-fachen Vorgabe (*Vorgabe = Abstand vom Bohrloch zur nächsten freien Fläche*) entspricht, erstrecken. Das untere Strossenniveau soll zur Vermeidung von stehen gebliebenen Füßen um ca. ⅓ der Vorgabe, mindestens aber 20 cm, unterbohrt werden.

Der Seitenabstand (*Seitenabstand = Abstand von Bohrloch zu Bohrloch*) soll mindestens so groß wie die Vorgabe sein, jedoch deren 1,3-fachen Wert nicht übersteigen. Der Besatz soll der Vorgabe entsprechen. Wird für Grund- und Oberladung der gleiche Sprengstoff verwendet, so soll für die Oberladung nur ca. ⅓ bis ½ des Ladungsgewichtes der Grundladung eingesetzt werden, Als Faustformel [43] gilt bei der Bemessung von Gesteinssprengstoffen deren Dichte, die ρ_{SP} 1,5 kg/dm^3 entspricht und einen Füllungsgrad von q_V = 0,85 erreicht. Die theoretische Ermittlung der Ausbruchsfläche erfolgt mit der Vorgabe l_W · Seitenabstand a_B. Um in der Praxis den dementsprechenden Sprengerfolg zu erzielen, ist es jedoch zusätzlich notwendig, dass neben der Festlegung der Parameter l_W und a_B eine optimale Zündfolge zur Anwendung kommt. Zudem müssen Versuche gefahren werden, die die theoretischen Ermittlungen bestätigen oder optimieren.

Unabhängig von den theoretischen Ermittlungen hat sich in der Praxis gezeigt, dass unter Anwendung der gebräuchlichen Millisekundenzünder mit Verzögerungen von 25 ms oder 50 ms bzw. 17, 25, 42 und 67 ms ein Verhältnis des Seitenabstands zur Vorgabe von 1,0 bis 1,3 als optimal anzusehen ist. Das nachfolgende Beispiel mit einem Bohrlochdurchmesser (BL-Ø) zur Ermittlung der Vorgabe l_W nach Langefors [14] zeigt die schrittweise Vorgehensweise zur Berechnung.

Beispiel Lademengenberechnung:

$$l_W = \text{Ø} / 33 \cdot \sqrt{q_S / cn\left(l_W / a_B\right)} \tag{9.2}$$

Im Folgenden werden die Variablen aus Formel 9.2 erläutert und Beispielwerte genannt:

- q: relativer Füllungsgrad des Sprengstoffs [kg/l]

  pneumatischer Lader: 1,0 – 1,6

  ANC ohne Lader: 0,9

  Emulsion: 1,0 – 1,2

  gelatinöser Sprengstoff: 1,4 – 1,5
- s: relative Sprengenergie (Wirkungsgrad)

  gelatinöser Sprengstoff: 1,27

  Emulsion: 1,3

  ANC: 0,87
- c: relative Gesteinsfestigkeit ($l_W > 1{,}0$ m) [kg/m³]

  für den Beginn der Auslegung, 1. Reihe: 0,36

  horizontal gelagerter sedimentärer Fels: 0,2 – 1,2

  empirischer Wert: 0,2 – 1,2
- n: Verspannung des BL (Grad der Verspannung)

  freier Fuß: 0,75

  feste Neigung 2:1: 0,85

  feste Neigung 3:1: 0,9

  fest vertikal: 1,0

$$l_W / a_B = \text{Vorgabe / Seitenabstand-Verhältnis} \tag{9.3}$$

Aus Formel 9.3 ergeben sich folgende Werte:

- Etagenabbau-Sprengungen: 1,25
- Pre-Splitting: 0,7

Beispiel für den Beginn:

q = 1,4
s = 1,27
c = 1,2
n = 1,0
l_W/a_B = 1,25

$$l_w = 64/33 \cdot \sqrt{1,4 \cdot 1,27 / 1,2 \cdot 1,25}$$
$$l_w = 1,94 \cdot \sqrt{1,78/1,5} \tag{9.4}$$
$$l_w = 2,11\,\text{m}$$

eine freie Fläche = 1 drei freie Flächen = 0,65

zwei freie Flächen = 0,8 nur Auflockerung = 0,4 – 0,6

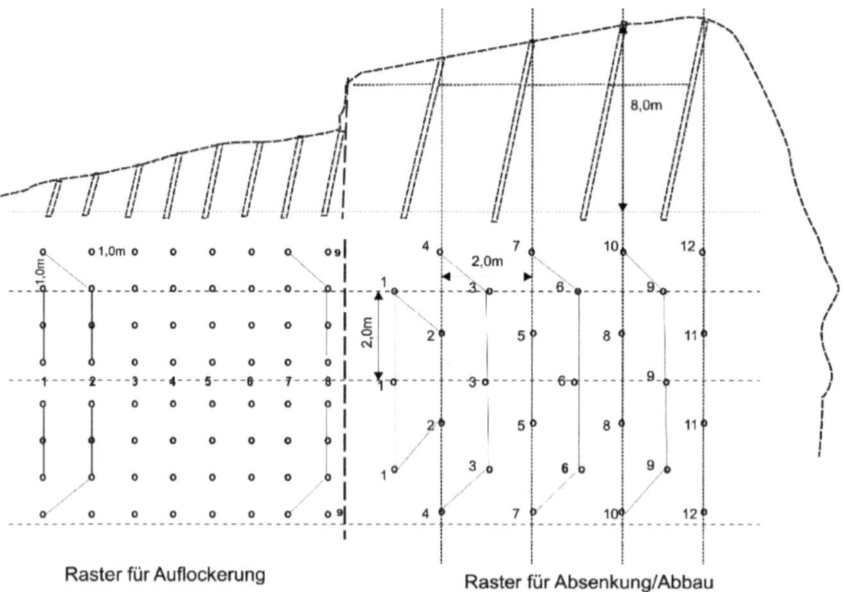

Bild 9.9 Beispiel eines Anschnitts mit Auflockerung

9.3.2 Spaltsprengungen (Pre-Splitting)

Bei herkömmlich durchgeführten Sprengungen sind Begleiterscheinungen wie Mehrausbrüche, Auflockerungen (Bild 9.9), Rissbildung sowie Sprengerschütterungen und dergleichen bekannt. In vielen Fällen bestehen hohe Anforderungen an das Sprengergebnis, wie z. B. das maßgerechte Herauslösen des Gebirges mit der Auflage zur Vermeidung oder erheblichen Reduzierung der genannten Begleiterscheinungen [43]. Oftmals ist in so einem Fall das Spaltsprengverfahren die einzige Möglichkeit, um negativen Begleiterscheinungen vorzubeugen. Das Spaltsprengverfahren, auch bekannt unter den Bezeichnungen Profilsprengungen oder Pre-Splitting, beruht in der Regel auf drei besonderen Merkmalen:

- Loch-an-Loch-Reihung der Sprengbohrlöcher
- Luftpufferung der Sprengladungen
- möglichst gleichzeitige Zündung mehrerer Sprengladungen

Wenn möglich, soll eine eher gleichzeitige Zündung mehrerer Sprengladungen stattfinden.

Luftpufferung der Sprengladungen

In der Praxis hat sich gezeigt, dass die Momentzündung das beste Spaltergebnis erbringt. Ist dies anhand von Sprengerschütterungen über vorgegebene Lademengen per Zündzeitstufe nicht möglich, so sollte die Zündung in bestimmten Gruppen, die der maximal zulässigen Lademenge entsprechen, erfolgen. Die Ladungsanordnungen sind in Bild 9.13 dargestellt. Unter Loch-an-Loch-Reihung versteht man geringe Bohrlochabstände, die in ihrer Verbindungsebene eine gewollte Schwächezone schaffen. Die Sprengwirkung der Ladungen soll hierbei nur eine Rissbildung erzeugen, bevor andere unkontrollierte Sprengeinwirkungen um das Bohrloch entstehen [43].

Die Luftpufferung innerhalb der Ladesäule führt zu einer Reduzierung des hohen Anfangsdrucks der Reaktionsprodukte. Die Stoßwelle dringt in den Luftpuffer ein, reflektiert und beendet die Zertrümmerung in ihrer Front. Damit hört die Rissbildung um das Bohrloch auf. Die nachfolgenden Reaktionsprodukte haben nur noch die Kraft, um eine Rissbildung zum nächsten geringsten Gebirgswiderstand zu erzeugen. Dies sind die beiden angrenzenden Bohrlöcher, in denen die gleichen Abläufe stattfinden. Die Rissbildung ist in Bild 9.10 und die Zündfolge in Bild 9.11 dargestellt. Ladungsaufbau und Bohrlochanordnungen sind in Bild 9.12 und Bild 9.13 zu sehen.

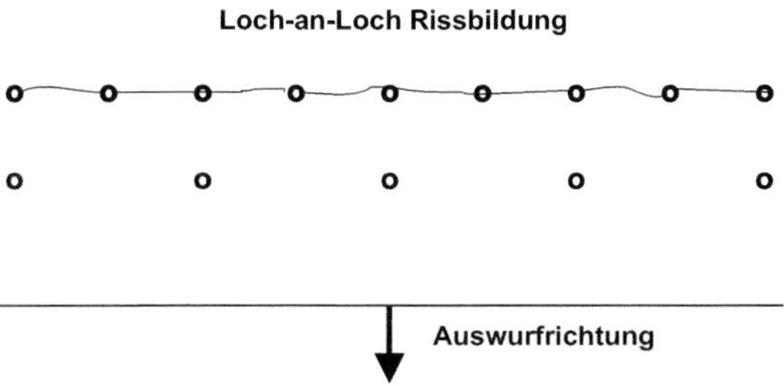

Bild 9.10 Rissbildung beim Spaltsprengen

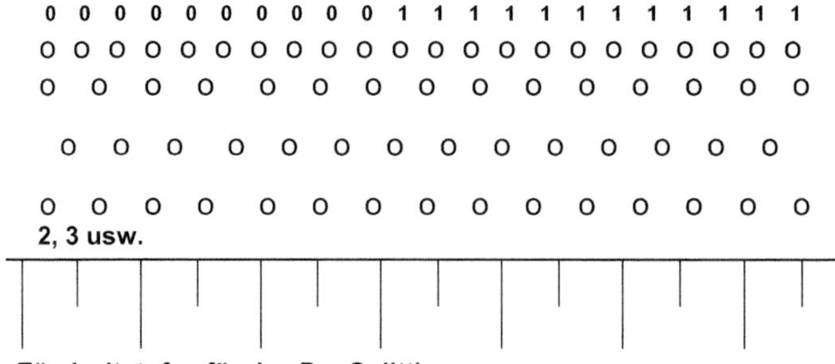

Bild 9.11 Zündfolge beim Spaltsprengen

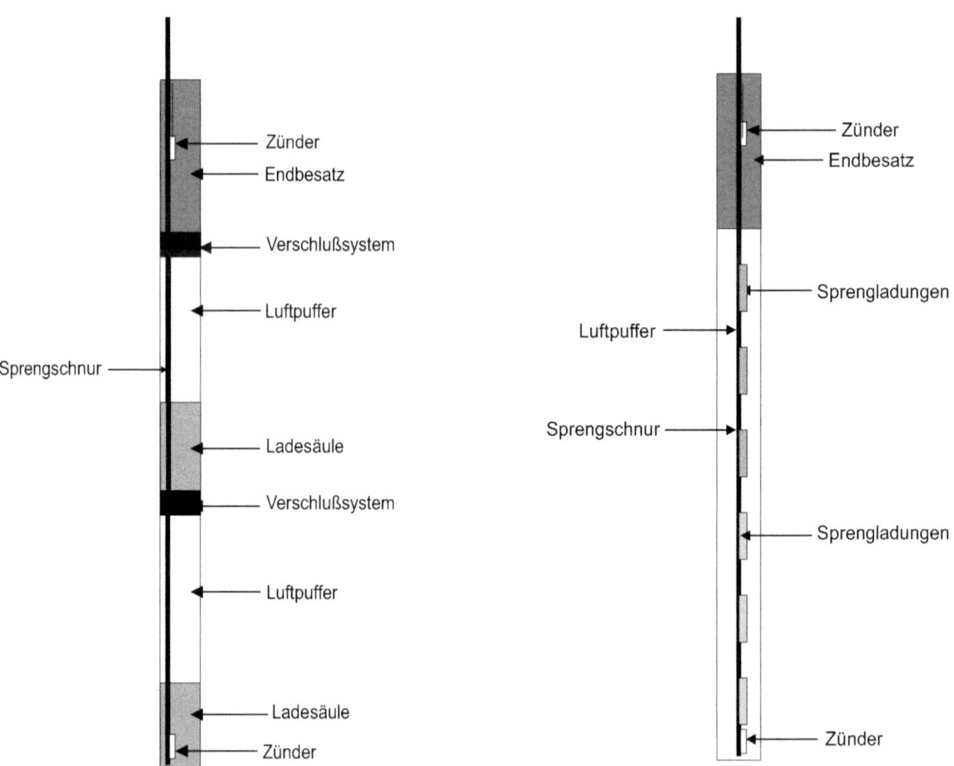

Bild 9.12 Beispiel eines Ladungsaufbaus mit Luftpuffer

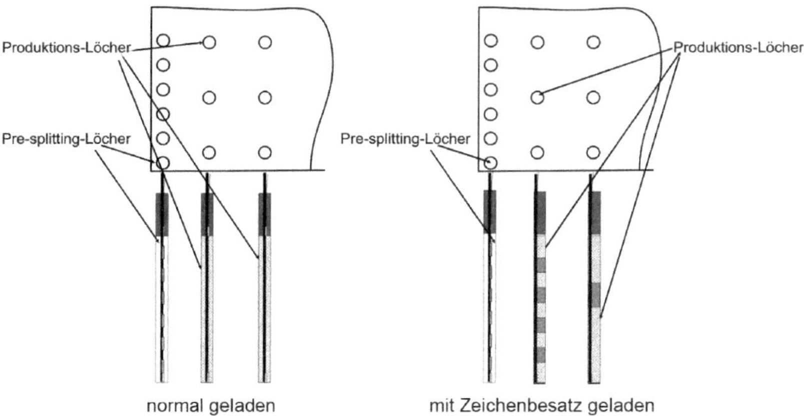

Bild 9.13 Beispiel mit unterschiedlichen BL-Anordnungen beim Spaltsprengen

Der Anwendungsbereich des Spaltsprengens ist vielfältig und immer auf das dementsprechende Gebirge zugeschnitten, wobei die Bohrlochdurchmesser von kleinen Durchmessern mit Kleinkaliberpatronen bis hin zu Großbohrlöchern variieren können. Die Lademenge beträgt ca. 10 % der Ladung eines voll ausgeladenen Bohrlochs. Das Verfahren zählt unter anderem zum sogenannten „schonenden Sprengen“. Beim Spaltsprengverfahren unterscheidet man zwischen dem Vorspalten und Nachspalten. Der Unterschied liegt darin, dass das Vorspalten vor der Hauptsprengung und umgekehrt das Nachspalten nach der Hauptsprengung durchgeführt wird. Beim Vorspalten wird das Sprengergebnis erst nach Beräumen des Haufwerks voll sichtbar. Daneben entstehen höhere Erschütterungen durch Verspannungen innerhalb des Gebirges. Der große Vorteil des Vorspaltens ist, dass die geringsten Mehrausbrüche in der Bruchwand entstehen.

Das Nachspalten kann im festen sowie weniger festen Gebirge durchgeführt werden, wenn die Verspannung unter den einzelnen Sprengladungen nicht zu groß ist. Ein Vorteil des Nachspaltens ist, dass das Ergebnis sofort nach Abtun der Sprengung erkennbar wird. Des Weiteren entstehen beim Nachspalten geringere Sprengerschütterungen als bei allen anderen Spaltsprengungen.

9.3.3 Grabensprengungen

Um in festem Gebirge Gräben auszuheben, werden Lade- und Baggermaschinen benötigt, um die Aushubleistung zu steigern. Damit die Maschinen eine hohe Aushubleistung erzielen, muss das zu ladende Material in genügendem Maß gelöst vorliegen. Um dies zu ermöglichen, kann oftmals nur der Einsatz von Sprengstoffen weiterhelfen.

Bei einer Grabensprengung werden die Bohrlochreihen nebeneinander, in Längsrichtung des Grabens, angebracht (Bild 9.14 und Bild 9.15). Bei Grabenbreiten bis zu 1,0 m werden die Bohrlöcher ca. 0,10 m bis 0,15 m vom Grabenrand angesetzt. Die Bohrlöcher werden dabei nicht gegenüber, sondern im Verband auf Lücke gesetzt. Bei größeren Grabenbreiten müssen drei oder mehr Bohrlöcher in der Reihe gesetzt werden. Die Bohrlöcher an den Grabenrändern stehen sich hierbei gegenüber. Die zusätzlichen Bohrlöcher werden in der Mitte der halben Grabenbreite eingebracht. Dabei werden diese zusätzlichen Bohrlöcher um den halben Bohrlochabstand in der Achsrichtung versetzt [43]. Die Neigung der Bohrlöcher entspricht in der Regel 70° und zeigt in Richtung des auszuhebenden Grabens. Eine seitliche Neigung soll es nicht geben. Die zukünftige Grabensohle wird mindestens 20 cm oder mehr unterbohrt, falls der Graben sehr tief werden soll. Die Anzahl der Bohrlochreihen und ihr Seitenabstand hängen von der Breite des Grabens und von den Eigenschaften des Gebirges ab.

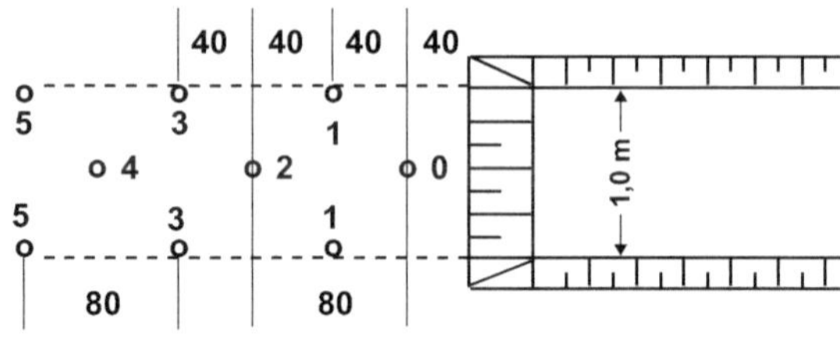

Bild 9.14
Ladungsanordnung bei 1,0 m

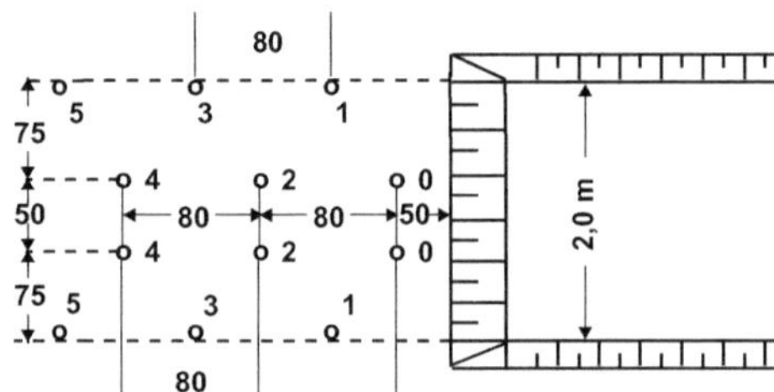

Bild 9.15
Ladungsanordnung bei 2,0 m

Die Vorgaben sollten kleiner als die Bohrloch- bzw. Grabentiefen gewählt werden. In der Regel sind das 40 cm bis 80 cm. Die Seitenabstände hingegen liegen zwischen 50 cm und 100 cm und sollten die Bohrlochtiefen ebenfalls nicht überschreiten. Wegen der Sprengerschütterungen werden die Bohrlochdurchmesser in bewohnten Gebieten nicht größer als 30 mm bis 35 mm gewählt. Tabelle 9.2 gibt an, wie die benötigten Bohrlochreihen in Abhängigkeit von der Grabenbreite angeordnet sein können. Tabelle 9.3 gibt den pezifischen Sprengstoffaufwand q bei Grabensprengungen in kg/m^3 an.

Tabelle 9.2 Bohrlochreihen in Abhängigkeit von der Grabenbreite

Grabenbreite bis [m]	0,7	1,5	2,5	3,0	3,5
Bohrlochreihen [Anzahl]	2	3	4	5	6

Tabelle 9.3 Spezifischer Sprengstoffaufwand q bei Grabensprengungen in kg/m³

	Sprengstoffaufwand q in kg/m³
Schiefer	0,3
Kalk	0,3-0,4
Hartgestein	0,4-0,6

Braucht man auf die Erschütterungen keine Rücksicht zu nehmen, können die Durchmesser bis auf das Doppelte ansteigen. Bei Grabensprengungen kommt überwiegend gelatinöser Sprengstoff zum Einsatz [43, 46]. Bei Grabensprengungen hat sich die Formel von Hauser bewährt:

$$L = l_W{}^3 \cdot q \cdot d \left[\text{bei einem Bohrlochabstand } a_B \text{ von } 2\, l_W\right] \qquad (9.5)$$

L Lademenge in kg
l_W Vorgabe (Wirkungshalbmesser, Abstand zur nächsten freien Fläche, im Graben die BL-Tiefe)
q spezifischer Sprengstoffaufwand in kg/m³
d 1 (Verdämmungswert)

Formel 9.5 wird nur im Sonderfall benutzt werden können, da sich die Zerstörungsradien bei 2 l_W nur in ihren Randbereichen treffen (Bild 9.16).

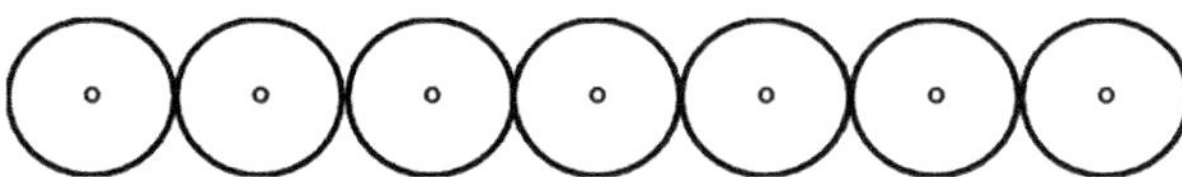

Bild 9.16 Zerstörungsradien bei 2 l_W

Um eine Überschneidung der Einwirkungsbereiche zu erhalten, muss daher bei Grabensprengungen 1 l_W eingesetzt werden. Allgemein wird folgende Formel angewandt:

$$L = l_W{}^3 \cdot q \cdot d / 2 \qquad (9.6)$$

Der Bohrlochabstand a_B beträgt bei 1 l_W mit einer Grabentiefe und Breite von 1,0 m somit ebenfalls 1,0 m (Bild 9.17).

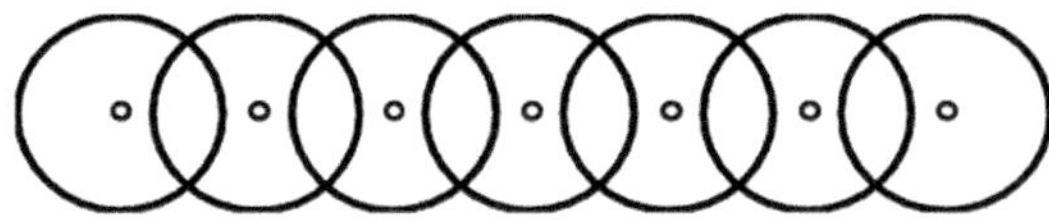

Bild 9.17 Zerstörungsradien bei 1 l_W

Der q-Wert für Formel 9.6 kann, wie in Tabelle 9.3 dargestellt, angenommen werden. Die Anhaltswerte müssen durch Versuchssprengungen überprüft werden.

Im Folgenden sind zwei Beispiele für die Berechnung von Grabensprengungen mit unterschiedlichen Tiefen dargestellt.

Beispiel 1:

Grabentiefe: 1,00 m; q = 0,6

$$\begin{aligned} L &= l_W{}^3 \cdot q \cdot d / 2 \\ L &= 1 \cdot 0{,}6 \cdot ½ \\ L &= 0{,}300\,\text{kg} \end{aligned} \tag{9.7}$$

Beispiel 2:

Grabentiefe: 1,50 m; q = 0,6

$$\begin{aligned} L &= l_W{}^3 \cdot q \cdot d / 2 \\ L &= 3{,}375 \cdot 0{,}6 \cdot 1 / 2 \\ L &= 1{,}0\,\text{kg} \end{aligned} \tag{9.8}$$

9.3.4 Baugrubensprengung

In der Regel sind Baugrubensprengungen durch eine größere Verspannung des Gebirges, aus Mangel an einer freien Fläche, gekennzeichnet. Daher muss mit dem Vollausbruch ein Einbruch gesprengt werden. Der keilförmige Einbruch kann fächerförmig oder als Keileinbruch bis auf die erforderliche Tiefe angelegt sein (Bild 9.18). Der Ausbruch des übrigen Gebirgsabschnitts kann dann mit der beschriebenen Technik des Strossensprengverfahrens durchgeführt werden.

Der Einbruch kann jedoch auch in der Form einer Grabensprengung hergestellt werden (Bild 9.19). Dadurch kann mit wenigen Schüssen eine freie Fläche für den Strossenabbau geschaffen werden. Zusätzlich werden die Sprengerschütterungen begrenzt [43]. Nachteilig ist, dass der Graben vor dem Vollausbruch gesprengt und das angefallene Haufwerk ausgeräumt werden muss, um den freien Raum für die nachfolgende Strossensprengung zu gewährleisten.

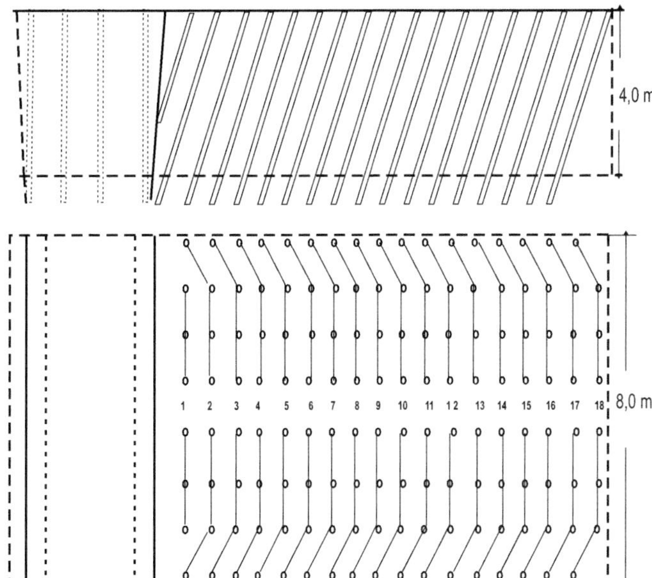

Bild 9.18 Baugrubensprengung, keilförmiger Einbruch

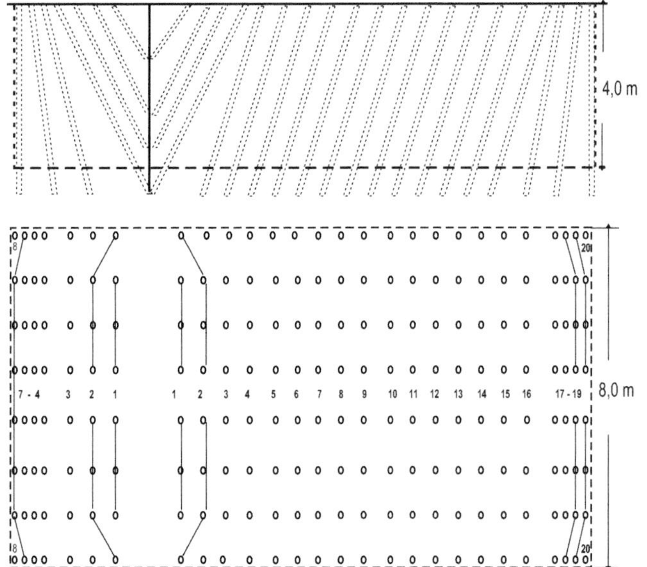

Bild 9.19 Baugrubensprengung, grabenförmiger Einbruch

Bei vielen bautechnischen Maßnahmen darf die Sohle wegen Erhaltung der Festigkeit des vorhandenen Gebirges nicht geschwächt werden. Oftmals dürfen daher die Bohrlöcher nur 0,30 m bis 0,50 m, in wenigen Fällen bis 1,0 m, über die Gründungssohle eingebracht werden. Entscheidend für die Festlegung sind die geologischen Verhältnisse und vorher durchgeführte Versuchssprengungen. Der Rest bis zur projektierten Sohle ist mit umfangreichen Nacharbeiten in Form kleiner Sprengungen verbunden. Die Lademengenberechnung erfolgt nach den vorangehend angeführten Formeln für Strossensprengungen oder nach Hauser.

10 Abbruch von Bauwerken und Bauwerksteilen

Die Aufgabe, Bauwerke und Bauwerksteile aus Holz, Mauerwerk, Beton, Stahlbeton, Spannbeton oder Stahl mit geringstem Zeit- und Kostenaufwand unter Berücksichtigung der sicherheitstechnischen und umweltrelevanten Aspekte abzubrechen, ist heute eine technisch übliche Anforderung an den Fachmann. Es hat sich gezeigt, dass aufgrund enger Lebensräume, wachsender Bebauung der Flächen sowie Aufrechterhaltung von Produktionsabläufen und öffentlichem Verkehr die Aufgabenstellung des sicheren Sprengabbruches enorm gewachsen ist. Daneben besteht die Problematik der Gefährdung von verlegten Versorgungsleitungen, die durch herabfallende Bauteile beschädigt werden könnten. Weiterhin müssen beim Sprengabbruch Gefahrstoffe wie z. B. Asbest und Ähnliches so vorbehandelt werden, dass durch sie keine Umweltgefährdung entsteht. Zum fachgerechten Sprengabbruch gehört eine genaue Kenntnis über den statischen Zustand des Sprengobjekts sowie der Nachweis darüber bzw. eine Überprüfung durch einen hinzugezogenen Statiker [12, 44].

10.1 Sprengtechnischer Abbruch

Bei Abbruchsprengungen kommen hauptsächlich Bohrlochladungen zur Anwendung. Der Bohrlochdurchmesser bewegt sich in der Regel zwischen 30 mm und 40 mm. In Ausnahmefällen können größere Bohrlochdurchmesser angewandt werden. Für die Verdämmung der Sprengladungen sind feuchter Sand, feuchter Lehm und dergleichen sowie fest werdender Besatz wie ein Gips-Sand-Gemisch und mit feinem Sand gefüllte Besatzpatronen zu verwenden. Fest werdender Besatz sollte nur in Ausnahmefällen benutzt werden. Weiterhin sind bei dieser Besatzart zwei Zünder gleicher Zeitstufe oder zwei Sprengschnüre anzuwenden [12, 44].

Für die Zündung der Sprengladungen wird die elektrische Zündung, die nichtelektrische Zündung oder eine Kombination von nichtelektrischer und elektronischer Zündung eingesetzt. Auf die Zündung mit Sprengschnur ist in umbautem Gelände wegen der hohen Schallimmission zu verzichten. Eine Abdeckung der Sprenganlage ist grundsätzlich z. B. mit Sprengschutz-, Gummi-, Stroh- oder Schilfmatten sowie Stroh- oder Holzwolleballen herzustellen.

Die Lademenge L für die Sprenganlage ist in Abhängigkeit von dem eingesetzten Sprengstoff, der Art des zu sprengenden Materials, der Beschaffenheit der zu sprengenden Konstruktion sowie von den Parametern der Sprenganlage und den Umgebungsverhältnissen zu wählen. Daneben ist die Art der Wirkung einer Sprengladung mit zu berücksichtigen. Es wird hierbei zwischen geballter und gestreckter Ladung unterschieden. Im gleichen Medium ist die Wirkung einer geballten Sprengladung kugelförmig. Die gestreckte Ladung besteht aus einer Aneinanderreihung von Sprengstoffpatronen, wobei eine zylinderförmige Wirkung mit halbkugelförmigem Abschluss an beiden Seiten zustande kommt [1, 12, 44, 46, 47].

10.1.1 Sprengen von Bauwerken und Bauwerksteilen

Beim Sprengen von Bauteilen führen die bei der Detonation des Sprengstoffs entstehenden Schwaden (Gase) zu einem Überdruck und zur Zerstörung des Gefüges. Die größtmögliche Wirkung wird erzielt, wenn der Überdruck im Inneren des Gefüges entstehen kann. Dies wird in der Regel durch eine Bohrung realisiert, in welche die Sprengladung eingebracht, verdämmt und gezündet wird.

Sprengerschütterungen sind trotz aller technischen Entwicklungen nicht vermeidbar. Die Emissionsstärke sowie der Einwirkungsbereich werden vor allem durch die Größe der Lademenge und die Art der Sprengung bestimmt. Auf die Ausbreitung und den Frequenzinhalt der Erschütterungen haben die örtlichen Verhältnisse starken Einfluss.

Die Erschütterungswirkung auf die Umgebung wird in den meisten Fällen mithilfe der Schwinggeschwindigkeit am jeweiligen Einwirkungsort beurteilt. Zur Prognose der bei Sprengungen zu erwartenden Schwinggeschwindigkeiten wird in der Normung eine Exponentialfunktion mit den Größen Lademenge und Entfernung als Variablen empfohlen. Es wird gefordert, dass die konkret verwendeten Ausbreitungsformeln durch vergleichbare Fälle zu belegen sind. Die Streubreite der Ergebnisse ist angemessen zu berücksichtigen. Die Ermittlung der maximalen Erschütterungen beim Sprengen kann z. B. gemäß der nachfolgenden Berechnung erfolgen.

Die Vorermittlung erfolgt auf einer speziell für Abbruchsprengungen erarbeiteten Formel. Bei dieser wird die Anordnung der Sprengladung bezüglich der Erdoberfläche (*GOK*) berücksichtigt. Für die Anordnung der Ladungen oberhalb der Erdoberfläche (*GOK*) ergibt sich die maximal zu erwartende Schwinggeschwindigkeit nach Formel 10.1 und bei Anordnung der Lademenge unterhalb der Erdoberfläche nach Formel 10.2 mit L als maximale Lademenge je Zündzeitstufe, r als Entfernung zwischen Sprengstelle und v_{max} als maximal zu erwartende Fundamentschwinggeschwindigkeit am Immissionsort.

$$v_{max} = 100 \cdot L^{(2/3)} / r \qquad (10.1)$$

$$v_{max} = 250 \cdot L^{(2/3)} / r \qquad (10.2)$$

v_{max} maximale erwartete Schwinggeschwindigkeit [mm/s]
L Lademenge je Zeitstufe [kg]
r Abstand [m]

Bei massiven Bauwerken hat sich gezeigt, dass die Entfernung r eher vom Rand der gegenständlichen Objekte als von der Sprengstelle aus zu wählen ist. Im gegenständlichen Fall wird der Aufprall von fallenden Massen eine größere Erschütterung erzeugen als die Sprengerschütterungen.

10.1.2 Erschütterungsschutz beim Sprengabbruch

Die Beurteilung der Erschütterungseinwirkungen erfolgt in mehreren Ländern Europas nach der DIN 4150-3, „Erschütterungen im Bauwesen" (Dezember 2016). Teil 3 gibt Anhaltswerte zur Beurteilung hinsichtlich möglicher Schäden an der Bausubstanz an. In Teil 1 der Norm werden eine Prognose für die Erschütterungsausbreitung und typische Einwirkungen infolge verschiedener Verursacher beschrieben.

In der frequenzbezogenen DIN 4150 werden Anhaltswerte für Industriegebäude, Wohngebäude und besonders empfindliche und unter Denkmalschutz stehende Gebäude genannt. Dabei werden für die erstgenannte Kategorie die höchsten Anhaltswerte angeführt, für Wohngebäude und denkmalgeschützte Bauten jeweils niedrigere Anhaltswerte. Bei Unterschreitung der Anhaltswerte sind keine Schäden im Sinne einer Verminderung der Gebrauchstauglichkeit zu erwarten. Dies schließt bei Gebäuden der letztgenannten Einstufungen auch sogenannte Schönheitsschäden wie Risse im Putz ein. Wenn im Ausnahmefall zur Gründung und zur Erschütterungsempfindlichkeit der Bauwerke keine Angaben vorliegen, werden diese nach den Normen eingeordnet, d. h., es werden die Anhaltswerte gemäß der Norm für die Bewertung herangezogen.

10.1.3 Vorausgehende Situationsbeurteilung

Zwar nimmt die Intensität einer Erschütterung als Folge der geometrischen Dämpfung und der Materialdämpfung des Bodens mit der Entfernung vom Erschütterungsherd ab, jedoch hängt eine Schädigungsgefahr von Gebäuden nicht allein von der örtlich noch wirksamen Erschütterungsintensität des Baugrunds ab, sondern auch von der Konstruktion des jeweiligen Gebäudes und von seinem substanziellen Ausgangszustand. Die beiden Letzteren bestimmen die Weiterleitung von Erschütterungen im Baugrund innerhalb der Gebäude. Weiter entfernte Bauwerke, die unter hoher planmäßiger Belastung stehen oder die bereits überanstrengt oder vorgeschädigt sind, neigen eher zu Rissbildungen als solche, die zwar näher an der Einwirkungsstelle liegen, aber in gutem Zustand sind und über Reserven für zusätzliche Beanspruchungen verfügen.

Bei einem hohen Abstand der Abbruchobjekte von den nächst und nahe liegenden Gebäuden sind relevante Größenordnungen von Erschütterungseinwirkungen auf die Gebäude nicht grundsätzlich auszuschließen. Daher ist die Intensität der dynamischen Einwirkungen entsprechend kontrolliert zu dosieren. Die Erschütterungserregung und -ausbreitung im Baugrund sowie die Erschütterungsübertragung vom Baugrund auf ein Gebäude und seine Bauteile gehören zu den geotechnisch höchst komplexen Fragestellungen. Zutreffend lassen sich diese in der Regel nur durch begleitende Messungen am Objekt hinreichend erfassen.

Deterministische (numerische) Modelle zur Prognose der Auswirkungen auf benachbarte Gebäude durch Berechnungen sind nur dann formulierbar, wenn einfache systematische Verhältnisse vorliegen, alle Parameter aller Schichten im Detail bestimmt sind und die Einwirkung auf den Baugrund selbst deterministischer Natur ist. Diese Parameterbestimmung betrifft also sowohl die Einwirkungen als auch das Baugrundmodell, also das Modell für das System aus Bodenschichten mit ihren dynamischen Eigenschaften. Diese Situation muss für die Umgebung des Abbruchs durch die Bodenuntersuchungen in Form von Kern- und Schürfbohrungen vorliegen. Wenn die Baugrundschichtung wenig wechselhaft ist, streuen die Bodeneigenschaften dadurch wenig. Die Eigenschaften der Gebäude sind jedoch unterschiedlich, und die Einwirkung durch unterschiedlich große fallende Massen ist nicht deterministisch, sodass eine Parameterbestimmung des Systems für prognostische Modelle dabei nur annäherungsweise gelingen kann.

Die Anwendung eines halb empirischen Modells kann Anhaltswerte für die konkrete Beurteilung des Einzelfalls ebenfalls nur dann liefern, wenn die maßgebenden Parameter der Baugrundsituation und des Ereignisfalls bestimmbar und durch die Datengrundlage des halbempirischen Modells erfasst sind. Das ist für eine eventuelle Problematik aus den vorangehend genannten Gründen annähernd der Fall. Demnach sind Einwirkungen auf den Baugrund und die Reaktion des Baugrundsystems auf diese Einwirkungen im Voraus nur mit einer Qualität bestimmbar, die eine annäherungsweise Prognose der Einwirkungen auf die unterschiedlichen Bauwerke in der Umgebung des Abbruchs und der Auswirkungen auf diese Gebäude ermöglichen wird.

10.1.4 Abschätzung der Erschütterungsausbreitung

Es kann bei einem Abbruch-Beispiel zum Absturz von großformatigen Beton- und Stahlteilen aus Höhen von über 50 m kommen. Im Folgenden wird dieser Fall als ungünstigste Möglichkeit untersucht. Tatsächlich wird der freie Fall von Trümmern im Inneren eines Gebäudes in der Regel durch dazwischenliegende Decken behindert, sodass solche Abstürze bereits durch eine entsprechende Arbeitsweise verhindert werden können. Ebenso kann durch entsprechende Zerkleinerung der Bauteile das Ablösen großformatiger Trümmer vermieden werden. Es ist jedoch feststellbar, dass aufgrund der komplexen Bauweise eine Vorschwächung des Abbruchobjekts durch Sprengungen in mehrere Teilabschnitte nicht zu empfehlen ist, da diese Vorgangsweise zu einer nicht mehr beherrschbaren Situation am Objekt führen könnte. Daher muss mit der gesamten fallenden Masse gerechnet werden.

10.1.5 Stoßbelastungen des Baugrunds

Eine prognostische Grundlage für die Ableitung von Kriterien für die mit Abbrucharbeiten möglicherweise verbundene Erschütterungsausbreitung im Baugrund und ihre Wirkung auf die Vielfalt von Gebäuden der Umgebung kann daher, wie bereits angeführt, nur näherungsweise zur Verfügung stehen.

Stoßbelastungen des Baugrunds durch herabfallende große Bauteile gehören zum planmäßigen Ablauf der Arbeiten. Solche Stöße werden aber auch durch die Masse des im Folgenden beschriebenen Fallbetts gedämpft, sodass der dynamische Eintrag in den Baugrund geringer wird. Die einzige potenziell erschütternde Maßnahme ist die geplante Durchführung der Abbruchsprengung eines Bauwerks. Durch eine nicht mögliche Begrenzung des Aufschlags auf adäquate Teilflächen der Bauteile sind die Erschütterungswirkungen nicht kontrollierbar und können damit nicht dahingehend dosiert werden, dass die durch die stoßartige Belastung ausgelöste Erschütterung durch die Masse der Abbruchobjekte hinreichend gedämpft und die Auswirkungen auf den Baugrund minimiert werden.

Zur Maximierung der Dämpfung durch die verfügbare Masse eines Abbruchobjekts hat es sich bewährt, dass ein Grabenaushub mit einer Breite von ca. 0,5 m und einer Tiefe von mindestens 1,5 m sowie ein Fallbett mit einer Höhe von mindestens 3,5 m, mit Längsrippen im Bereich des Objektaufpralls, vor dem Abbruchzeitpunkt angefertigt werden; wobei der Graben kein Wasser enthalten darf, weil dadurch die Rayleigh-Wellenübertragung im Boden nicht unterbrochen würde. Die vorangehend angegebenen Dimensionierungen für den Graben wie auch für das Fallbett sind Mindestanforderungen, die maßgeblich für die Erschütterungsdämpfung sind. Die angeführten Dimensionen der Aufpralldämpfung sind vor dem Abbruch dahingehend zu überprüfen. Für die umgebende Bebauung sind begleitende Erschütterungsmessungen im Umfeld der Maßnahme vorzunehmen. Dazu sind ausgewählte Gebäude in der Umgebung *(UG, OG)* messtechnisch auszurüsten und während und nach der Abbruchsprengung, in Verbindung mit frequenter Inaugenscheinnahme, insbesondere in Hinsicht auf vorgeschädigte Objekte zu überwachen.

10.1.6 Trümmerabsturz, fallende Massen

Für sogenannte „Fallende Massen" wird eine Formel [12] zur Abschätzung der Erschütterungen angewandt, bei der die Fallhöhe und die Masse der Absturzteile berücksichtigt werden. Ein Beispiel für die Abschätzung wird im Folgenden dargestellt und zeigt, dass bei ungebremstem Aufprall von kompakten Teilen mit Fallenergien bis zu 2300 MNm erhebliche Schwinggeschwindigkeiten in der näheren Umgebung des Aufpralls auftreten können. Dabei handelt es sich zunächst um Erschütterungsamplituden, die bei der Ausbreitung im Boden entstehen. Beim Übergang der Erschütterungen auf die umliegenden Gebäude kann gemäß DIN 4150-1 ein überschlägiger Übertragungsfaktor von 0,5 angesetzt werden- Dies deckt sich auch mit den Erfahrungswerten aus Erschütterungsmessungen. Allerdings wird im gegenständlichen Beispiel aus Sicherheitsgründen auf diese Reduzierung verzichtet. Damit ergeben sich, z. B. für die umliegenden Gebäude in drei angenommenen ausgewählten Abständen von 180 m, 300 m und 500 m, die in Tabelle 10.1 dargestellten annähernden Werte für die Fundamentschwingung.

Tabelle 10.1 Erwartete Erschütterungen durch Aufprall unterschiedlicher Massen und Fallhöhen

Gewicht [t]	Fallhöhe [m]	Abstand α_S v_{max} [mm/s]		
		180 m	300 m	500 m
Kesselhaus: 5150	ca. 43	8,7	4,8	2,7
Mittelbau: 6800	ca. 35	8,6	4,8	2,7
Verkehrsturm: 3500	ca. 52	8,4	4,7	2,6

Bei Abbruchverfahren, die starke Erschütterungen verursachen, müssen wirksame Schutzmaßnahmen getroffen werden, wie z. B. die Aufschüttung eines Fallbetts bei der Durchführung von Sprengungen. Soweit während der Baumaßnahme starke

Erschütterungen zu erwarten sind, sollten zudem an den benachbarten Gebäuden Messungen und/oder Beweissicherungsmaßnahmen (z. B. Gipsmarken) durchgeführt werden, um die Schwingungen und deren Auswirkungen festzuhalten und Schäden vorzubeugen.

Tabelle 10.2 Beispiele von Erschütterungen beim Kippen unterschiedlicher Bauwerke

Objekt	Mittlere erwartete Schwinggeschwindigkeit in 80,00 m Abstand bei einer Fallenergie von 1000 MNm
Mauerwerkschornstein	4,7 mm/s
Geschossbau, Mauerwerk	5,7 mm/s
Bunker	11,0 mm/s
Stahlbetonkühlturm	13,0 mm/s
Geschossbau, Stahlbeton	14,0 mm/s
Stahlbetonschornstein	17,0 mm/s

Die empirischen Grundlagen für Erschütterungsvorausberechnungen bei Sprengungen können im Gegensatz zu zahlreichen anderen Erschütterungsquellen als sehr gut bezeichnet werden (Bild 10.1). Außerdem haben viele Beispiele gezeigt, dass hohe und schwere Bauwerke, z. B. Stahlbetonschornsteine, durch geschickte Anlage der Ladungen und Wahl der Zündfolge in sich zusammenstürzen (Bild 10.2). Der bei diesem Vorgang gedämpfte Aufprall verringert die Fallenergie und als Folge die Erschütterungen.

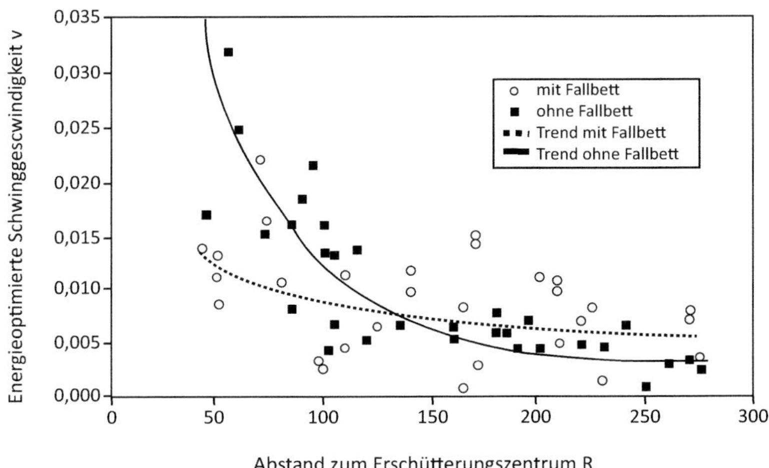

Bild 10.1 Entfernungsabhängigkeit der Schwinggeschwindigkeit mit und ohne Fallbett

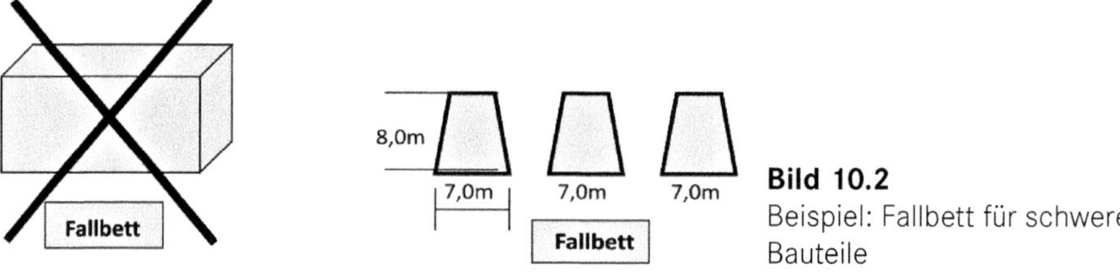

Bild 10.2
Beispiel: Fallbett für schwere Bauteile

10.1.7 Aufprallerschütterungen

Aufprallerschütterungen entstehen aus den fallenden Massen bei Abbrucharbeiten. Die mathematische Beschreibung der erforderlichen Sicherheitsabstände α_s und daraus abgeleitet der maximal zulässigen Schwinggeschwindigkeit v_{max} wird in folgenden Formeln dargestellt:

$$v_{max} = K \cdot 3\sqrt{m} \cdot \sqrt{h / \alpha_s}^{1,15} \tag{10.3}$$

$$\alpha_s = \left[K \cdot 3\sqrt{m} \cdot \sqrt{h / v_{max}}\right]^{0,87} \tag{10.4}$$

v_{max} [mm/s]
K Faktor
m [t]
h [m]
α_s [m]

Hierbei ist der Erschütterungsfaktor K von der Art der aufprallenden Massen m abhängig und liegt je nach unterschiedlichen Bedingungen zwischen 3 und 30. Aufgrund der beschriebenen Bodenverhältnisse und umfangreichen Maßnahmen wird ein Faktor 30 eingesetzt. Die Abschätzungen basieren auf den im Folgenden genannten Annahmen.

Als übertragende Schicht wurde der Fein- und Mittelsand für die Gründungstiefen genommen, in der sich Fundamente befinden. Aufgrund der Bodenzusammensetzung und der beschriebenen Zusammenhänge lässt sich die Scherwellengeschwindigkeit im Bereich von ungefähr 100 m/s grob abschätzen. Die RaleighWelle breitet sich mit einer Geschwindigkeit von etwa 90 % der Scherwellengeschwindigkeit aus. Bei der Erregung im oberflächennahen Bereich dominieren in der Regel die Rayleigh-Wellen, für die etwas niedrigere Geschwindigkeiten von ca. 90 m/s angesetzt werden (Annäherung gemäß vorangehend erwähnter Annahme). Mit den eingeleiteten Maßnahmen liegen diese Werte annähernd im Erfahrungsbereich für derartige Böden. Die Abschätzung für „fallende Massen“ erfolgt auf Basis der Prognoseformel von Korth und Lippok [12]. Danach wird die potenzielle Energie wie folgt ermittelt:

$$E = m \cdot h \cdot g \approx m \cdot h_S \cdot g \tag{10.5}$$

E potenzielle Energie des Baukörpers
m Masse des fallenden Baukörpers
h Fallhöhe
h_S Masseschwerpunkt bei Baukörpern
g Erdbeschleunigung 9,81 m/s^2

Ansätze gelten für das sogenannte „Fernfeld", d. h. je nach der Wellenlänge für den Abstand von einer größeren Anzahl von Metern zur Erschütterungsquelle. Wegen eines als Beispiel angenommenen Abstands zu Gebäuden beginnt Tabelle 10.1 erst bei 180 m.

Aus der Erfahrung bei anderen Spreng- und Abbruchvorhaben und Belegen der Fachliteratur muss es infolge von Abbruchsprengungen nicht zwangsläufig zu schädigenden Erschütterungseinwirkungen in der Umgebung kommen. Voraussetzung dafür ist, dass die Sprengungen hinsichtlich Lademenge, Bohrlöchern und Zündzeitstufen abgestimmt sind, um lediglich lokale Schwächungen der Struktur zu erreichen. Die auftretenden Erschütterungen hängen sehr stark von den vorangehend genannten Parametern ab. Das optimale Sprengergebnis steht in Abhängigkeit vom richtigen Verhältnis der Sprengparameter (Vorgabe l_W, Bohrlochabstand a_B, Bohrlochlänge l_B, Reihenabstand a_R) untereinander sowie von der Anzahl der Ladezonen, des Besatzes und der Zündung.

10.2 Ermittlung der Sprengparameter

Für die Durchführung der Sprengarbeiten ist keine Bemessung der Anordnung der Laderäume und Lademengen vorgeschrieben. Unter bestimmten Voraussetzungen müssen Spreng- und Zündpläne angefertigt werden, die den geplanten Sprengablauf darstellen. Anhand der beschriebenen hohen Anforderungen hängt der Sprengerfolg in großem Maße von der Qualifikation des Sprengpersonals und der genauen Vorbereitung hinsichtlich des Sprengobjekts ab.

10.2.1 Vorgabe l_W

Bei der Ermittlung der Sprengparameter ist zwischen dem Sammelbegriff der linienhaften und flächenhaften Konstruktionsteile zu unterscheiden.

10.2.1.1 Linienhafte Bauteile

Unter linienhaften Bauteilen versteht man Konstruktionen, die überwiegend eine Längsausrichtung besitzen. Sie sind senkrecht zur Bohrlochrichtung relativ schmal, wobei die vorhandene Vorgabe gleich dem Bohrlochreihenabstand ($l_W = a_R$) ist. Die Vorgaben richten sich nach der Stärke oder nach dem Querschnitt des Bauteils. Bei linienhaften Bauteilen ergeben sich maximal zwei Bohrlochreihen [12, 44]. Zu diesen Bauteilen zählen unter anderem: Balken, Stützen, Unterzüge mit vertikalen oder horizontalen Bohrlöchern oder frei stehende, einseitig frei stehende und im Zwang stehende Wände, Mauern und Fundamente mit vertikalen Bohrlöchern. Bei linienhaften Bauteilen ist der Bohrlochreihenabstand gleich der gegebenen Vorgabe: $a_R = l_W$.

10.2.1.2 Flächenhafte Bauteile

Flächenhafte Bauteile sind Konstruktionen, die überwiegend eine flächenartige Ausrichtung haben. Es müssen dabei mindestens zwei Bohrlochreihen nebeneinander angeordnet werden können. Der in Richtung der freien Seiten vorgegebene oder errechnete Bohrlochseitenabstand ist auch als Vorgabe einzusetzen. Nach Erfahrungswerten soll in Richtung der nicht freien Seiten eine Vorgabe l_w bei bewehrten Bauteilen von 0,30 m, bei unbewehrten Bauteilen von 0,65 m nicht überschritten werden (normalerweise unter Verwendung einer gelatinösen Sprengstoffpatrone 30/200). Zu diesen Bauteilen zählen unter anderem Balken, Stützen, Unterzüge mit vertikalen oder horizontalen Bohrlöchern oder frei stehende, einseitig frei stehende Wände, Mauern mit horizontalen Bohrlöchern, Decken, Gewölbe, Fußböden, Fahrbahnplatten mit vertikalen Bohrlöchern, frei stehende, einseitig frei stehende Wände, Mauern und im Zwang stehende Wände und Mauern sowie Fundamente mit vertikalen Bohrlöchern. Des Weiteren zählen hierzu Industrieschornsteine, die flächenhaften Konstruktionsteilen entsprechen. Die Vorgabe l_W entspricht dabei der halben Wandstärke. Sie soll jedoch die vorangehend genannten Vorgaben für unbewehrte (Mauerwerk) und bewehrte (Stahlbeton) Bauteile nicht überschreiten. Der Bohrlochabstand a_B und Bohrlochreihenabstand a_R sind aus den nachfolgenden Beschreibungen zu ersehen [12, 44]. Die Anzahl der Reihen n_R bei Mauerwerk sind in der Regel drei, bei Stahlbeton errechnen sie sich aus folgender Formel:

$$n_R = 2 s_P [\mathrm{m}] / a_R [\mathrm{m}] \tag{10.6}$$

s_P Bauteilstärke parallel zur Bohrlochachse
a_R Bohrlochreihenabstand

Der Abstand bei flächenhaften Bauteilen ist für bewehrtes Baumaterial a_R = 0,43 m und für unbewehrtes Baumaterial a_R = 0,85 m. Der minimale Bohrlochreihenabstand a_{Rmin} beträgt für bewehrtes wie unbewehrtes Baumaterial a_{Rmin} = 0,30 m. Der Bohrlochabstand ist abhängig von der Vorgabe. Er ist wie die Vorgabe an das zu sprengende Material, die Art des eingesetzten Sprengstoffs sowie den Patronendurchmesser gebunden. Um die gewünschte gleichmäßige Zertrümmerung des zu sprengenden Materials zu erreichen, sollen sich die Wirkungsbereiche der Sprengladungen möglichst überschneiden. Resultierend daraus darf der Bohrlochabstand den Wert von 2 l_W nicht überschreiten. Bei der Festlegung der Bohrlochabstände kann ebenfalls auf die empirischen Zahlen, z. B. bei einem Einsatz einer gelatinösen Sprengstoffpatrone von 30/200, zurückgegriffen werden. Der maximale Bohrlochabstand a_{Bmax} soll bei bewehrten Bauteilen a_{Bmin} = 0,50 m, bei unbewehrten Bauteilen a_{Bmin} = 1,0 m nicht überschreiten. Anhand des Wirkungsbereichs von 2 l_W ist aus wirtschaftlichen Gründen auch ein minimaler Bohrlochabstand a_{Bmin} erforderlich. Die untere Grenze soll unabhängig vom Baumaterial a_{Bmin} = 0,30 m nicht unterschreiten. Eine Verkleinerung des Bohrlochabstandes von 2 l_W ist nur für Vorgaben l_W < 0,15 m gestattet. In solch einem Fall ist $a_B = 1{,}5\ l_W$ einzusetzen.

10.2.2 Bohrlochreihenabstand a_R

Der optimale Sprengerfolg steht in Abhängigkeit vom richtigen Verhältnis zwischen Bohrlochabstand a_B und Bohrlochreihenabstand a_R. Die Bohrlochreihen sind dabei versetzt um 0,5 a_B anzuordnen. Bei der Festlegung des Reihenabstands ist zwischen linienhaften und flächenhaften Bauteilen zu unterscheiden. Die Bohrlochlängen l_B sind in Abhängigkeit von der Bauteilstärke s_p (in m parallel zur Bohrlochachse) oder s_S (minimale Bauteilstärke in m senkrecht zur Bohrlochachse). Sie betragen in der Regel je nach Bauteilstärke ⅔ l_W bis ¾ l_W. In besonderen Fällen kann die Bohrlochtiefe $s_p - l_W$ bzw. $s_P - l_W / 2$ betragen [12, 43, 44].

10.2.3 Bohrlochlänge l_B

Die Bohrlochlängen sind in Abhängigkeit von der Bauteilstärke s_p (in m parallel zur Bohrlochachse) oder s_S (minimale Bauteilstärke in m senkrecht zur Bohrlochachse). Sie betragen in der Regel je nach Bauteilstärke ⅔ l_W bis ¾ l_W. In besonderen Fällen kann die Bohrlochtiefe $s_p - l_W$, bzw. $s_P - l_W / 2$ betragen [12].

10.2.4 Lademenge L

Die Lademenge L beim Sprengen von Beton und Mauerwerk wird durch folgende Faktoren bestimmt:

- Art der Sprengladung (geballt oder gestreckt)
- Vorgabe (Wirkungshalbmesser der Sprengladung)

- Festigkeitswert des zu sprengenden Materials
- Verdämmungswert der Sprengladungen

10.2.5 Ladungsanordnungen

Als geballte Ladung bezeichnet man eine Sprengstoffladung, die die Form eines Würfels, Quaders oder Zylinders hat (Bild 10.3). Die Länge der Sprengstoffladung darf jedoch nicht größer als die zweifache Länge der Diagonalen bzw. des Durchmessers der Ladung sein.

Gestreckte Ladungen haben die Form lang gezogener Rechtecke oder Zylinder (Bild 10.4). Die Länge muss dabei über der vierfachen Länge der Diagonalen bzw. des Durchmessers liegen (Tabelle 10.3).

Geballte Ladung

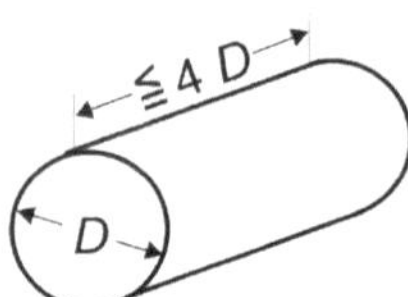

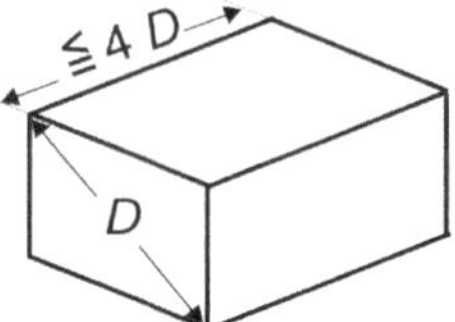

Bild 10.3 Geballte Ladung (Durchmesser < 2 *D*)

Gestreckte Ladung

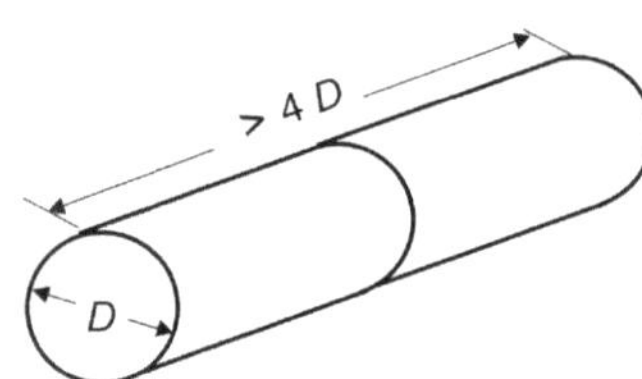

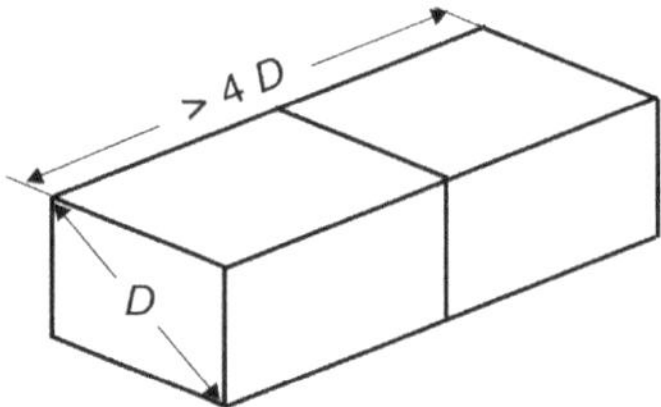

Bild 10.4 Gestreckte Ladung (Durchmesser > 4 *D*)

Tabelle 10.3 Ladungsformen

Form der Sprengladung	Ladelänge dividiert durch den Durchmesser der Sprengladung
geballt	< 2
geballt bis gestreckt	2 bis 4
gestreckt	> 4

Die Lademengenberechnungen für Bauwerkssprengungen sind nicht generell festgelegt. Daher kann nach folgenden unterschiedlichen Berechnungsgrundlagen vorgegangen werden:

$$L = l_W{}^3 \cdot d \cdot c \text{ für geballte Ladungen} \tag{10.7}$$

$$L = l_W{}^2 \cdot d \cdot c \text{ für gestreckte Ladungen} \tag{10.8}$$

L Masse Sprengstoff je Ladung in kg
l_W Vorgabe (Wirkungshalbmesser) in m
d Verdämmungswert
c Festigkeitswert

Die Vorgabe l_W (Wirkungshalbmesser) und damit die Stärke des zu durchschlagenden Sprengobjekts wird in Metern gemessen (Bild 10.5 und Bild 10.6).

Der Verdämmungswert d (Bild 10.7) kann bei guter Verdämmung, wie vorangehend erwähnt, mit 1 angenommen werden (Tabelle 10.5). An Mauerfüßen angelegte Sprengladungen, die gut verdämmt sind (z. B. Ton), haben einen Verdämmungswert von 2.

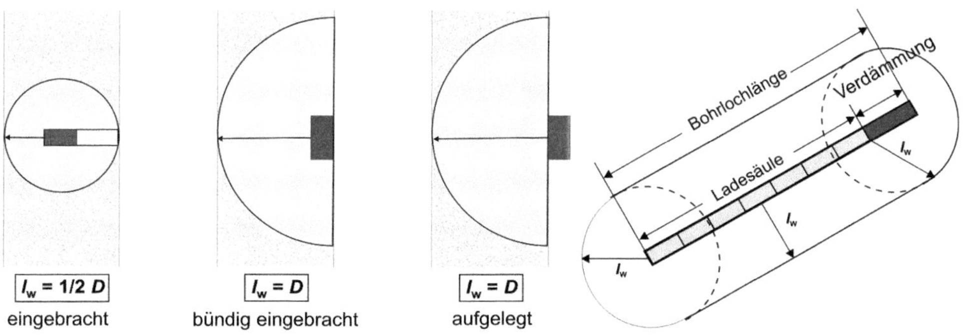

Bild 10.5 Vorgabe l_W (Wirkungshalbmesser)

Bild 10.6 Vorgabe l_W

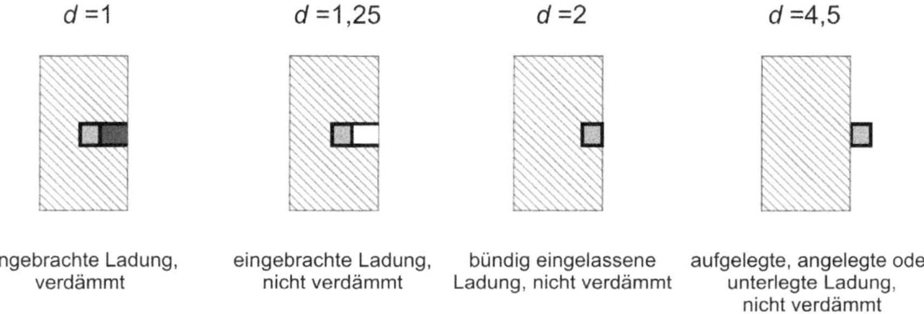

Bild 10.7 Verdämmung d

Tabelle 10.4 Festigkeitswert *c*

Materialart	Festigkeitswert *c* bei l_w			
	bis 1,5 m	bis 2,0 m	bis 3,5 m	über 3,5 m
Festes Mauerwerk, unbewehrter Beton	5	4	3	2
Belastete Hartsteine und Betonbauten	6	5	4	3

Tabelle 10.5 Verdämmungswert *d*

Anbringung der Sprengladung	tief eingebracht		bündig eingebracht	frei angelegt
	verdämmt	nicht verdämmt	nicht verdämmt	nicht verdämmt
Verdämmungswerte	1	1,25	2	4,5

Neigungswinkel

Ein wichtiger Aspekt für das kontrollierte Abrutschen von Teilen bei Bauwerkssprengungen ist der Neigungswinkel der benötigten Bohrlöcher (Bild 10.8 und Bild 10.9). Beim Bohren ist zu berücksichtigen, dass die Bohrlöcher in einem Winkel von 30° nach oben oder nach unten in das Sprengobjekt führen. Dabei soll eine Bohrlochreihe mit dem gleichen Winkel am Objekt verlaufen, um das Abrutschen des oberen Teils zu unterstützen.

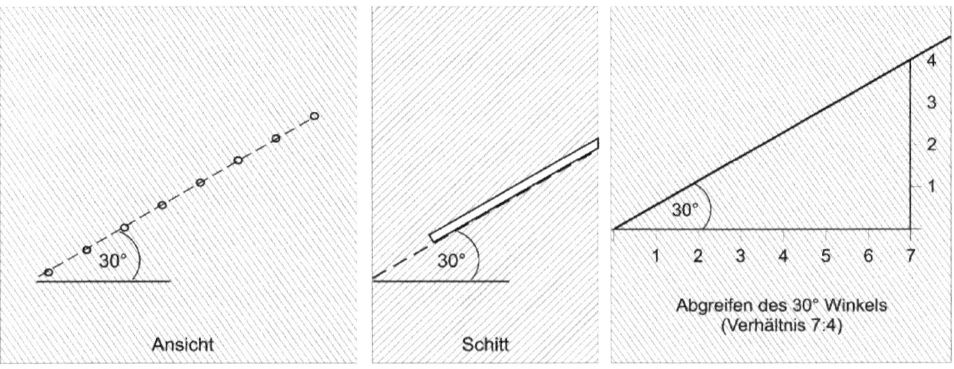

Bild 10.8 Ermittlung des Neigungswinkels von 30°

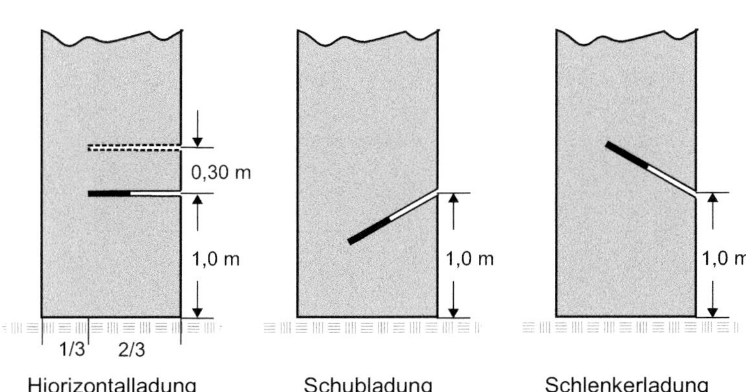

Bild 10.9 Neigungswinkel und Wirkung

10.2.6 Fallrichtungssprengung

Schornsteine und Türme können so gesprengt werden, dass sie in sich zusammenfallen oder in eine zuvor bestimmte Richtung fallen (Bild 10.10). Damit der Fall oder die Richtung des Falls nicht beeinträchtigt wird, sind angebrachte Blitzableiter oder Leitern zu durchtrennen. Sollen Schornsteine und Türme in eine bestimmte Richtung fallen, so sprengt man einen Keil heraus. Der Keil muss über die Hälfte (55-%-Regel) des Querschnitts hinausreichen, wobei 66 % – wenn möglich – als optimal anzusehen sind.

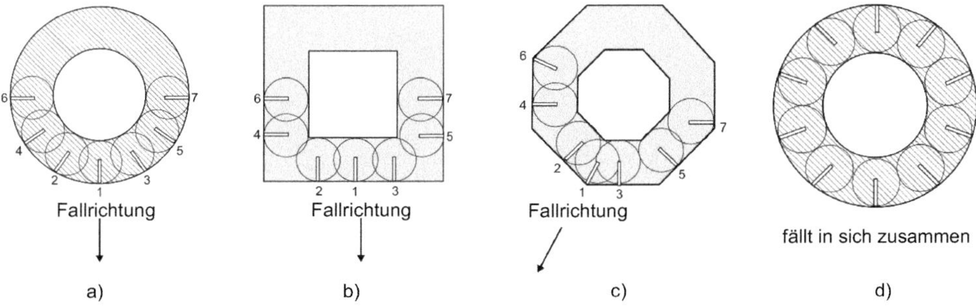

Bild 10.10 Zündschemata für Fallrichtungen: a), b), c) und d)

Als Faustformel gilt: Die Sprengladung 1 muss ca. 50 %, die Sprengladungen 2 und 3 müssen ca. 20 % größer sein als die Sprengladungen 4 bis 7. Die Berechnungen sind für eingebrachte, geballte und verdämmte Sprengladungen durchzuführen.

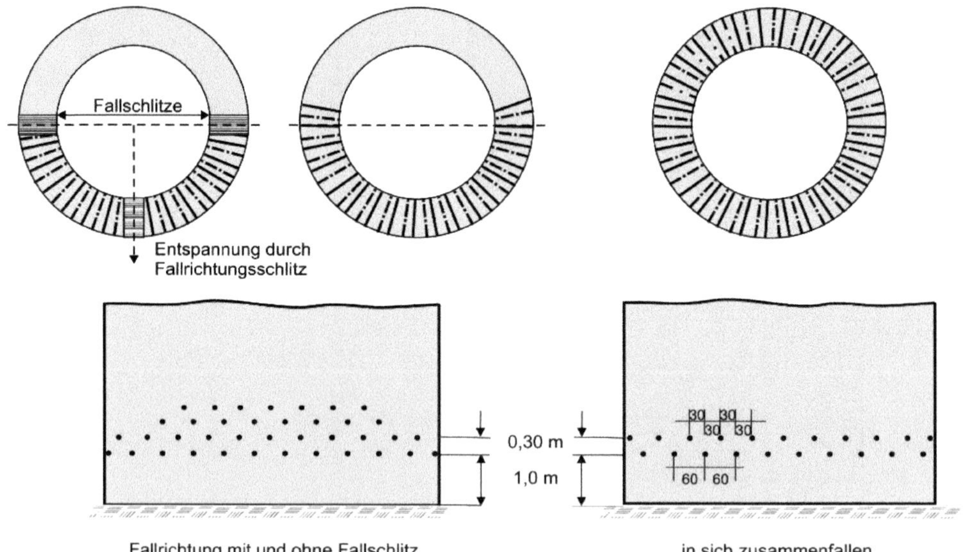

Bild 10.11 Bohrlochanordnung zur Fallrichtung eines Schornsteins

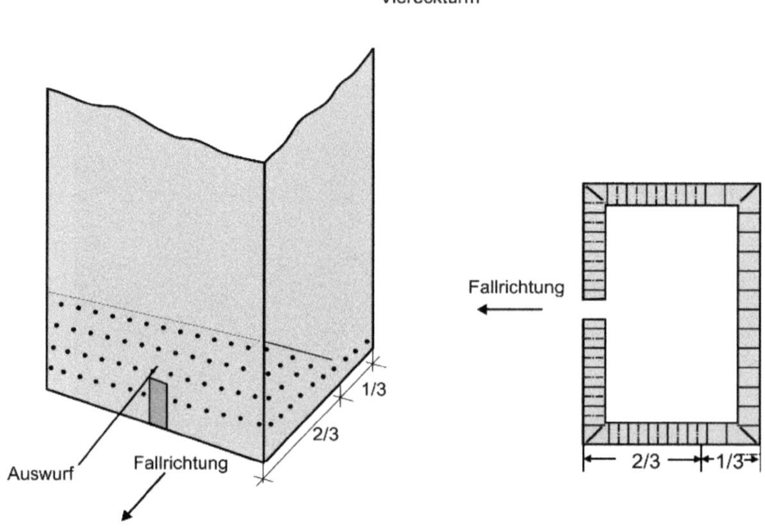

Bild 10.12 Fallrichtung eines Viereckturms (Beton, Stein oder Ziegel)

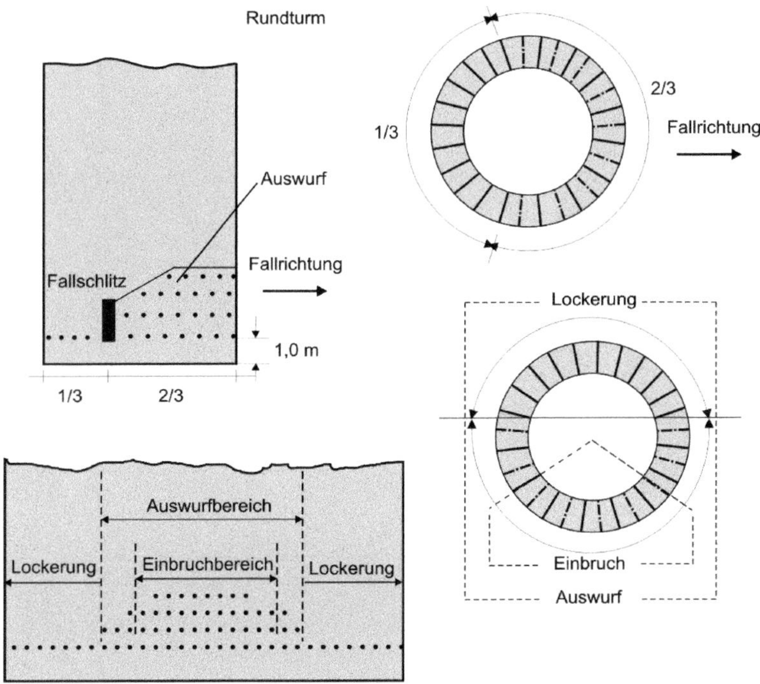

Bild 10.13 Fallrichtung eines Rundturms (Beton, Stein oder Ziegel)

Beispiel einer Ladungsberechnung für Bauwerkssprengung:

$$r^3 \cdot g \cdot d \cdot k \tag{10.9}$$

$$l_B = L / C + S_1 / 2 \tag{10.10}$$

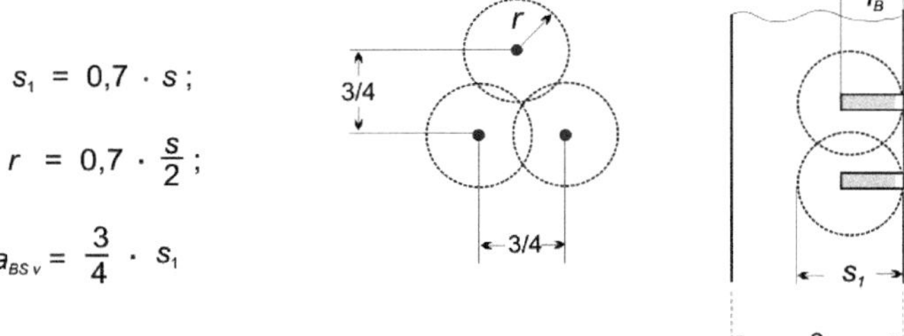

Bild 10.14 Ladungsanbringung bei Bauteilen

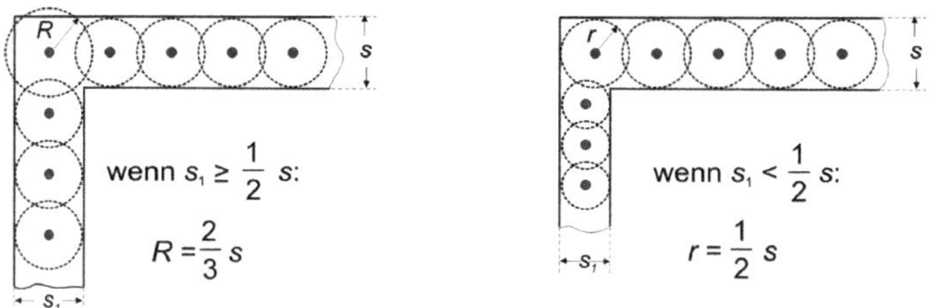

Bild 10.15 Ladungsanbringung bei Bauteilen mit Ecken

Tabelle 10.6 Abstand a_{BS}

	Pfeiler	Mauern	Stahlbeton
Abstand a_{BS}	$a_{BS} = s$	$a_{BS} = ¾ \cdot s$	$a_{BS} = ½ \cdot s$

Die Lademengenberechnungen für Bauwerkssprengungen sind nicht generell festgelegt (Tabelle 10.7). In der Praxis hat sich die Hauser'sche Formel bewährt, die in ihrer Erweiterung nach Thomas und Werner [12, 43, 44] angewandt werden kann (siehe auch Formel 9.7 nach Hauser, Wirkungshalbmesser l_w).

Tabelle 10.7 Formeln für Lademengen

Formel	Randbedingungen
(1) $L = V \cdot q$ $L = M \cdot q$ Berechnung nach der Volumen- oder Massenvorgabe der zu sprengenden Massen q = Erfahrungswert	keine
(2) $L = l_W{}^3 \cdot q \cdot d$ **Bemerkung:** ▪ Hauser'sche Formel, empfohlene Anwendung für Einzelladungen ▪ Ladung je BL oder je Ladezone	Bei Einreihensprengungen gilt: $a_B = 2l_W$ Anwendung für Einzelladungen Bei Mehrreihensprengungen gilt: $a_B = a_R = 2l_W$

<table>
<tr><th>Formel</th><th>Randbedingungen</th></tr>
<tr><td>(3)
$$L = {l_W}^3 \cdot q \cdot d / 2$$
Bemerkung:
Einreihensprengungen sind in (4) dargestellt.</td><td>Bei Mehrreihensprengungen gilt:
$$a_B = l_W$$
$$a_R = 2 l_W$$</td></tr>
<tr><td>(4)
$$L = {l_W}^2 \cdot a_B \cdot q \cdot d / 2$$
Bemerkung:
▪ Erweiterung der Hauser'schen Formel nach Werner
▪ gibt die Ladung je BL oder je Ladezone an
▪ Anwendung nur für Einreihensprengungen</td><td>Bei Einreihensprengungen gilt:
a_B bis 2 l_W
Bei Mehrreihensprengungen gilt bis 2 l_W:
$$a_R = 2 l_W$$</td></tr>
<tr><td>(5)
$$L = l_W \cdot a_B \cdot h \cdot q \cdot d / 4$$
Bemerkung:
▪ Erweiterung der Hauser'schen Formel nach Werner
▪ gibt die Lademenge je BL an
▪ Anwendung nur für Einreihensprengungen</td><td>Bei Einreihensprengungen gilt:
a_B bis 2 l_W
Bei Mehrreihensprengungen gelten a_B bis 2 l_W:
$$a_R = 2 l_W$$</td></tr>
<tr><td>(6)
$$L = l_W \cdot a_B \cdot a_R \cdot q \cdot d / 4$$
Bemerkung:
▪ Erweiterung der Hauser'schen Formel nach Thomas
▪ gibt die Lademenge je BL oder Ladezone an
▪ Anwendung bei Mehrreihensprengungen</td><td>Bei Mehrreihensprengungen gilt:
a_B bis 2 l_W
a_R bis 2 l_W</td></tr>
<tr><td>(7)
$$L = a_B \cdot a_R \cdot h \cdot q \cdot d / 8$$
Bemerkung:
▪ Erweiterung der Hauser'schen Formel nach Thomas
▪ gibt die Lademenge je BL an
▪ Anwendung bei Mehrreihensprengungen</td><td>Bei Mehrreihensprengungen gilt:
a_B bis 2 l_W
a_R bis 2 l_W</td></tr>
</table>

11 Sprengen in der Land- und Forstwirtschaft

Einer Bodenverdichtung wird insbesondere in der Landwirtschaft mit herkömmlichen Auflockerungsverfahren wie Pflügen oder Eggen begegnet. Dadurch wird der obere Bodenhorizont aufgelockert, während der darunter liegende Horizont verdichtet bleibt und deshalb eine sogenannte Unterbodenverdichtung auf den landwirtschaftlich genutzten Flächen verbleibt.

Im Gegensatz zur Landwirtschaft können die Folgen hoher Bodendrücke im Forstbereich mit konventionellen Auflockerungsverfahren nicht beseitigt werden. Die oberflächennahen Wurzelsysteme lebender Bäume verbieten den Einsatz der aus der Landwirtschaft bekannten Verfahren zur mechanischen Bodenauflockerung. So hat man es im Allgemeinen bei den Waldböden mit einer Oberbodenverdichtung zu tun, die aufgrund der oben geschilderten Bedingungen nicht mit einer mechanischen Behandlung beseitigt werden können.

11.1 Bodenlockerungssprengungen im Forst

Eine maßgebliche Hilfestellung zur Bodenlockerung kann die moderne Sprengtechnik sein. Die Einsatzmöglichkeiten liegen dort, wo menschliche Arbeit allein oder mit Unterstützung durch Werkzeuge und Maschinen nicht mehr ausreicht oder ihre Anwendung so viel Zeit und Kosten verursachen würde, dass das Ergebnis unwirtschaftlich wird. Im Folgenden wird der Einsatz einer Sprengtechnologie angesprochen, die in der Lage ist, Bodenlockerungsarbeiten optimal zu unterstützen.

Diese Technologie wird nach genau festgelegten Kriterien eingesetzt und soll undurchlässige Schichten oder Verdichtungen des Bodens unterbrechen, um damit das Wurzelwachstum zu fördern. Weiterhin soll sie das Absickern der Niederschlagswässer und die Bildung natürlicher Wasserspeicher in der Tiefe fördern. Mithilfe eines solchen Verfahrens ist eine so gründliche Lockerung des Bodens durchführbar, dass dem Wurzelwachstum sowie dem Luft- und Wasserkreislauf nichts mehr entgegensteht. Im Folgenden ist ein Beispiel zum Sprengverfahren in Waldgebieten mit typischem Bodenprofil und flachem Gelände dargestellt.

Das Verfahren wird nach vorausgegangenen Probesprengungen (Bild 11.1) je nach Bodenbeschaffenheit dahingehend optimiert, dass keine Schädigung an den empfindlichen Haarwurzeln des Bewuchses entstehen kann. Der Festlegung der Sprengparameter muss daher höchste Priorität zugeordnet werden. Dies geschieht durch Expertenwissen, welches unter anderem von einem mit der Materie vertrauten Sprengtechniker eingebracht werden muss [43]. Mit Ausnahme von sehr leichten Sandböden ist das Verfahren in Böden jeder Beschaffenheit durchführbar.

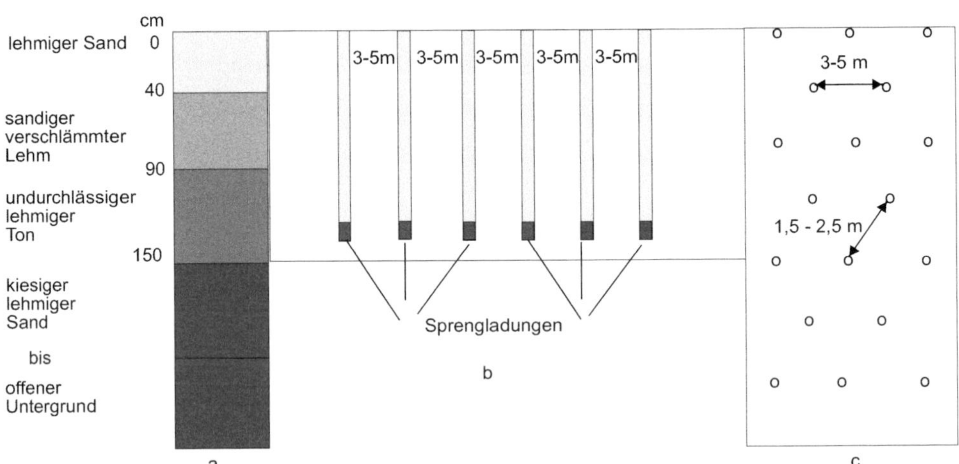

Bild 11.1 Probesprengungen in a) undurchlässiger Schicht, b) Probelöchern und c) im Sprengfeld

Vorgehensweise bei den Sprengungen

Die Vorgehensweise zu den Bodenlockerungssprengungen ist in den nachfolgend ausgeführten Stufen 1 und 2 beschrieben (Bild 11.2). Ziel der ersten Stufe muss die Auflockerung des Waldbodens in definierter Tiefe zu deren besseren Wasserführung und der notwendigen Durchlüftung sein.

Sprengparameter: Anhand der gegebenen Bodenbeschaffenheit werden Vorgabe (l_W) und Seitenabstand (a_B) sowie Bohrlochtiefe (h_{BL}) festgelegt. Im festeren Untergrund werden Bohrlöcher in einem Raster von ca. 3,0 m auf 3,0 m, im weicheren Untergrund in einem Raster von ca. 5,0 m auf 5,0 m, eingebracht. Die Bohrlochtiefe (h_{BL}) wird in der Regel auf 1,20 m festgelegt sein (Bild 11.1).

Sprengstoff: Als Sprengstoffe werden Emulsionssprengstoffe verwendet, deren CO_2- und NO_X-Werte erheblich unter den herkömmlichen Werten von gelatinösen und ANC-Sprengstoffen liegen. Das Verhältnis zu diesen Sprengstoffen liegt bei ca. 1:10 der CO_2- und NO_X-Anteile des Schwadenvolumens per Liter. Die Sprengstoffe werden in bereits vorbereiteten Stabladungen angeliefert. Dabei enthält die Stabladung ein bereits eingebautes Air Deck [43], welches eine optimale Ausnutzung des Sprengstoffs erwarten lässt. Die Umhüllung der Stabladungen besteht nicht wie herkömmlich aus paraffiniertem Papier oder aus PVC-Schläuchen, sondern aus umweltfreundlichem Material, wie z.B. Hartkarton. Eventuelle Rückstände nach der detonativen Umsetzung des Sprengstoffs sind somit leicht verrottbar. Die Lademenge pro Stabladung beträgt 0,100 kg bis 0,200 kg.

Zündung: Als Initiierungsmittel für den Sprengstoff werden elektrische U-Zünder 25 ms und 50 ms in den Zeitstufen 0 bis 30 oder nichtelektrische Zünder in den Zeitstufen 25 ms und 42 ms eingesetzt. Nach der Sprengung sind die abgetrennten Enden der verwendeten Drähte oder Schläuche gut erkennbar. Dadurch wird das Bereinigen der Sprengstellen von Draht- und Schlauchrückständen nach der detonativen Umsetzung erheblich erleichtert und umweltgerecht durchgeführt.

Sicherheit: Alle mit Sprengstoff geladenen Bohrlöcher werden mit dem Material, das beim Bohren anfällt, besetzt. Weiterführende Sicherheitsmaßnahmen müssen nach den örtlichen Gegebenheiten durch die für die Sprengung verantwortliche Person eingeleitet, überwacht und durchgeführt werden. Sollten sich in Gebieten, in denen die Sprengarbeiten durchgeführt werden, erdverlegte Versorgungs- oder Hochspannungsleitungen befinden, so muss nach den einschlägigen Richtlinien und Verordnungen vorgegangen werden.

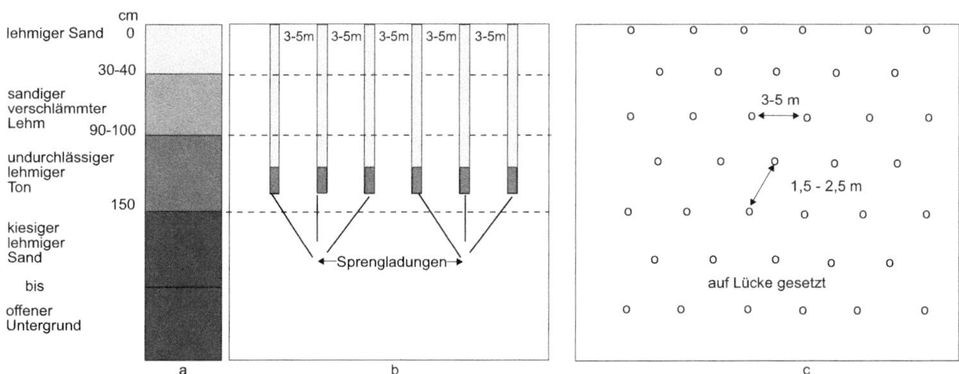

Bild 11.2 Lockerungssprengungen in a) undurchlässiger Schicht, b) Bohrlochanordnung und c) im Sprengfeld

Umwelt: Begleitend zu den Sprengungen sollten Schwingungs- sowie Schallmessungen durchgeführt werden. Für die Prognose von Sprengerschütterungen wird Folgendes berücksichtigt: Bei den Sprengungen muss die Schwinggeschwindigkeit der Erschütterungen an dem zu beurteilenden Ort in der Umgebung der Sprengung von Kriterien wie eingesetzte Lademenge per Zündzeitstufe, Entfernung von der Sprengstelle, Geometrie der Sprenganlage, zeitlicher Verlauf der Sprengung und Eigenschaften des zu sprengenden Bodens berücksichtigt werden. Für die Ermittlung von Sprengerschütterungen sollte eine Abstands-Menge-Beziehung verwendet werden. Aufgrund des Sprengbilds, das durch den verantwortlichen Sprengtechniker von Fall zu Fall erstellt wird, kommen ausschließlich solche Lademengen per Zündzeitstufe zur Anwendung, die nur geringe Schwinggeschwindigkeiten für einen Zeitraum von ca. einer Sekunde erwarten lassen.

Durch diese Art der Vorgehensweise sowie unter der Einbeziehung der Anwendung von Air Decks [43] in den Sprengladungen wird die begleitende Schallemission ebenfalls äußerst gering gehalten. Falls notwendig oder erwünscht, ist das Ziel der zweiten Stufe die gezielte Zufuhr simultaner Nährstoffe – auch in tiefere Schichten –, die einer Austrocknung nicht mehr ausgesetzt sind, damit eine Wurzelbildung auch in diesen Bereichen stattfinden kann.

Allen Sprengungen zur Bodenlockerung hat die Ermittlung des Bodenaufbaus nach Art und Mächtigkeit vorauszugehen (Bild 11.2). Anhand eines Bodenprofils (Bohrkerne) muss ein zuverlässiges Gesamtbild der Bodenbeschaffenheit vorliegen. Bei großen Sprengflächen sind mehrere Vorausermittlungen notwendig. Über die Bodenprofile werden die Sprengparameter, wie Bohrlochabstand und Bohrlochtiefe sowie Sprengstoffart und -menge, für die Sprenanlage festgelegt. Sollte sich anhand der Bodenuntersuchungen herausstellen, dass simultane Nährstoffe zugesetzt werden müssen, so wird in definierter Position über dem eingebauten Air Deck der Stabladungen, also nicht direkt auf dem Sprengstoff, der dementsprechend notwendige Nährstoff dosiert eingebracht.

Durch einen eingebauten Luftpuffer (Air Deck), der als definierter Raum zwischen Sprengstoff und Nährstoffkammer angesehen werden kann, wird eine sofortige Zerstörung der Nährstoffe bei der detonativen Umsetzung des Sprengstoffs vermieden. Vielmehr kann nun der Nährstoff über eine unterschiedliche Positionierung innerhalb der Stabladungen genau in dem Bereich eingebracht werden, in dem Bedarf besteht. Bei Einhaltung der oben dargelegten Erkenntnisse und Maßnahmen ist eine umweltgerechte Sprengarbeit mit geringen Immissionen zu erwarten. Durch die dargelegten Maßnahmen werden die Belange des Wald- und Bodenschutzes in hohem Maße berücksichtigt.

Bei der Anwendung des vorangehend genannten Verfahrens muss ein generelles Umdenken in Hinsicht auf den Einsatz von Sprengstoffen stattfinden. Die sorgfältig ausgewählten Sprengstoffe und die exakt berechnete Lademenge können in keinem Fall zu einer zerstörenden Wirkung im Untergrund des Bodens führen.

Durch ein gezieltes Einbringen geringer Sprengstoffmengen in definierte Tiefen, bei Sprengstoffladungen mit eingebauten Air Decks, ist ausschließlich eine gewollte leichte Auflockerung von verdichteten Böden erzielbar (Bild 11.3). Eine umweltschädigende Beeinträchtigung hinsichtlich von Waldtieren und Bäumen bzw. eine Beeinträchtigung von vorhandenen Bauwerken oder eine Belästigung von Anrainern kann definitiv ausgeschlossen werden [43].

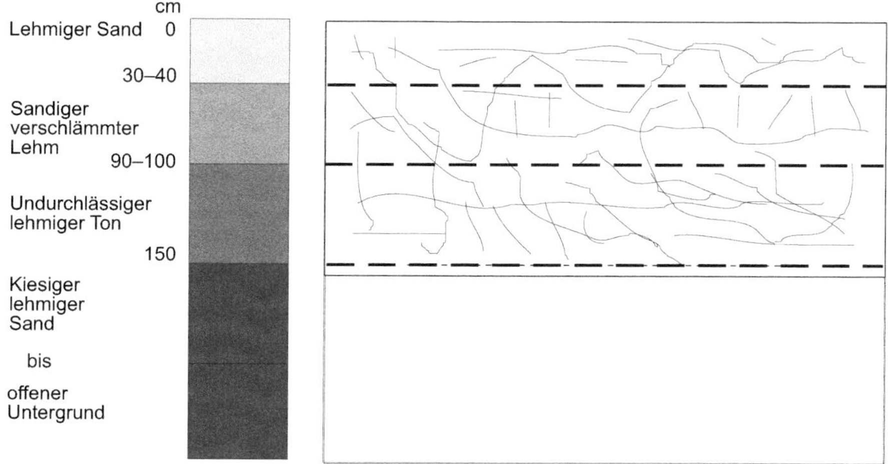

Bild 11.3 Beispiel der Bodenbeschaffenheit nach den Lockerungssprengungen

11.2 Holzsprengungen

Die Abfuhr bzw. Entfernung und Bearbeitung von Holz kann über eine zugeschnittene Sprengtechnik unterstützend gewährleistet werden. Hierbei muss auf die speziellen Eigenschaften von Holz eingegangen werden (Bild 11.4). Normalerweise wird das Holz mit Sägen quer zum Faserverlauf fachgerecht getrennt. In Ausnahmefällen kann dies durch Sprengen ergänzt werden. Holzsprengungen lassen sich in drei Gruppen einteilen:

- Trennen und Fällen von Bäumen, Absprengen von Baumkronen, Trennen von Balken und Rundholz
- Spalten und Sprengen von Holz in der Längsrichtung
- Sprengen von Wurzelstöcken

Ein Beispiel hierfür sind das Beseitigen von Gefahrenmomenten (unter Spannung stehende Holzkonstruktionen oder durch Naturgewalten ineinander verkeilte Bäume oder Baumgruppen) und das Fällen und Trennen von Bäumen an Orten, wo der (die) Sägeführer keinen sicheren Standplatz haben. Das Ziel des Sprengens ist es, dass das zu sprengende Holz nicht völlig zerkleinert, sondern nur in zwei oder mehrere Teilstücke getrennt wird. Für frei angelegte Ladungen gilt: $L = d^2$.

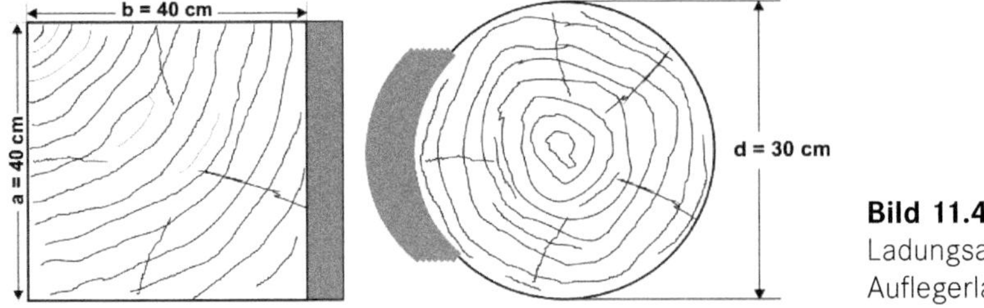

Bild 11.4
Ladungsanordnung bei Auflegerladung

Beispiele:

Kantholz:

$$L = d^2 = 40^2 = 1600\,\text{gr} \tag{11.1}$$

Rundholz:

$$L = d^2 = 30^2 = 900\,\text{gr} \tag{11.2}$$

Kantholz und Rundholz bei einer Stärke

- bis 30 cm: 1,0 kg
- bis 40 cm: 2,0 kg
- bis 50 cm: 3,0 kg

Faustformel für frisches grünes Holz, Ø unter 30 cm:

$$L = d^2 + \tfrac{1}{3}\,\text{Zuschlag} \tag{11.3}$$

Frisches grünes Holz, Ø über 30 cm:

$$L = d^2 + \tfrac{2}{3}\,\text{Zuschlag} \tag{11.4}$$

Ladungen, die unter Wasser angelegt und mit mindestens 1,0 m Wasser überdeckt sind:

$$L = d^2 / 2 \tag{11.5}$$

11.2.1 Bohrlochladungen

Die Bohrlochtiefe ist, auch bei Baumkronensprengungen, ⅔ der Stammstärke: $L = d^2 / 5$.

Bei frischem, zähem Holz sind die Lademengen nach der vorangehend genannten Formel um 30 % zu erhöhen. Bei Ladungen unter Wasser ≥ 1 m sind diese um 100 %

und bei Ladungen unter Wasser bis ≤ 1,0 m um 50% zu erhöhen. Die Lademengen sind auf gelatinösen Sprengstoff bezogen (Bild 11.5).

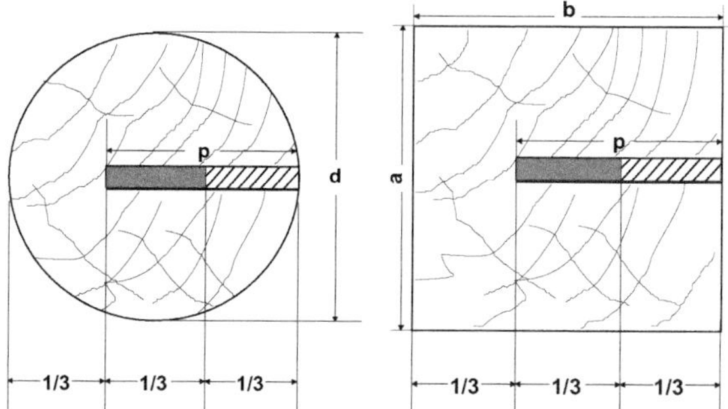

Bild 11.5
Ladungsanordnung bei Bohrlochladungen

11.2.2 Kantholzsprengungen

Bild 11.6 zeigt die Ladungsanordnung mit Zünder bei Kantholzsprengungen. Bei gleichen Kantenlängen kann folgende Ladungsberechnung als Anhalt angenommen werden:

$$L = \text{Querschnittsfläche} / 7 \left(\text{Faustformel zum Durchtrennen}\right) \tag{11.6}$$

Bei frischem Holz ist die Lademenge um ca. 30% zu erhöhen. Bei unterschiedlichen Kantenlängen gilt:

$$L = \left(a+b\right)^2 / 2 \tag{11.7}$$

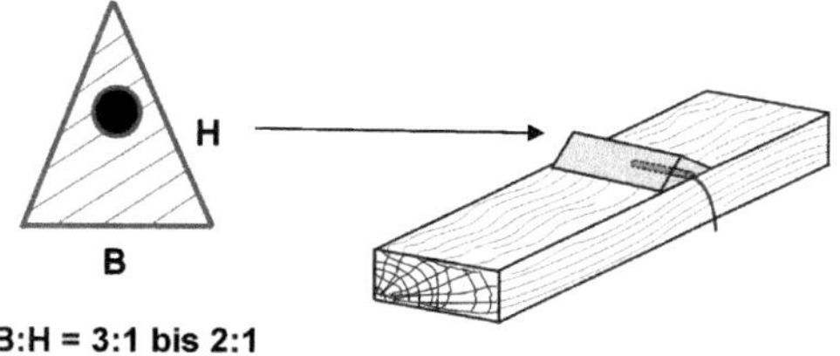

Bild 11.6
Ladungsanordnung mit Zünder

11.2.3 Rundholzsprengungen

Bild 11.7 und Bild 11.8 zeigt die Ladungsanordnung bei Rundholzsprengungen. Bei Verwendung von einer 12-g-Sprengschnur kommen auf 1 cm Durchmesser eine Umwicklung plus 10% Zuschlag. Die Wicklungen werden dabei keilförmig übereinandergelegt. Die Sprengschnur ist in der nötigen Anzahl an Windungen satt aneinander und keilförmig übereinander an der entrindeten Stelle zu schichten.

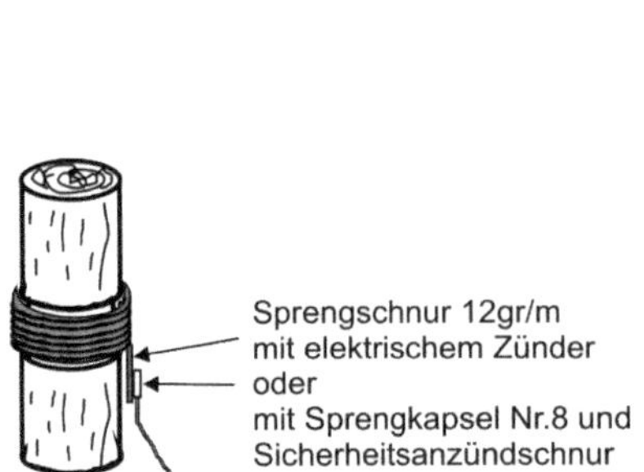

Bild 11.7 Ladungsanordnung

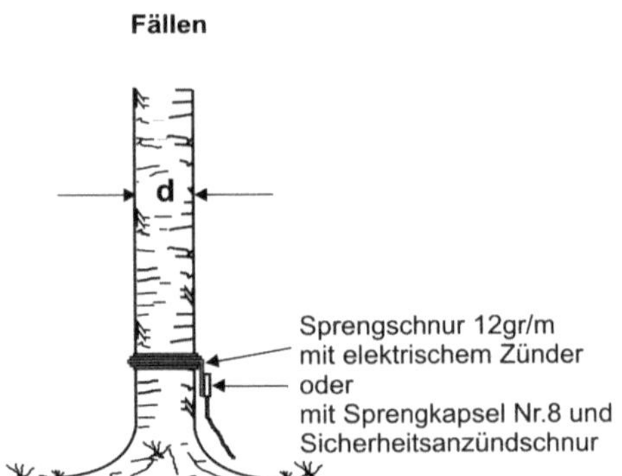

Bild 11.8 Ladungsanordnung beim Fällen

Beispiel: Ein Rundholz mit einem Durchmesser von 10 cm ist zu durchtrennen. Es werden daher zehn Umwicklungen benötigt. Zuerst werden vier Umwicklungen angebracht, darüber drei, dann zwei und zuletzt eine Umwicklung gelegt.

Die erforderliche Menge plus 10 % Zuschlag wird folgendermaßen ermittelt:

$$U = d \cdot \pi \cdot 10 + 10\% \tag{11.8}$$

Daraus folgt: 10 cm · π · 10 Umwicklungen + 10 % = 314 cm + 10 % = 345,4 cm = 3,45 m. Bei Einsatz unter Wasser verringert sich die Menge auf die Hälfte. Bei Stämmen mit mehr als 15 cm Baumdurchmesser ist die Anwendung der Sprengschnur nicht mehr wirtschaftlich.

11.2.4 Spalten bereits gerodeter Baumstubben

Unter Holzsprengungen fallen die sogenannten Stubbensprengungen (= Wurzelstock, Baumstumpf), die zum Anheben, Auswerfen oder Zerkleinern von Baumstubben dienen. Der Einsatz der Sprengtechnologie ist erst wirtschaftlich bei einem Stubbendurchmesser von 0,35 m. Für kleinere Durchmesser ist die mechanische Bearbeitung vorzuziehen. Im Umfeld von Bauwerken sowie zur Herstellung von flachen Sprengtrichtern sollten die Stubben nur angesprengt und anschließend mechanisch weiterbearbeitet werden [30]. Durch die Sprengungen wird eine zusätzliche Auflockerung des Untergrunds erreicht, welche die Regulierung der Wasserverhältnisse günstig beeinflusst. Dies trifft insbesondere in der trockenen Jahreszeit zu, wenn die Stubbensprengungen in z. B. nassem bündigem Lockergestein durchgeführt werden. In der nassen Jahreszeit besteht die Gefahr, dass die Sprengungen den Untergrund verdichten und somit das Gegenteil einer Auflockerung erreicht wird. Bei den Sprengungen wird die Ladung entweder in einen Laderaum eingebracht oder als Auflegerladung angebracht [43].

Formel 11.9 hat sich in der Praxis bewährt und kann als ausreichend genau für das Sprengverfahren angesehen werden. Um kurze Holzstücke aufzuspalten, genügt es, eine kleine Ladung im Zentrum des Stücks zu platzieren. Die Lademenge kann wie folgt ermittelt werden:

$$L = d^2 / 30 \tag{11.9}$$

L benötigte Lademenge des gelatinösen Sprengstoffs in g
d Durchmesser in cm

11.2.5 Zerkleinerung von Baumstubben

Das Sprengen von frisch geschlagenen Baumstubben benötigt auf 10 cm Durchmesser – gemessen über der Wurzelkrone – die in Tabelle 11.1 dargestellten Lademengen des gelatinösen Sprengstoffs. Dabei sind folgende Zuschläge zu beachten: Bei stehendem Baum mit Krone bis 90 cm Stammdurchmesser sind 50 % und bei stehendem Baum mit Krone über 90 cm Stammdurchmesser 100 % mehr zu laden. Bei über zwei Jahre alten Baumstubben sollte man 20 % bis 50 % weniger laden. Bei über 60 cm starken Baumstubben sollte man mit 50 g bis 100 g gelatinösem Sprengstoff vorkesseln (nach dem Vorkesseln ist eine Wartezeit von einer Stunde einzuhalten) oder mehrere Sprengladungen über den Hauptwurzeln des Stubbens anbringen und gleichzeitig mit Sprengschnur oder elektrisch zünden [46].

Tabelle 11.1 Beispiel für Lademengen an Bäumen

Ahorn	250 g	**Kiefer**	250 g
Akazie	300 g	**Kirsche**	200 g
Apfel	200 g	**Wildkirsche**	300 g
Birke	200 g	**Linde**	300 g
Birne	300 g	**Nussbaum**	300 g
Buche	300 g	**Pappel**	300 g
Eiche	250 g	**Strauchwerk**	200 g
Erle	200 g	**Tanne**	200 g
Esche	250 g	**Ulme**	250 g
Espe	300 g	**Wacholder**	200 g
Fichte	200 g	**Weide**	200 g
Kastanie	300 g	**Zwetschge**	150 g

11.2.6 Zerkleinerung von Windbruchstubben

Die Ladung wird auf der der Schnittfläche entgegengesetzten Wurzelseite als geballte Ladung in einen Hohlraum eingebracht (Bild 11.9 und Bild 11.10).

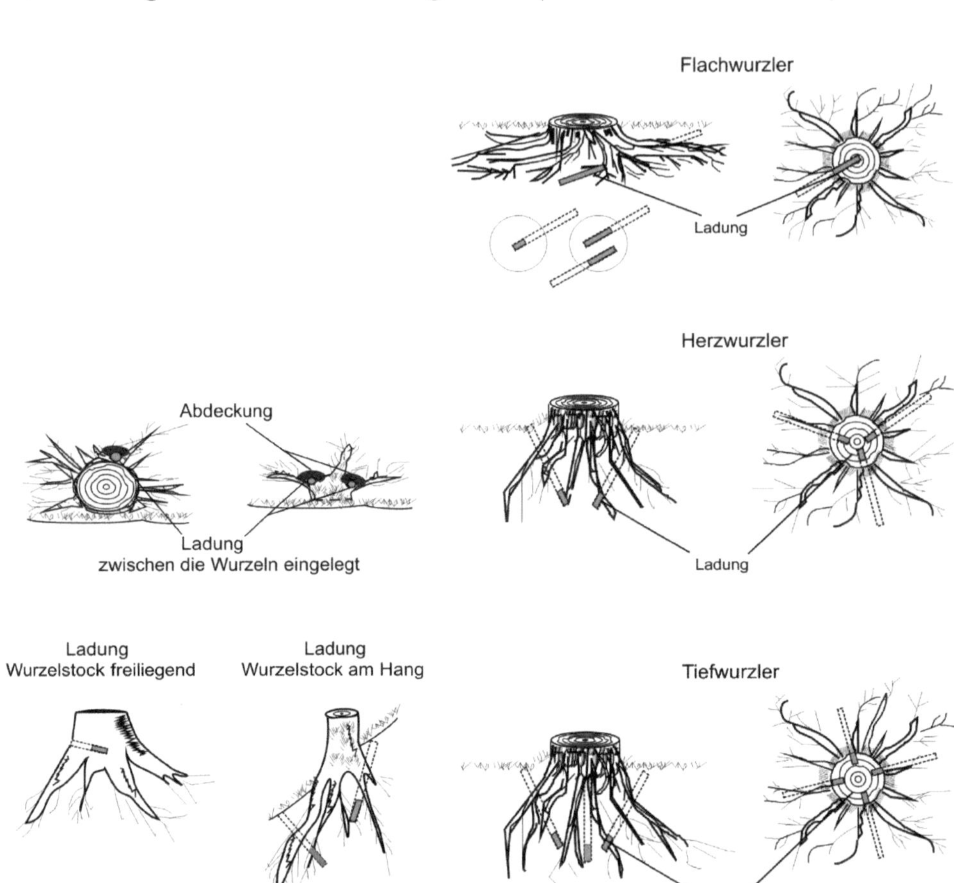

Bild 11.9 Wurzelsprengen nach Lage des Wurzelstocks

Bild 11.10 Wurzelsprengen nach Art des Wurzelstocks

Es kann folgende Formel zur Ladungsbemessung angewandt werden:

$$L = d^2 / 2 \tag{11.10}$$

Zum Sprengen von Wurzelstöcken mit Bohrlochladungen gilt folgende Faustformel: Pro 10 cm Wurzelstockdurchmesser wird 100 g gelatinöser Sprengstoff verwendet.

Es gelten folgende Ladungszuschläge und Abzüge:

- Erhöhung von 30 % bis 50 %: für Stöcke in sandigem, leichtem Boden sowie für Stöcke von Pfahl- oder Herzwurzeln
- Erhöhung bis 100 %: für Weißtanne, Lärche, Kiefer, Linde sowie für Buche, Eiche, Ahorn, Esche etc.
- Abschläge bis zu 50 %: für faule Stöcke
- Abschläge von 10 % bis 20 %: für Stöcke, die mehr als ein Jahr im Boden sind

Bei dieser Lademenge werden die Stöcke nur vorgesprengt. Sollen sie restlos entfernt werden, muss die Sprengstoffmenge nahezu verdoppelt werden. Bei allen Lademengenberechnungen sind die Holzart, das Alter des Stubbens, der Durchmesser des Stubbens sowie die Bodenbeschaffenheit zu berücksichtigen [46]. Die in Tabelle 11.2 genannten Anhaltswerte der Lademengen für Baumstubben müssen daher im Einzelfall den bestehenden Kriterien angepasst werden. Wie bei allen sprengtechnischen Vorgängen sollte – möglichst vor Beginn der Arbeiten – eine Probesprengung durchgeführt werden. Zum Zerkleinern von Windbruch-Wurzeltellern mit Bohrlochladungen gilt folgende Faustformel: Pro 10 cm Stockdurchmesser wird 30 g gelatinöser Sprengstoff verwendet.

Tabelle 11.2 Anhaltswerte für Lademengen bei Baumstubbensprengungen in g

Holzart	Wurzelbildung	Bodenart	
		fest, nass, gefroren, zäh	locker, sandig, trocken, Humus
Apfel, Aprikose, Erle, Fichte, Linde usw.	Flachwurzler	100	200
Birke, Föhre, Kirsche, Kastanie, Tanne, Zwetschge usw.	Tiefwurzler	150	300
Ahorn, Birne, Buche, Eiche, Esche, Nuss usw.	Herz- und Tiefwurzler	200	370
Akazie, Pappel, Weide, Wacholder, Zeder usw.	Herz- und Tiefwurzler	200 – 250	450

12 Sondersprengverfahren

Die Vielfalt der industriellen und gewerblichen Sprengtechnik wird durch eine Reihe weiterer Sprengverfahren ergänzt, die in diesem Buch nicht näher beschrieben werden, da ihr Einsatz sehr spezifisch ist und nur unter bestimmten Voraussetzungen zustande kommt. Hierzu zählen Schneefeldsprengungen, Sprengen in heißen Massen, Sprengen in der Metallverarbeitung und dergleichen. Das richtige Wissen hierüber wird in besonderen Lehrgängen von mit der Anwendung vertrauten Fachleuten angeboten.

12.1 Stahlsprengungen

Stahlsprengungen beruhen auf dem Prinzip der Abscherwirkung von Querschnitten. Dabei ist die berechnete Lademenge *ML* für den Stahlquerschnitt *F* so anzubringen, dass das Profil des Stahls durchtrennt wird. Hierbei spielen Ladungen, die auf dem Hohlladungsprinzip beruhen, eine bedeutende Rolle.

12.1.1 Schneidladungen

In vielen Fällen hat sich bei Stahlsprengungen das Abschneiden der Querschnitte mit Schneidladung und Hohlladung bewährt (Bild 12.1 und Bild 12.2). Schneidladungen arbeiten auf dem Prinzip der Hohlladungen und sind aus diesem Grunde erheblich effizienter bei der Durchtrennung von Stahl als aufgelegte Ladungen.

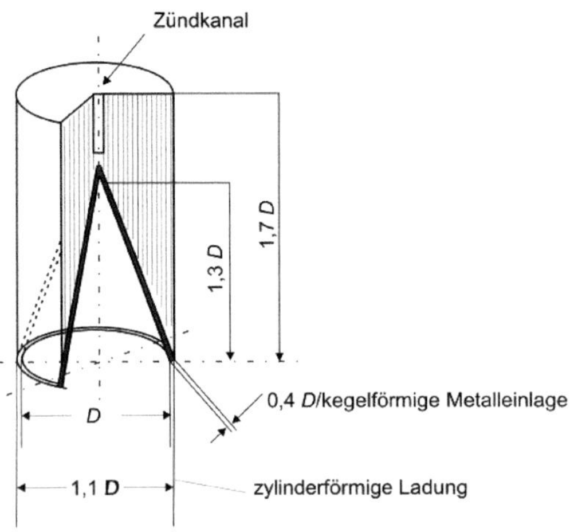

Bild 12.1 Hohlladung

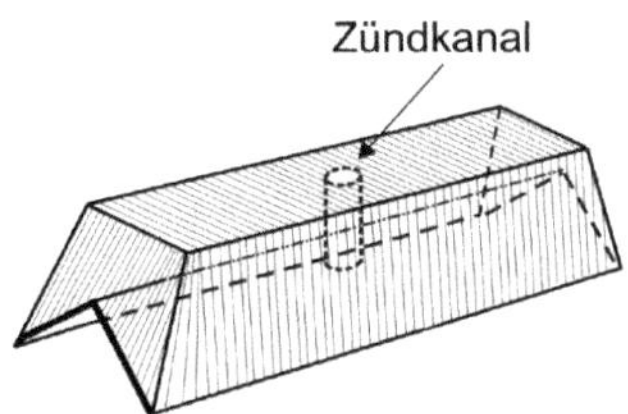

Bild 12.2 Schneidladung

12.1.2 Hohlladungen

Hohlladungen sind Sprengladungen, die auf der dem Sprengobjekt zugewandten Seite kegel- oder halbkugelförmig ausgehöhlt sind. Die Sprengstoffoberfläche des Hohlraums ist zur Steigerung der Sprengwirkung meist mit einem gut verformbaren und dehnbaren Material hoher Dichte (z. B. Kupfer) belegt. In einer Hohlladung wird die chemische Energie des Sprengstoffs in kinetische Energie (Bewegungsenergie) umgewandelt (Bild 12.1).

Die Durchschlagsleistung der Hohlladungen ist im Wesentlichen darauf zurückzuführen, dass eine sehr große kinetische Energie in sehr kurzer Zeit (etwa 50 Mikrosekunden) auf eine sehr kleine Fläche wirkt (Bild 12.3). Die Hohlladungen haben eine erheblich gesteigerte Durchschlagsleistung in einer bestimmten Richtung. Ab einer gewissen Größenordnung des Objekts ist daher das Sprengen mit Schneidladungen dem Sprengen mit aufgelegten Ladungen vorzuziehen. Schneidladungen sind „gestreckte" Hohlladungen (Bild 12.2). Diese Schneidladungen bewirken linienförmige Einschnitte oder Durchtrennungen. Daneben besteht geringere Flugwirkung von Stahlteilchen während der Sprengung. Als Maßstab ist hierbei die Sicherheit vor der Wirtschaftlichkeit anzusehen. Für das Sprengen mit Schneidladungen sind grundsätzlich die Anweisungen der Hersteller zu beachten.

Die Durchtrennung von Stahlprofilen erfolgt mit aufgelegten Sprengladungen [1, 6, 43, 44]. Die Berechnung der Ladungen erfolgt nach folgender Formel:

$$L = F \cdot q_{\text{Fe}} \tag{12.1}$$

L Lademenge in kg

F Querschnittsfläche in cm^2

q_{Fe} spezifischer Sprengstoffverbrauch je cm^2 Querschnittsfläche in kg/cm^2

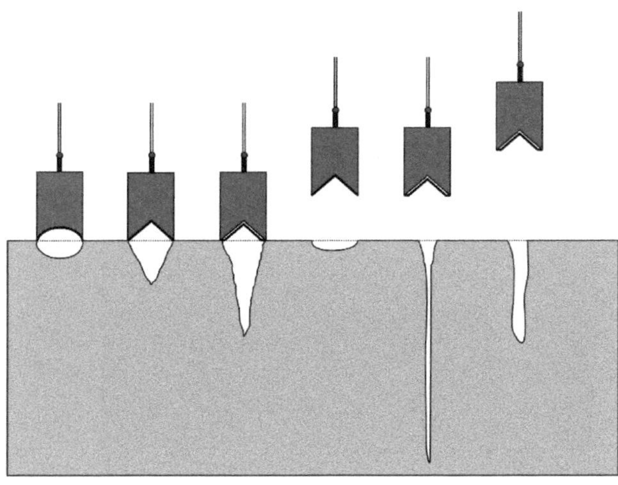

Bild 12.3
Wirkung verschieden geformter Hohlladungen in unterschiedlichem Abstand

12.1.3 Drahtseile

Das Durchtrennen von Drahtseilen ist in Abhängigkeit von den Spannungsverhältnissen der Drahtseile. Sind die Spannungsverhältnisse nicht genau erkennbar, so ist der spezifische Sprengstoffverbrauch q_{FE} 0,030 kg/cm² bzw. 0,040 kg/cm² anzuwenden. Die ermittelte Gesamtlademenge L_{SP} ist entsprechend den Flächenanteilen auf dem Drahtseil anzuordnen (Bild 12.4). Sind über das Drahtseil keine Unterlagen vorhanden, so kann ein sicheres Abtrennen mit den nachfolgenden Erfahrungswerten durchgeführt werden. Die Formel lautet wie folgt:

$$L_{SP} = F \cdot q_{Fe} \qquad (12.2)$$

L Lademenge in kg
F Querschnittsfläche in cm²
q_{Fe} 0,100 kg/cm², für Drahtseile mit einem Ø < 40 mm
q_{Fe} 0,200 kg/cm², für Drahtseile mit einem Ø > 40 mm bis 60 mm

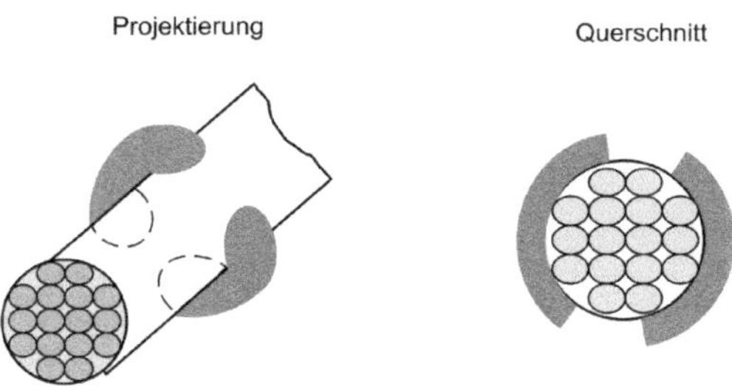

Bild 12.4
Ladungsanordnung

Beispiel zur Lademengenberechnung eines Drahtseils:

Bild 12.5 zeigt die Schnittansicht des Drahtseils.

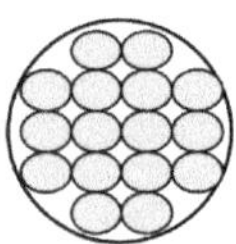

Bild 12.5
Schnittansicht des Drahtseils

Ermittlung der Querschnittsfläche F (Fläche in cm²):

$$
\begin{aligned}
F &= d^2 \cdot 3{,}14 / 4 \\
F &= 52\,\mathrm{cm}^2 \cdot 3{,}14 / 4 \\
F &= 19{,}625\,\mathrm{cm}^2 \\
F &\approx 20\,\mathrm{cm}^2
\end{aligned}
\qquad (12.3)
$$

Ermittlung der spezifischen Lademenge L_{SP} in kg:

$$
\begin{aligned}
L_{\mathrm{SP}} &= F \cdot q_{\mathrm{Fe}} \left(0{,}200\,\mathrm{kg} / \mathrm{cm}^2, \text{Drahtseil 40–60 mm}\right) \\
L_{\mathrm{SP}} &= 20\,\mathrm{cm}^2 \cdot 0{,}200\,\mathrm{kg} / \mathrm{cm}^2 \\
L_{\mathrm{SP}} &= 4{,}00\,\mathrm{kg}
\end{aligned}
\qquad (12.4)
$$

Anhand des Beispiels ist zu ersehen, dass für das Sprengen von Drahtseilen relativ hohe Lademengen eingesetzt werden müssen. Weitere Lademengenberechnungen für unterschiedliche Drahtseile sind in Tabelle 12.3 in Abschnitt 12.1.5 zu ersehen.

12.1.4 Profilstahl

Die Durchtrennung von Stahlprofilen erfolgt mit aufgelegten Sprengladungen (Bild 12.6). Die Berechnung der Ladungen erfolgt gemäß folgender Formel:

$$
L = F \cdot q_{\mathrm{Fe}} \qquad (12.5)
$$

L Lademenge in kg

F Querschnittsfläche in cm²

q_{Fe} spezifischer Sprengstoffverbrauch je cm² Querschnittsfläche in kg/cm²

Eine auf die spezifische Lademenge (L_{SP}) für Profilstahl abgeänderte Formel ist nachfolgend dargestellt.

$$L_{SP} = F \cdot q_{Fe} \tag{12.6}$$

L_{SP} spezifische Lademenge in kg
F Querschnittsfläche in cm^2
q_{Fe} 0,025 kg/cm^2, für Flach- und Profilstahl (Erfahrungswert)

12.1.4.1 Doppel-T-Profilstahl

Beispiel einer Lademengenberechnung für Doppel-T-Profilstahl

Ermittlung der Querschnittsfläche F (Fläche in cm^2):

$$\begin{aligned} F &= H_{Steg} \cdot B_{Steg} + 2\left(H_{Flansch} \cdot B_{Flansch}\right) \\ F &= 80\,\text{cm} \cdot 5\,\text{cm} + 2\left(4\,\text{cm} \cdot 40\,\text{cm}\right) \\ F &= 400\,\text{cm}^2 + 320\,\text{cm}^2 \\ F &= 720\,\text{cm}^2 \end{aligned} \tag{12.7}$$

Ermittlung der spezifischen Lademenge L_{SP} in kg:

$$\begin{aligned} L_{SP} &= F \cdot q_{Fe}\left(q_{Fe} = 0{,}025\,\text{kg}/\text{cm}^2 \text{ bei Flach- und Profilstahl}\right) \\ L_{SP} &= 720\,\text{cm}^2 \cdot 0{,}025\,\text{kg}/\text{cm}^2 \\ L_{SP} &= 18{,}00\,\text{kg} \end{aligned} \tag{12.8}$$

12.1.4.2 T-Profilstahl

Beispiel einer Lademengenberechnung für T-Profilstahl:

Bild 12.6 und Bild 12.7 zeigen die Ladungsanordnung und die Schnittansicht des Doppel-T-Profilstahls.

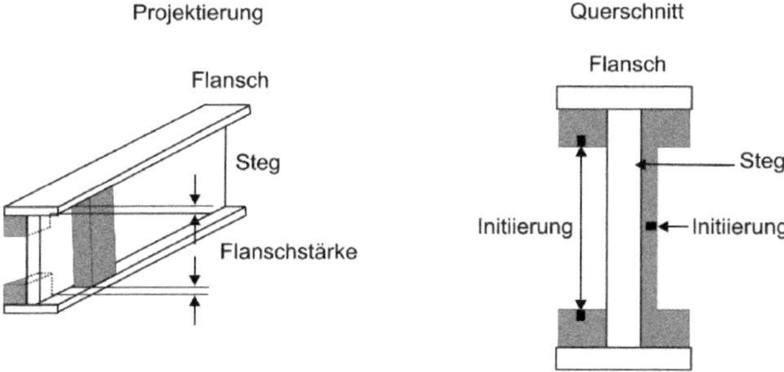

Ladungsanordnung beidseitig versetzt: Scherwirkung
Die Sprengladungen an einem Doppel-T-Profilstahl müssen gleichzeitig detonieren.

Bild 12.6 Ladungsanordnung bei Doppel-T-Profilstahl

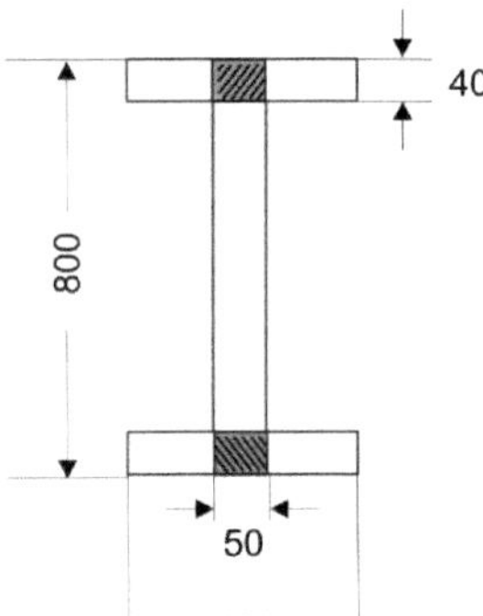

Bild 12.7
Schnittansicht des Doppel-T-Profils

Ermittlung der Querschnittsfläche F (Fläche in cm^2):

$$\begin{aligned} F &= H_{\text{Steg}} \cdot B_{\text{Steg}} + 2\left(H_{\text{Flansch}} \cdot B_{\text{Flansch}}\right) \\ F &= 40\,\text{cm} \cdot 5\text{ cm} + 4\,\text{cm} \cdot 30\,\text{cm} \\ F &= 200\,\text{cm}^2 + 120\,\text{cm}^2 \\ F &= 320\,\text{cm}^2 \end{aligned} \tag{12.9}$$

Ermittlung der spezifischen Lademenge L_{SP} in kg:

$$\begin{aligned} L_{\text{SP}} &= F \cdot q_{\text{Fe}} \left(q_{\text{Fe}} = 0{,}025\,\text{kg}/\text{cm}^2 \text{ bei Flach- und Profilstahl}\right) \\ L_{\text{SP}} &= 320\,\text{cm}^2 \cdot 0{,}025\,\text{kg}/\text{cm}^2 \\ L_{\text{SP}} &= 8{,}00\,\text{kg} \end{aligned} \tag{12.10}$$

12.1.4.3 L-Profilstahl

Beispiel einer Lademengenberechnung für L-Profilstahl:

Bild 12.8 und Bild 12.9 zeigen die Ladungsanordnung und die Schnittansicht des L-Profilstahls.

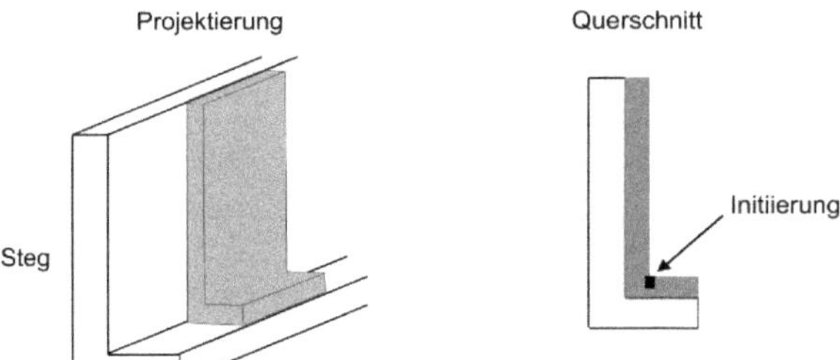

Bild 12.8
Ladungsanordnung bei L-Profilstahl

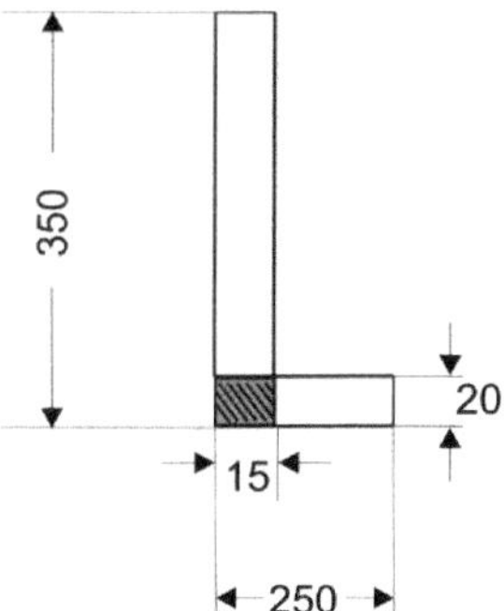

Bild 12.9
Schnittansicht des L-Profils

Ermittlung der Querschnittsfläche (Fläche in cm^2):

$$F = H_{\text{Steg}} \cdot B_{\text{Steg}} + 2\left(H_{\text{Flansch}} \cdot B_{\text{Flansch}}\right)$$
$$F = 35\,\text{cm} \cdot 1{,}5\,\text{cm} + 25\,\text{cm} \cdot 2\,\text{cm} \tag{12.11}$$
$$F = 52{,}5\,\text{cm}^2 + 50\,\text{cm}^2$$
$$F = 102{,}5\,\text{cm}^2$$

Ermittlung der spezifischen Lademenge L_{SP} in kg:

$$L_{SP} = F \cdot q_{Fe} \left(q_{Fe} = 0{,}025\ \text{kg} / \text{cm}^2 \text{ bei Flach- und Profilstahl}\right)$$
$$L_{SP} = 102{,}5\,\text{cm}^2 \cdot 0{,}025\ \text{kg} / \text{cm}^2 \tag{12.12}$$
$$L_{SP} = 2{,}6\,\text{kg}$$

Bei der Ladungsanordnung ist Folgendes zu beachten: Bei Flachstahl, U-Profilstahl und L-Profilstahl soll die Ladung einseitig über die gesamte Breite angebracht werden. Bei T-Profilstahl und Doppel-T-Profilstahl soll die Ladung beidseitig versetzt angebracht werden. Dadurch wird eine Scherwirkung erreicht.

12.1.5 Stahlrohre

Beispiel Lademengenberechnung Stahlrohre:

Bild 12.10 und Bild 12.11 zeigen die Ladungsanordnung und die Schnittansicht eines Stahlrohrs.

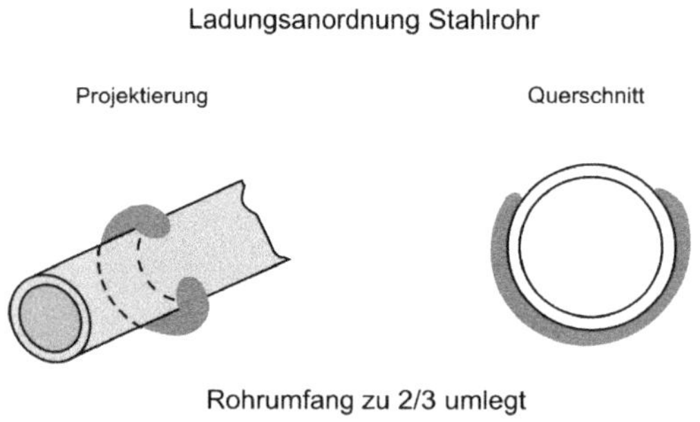

Bild 12.10 Ladungsanordnung bei Stahlrohren

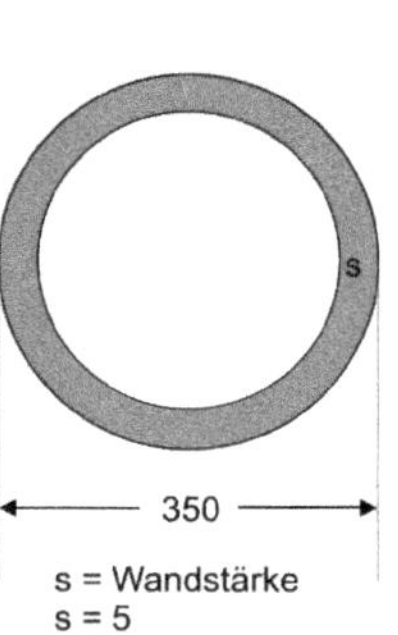

Bild 12.11 Schnittansicht des Stahlrohrs

Ermittlung der Querschnittsfläche (Fläche in cm²):

$$\begin{aligned} F &= d \cdot 3{,}14 \cdot s \\ F &= 35\,\text{cm} \cdot 3{,}14 \cdot 0{,}5\,\text{cm} \\ F &= 54{,}95\,\text{cm}^2 \\ F &\approx 55\,\text{cm}^2 \end{aligned} \tag{12.13}$$

Ermittlung der spezifischen Lademenge L_{SP} in kg:

$$\begin{aligned} L_{SP} &= F \cdot q_{Fe} \left(q_{Fe} = 0{,}025\,\text{kg}/\text{cm}^2 \text{ bei Flach- und Profilstahl} \right) \\ L_{SP} &= 55\,\text{cm}^2 \cdot 0{,}025\,\text{kg}/\text{cm}^2 \\ L_{SP} &= 1{,}375\,\text{kg} \end{aligned} \tag{12.14}$$

Tabelle 12.1 zeigt den spezifischer Sprengstoffverbrauch q_{FE}. Tabelle 12.2 und Tabelle 12.3 zeigen die Ladungstabellen für Eisen (Flach- und Profilstahl) sowie Drahtseile.

Tabelle 12.1 Spezifischer Sprengstoffverbrauch q_{FE}

	Querschnitt aus gewalzten Profilstählen	Zusammengesetzte Querschnitte
Zugstab	0,025 kg/cm²	0,035 kg/cm²
spannungslos	0,030 kg/cm²	0,040 kg/cm²
Druckstab	0,035 kg/cm²	0,045 kg/cm²

Tabelle 12.2 Ladungstabelle für Eisen (Flach- und Profilstahl): $L = 25 \cdot F$

Höhe in cm	Breite in cm/Ladung gelatinösen Sprengstoffs in kg													
	10	15	20	25	30	35	40	45	50	60	70	80	90	100
1,0	0,3	0,4	0,5	0,6	0,8	0,9	1,0	1,1	1,3	1,5	1,8	2,0	2,3	2,5
1,4	0,4	0,5	0,7	0,9	1,1	1,2	1,4	1,6	1,8	2,1	2,5	2,8	3,2	3,5
1,8	0,5	0,7	0,9	1,1	1,4	1,6	1,8	2,1	2,3	2,7	3,2	3,6	4,1	4,5
2,2	0,6	0,8	1,1	1,4	1,7	1,9	2,2	2,5	2,8	3,3	3,9	4,4	5,0	5,5
2,6	0,7	1,0	1,3	1,6	2,0	2,3	2,6	2,9	3,3	3,9	4,6	5,2	5,9	6,5
3,0	0,8	1,1	1,5	1,9	2,3	2,6	3,0	3,4	3,8	4,5	5,3	6,0	6,8	7,5
3,4	0,9	1,3	1,7	2,1	2,6	3,0	3,4	3,8	4,3	5,1	6,0	6,8	7,7	6,5
3,8	1,0	1,4	1,9	2,4	2,9	3,3	3,8	4,3	4,8	5,7	6,7	7,6	8,6	9,5
4,2	1,1	1,6	2,1	2,6	3,2	3,7	4,2	4,7	5,3	6,3	7,4	8,4	9,5	10,5
4,6	1,2	1,7	2,3	2,9	3,5	4,0	4,6	5,2	5,8	6,9	8,1	9,2	10,4	11,5
5,0	1,3	1,9	2,5	3,1	3,8	4,4	5,0	5,6	6,3	7,5	8,8	10,0	11,3	12,5
5,4	1,4	2,0	2,7	3,4	4,1	4,7	5,4	6,1	6,8	8,1	9,5	10,8	12,2	13,5
5,8	1,5	2,2	2,9	3,6	4,4	5,1	5,8	6,5	7,3	8,7	10,2	11,6	13,1	14,5
6,2	1,6	2,3	3,1	3,9	4,7	5,4	6,2	7,0	7,8	9,3	10,9	12,4	14,0	15,5
6,6	1,7	2,5	3,3	4,1	5,0	5,8	6,6	7,4	8,3	9,9	11,6	13,2	14,9	16,5
7,0	1,8	2,6	3,5	4,4	5,3	6,1	7,0	7,9	8,8	10,5	12,3	14,0	15,8	17,5
7,4	1,9	2,8	3,7	4,6	5,6	6,5	7,4	8,3	9,3	11,1	13,3	14,8	16,7	18,5
7,8	2,0	2,9	3,9	4,9	5,9	6,8	7,8	8,8	9,8	11,7	13,7	15,6	17,6	19,5
8,0	2,0	3,0	4,0	5,0	6,0	7,0	8,0	9,0	10,0	12,0	14,0	16,0	18,0	20,0

Tabelle 12.3 Ladungstabelle für Drahtseile: $L = 100 \cdot F$

Durchmesser in cm	Sprengstoff Ladung in kg	Durchmesser in cm	Sprengstoffladung in kg
1,0	0,1	6,0	3,6
1,2	0,1	6,2	3,8
1,4	0,2	6,4	4,1
1,6	0,3	6,6	4,4
1,8	0,3	6,8	4,6
2,0	0,4	7,0	4,9
2,2	0,5	7,2	5,2
2,4	0,6	7,4	5,5
2,6	0,7	7,6	5,8
2,8	0,8	7,8	6,1
3,0	0,9	8,0	6,4
3,2	1,0	8,2	6,7

Tabelle 12.3 Ladungstabelle für Drahtseile: $L = 100 \cdot F$ *(Fortsetzung)*

Durchmesser in cm	Sprengstoff Ladung in kg	Durchmesser in cm	Sprengstoffladung in kg
3,4	1,2	8,4	7,1
3,6	1,3	8,6	7,4
3,8	1,4	8,8	7,7
4,0	1,6	9,0	8,1
4,2	1,8	9,2	8,5
4,4	1,9	9,4	8,8
4,6	2,1	9,6	9,2
4,8	2,3	9,8	9,6
5,0	2,5	10,0	10,0
5,2	2,7	10,2	10,4
5,4	2,9	10,4	10,8
5,6	3,1	10,6	11,2
5,8	3,4	10,8	11,7

12.2 Unterwassersprengungen

Sprengungen unter der Wasseroberfläche werden hauptsächlich zur Beseitigung von Felsrippen und Klippen in Flussläufen, zur Tieferlegung von Hafen- und Flusssohlen, zum Verbreitern von Fahrrinnen, zum Heraussprengen von Gräben für Versorgungsleitungen, zum fördergerechten Zerkleinern von Fels für die Gründung von Hafen- oder Versorgungsanlagen und dergleichen mehr angewandt.

Sprengungen unter Wasser unterscheiden sich wesentlich von Sprengarbeiten in der Luft oder im Steine- und Erdenbereich. Wasser stellt zwar eine gute Verdämmung dar, wirkt aber aufgrund seiner geringen Kompressibilität wie eine feste Masse. Resultierend daraus wird ein höherer Sprengstoffbedarf notwendig. Insbesondere sind dabei die bei einer Sprengung entstehenden Druckwellen zu berücksichtigen, die sich fast ideal in der Umgebung der Sprengstelle ausbreiten [1, 46].

Beim Einsatz von Tauchern ist so vorzugehen, dass eine Gefährdung des Tauchpersonals und der Tauchfahrzeuge ausgeschlossen wird. Im Rahmen des Umweltschutzes und zum Erhalt des Fischbestandes sollten vor der Hauptsprengung kleine Sprengladungen im Wasser gezündet werden, die die Fische verjagen oder töten. Bei Sprenganlagen unter Wasser gelten die gleichen Grundsätze wie bei Gebirgssprengungen im Strossenabbau. Bei der Ladungsbemessung ist abweichend davon die über der Sprenganlage stehende Wassermenge mit zu berücksichtigen. Zusätzlich sind für die Wahl der Sprengparameter Festlegungen über Sicherheitsmaßnahmen mitentscheidend.

Zu den Sicherheitsmaßnahmen zählt die wirkungsvolle Abschirmung von Bauwerken, Maschinen und Geräten, die durch die entstehende Druckwelle gefährdet werden könnten. Bei der Wahl der Parameter ist zu beachten, dass eine unbeabsichtigte Detonationsübertragung von einem Bohrloch zum anderen stattfinden kann. Das Risiko nimmt mit der Herabsetzung der Bohrlochabstände zu. Anhand von Untersuchungen mit dem Einsatz von brisantem Sprengstoff wurde herausgefunden, dass eine Beziehung zwischen der Lademenge L und dem Bohrlochabstand a_B besteht, woraus die Exponentialfunktion $L_{BL} = 0{,}75\ a_B^2$ folgt. Bei Einhaltung dieser Beziehung kann keine ungewollte Detonationsübertragung [1, 6, 18] stattfinden. Bei der Planung einer Sprenganlage ist davon auszugehen, dass die Sohle um mindestens 1 m unterbohrt wird. Die Vorgaben und Seitenabstände richten sich nach den örtlichen Gegebenheiten, der Festigkeit des anstehenden Felsens, der Stärke der Überlagerung, der Wassertiefe und dem Abstand zu gefährdeten Objekten. Die einzelnen Bohrlöcher werden meist bis auf ca. 0,50 m voll heraus geladen (Bild 12.12).

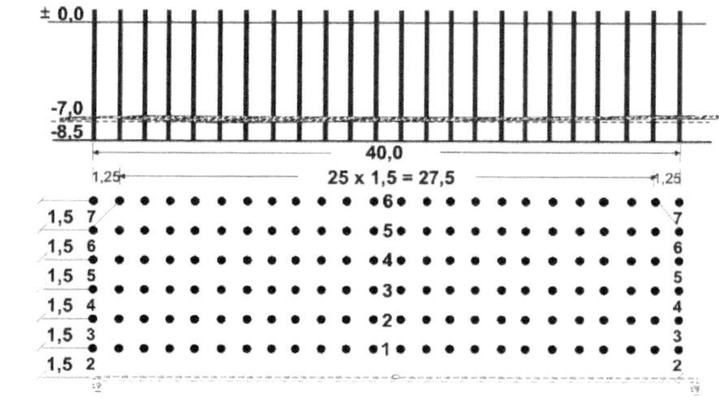

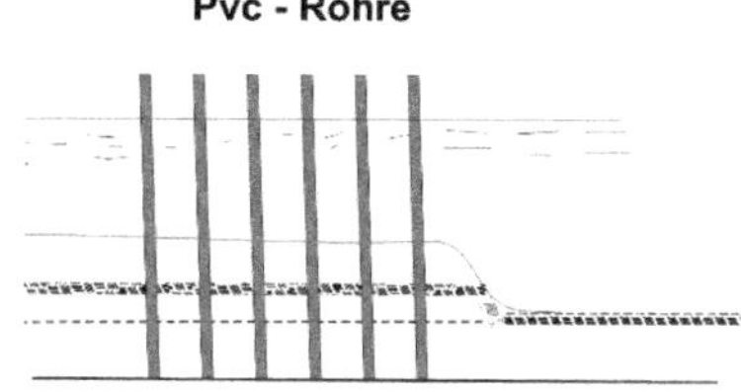

Sprenganlage
Bohrlochdurchmesser. 50 mm
Vorgabe x Seitenabstand (1,5 x 1,5) m²
Unterbohrung Sohle 1,5 m
Ladungsanordnung:
PVC - Rohre mit Ø 43 mm
Patronendurchmesser 40 mm
Zündung: 2 Millisekundenzünder
gleicher Zündzeitstufe in jedem Bohrloch

Bild 12.12 Beispiel für Unterwassersprenganlage

Beim Herstellen der Zündanlage müssen wasserdichte Zünder sowie verstärkte Zünderdrähte verwendet werden (Bild 12.13). Die Zünderdrähte haben so lang zu sein, dass sie über dem Wasser miteinander verbunden werden können. Jede Sprengladung wird durch zwei Zünder gleicher Zeitstufe initiiert, wobei ein Zünder im Bohrlochtiefsten, der andere am Bohrlochmund angebracht ist. Die beiden Zünder je Bohrloch werden in Serie (Reihe) geschaltet.

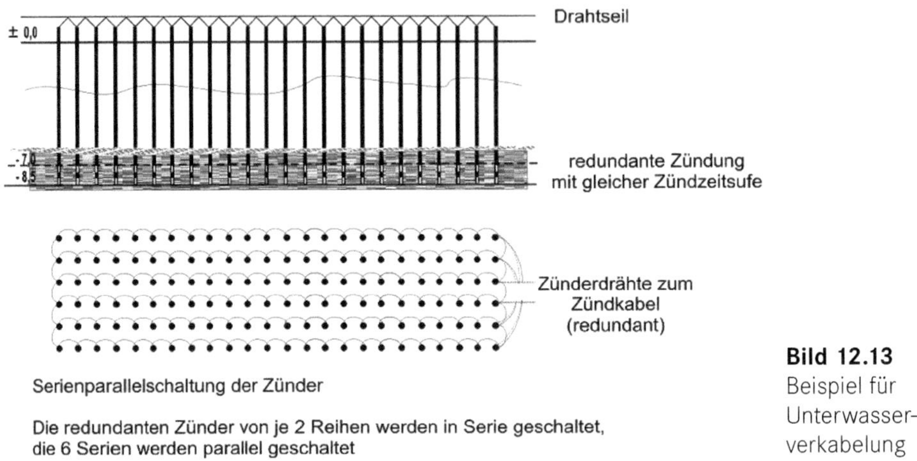

Bild 12.13 Beispiel für Unterwasserverkabelung

Bei größeren Sprenganlagen, insbesondere beim Einsatz von langen Zünderdrähten, kann es notwendig werden, dass die Serien-Parallelschaltung erforderlich ist. Das Durchmessen der Zündanlage muss besonders sorgfältig durchgeführt werden. Dabei hat neben einer Überprüfung auf Stromdurchgang und Widerstand eine Isolationsmessung stattzufinden. Um der Gefährdung von Objekten entgegenzutreten, die durch Druckwellen beschädigt werden könnten, müssen Schutzmaßnahmen ergriffen werden. Zu den geeigneten Maßnahmen zählt, nach Möglichkeit nur Sprengladungen einzusetzen, die in gut verdämmten Bohrlöchern untergebracht sind. Als Sprengstoffe kommen nur brisante und vom Hersteller bestätigte, absolut wasserunempfindliche Gesteinssprengstoffe infrage. Um dem Ausspülen einzelner Bestandteile durch Wasserströmungen vorzubeugen, wird der patronierte Sprengstoff zusätzlich in Kunststoffschläuche verpackt und so in das Bohrloch eingebracht. Wenn möglich, sollte man eine Momentzündung einsetzen.

Bei Zeitzündung sind die Sprengladungen so festzulegen, dass keine Detonationsübertragung stattfinden kann. Man sollte möglichst auf frei liegende Sprengladungen verzichten. Bei frei liegenden Sprengladungen sind die Abstände untereinander einzuhalten, und man sollte nur mit Momentzündung arbeiten. Als weitere wirksame Schutzmaßnahme gilt der Druckluftschleier. Dieser besteht darin, dass auf dem Grund zwischen Sprenganlage und gefährdeten Objekten sehr eng perforierte Schlauch- oder Rohrleitungen verlegt werden [46]. In die Leitungen wird Druckluft eingelassen, die in der Form von zahlreichen Luftbläschen in das Wasser austritt. Der so entstehende Luftblasenvorhang bildet an dieser Stelle sehr viele Trennflächen, an denen sich die durch die Sprengung erzeugten Druckwellen brechen bzw. reflektieren. Anhand von Versuchen [8] wurde nachgewiesen, dass eine

Reduzierung der Druckwellen im Verhältnis von etwa 70:1 eintritt. Durchgeführte Sprengungen und ihre Auswertungen lassen folgende Empfehlungen zu: Der Abstand zwischen Luftschleier und Sprengstelle sollte ca. 15 m bis 18 m betragen. Die Luftmenge entspricht der Rohrlänge von 0,025 m^3/min. Der Luftschleier soll fünf Minuten vor dem Abtun der Sprengung aktiviert werden.

12.3 Eissprengungen

Eissprengungen werden insbesondere für

- die Aufrechterhaltung der Schifffahrt,
- die Beseitigung von Eisstauungen und
- den Schutz vor Beschädigungen durch Treibeis

benötigt.

Eisstauungen bilden sich in der Regel immer wieder an denselben Stellen im Flussbett oder Kanal, z.B. vor Stauwehr- und Schleusenanlagen, an schattigen Flussstellen, in langsam fließenden Gewässern, unter Brücken, in Gewässern mit viel Gestein und Inseln sowie an Verwachsungen des Flussbetts mit Schilf, Gehölz und Strauchwerk (Bild 12.14). Bei Eisstau ist schnelles Handeln erforderlich. Die Eisstaue sind nur mit viel Wasser fortzubewegen, wobei hängen gebliebene bzw. gefrierende Eisstaue die größte Gefahr bei nachfolgendem Tauwetter bilden. Sind mehrere Eisstaue vorhanden, so müssen die flussabwärts vorhandenen zuerst abgesprengt werden. Für Eissprengungen wird eine Kenntnis über die verschiedenen Eisarten vorausgesetzt.

Die Ladungen werden an einem Stock oder an einer Leine befestigt eingebracht (Bild 12.16). Die Lademenge je Sprengladung zur Schaffung von eisfreien Flächen hängt von der Größenordnung des Eisvorkommens und der Sprengmethode ab. Es müssen die günstigsten Tiefen für die Ladungen, die Dicke der Eisschicht und der Durchmesser oder die Breite der zu sprengenden eisfreien Fläche berücksichtigt werden. Bild 12.14 zeigt die Vorgehensweise bei Pack- oder Grundeis. In Bild 12.15 ist die Vorgehensweise bei Eisdecken oder Kerneis über 0,6 m dargestellt. Bild 12.17 zeigt die Vorgehensweise bei Kern-, Pack- und Grundeis. In Bild 12.18 ist die Vorgehensweise bei Staureis und in Bild 12.19 bei Treibeis dargestellt.

Als Lademenge pro m^2 Eisfläche werden ca. 0,5 bis 0,75 kg gelatinöser Sprengstoff verwendet. Die Präzisierung der Lademengen muss durch Probesprengungen erfolgen. Bei elektrischer Zündung werden zwei Momentzünder an jeder Ladung angebracht. Bei Zündung mit Sicherheitsanzündschnur sind wasserdichte, kunststoffumhüllte Sicherheitsanzündschnüre zu verwenden. Beim Anwürgen der Sprengkapsel muss auf eine feste Verbindung geachtet werden, um ein Eindringen von Wasser in die Sprengkapsel zu verhindern. Die Verbindungsstellen sind mit Isolierband, Fett oder Kaltasphalt abzudichten [8].

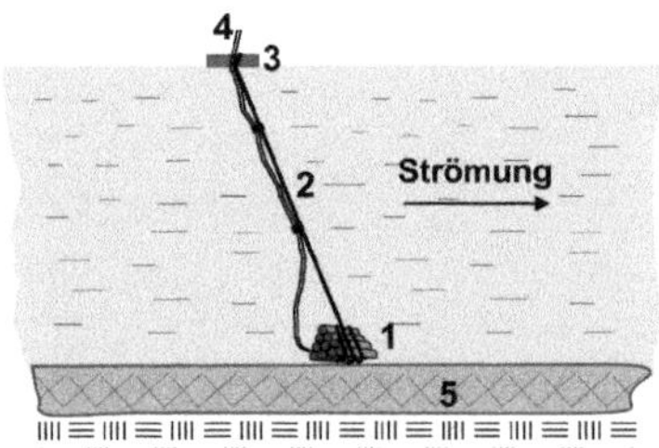

1 geballte Ladung, 2 Einlassleine, 3 Schwimmer, 4 Zünderdrähte, 5 Pack- oder Grundeis

Bild 12.14 Vorgehensweise bei Pack- oder Grundeis

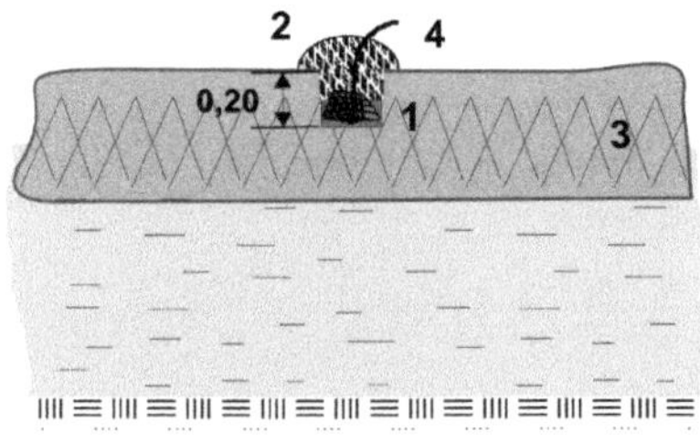

1 geballte Ladung, 2 Besatz, 3 Kerneis
4 Sicherheitsanzündschnur

Bild 12.15 Vorgehensweise bei Eisdecken oder Kerneis über 0,6 m

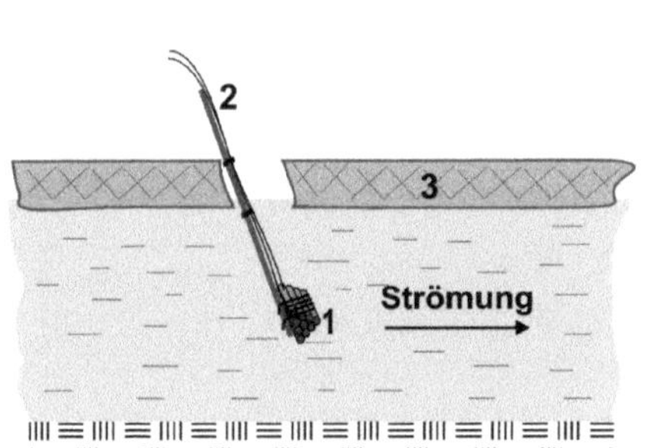

1 geballte Ladung, 2 Zünderdrähte, 3 Kerneis

Bild 12.16 Unter das Eis eingebrachte Ladung

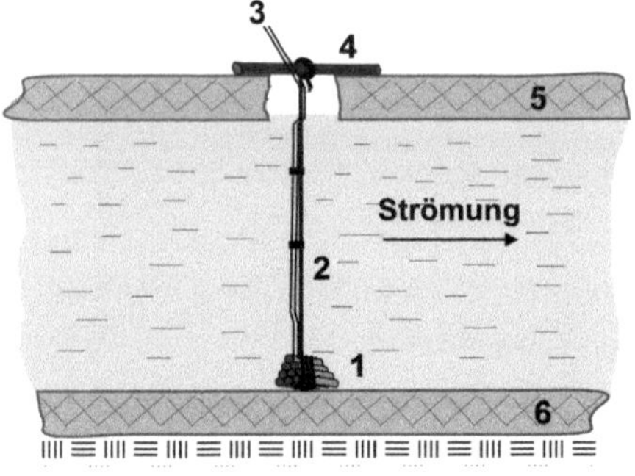

1 geballte Ladung, 2 Einlassleine, 3 Zünderdrähte, 4 Holzstock, 5 Kerneis, 6 Pack- oder Grundeis

Bild 12.17 Vorgehensweise bei Kern-, Pack- und Grundeis

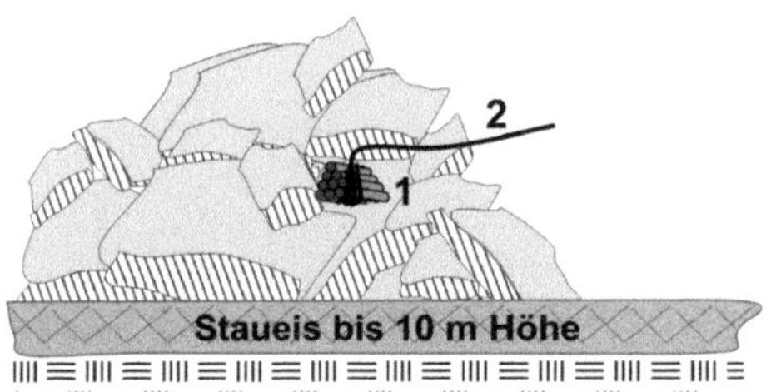

1 geballte Ladung, 2 Sicherheitsanzündschnur

Bild 12.18 Vorgehensweise bei Staueis

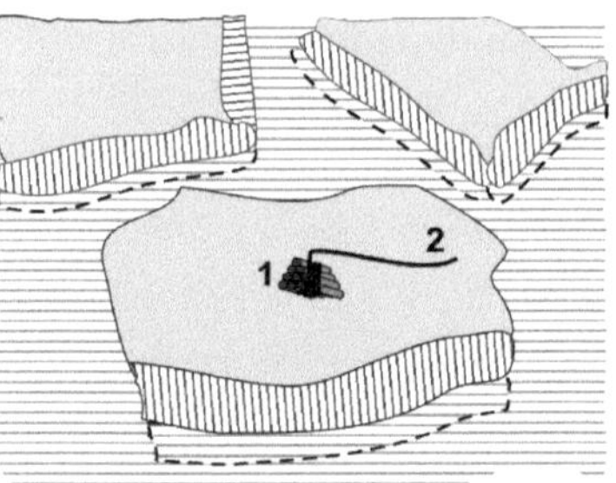

1 geballte Ladung, 2 Sicherheitsanzündschnur

Bild 12.19 Vorgehensweise bei Treibeis

Da, wie bereits angeführt, bei Eisstau schnelles Handeln erforderlich ist, wird die elektrische Zündung die Ausnahme sein. Sie kommt nur bei Aufleger- bzw. Kammerladungen und bei eingesteckten oder eingehängten Ladungen zur Anwendung, wenn vorbeugend gesprengt wird. Daher wird oftmals die Zündschnur-Einzelzündung zum Einsatz kommen. Im nachfolgenden Beispiel wird das schnelle Aufbrechen von Eis dargestellt.

Eisdecken, unter denen sich Wasser befindet, können folgendermaßen gesprengt werden: Zum Einbringen von vorbereiteten Sprengladungen werden in die Eisdecke Löcher geschlagen oder gebohrt. Für jedes Loch wird eine geballte Ladung angefertigt (gelatinöser oder formbarer Sprengstoff). Die Ladungen werden an einer Schnur (oder an einem Draht) befestigt eingebracht. Hierzu wird ein Stein (2 – 5 kg) mit einem Draht oder einer dementsprechend starken Schnur an ein Rundholz angebunden. Anstelle des Steins kann auch ein Plastiksack, gefüllt mit Sand, verwendet werden. Das Rundholz muss nachher auf den Rändern des Loches aufliegen, sodass der Stein im Wasser frei über dem Grund hängen kann. An dieser Anordnung ist die Ladung anzubinden. Ist die Sprengladung selbst schwer genug und hat das Gewässer nur geringe Strömung, ist der Stein überflüssig (Bild 12.20).

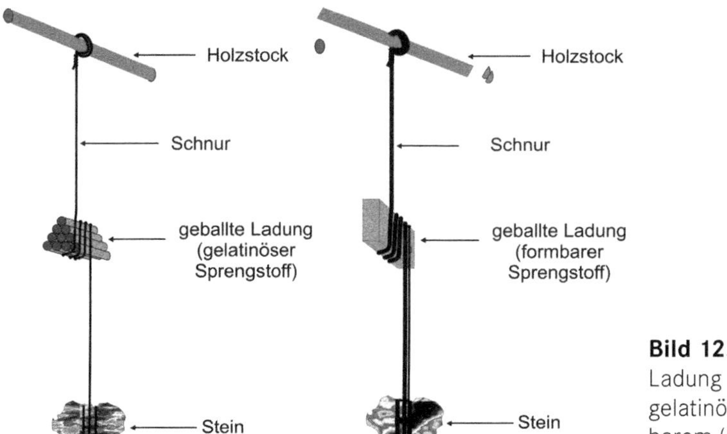

Bild 12.20
Ladung zum Eissprengen: mit gelatinösem (links) bzw. formbarem (rechts) Sprengstoff

Nun wird die Sprengschnurzündung hergestellt. Die Schnittstellen der Sprengschnüre müssen wasserdicht (mit Isolierband und Abdichtkappen) verschlossen sein. Die Sprengladungen sind in die Löcher der Eisdecke einzubringen. Die Zündung wird mit einer Sicherheitsanzündschnur oder einer elektrischen Zündung an der Leitsprengschnur befestigt und gezündet (Bild 12.21).

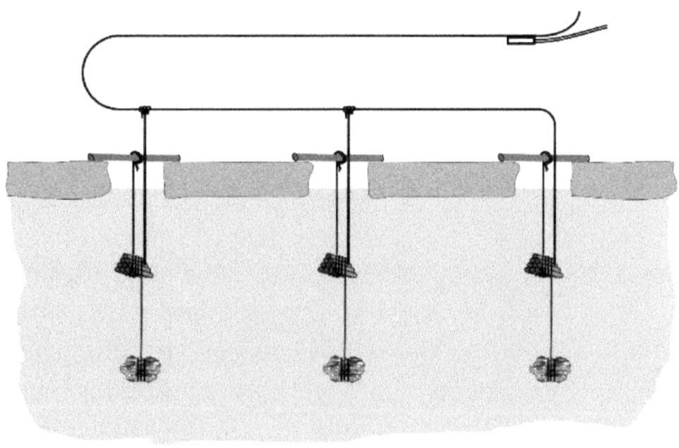

Bild 12.21
Eissprengung mit Leitfeuerzündung (Sprengschnur)

Das Sprengergebnis sieht wie folgt aus: Die Detonation der Sprengladung hebt die Eisdecke an und zerbricht sie in Schollen, die dann abschwimmen sollen. Die erforderliche Sprengstoffmenge, die Tiefe, in der sie detonieren soll, sowie die Sprengwirkung lassen sich aus Tabelle 12.4 entnehmen. Daraus ergibt sich auch der Mindestabstand der Löcher a_B von 5 m. Große Flächen und Fahrrinnen sind flussabwärts beginnend mit Sprengladungen in Lochreihen eisfrei zu sprengen, damit die Eisschollen abschwimmen können. Als Faustregel soll der Abstand der Lochreihen untereinander etwa den anderthalbfachen Durchmesser der aufgerissenen Eisfläche einer Einzelsprengung betragen. Nach Tabelle 12.4 ist der Reihenabstand a_R mindestens 7,50 m.

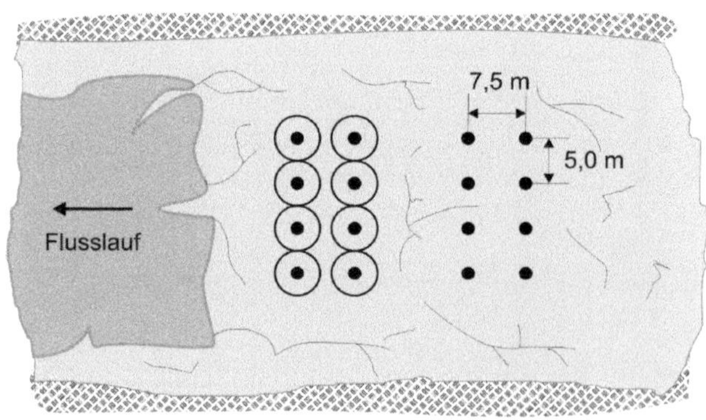

Bild 12.22
Ladungsanordnung einer Eissprengung

Tabelle 12.4 Ladungstabelle für Eissprengungen

Dicke der Eisdecke	Durchmesser der aufgerissenen Eisfläche/Abstand der Löcher in einer Reihe				
0,30 m	6,0 m	12,0 m	17,0 m	-	-
0,40 m	6,0 m	9,0 m	10,0 m	13,0 m	-
0,50 m	6,0 m	9,0 m	10,0 m	13,0 m	-
0,60 m	6,0 m	8,0 m	10,0 m	13,0 m	16,0 m
0,80 m	5,0 m	8,0 m	9,0 m	12,0 m	15,0 m
1,00 m	-	7,0 m	9,0 m	11,0 m	14,0 m
Sprengstoff-menge	1,0 kg	3,0 kg	5,0 kg	10,0 kg	20,0 kg
Ladetiefe	1,20 m	1,60 m	1,80 m	2,00 m	2,30 m

Eisdecken, unter denen sich kein Wasser befindet, sowie Eisversetzungen (übereinander geschobene Eisschollen) sprengt man mit geballten oder gestreckten Ladungen ebenfalls flussabwärts. Zum Sprengen von treibenden Eisschollen können Sprengladungen auch aufgelegt werden. Die Größe der Sprengladungen für Eisdecken, unter denen sich kein Wasser befindet, und für treibende Eisschollen ist durch Probesprengungen zu ermitteln. Eisstauungen vor Brücken und Wehren sind nach dem gleichen Verfahren zu sprengen, jedoch mit wesentlich kleineren Sprengladungen, um Bauwerke nicht zu beschädigen.

13 Sprengen im Tagebau

Der Ausgangspunkt aller Überlegungen im laufenden Betrieb ist der Verwendungszweck des zu sprengenden Gebirges. Allein dieser Zweck legt die Eigenschaften fest, die das Gestein nach der Sprengung haben muss. Allerdings stellt dieser Zweck auch Anforderungen an das Haufwerk, wie z. B. an den Grad der Zerkleinerung, die Korngrößenverteilung, die Form der Böschung sowie an die Vermischung des hereingewonnenen Materials.

13.1 Gewinnungssprengungen

Sprengarbeiten im Tagebau gehören sicherheitstechnisch und emissionstechnisch zum sensibelsten Bereich der Gewinnung und entscheiden vielfach über die Akzeptanz und den Erfolg eines rohstoffgewinnenden Betriebs. Aus diesem Grund sind Sprengarbeiten ausführlich im Rahmen von Gesetzen und Verordnungen geregelt, nach denen die Behörden, der Betreiber und der Sprengberechtigte vorzugehen haben. Für die Gewinnung hat der Grad der Zerkleinerung nicht nur Einfluss auf den beabsichtigten Verwendungszweck des Gesteins, sondern auch auf die Wirtschaftlichkeit der Arbeitsvorgänge wie das Laden und Brechen.

13.1.1 Grad der Zerkleinerung

Wie dargelegt ist der Grad der Zerkleinerung abhängig vom Verwendungszweck des Haufwerks. Hierbei spielen besonders die Größe und Auslegung des Brechers eine wichtige Rolle. Anteilige Stücke des Haufwerks, die größer als ⅔ des Brechermauls sind, verursachen zwangsläufig, wie aus der Praxis bekannt, erhebliche Störungen, da der Materialfluss durch diese Größen immer wieder gehemmt wird. Eine Störung des Materialflusses bedeutet wiederum eine Herabsetzung der Durchgangsleistung des Brechers, was sich negativ auf die Steinbruchkosten auswirkt [43].

13.1.2 Korngrößenverteilung

In der Praxis ist es zu aufwendig und kompliziert, die exakte Korngrößenverteilung des Haufwerks zu bestimmen. Daher zieht man bestimmte Daten des Haufwerks heran, die leicht zu bestimmen sind. Eine solche technologische Kennzahl ist z. B. der Knäpperanfall, der für eine bestimmte Menge von hereingewonnenem Gestein bestimmt wird. Der Begriff Knäpper (auch Findling oder Freistein) wiederum ist eine relative Größe, die von Größe und Ausmaß der betrieblichen Kapazitäten abhängt wie z. B. Lade-, Förder- bzw. Transportmittel sowie Größe des Brechermauls. Der Knäpperanteil wird in der betrieblichen Praxis pro 100 t anfallenden Haufwerks angegeben. Auf angefallene Knäpper wird in Abschnitt 13.3.8 nochmals eingegangen.

13.1.3 Böschung

Fast alle Böschungsprobleme sind Kluftkörperprobleme. Als Hilfsmittel zur Abschätzung von Stabilitätsproblemen, die durch Kluftkörper auftreten können, wird auf die Blocktheorie zurückgegriffen. Beim Abtrag oder Ausbruch von Felsen werden neue Oberflächen geschaffen. Durch die Anwendung der Blocktheorie ist es möglich, instabile Kluftkörper zu identifizieren. Die Instabilität ist eine Funktion der geometrischen und der mechanischen Eigenschaften der Klüfte und Kluftkörper. Der Kluftköper muss die Möglichkeit haben, sowohl kinematisch als auch mechanisch, aus dem Verband herauszufallen oder zu gleiten.

Nach Bestimmung potenzieller instabiler Kluftkörper können entsprechende Maßnahmen, wie z. B. Ankern, bestimmt werden. Dabei wird die Stabilität einer Böschung im Lockergestein durch die Scherfestigkeit des Gesteins selbst bestimmt. Allerdings ist eine Orientierung von Tagebauen und deren Böschungen meist wenig variierbar, da diese vielfach durch die Topografie vorbestimmt sind. Es können fünf verschiedene Versagensarten von Felsböschungen (Bild 13.1) unterschieden werden:

- ebenes Gleiten eines Felskörpers
- Gleiten eines Keils
- Kippen von Schichten mit Biegung
- Knicken von Scheiben
- Felssackung

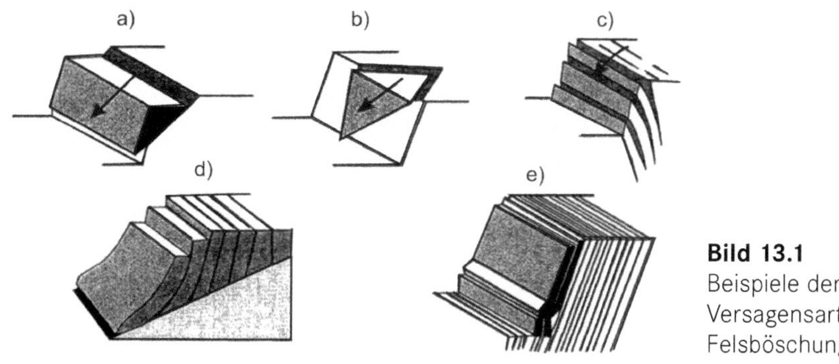

Bild 13.1 Beispiele der möglichen Versagensarten von Felsböschungen

Lage und Höhe sowie Böschungswinkel und Streuung sind wichtige Merkmale eines geworfenen Haufwerks [43]. Insbesondere bei einem Einsatz von Radladern spielen Böschungswinkel und Streuung eine bedeutende Rolle. Es ist ebenfalls ein Anliegen der Unfallverhütung, die Höhe eines geworfenen Haufwerks zu begrenzen. Im Folgenden sind zwei Beispiele von hohen Bruchwänden dargestellt.

Weiterhin kann die Lage eines Haufwerks unter dem Aspekt der Vermischung verschiedener Gesteinsarten oder -qualitäten eine Rolle spielen (siehe Kapitel 5), vor allem, weil für die Aufbereitung eine bestimmte chemische Zusammensetzung erwünscht ist oder Verunreinigungen vermieden werden müssen. In Bild 13.2 und Bild 13.3 sind Lage, Höhe und Böschungswinkel des Haufwerks nach einer Sprengung dargestellt. Daher sind technische Maßnahmen bei der Wahl geeigneter Tagebauzuschnittsparameter, einhergehend mit der Wahl geeigneter Arbeitsmittel (Erdbaumaschinen) zum Beseitigen absturzgefährdeter Bereiche, notwendig.

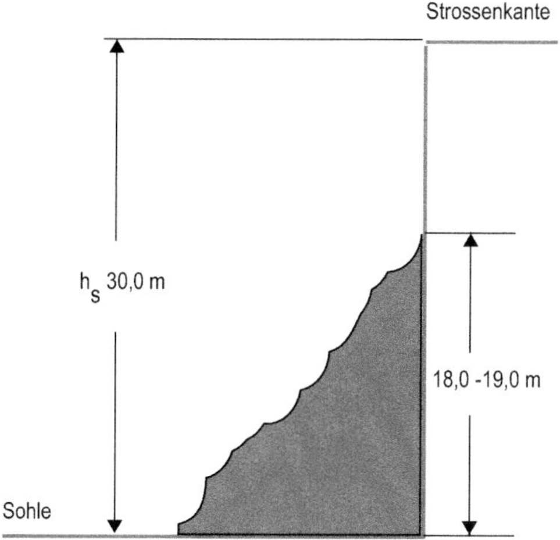

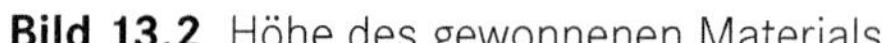

Bild 13.2 Höhe des gewonnenen Materials

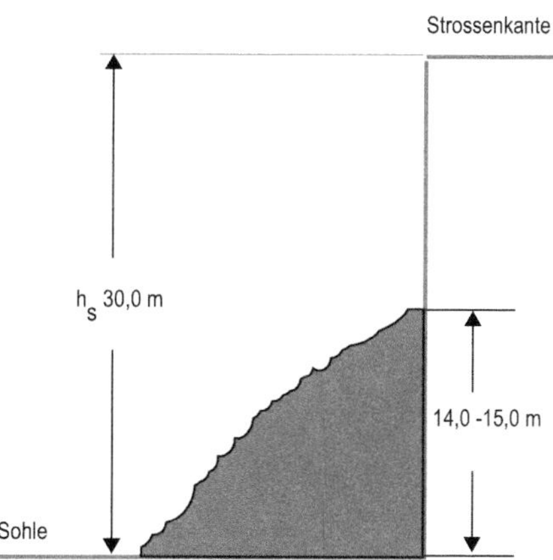

Bild 13.3 Reduzierte Höhe des Materials

Daneben spielen die organisatorischen Maßnahmen wie die Kontrollen (täglich, periodisch) eine maßgebliche Rolle. Letztlich wird eine Festlegung von Betretungs- und Befahrungsverboten mit einem Arbeitsfreigabesystem für Arbeiten in Gefahrenbereichen notwendig. In dieses sind personenbezogene Maßnahmen wie Information, Schulung, Betriebsanweisungen und die persönliche Schutzausrüstung einzubeziehen. Für die Durchführung dieses Gewinnungsverfahrens sind in vielen Fällen eine Reihe von gefährlichen Arbeiten in geogenen Gefahrenbereichen erforderlich. Für die Durchführung der Sprengarbeiten, insbesondere für die Bohr- und Ladetätigkeiten, müssen das notwendige Beräumen der Etagen und die Entnahme und Abfuhr des Haufwerks am Fuß des Böschungssystems, den sicherheitstechnischen Ansprüchen genügen.

Bild 13.4 Vorbereitung einer Sprengung im versagergefährdeten Gebirge

13.2 Prinzip des gebirgsschonenden Sprengens

Das Prinzip des gebirgsschonenden Sprengverfahrens liegt darin, dass durch Verringerung der Bohrlochabstände und Pufferung der Sprengladung ein Spalt in einer vorgegebenen Profilebene erzeugt wird. Dabei soll ein möglichst geringer Teil der Sprengenergie in das anstehende Gebirge eingeleitet werden. Ziel ist es, genaue Konturen, wenig Mehrausbruch und eine weitgehende Reduzierung der Rissbildung im Anstehenden sowie eine Reduzierung von Erschütterungen zu erzielen.

Durchführung des schonenden Sprengens

Durch Verringerung der Bohrlochabstände und Pufferung der Sprengladung wird ein Spalt in der vorgegebenen Profilebene erzeugt. Grund hierfür ist, dass nur ein möglichst geringer Teil der Sprengenergie in das anstehende Gebirge eingeleitet werden soll. Ziel des Verfahrens ist es, dass genaue Konturen, wenig Mehrausbruch, eine weitgehende Reduzierung der Rissbildung im anstehenden Gebirge und eine Reduzierung von Erschütterungen erreicht werden (Bild 13.5 und Bild 13.6).

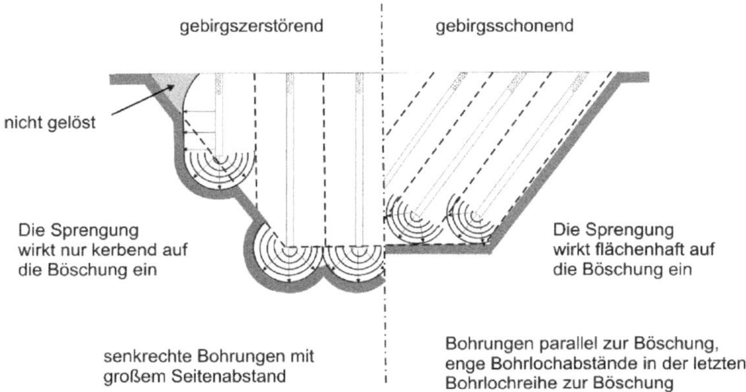

Bild 13.5 Gebirgszerstörendes vs. gebirgsschonendes Sprengen

Bild 13.6 Böschung nach dem schonenden Sprengen

Die Anwendungsbereiche des schonenden Sprengens sind auf Baustellen, in Steinbrüchen und Tagebauen mit Ausnahme der Werksteingewinnung und im untertägigen Bergbau wie auch Tunnelbau gegeben. Auf die vielfältigen Anwendungsmöglichkeiten in den genannten Bereichen wird im weiteren Verlauf noch genauer eingegangen.

Durch das schonende Sprengen ergeben sich folgende Vorteile: Es werden maßgenaue Profile hergestellt, ein Mehrausbruch mit erhöhten Verfüllungskosten bleibt ebenso erspart wie die Nachbearbeitungskosten bei einem Minderausbruch. Das stehen bleibende Gebirge wird geschont, und Risse oder eine Auflockerung werden vermieden. Einhergehend wird die Erschütterung auf die Umgebung stark verringert. Allerdings besteht ein erhöhter Aufwand hinsichtlich einer größeren Bohrlochanzahl und Richtungsgenauigkeit und ein erhöhter Zeitbedarf für die Herstellung und für das Einbringen der gestreckten, gepufferten Ladungen.

13.3 Sprenganlagen für die Gewinnung

Ziel eines gewünschten Sprengerfolgs ist es, die Festigkeitswerte eines Gebirges so zu überwinden, dass die Sprengwirkung ausreicht, um eine gewünschte Zerkleinerung herbeizuführen. Um einen solchen Abschlag durchführen zu können, wird eine Sprenganlage erstellt. Die Sprenganlage enthält alle wichtigen zünd- und sprengtechnischen sowie geometrischen Parameter, die für eine Gewinnungssprengung notwendig sind [43]. Unterschiedliche Sprenganlagen sind nachfolgend aufgeführt.

Die *Einreihensprenganlage* ist dabei die einfachste Form einer Gewinnungssprengung (Bild 13.7). Hier sind alle Bohrlöcher mit in etwa gleicher Vorgabe in einer Reihe und in etwa gleichbleibenden Seitenabständen eingebracht. Es ist darauf zu achten, dass die Sohle den Vorgaben angepasst unterbohrt wird, um einen ebenen Wandfuß zu erhalten. Daneben wird vielfach geplant, dass Sprenganlagen mit zwei oder mehreren Reihen in die Gewinnungsabläufe mit einbezogen werden [43].

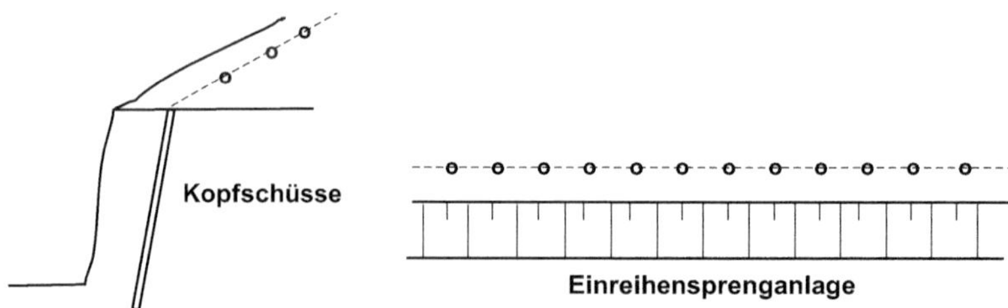

Bild 13.7 Einreihensprenganlage

Bei *Reihensprenganlagen* sind die Bruchwandhöhen im Verhältnis zur horizontalen Tiefe des Ausbruchs größer oder gleich groß. Sind zwei oder drei Bohrlochreihen in einer Abbauwand eingebracht oder geplant, so spricht man von einer *Reihensprengung* (Bild 13.8).

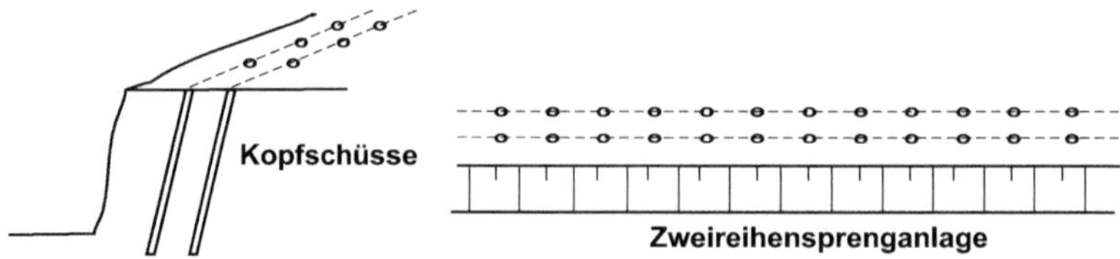

Bild 13.8 Reihensprenganlage

Sprenganlagen mit mehr als drei Bohrlochreihen werden als Mehrreihensprengung bezeichnet. Bei der *Mehrreihensprenganlage* sind die Bohrlöcher hintereinander oder mit gegeneinander versetzten Bohrlochreihen angeordnet (Bild 13.9).

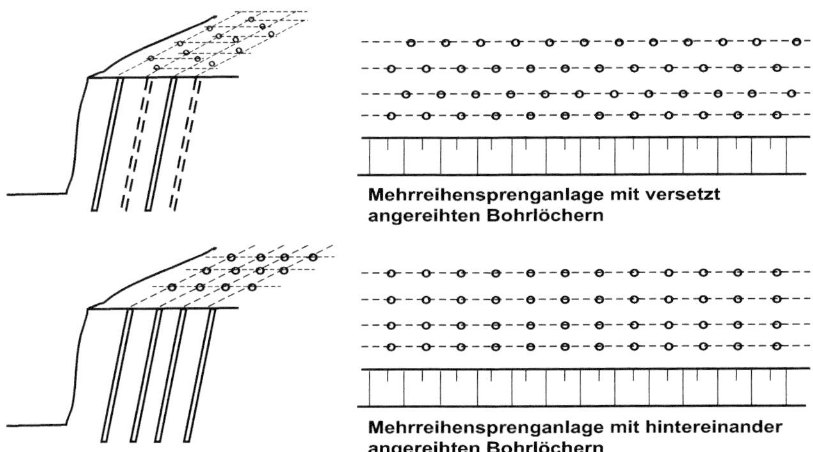

Bild 13.9 Mehrreihensprenganlage

Steht keine Sohle, auf der eine Bohrmaschine positioniert werden könnte, zur Verfügung (z. B. nicht zugänglich), so können in Ausnahmefällen die Bohrlöcher fächerförmig von unten nach oben eingebracht werden. Man spricht sodann von einer *Fächersprenganlage* (Bild 13.10).

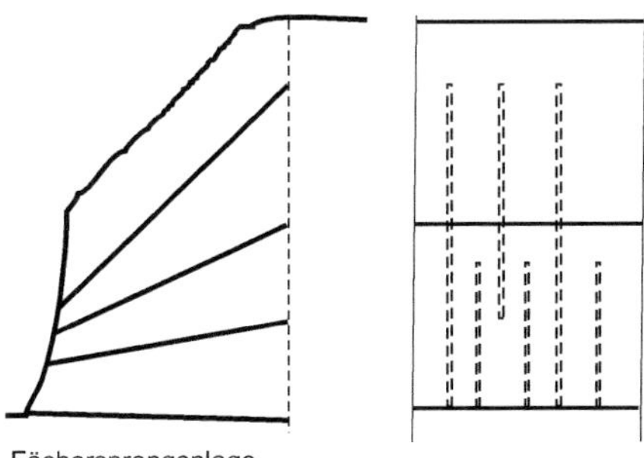

Bild 13.10 Fächersprenganlage

Viele sicherheitstechnische Aspekte sprechen gegen Fächersprenganlagen. So muss z. B. die Bohrmaschine im steinschlaggefährdeten Bereich arbeiten. Weiterhin besteht die Gefahr des Bohrlochverlaufs in viel größerem Maß als bei den anderen vorangehend genannten Sprengverfahren. Daneben entstehen erheblichen Schwierigkeiten bei der Ladetätigkeit wie das Positionieren des Sprengstoffes und Einbringen des Endbesatzes [43].

Ist bei einer Sprenganlage die Wandhöhe im Verhältnis geringer als die horizontale Tiefe des zu lösenden Gebirges, spricht man von einer *Flächensprengung*. Das Bohrraster einer Mehrreihensprenganlage kann aus symmetrisch hintereinander angeordneten Bohrlochreihen, aber auch aus gegeneinander versetzt laufenden Bohrlochreihen bestehen.

13.3.1 Festlegung von Bruchwandhöhe, Bohrlochabstand und Vorgabe

Über die Wahl bzw. Festlegung der Wandhöhe, des Bohrlochabstands und der Vorgabe muss, bevor der Abbau beginnt, entschieden werden. Die genannten Abbauparameter stehen zusammen mit der Sohleneinteilung und der Einteilung der Wege, auf denen später Haufwerk und Abraum transportiert werden sollen, in ständiger Wechselwirkung zueinander. Das bedeutet, dass kein Arbeitsvorgang für sich allein betrachtet werden kann, da sonst die Wirtschaftlichkeit des Gesamtabbauvorgangs infrage gestellt wird [43].

Sind die Bohrlochtiefen größer als 12 m und die Bohrlochdurchmesser größer als 65 mm, so bezeichnet man die Anlage unter gesetzlichen Aspekten als „Großbohrlochsprengung“, die besonderen Durchführungsanweisungen unterliegt (Vermessung der Sprenganlage, Lademengenberechnung der Einzelbohrlöcher, Bohrlochverlaufskontrolle. Großbohrloch- bzw. Tiefbohrlochsprenganlagen werden aufgrund einer messtechnischen Ermittlung von Wandhöhe und zugehörigem Neigungswinkel festgelegt. Dabei ist zu überprüfen, ob die Bohrlöcher den Festlegungen entsprechen. Ist dies nicht der Fall, so muss die Lademenge für die einzelnen Laderäume berichtigt werden.

Wie bereits vorangehend erwähnt, entfallen bei Gewinnungssprengungen mit Bohrlöchern bis 12 m die besonderen gesetzlichen Durchführungsanweisungen. Zur Optimierung einer solchen Gewinnungssprengung ist es jedoch von großem Vorteil, wenn auch die geplante Sprenganlage mit Bohrlöchern bis 12 m ebenfalls wie eine Großbohrlochsprenganlage behandelt wird [16, 43].

13.3.2 Großbohrlochsprengverfahren (Tiefbohrloch)

Das Großbohrloch- bzw. Tiefbohrlochsprengverfahren bietet eine Reihe von Vorteilen, die auf Folgendes ausgerichtet sind:

- eine hohe Ladeleistung durch gut zerkleinertes Haufwerk
- auf die Bedürfnisse des Betriebs zugeschnittene Abschlagsgrößen
- geringe Sprengerschütterungen durch intelligente Wahl des Lade- und Zündschemas
- lukrativer Gewinn an Material bei niedrigen Bruchwandhöhen
- weniger Zeitaufwand je höher die Bohrleistung, da das Laden schnell vonstattengeht

Daneben besteht bei Weglassen der Sohllöcher kein sonderliches Unfallrisiko, da keine Arbeiten in der Bruchwand oder deren Fuß durchgeführt werden müssen [43].

Dass das genaue Einbringen von Bohrlöchern in das zu werfende Gebirge eine vorrangige Stellung in Hinsicht auf das Gelingen einer Gewinnungssprengung hat, ist allgemein bekannt. Insbesondere bei nicht glatten, unregelmäßigen Wänden, die durch Mehrausbrüche gekennzeichnet sind, oder bei stark einfallendem Gebirge sind Maßnahmen angeraten, die über das normale Maß der gebräuchlichen Lotvermessung sowie Überprüfung der Bohrlöcher mit Taschenlampe hinausgehen. Um ungewollte bzw. unerwünschte Ereignisse bei Gewinnungssprengungen aufgrund von Bohrlochabweichungen zu vermeiden, werden vermehrt Technologien eingesetzt, die erheblich zur Reduzierung von Sprengunfällen durch Steinflug beitragen.

Computergestützte Laser-Bruchwandvermessungssysteme und Bohrlochverlaufsmessgeräte tragen weitgehend zur inneren und äußeren Sicherheit sowie zur Optimierung von Gewinnungssprengungen bei. Neben den dokumentierten betriebsinternen Ermittlungen über die Bohr- und Sprengparameter von Sprenganlagen, die einen optimalen Abschlag erwarten lassen, sind nach der Regel der Technik bestimmte Vorgehensweisen festgelegt.

13.3.3 Bohrlochvermessung

Als weiterer wichtiger Punkt, nach der Festlegung der Bohrparameter über die Bruchwandvermessung, ist die Überprüfung der Bohrlöcher nach ihrem Verlauf anzusehen. Die Kontrolle der örtlichen Lage, des festgelegten Neigungswinkels und räumlichen Verlaufs ist unumgänglich. In vielen Fällen der Nachprüfung wird die Taschenlampe (Bild 13.11), oder bei Sonnenlicht die Ausspiegelung des Bohrlochs, in Verbindung mit einem Handgefällemesser ausreichend sein. Bei Verschwinden des Lichtes darf ab dieser Stelle kein Sprengstoff mehr eingebracht werden. Wasserführende Bohrlöcher müssen entwässert und anschließend überprüft werden. Dies ist mittlerweile kein so mühseliges Unterfangen mehr durch Verwendung moderner Bohrlochentwässerungspumpen. Zudem stehen moderne Messgeräte zur Verfügung, wie in Bild 13.11 dargestellt, welche durch GPS bzw. durch Sonden den Bohrlochverlauf eindeutig aufzeigen und dokumentieren können.

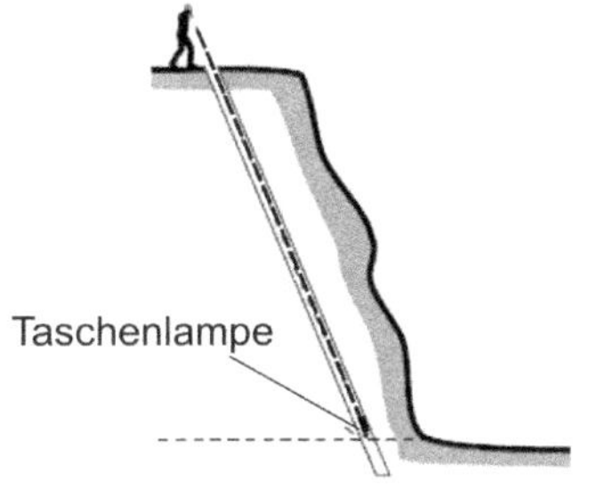

Bild 13.11 Beispiel für Bohrlochverlaufskontrolle

13.3.4 Bruchwandhöhen

Wird in einem Gewinnungsbetrieb geplant, Bruchwände mit niedrigerer Höhe einzuführen, wird zwangsläufig dazu übergegangen, Mehrreihensprengungen in Betracht zu ziehen. Grund hierfür ist der Ausgleich für den Haufwerksverlust, der im Gegensatz zur Einreihensprengung bei höheren Bruchwänden auftreten würde. Ideal ist dieser Übergang zur Mehrreihen- oder Flächensprengungen bei Lagerstätten, deren Schichten sich horizontal im Gebirge ausbreiten. Die Reduzierung der Wandhöhe bringt zusätzlich weniger steile Transportwege mit sich, was sich nachhaltig positiv auf die Fahrleistung der Fördergeräte sowie deren Kraftstoffverbrauch auswirkt. Weiterhin ergeben niedrige Wände hohe Bohrleistungen und weniger Möglichkeiten des Bohrlochverlaufens. Als weiterer Vorteil können das leichtere Beräumen sowie die flachere Generalneigung der Bruchwände genannt werden.

Es ist zu berücksichtigen, dass die plötzliche Freisetzung von Energie und Reaktionsprodukten unter hohem Druck durch eine schnell ablaufende chemische Umsetzung in einem Bohrloch sowohl im Sprengstoff (Stoßwelle) als auch im umgebenden Gebirge eine Schockwelle erzeugt. Bei der chemischen Umsetzung von Sprengstoffen (hydrodynamische Theorie der Detonation) wirken sowohl der Detonationsdruck (dynamisch) als auch der Gasdruck (quasistatisch) auf das umgebende Medium (Gebirge) ein. Bei der ersten Umsetzung durch Zündung im Bohrlochtiefsten entstehen bereits im µ-Bereich Rissbildungen um den Bohrlochmund (University of Maryland, 1981) [43].

Geht man davon aus, dass die Stoßwelle mit ihrem hohen Anfangsdruck in einen quasistatischen Zustand übergegangen ist, so können nun die langsamer nachfolgenden Sprengschwaden mit ihrer Expansionskraft in die bereits vorhandenen Rissbildungen eindringen und sie erweitern und vergrößern. Das Eindringen führt dazu, dass die Vorgabe aus dem Gebirgsverband gelöst und geworfen bzw. eine optimale Rissbildung erzeugt wird [43]. Die Detonationsphase und die Gasphase spielen sich innerhalb weniger Sekundenbruchteile ab:

- Zündung der Sprengladung, Bildung des Detonationsdruckes: 0 – 3 ms
- Bildung des Gasdruckes: 3 – 80 ms
- Werfen des Gebirges: über 80 ms

Bei Bohrarbeiten besteht die Möglichkeit, dass das Bohrgestänge mit Krone verläuft, d. h., Abweichungen nach allen Seiten möglich sind. Anhand des Sinussatzes kann nachgewiesen werden, dass eine Winkelabweichung von 1° bei 10,0 m Bohrlochtiefe bereits eine Bohrlochabweichung von ca. 18 cm bewirkt. Die Gefahrenmomente in Bezug auf die vorangehend genannte Abweichung bestehen dabei darin, dass Bohrlöcher zueinander laufen bzw. dass Bohrlöcher nach vorne verlaufen und somit nach dem Besetzen zu viel Sprengstoff, hinsichtlich der Masse für das zu werfende Gebirge, vorhanden ist („Überladung"). Verlaufen die Bohrlöcher nach hinten, so ist die zu werfende Masse zu groß, dadurch kommt es bei der Umsetzung des Sprengstoffes, aufgrund des vergrößerten Gebirgswiderstandes, unweigerlich zu erhöhten Sprengerschütterungen („Unterladung").

Das dargestellte Risiko zeigt, dass niedrigere Bruchwandhöhen in Steinbrüchen ohne Sohlbohrlöcher mit mindestens 3,0 m Endbesatz besser zu beherrschen sind als entsprechende Bruchwände mit großen Höhen. Dies gilt auch beim Einkalkulieren von eventuellen Unzulänglichkeiten wie ungewollte Verringerung der Vorgabe durch Abrutschen von Massen, wenn Sprengstoff verläuft, oder im schlimmsten Falle bei Versagerbeseitigung. Eine hohe Bruchwand mit gleichem Endbesatz und größerer Gesamtsprengstoffmenge ist aus den genannten Gründen als bedeutend weniger sicher zu beurteilen. Bei Gewinnungssprengungen mit niedrigeren Bruchwandhöhen ist darauf zu achten, dass die letzten Reihen eines Sprengfelds nicht mit zu wenig Sprengstoff besetzt sind, damit beim Abschlag ein gutes Abtrennen vom Gebirgsverband gelingt sowie ein sauberer Wandfuß entsteht.

13.3.5 Abhängigkeit der Sprengparameter von der Umgebung

Die Wahl von Bohrlochtiefe und -durchmesser sowie Vorgabe richten sich nach folgenden Kriterien aus:

- der Härte und Bohrbarkeit des Gebirges
- der räumlichen Lage der Abbauschicht (Streichen und Einfallen)
- den tektonischen Besonderheiten des Gebirges
- dem Sprengstoffaufwand und der Verteilung
- der Art der Zündung
- der Prognose der Lademenge per Zündzeitstufe in Hinsicht auf Sprengerschütterungen

Ziel einer Gewinnungssprengung ist es, die Sprengparameter auf die natürlichen Gegebenheiten so einzustellen, dass ein gut ladefähiges, wirtschaftlich nutzbares und nicht zu stark nachträglich zu zerkleinerndes Haufwerk anfällt. Der wirtschaftliche Nutzen ist selbstverständlich von Gestein zu Gestein verschieden und richtet sich nach dem späteren Verwendungszweck des Haufwerks [43]. Die Sprengparameter können nicht einheitlich im Voraus bestimmt werden, da sie von Sprengung zu Sprengung neu erfasst und auf ihre Eigenheiten hin überprüft werden müssen. Die sprengtechnischen Parameter für eine Sprenganlage sind die Grundlage für einen gelungenen Abschlag. Zu den Parametern gehören folgende:

- Dichte des Gesteins [t/m^3]
- Wandhöhe [m]

- Bohrlochlänge [m]
- Neigungswinkel [Grad]
- Bohrlochdurchmesser [mm]
- Vorgabe [m]
- Seitenabstand [m]
- Unterbohrung [m]
- Besatzlänge [m]
- spezifischer Sprengstoffaufwand [kg/m^3]
- Lademenge pro Zündzeitstufe [kg]

Bei Beginn der Sprengarbeiten (auch in einer bestehenden Gewinnungsphase) stehen weiterführende praktische Versuche im Vordergrund. Deren Ziel muss es sein, Seitenabstand, Vorgabe und Bohrlochdurchmesser von Sprengung zu Sprengung zu verbessern, um dadurch für den Betrieb einen optimalen Sprengerfolg hinsichtlich der Wirtschaftlichkeit zu gewährleisten [43].

13.3.6 Spezifischer Sprengstoffverbrauch

Jede bestimmte Masse eines Gebirges benötigt eine bestimmte Menge einer Sprengstoffart, um betrieblich entsprechend vom Gebirgsverbund gelöst werden zu können. Dies ist der spezifische Sprengstoffaufwand q, welcher in kg pro m^3 oder kg pro t angegeben wird. Hierbei wird zur Umrechnung das spezifische Gewicht pro Kubikmeter Gestein benötigt.

Der spezifische Sprengstoffaufwand q ist Erfahrungssache und wird in jedem laufenden Betrieb ermittelt oder ist zumindest annähernd bekannt. Im Falle des Beginns von Sprengarbeiten bzw. bei Erstsprengungen muss dieser Wert durch kleinere Versuchssprengungen, unter Anwendung praxisbezogener Durchschnittswerte, ermittelt werden. Der ermittelte Wert ist einer der wichtigsten Parameter zur richtigen Lademengenberechnung einer Sprenganlage und damit ausschlaggebend für das einwandfreie und verarbeitungsgerechte Werfen eines Abschlags.

13.3.7 Vorgabe und Seitenabstand

Vorgabe und Seitenabstand eines Sprengfelds richten sich danach, wie viel Sprengstoff des (gesamten) spezifischen Sprengstoffaufwandes in einem Bohrloch untergebracht werden kann. Hierbei ist zu beachten, dass das Gebirge dem Sprengstoff im Bohrlochtiefsten den größten Widerstand (Verspannung) entgegenbringt – nämlich das ca. 2,7-Fache im Gegensatz zum Rest der Wand. Das bedeutet, dass bei der Ladetätigkeit darauf geachtet werden muss, dass der dichtere, energiereichere Sprengstoff als Grundlage zur Überwindung des Festigkeitswerts des Gebirgsfußes im Bohrlochtiefsten genutzt wird.

Im Weiteren können zur abstufenden Sprengwirkung in die Ladesäule Hohlräume (Air Decks, Luftpuffer) [43] oder Zwischenbesatz eingebracht werden. Daraus folgt, dass der spezifische Sprengstoffaufwand, der in der Lage ist, den Fuß der Bruchwand sauber lösen zu können, als Erster genau festgelegt werden muss. Ist der spezifische Sprengstoffaufwand bestimmt, der den Fuß sauber löst, ist weiterhin sicher, welche Art von Sprengstoff eingesetzt wird, so wird der Bohrlochdurchmesser festgelegt. Ist der Durchmesser wiederum festgelegt, ist in gewisser Weise schon vorentschieden, welche Größe die Parameter Seitenabstand und Vorgabe haben werden. Ein weiterer Parameter ist durch den Bohrlochdurchmesser gegeben, der die Ausbruchsfläche je Bohrloch bestimmt.

13.3.8 Bohrlochdurchmesser

Je größer der Durchmesser des Bohrlochs, desto größer sein Volumen, d. h. desto größer die Menge an Sprengstoff, die eingebracht werden kann. In der Praxis bedeutet das, dass beste Voraussetzungen für die Verwendung günstiger ANC-Sprengstoffe oder Emulsionen gegeben sind, da deren Sprengkraft mit zunehmendem Durchmesser zunimmt. Nicht zu vergessen ist die Größenordnung der hereingewonnenen Massen bei Vergrößerung von Bohrlochdurchmesser bzw. Vorgabe und Seitenabstand (ein wichtiges wirtschaftliches Kriterium) [43]. Der einzige Nachteil einer Vergrößerung des Bohrlochdurchmessers bei gleichem spezifischen Sprengstoffaufwand ist die Abnahme des Zerkleinerungsgrads des Haufwerks und somit eine Zunahme des Knäpperanteils. Weitere Vorteile der Vergrößerung hingegen sind die Senkung der Zündmittelkosten pro Tonne gelösten Gesteins und natürlich die Reduzierung der Gefahr, dass die eingebrachten Bohrlöcher ein- bzw. zufallen.

13.3.9 Ausbruchsfläche und Massenvorgabe pro Bohrloch

Ist der spezifische Sprengstoffaufwand bekannt oder annähernd genau geschätzt, so kann bereits die Ausbruchsfläche bzw. die Massenvorgabe für ein Bohrloch und die dafür infrage kommende Ladung ermittelt werden [43]. Hierbei wird die infrage kommende Lademenge pro Meter für das Bohrloch durch den bereits erwähnten spezifischen Sprengstoffaufwand dividiert:

Beispiel 1:

Im Hartgestein kann in ein BL mit Ø 89 mm pro laufenden Meter ca. 5,6 kg gelatinöser Sprengstoff mit einem Patronendurchmesser von 65 mm eingebracht werden. Der spezifische Sprengstoffwert q wird mit 0,460 kg/m^3 angenommen. Dies ergibt 5,6 / 0,46 · 1,0 m = 12,17 m^3 Massenvorgabe, die geworfen werden kann. Der Wert ist identisch mit der Ausbruchsfläche bzw. der Summe aus Vorgabe und Seitenabstand. Daraus ergeben sich die vorangehend genannten Vorgaben- und Seitenabstandskombinationen.

l_W / a_B		l_W / a_B
4,5 · 2,7		3,5 · 3,5
4,2 · 2,9	oder	4,0 · 3,0
3,8 · 3,2		4,3 · 2,8

l_W = 12,17 m^2

Beispiel 2:

Im Kalk kann in ein BL mit Ø 89 mm pro laufenden Meter ca. 4,9 kg ANC-Sprengstoff in loser Form eingebracht werden. Der spezifische Sprengstoffwert wird mit 0,230 kg/m^3 angenommen. Dies ergibt 4,9 / 0,23 · 1,0 m = 21,30 m^3 Massenvorgabe, die geworfen werden kann. Daraus ergeben sich die vorangehend genannten Vorgaben- und Seitenabstandskombinationen.

l_W / a_B		l_W / a_B
6,0 · 3,5		4,6 · 4,6
5,0 · 4,2	oder	4,8 · 4,4
4,8 · 4,4		5,2 · 4,1

l_W = 21,30 m^2

Die rein theoretische Ermittlung der Ausbruchsfläche über die Sprengstoffparameter hat somit das Produkt Vorgabe l_W · Seitenabstand a_B bestimmt. Um in der Praxis den dementsprechenden Sprengerfolg zu erzielen, ist es jedoch zusätzlich notwendig, dass neben der Festlegung der Parameter l_W und a_B eine optimale Zündfolge zur Anwendung kommt. Zudem müssen Versuche unternommen werden, die die theoretischen Ermittlungen bestätigen oder optimieren. Unabhängig von den theoretischen Ermittlungen hat sich in der Praxis gezeigt, dass unter Anwendung der gebräuchlichen Millisekundenzünder mit Verzögerungen von 25 ms oder 50 ms bzw. mit nichtelektrischen Zündern mit Verzögerungen von 17, 25, 42 oder 67 ms ein Verhältnis von Seitenabstand zur Vorgabe von 1,0 bis 1,3 als optimal anzusehen ist. Sind keine Daten bekannt, so kann die in Abschnitt 9.3.1 eingesetzte Ermittlungsmethode angewandt werden.

13.3.10 Unterbohrung und Sohle

Die Sohle sollte auf der Ebene, auf der durch Maschineneinsatz das Haufwerk beräumt und transportiert wird, unterbohrt werden. Um teure Nacharbeiten auf der Sohle zu vermeiden, sollte die Sohle umso tiefer unterbohrt sein, je größer die Vorgabe ist [43]. Nach allgemeinen Erkenntnissen [16] ist es angebracht, die Sohle um ⅓ der Vorgabe zu unterbohren ($0{,}3 \cdot l_W$). Auch bei besonders günstigen geologischen Verhältnissen (z. B. horizontaler Schichtung) sollte die Sohle ca. 0,5 m unterbohrt werden, um Schwankungen in der Wandhöhe und verbleibendes Kleinmaterial auszugleichen.

Es ist in der Praxis jedoch nachgewiesen, dass ein zu tiefes Unterbohren zu einer Grabenbildung führt, die die zukünftigen Arbeiten auf dieser Fläche erheblich erschwert. Dies kommt insbesondere dann zum Tragen, wenn die Bruchwand steil eingestellt ist. Grund hierfür ist, dass die Sprengenergie im Bohrlochtiefsten nicht mehr voll ausgenutzt werden kann. Dies bedeutet aber auch, dass die Sohle umso tiefer unterbohrt werden kann, je flacher der Neigungswinkel der Bruchwand ist. Der geringere Verspannungswiderstand weist hierbei einen geringeren Sprengwiderstand auf. Letztendlich wird immer das zu sprengende Gebirge mit seinen Eigenschaften wie Einfallen, Streichen, Hauptkluftrichtung, massig, plattig usw. das Maß der Unterbohrung bestimmen.

Einhergehend mit der Festlegung der Bohrparameter für eine Sprenganlage muss für das Profil der zu werfenden Gebirgsmasse eine sorgfältige Vermessung durchgeführt werden. Nur wenn Neigungswinkel von Bruchwandkante zur Sohle sowie Ausbrüche innerhalb der Wand genau ermittelt sind, kann ein der Neigung und wirklicher Vorgabe entsprechendes Bohrloch eingebracht werden. Folgende herkömmliche Messverfahren [58] haben sich bewährt und sind ausreichend genau:

- Lotmessverfahren bis ca. 12 m Wandhöhe
- Dreieckmessverfahren bis ca. 15 m Wandhöhe
- Vermessung mit Handgefällemesser
- Messverfahren mit 2D-Laser
- 3D-Laser-Scanner sowie Fotogrammetrie

Die wichtigsten Aussagen bei allen Systemen liefert die Profildarstellung von Bruchwand, Sollbohrloch und tatsächlichem Bohrlochverlauf mit den dazugehörigen Vorgaben. Die Daten der Bohrlochvermessung werden rechnergestützt mittels Software mit den Daten der Bruchwandvermessung verknüpft und können auf den einzelnen Plotten wie Risse, Profile und 3D-Betrachtungen in tatsächlicher räumlicher Lage dargestellt werden. Für den Sprengbetrieb in der Gewinnung sind Auswertungen und Erkenntnisse aus solchen Aussagen von hoher Bedeutung. Sie eröffnen die Möglichkeit, dass in bestimmten Situationen mit geeigneten Maßnahmen reagiert werden kann.

13.4 Grundlagen der Massenermittlung

Zur Ausführung von Gewinnungssprengungen, insbesondere bei Bruchwandhöhen über 12 m, ist die Vermessung der zu sprengenden Kubatur obligatorisch. Es ist jedoch sehr vorteilhaft, auch bei Sprengungen unter 12 m Wandhöhe diese Vermessungstechnik zu übernehmen, um eine genaue Ermittlung der Vorgaben zu gewährleisten. Im Folgenden sind die Grundlagen der Vermessung dargestellt. Der verantwortliche Leiter hat auf der Grundlage einer messtechnischen Ermittlung von Wandhöhe und Wandneigung

- die Vorgaben festzulegen,
- die Bohrlochabstände zu bestimmen,
- die Sprengstoffmenge zu berechnen,
- die Ansatzpunkte, die Richtung und die Tiefe der Bohrlöcher und
- die Verteilung der Ladung im Bohrloch festzulegen.

Hierüber sind eine maßstäbliche Zeichnung und eine Lademengenberechnung anzufertigen.

Geeignete Messverfahren

Ab bestimmten Bruchwandhöhen stehen unterschiedliche Vermessungsverfahren zur Verfügung. Diese sind den vorhandenen Höhen nach auszuwählen und durchzuführen [59]. Folgende Verfahren sind geeignet: Lotmessverfahren bis ca. 12 m Wandhöhe, Dreieckmessverfahren bis ca. 15 m Wandhöhe, die Vermessung mit Handgefällemesser oder Hängekompass und Messverfahren mit 2D-Laser oder 3D-Laserscanner sowie Fotogrammetrie (Bild 13.12 und Bild 13.13).

Bei der Massenermittlung ist davon auszugehen, dass die Massenvorgabe eines Bohrlochs dem Produkt

$$V_W = A \cdot h_S \tag{13.1}$$

entspricht.

Dabei ist A die Ausbruchsfläche (m^2) multipliziert mit der senkrechten Wandhöhe h_s in m. Die Ausbruchsfläche pro Bohrloch ist abhängig vom Abstand der Bohrlöcher untereinander sowie von der freien Fläche nach vorne (Bruchwandkante oder nächstes Bohrloch bei Mehrreihensprengungen) [43, 59].

Bei einer Bohrlochreihe wird nach den anerkannten Regeln der Technik angenommen, dass die beiden Endbohrlöcher der Reihe in einem Winkel von ca. 45° zur freien Fläche hin ausbrechen. Dadurch entsteht eine trapezförmige Ausbruchsfläche (Bild 13.16).

$$F = Z_{\mathrm{Bn}} \cdot a_{\mathrm{B}} \cdot l_{\mathrm{W(S)}} \qquad (13.2)$$

a_{B} Bohrlochabstand
l_{W} echte Vorgabe ($l_{\mathrm{S}} \cdot \sin \alpha$)
l_{S} söhlige Vorgabe
h_{S} senkrechte Wandhöhe
Z_{Bn} Anzahl der Bohrlöcher

Dabei ist Z_{Bn} die Anzahl der Bohrlöcher, a_{B} der Bohrlochseitenabstand in [m] und l_{W} (= $l_{\mathrm{s}} \cdot \sin \alpha$) bzw. l_{S} (= söhlig) die Vorgabe in [m] bei geneigten Bohrlöchern (Bild 13.14 und Bild 13.15) [43]. Aus den vorangegangenen Beziehungen ergibt sich die Ausbruchsfläche einer Sprengung in m² (Bild 13.17).

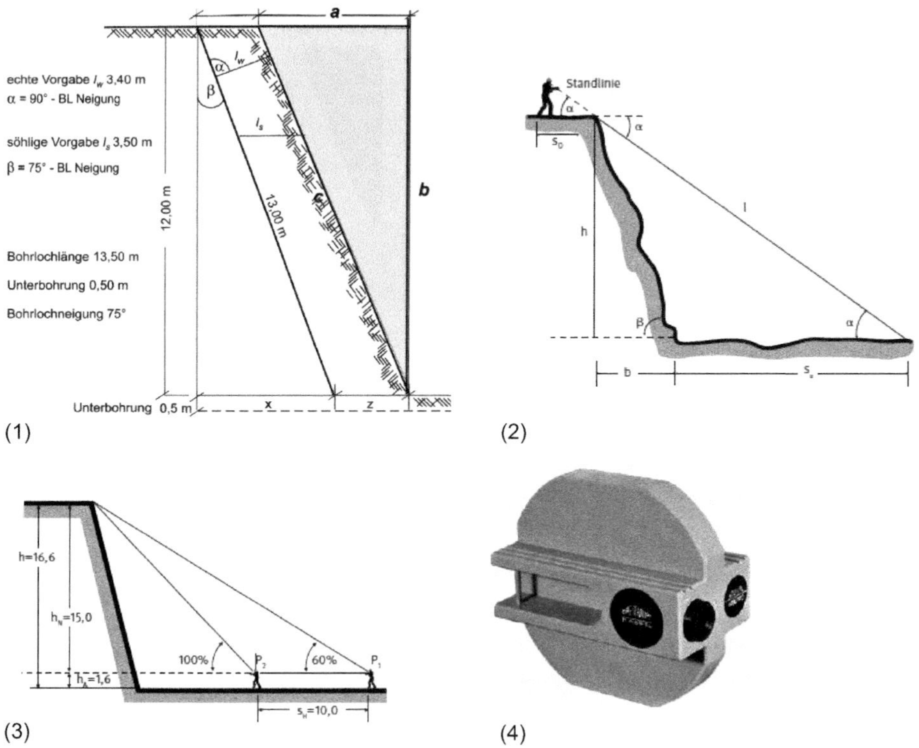

Bild 13.12 Herkömmliche Messverfahren: **(1)** Lotmessverfahren, **(2)** Dreieckmessverfahren, **(3)** Vermessung mit Handgefällemesser und **(4)** Necli

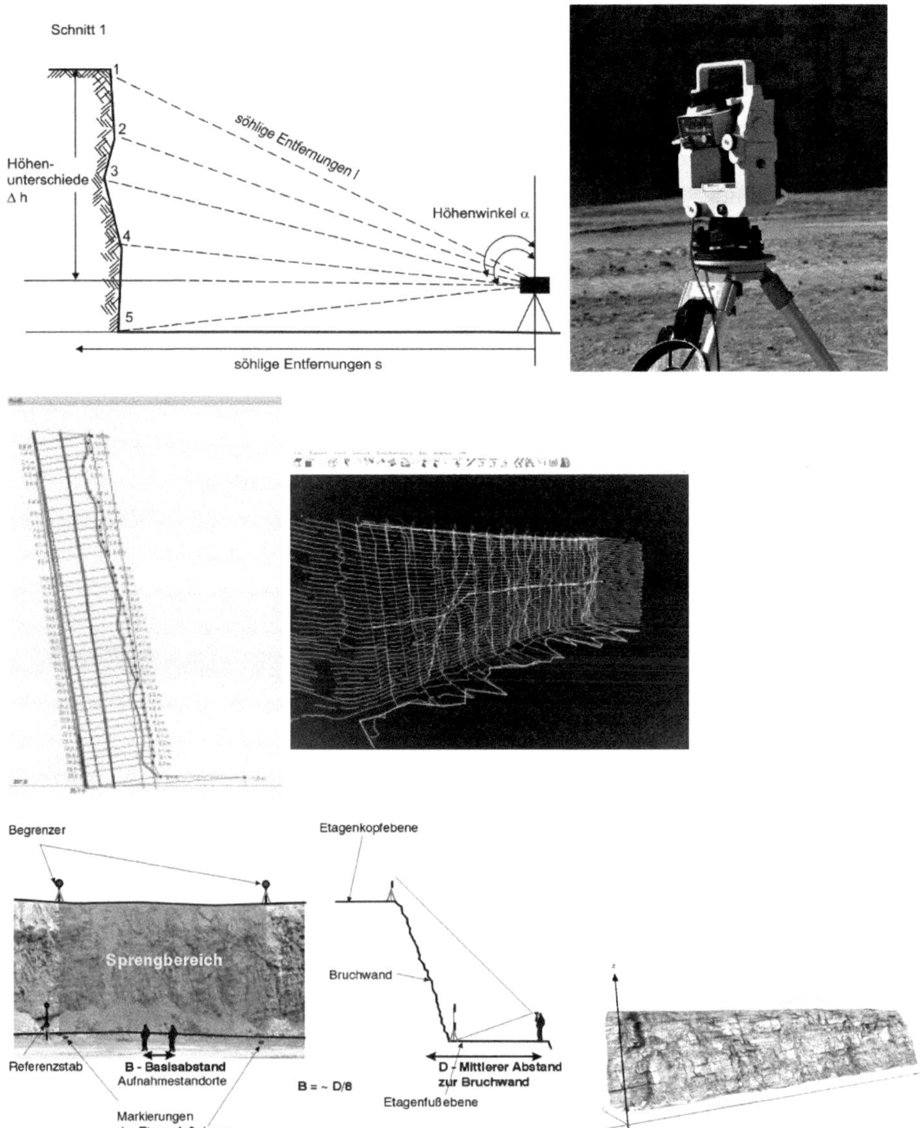

Bild 13.13 Messverfahren mit 2D-Laser, 3D-Laserscanner oder Fotogrammetrie

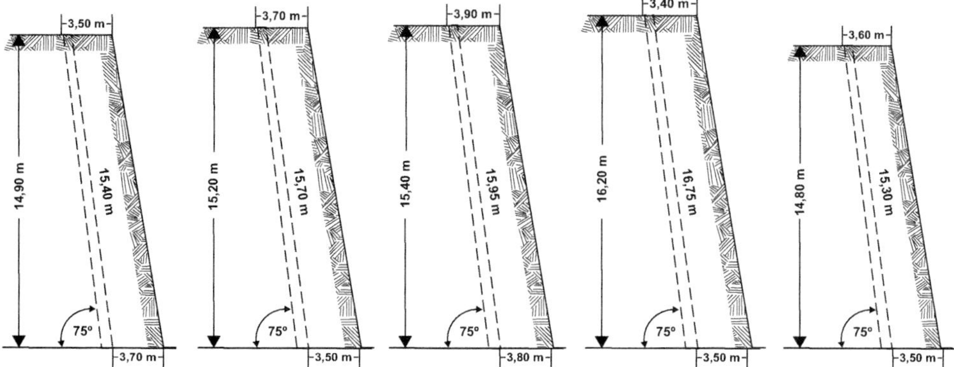

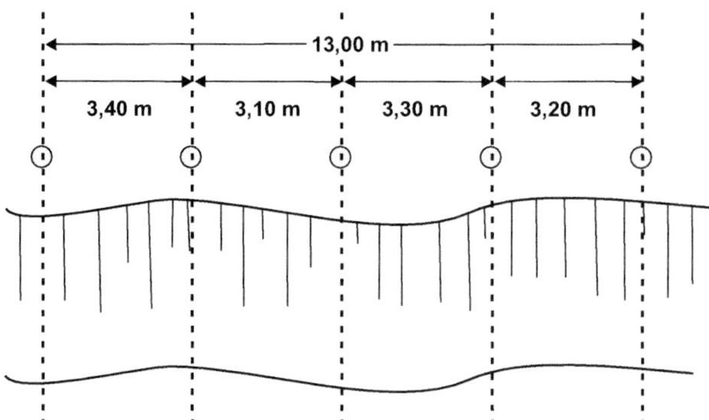

Bild 13.14 Vorgabe l_S

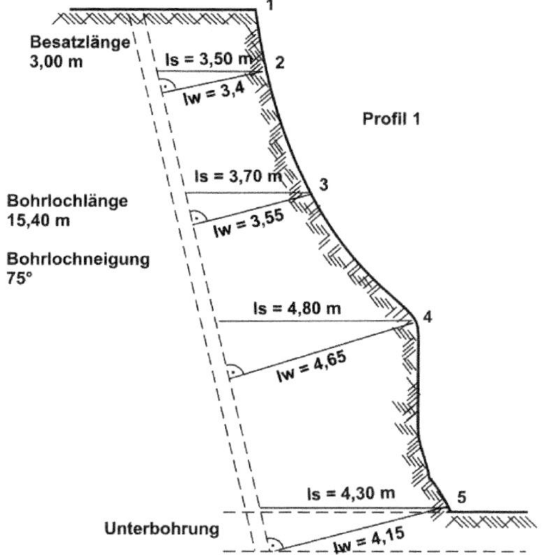

Bild 13.15 Ermittlung der Vorgaben l_W und l_S

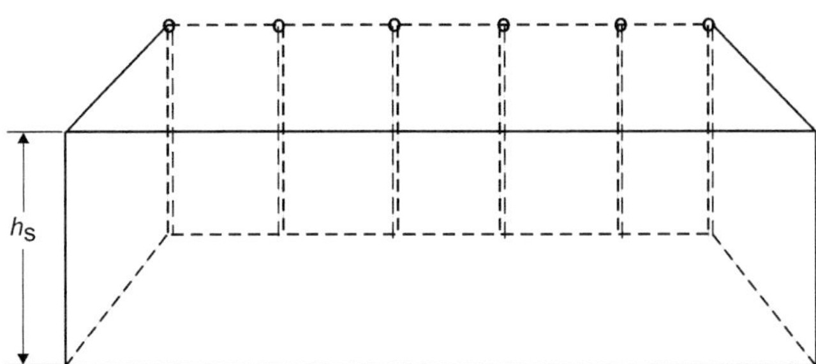

Bild 13.16 Trapezförmiger Ausbruch

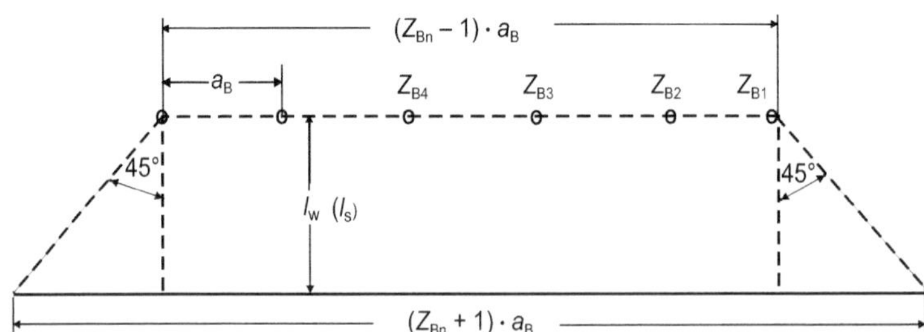

Bild 13.17 Ausbruchsfläche

Die Vorgabe l_S (l_W) multipliziert mit dem Seitenabstand a_B ergibt die Ausbruchsfläche (A_A) eines Bohrlochs (Bild 13.17 und Bild 13.18). Folglich ist $A_A = F / Z_B = a_B \cdot l_W$ (l_S).

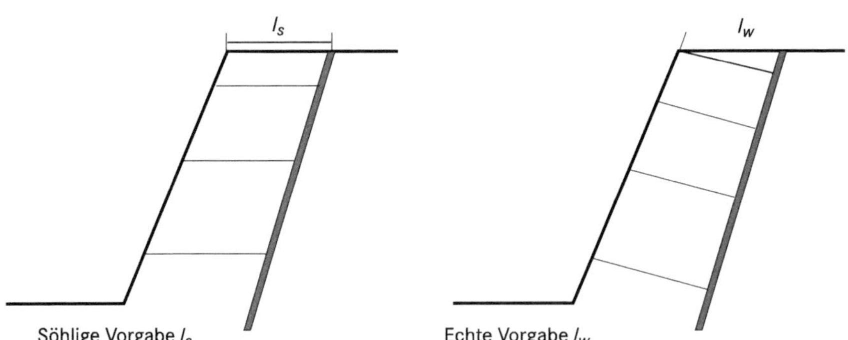

Bild 13.18 Vorgabe l_S und l_W

Um das Ausbruchsvolumen (V_A) in (m^3) zu ermitteln, wird die senkrechte Wandhöhe (h_S) unabhängig von der Bohrlochneigung in der Regel mit der söhligen Vorgabe (l_S) – dies ist die kürzeste Entfernung der freien Fläche zur Sprengladung – sowie dem Bohrlochabstand (a_B) multipliziert:

$$V_A = l_W \cdot a_B \cdot h_S \tag{13.3}$$

für das einzelne Bohrloch (Bild 13.14 und Bild 13.15) oder

$$\begin{aligned} V_A &= \text{Vorgabe} \cdot \text{Bohrlochabstand} \cdot \text{Wandhöhe} \cdot \text{Bohrlochanzahl} \\ V_A &= l_S \cdot a_B \cdot h_S \cdot Z_{BN} \end{aligned} \tag{13.4}$$

für eine Bohrlochreihe.

Bei Mehrreihensprengungen ist die Vorgabe (l_S) die freie Fläche zur Grundlinie der vorhergehenden Bohrlöcher. Das Ausbruchsvolumen (V_A) wird trapezförmig bis zur Grundlinie der letzten Bohrlochreihe angenommen, da ein Abschlag nach vorne in den freien Raum – bei Mehrreihensprengungen in das bereits geworfene – geht. Mehrausbrüche in der letzten Bohrlochreihe können vorkommen, sie sind jedoch meist unerwünscht, da das Profil dieser Fläche die nächste zu sprengende Bruchwand ist.

Einhergehend mit der Festlegung der Bohrparameter für eine Sprenganlage muss für das Profil der zu werfenden Gebirgsmasse eine sorgfältige Vermessung durchgeführt werden. Nur wenn Neigungswinkel von Bruchwandkante zur Sohle sowie Ausbrüche innerhalb der Wand genau ermittelt sind, kann ein der Neigung und wirklicher Vorgabe entsprechendes Bohrloch eingebracht werden.

Aus diesem Grund können hereingewonnene Gebirgsmassen, die aus der letzten Bohrlochreihe nach hinten entstammen, nicht mit in die Massenermittlung einer Sprenganlage einbezogen werden. Bei der theoretischen Ermittlung der zu sprengenden Massen muss somit von den bestehenden Parametern wie Vorgabe, Seitenabstand und Wandhöhe ausgegangen werden. Anhand von Aufzeichnungen und Vermessungsunterlagen (einfache, geodätische oder fotogrammetrische Vermessung) kann das zu sprengende Volumen der hereingewonnenen Massen in m^3 annähernd genau errechnet werden [43].

13.5 Lademengen

Heutzutage werden verschiedenste computergestützte Programme zum Beispiel zur Prognose und Analyse von Erschütterungen oder der Haufwerksstückigkeit eingesetzt. Die Ergebnisse solcher Analysen werden in Datenbanken abgelegt, welche die betriebliche Basis für zukünftige Sprengungen bilden. Einfließende Informationen in ein solches System sind dann beispielsweise geologische Daten, die beim Bohren der Sprenganlage direkt erfasst werden, aber auch Bohrlochdaten zur Verknüpfung mit der eventuell softwaregestützten Planung für ein Zündsystem und alle weiteren sprengtechnischen Parameter, welche die Auswertung des

Sprengergebnisses sowie die abschließende Bruchwandvermessung beinhalten. Mit jeder weiteren Sprengung wird die Datenbasis vergrößert, sodass die für die Betriebe sprengtechnisch relevanten Eingangsparameter zunehmend besser beschrieben werden können. Letztendlich ermöglicht dies dann die optimale Festlegung der Sprengparameter für die nächste Gewinnungssprengung entsprechend den betrieblichen und umweltrelevanten Anforderungen.

13.5.1 Lademengen (Massenberechnung)

In der laufenden Gewinnung eines Betriebs hat es sich bewährt, dass die Ladungsberechnung für einen Abschlag über die nachfolgende Massenberechnungsformel (Formel 13.5) ermittelt wird [43]. Ausgehend davon, dass alle Formeln, die der Berechnung der Lademenge dienen, auf der direkten Proportionalität zwischen der Lademenge (M_L) und dem zu sprengenden Haufwerksvolumen (V) beruhen, wird das Ergebnis einer vorausgegangenen Haufwerks-(Massen-)berechnung V_A mit dem spezifischen Sprengstoffaufwand q multipliziert [1, 14, 17, 43, 59]. Dadurch erhält man den Gesamtsprengstoffbedarf in kg:

$$M_L = V_A \cdot q \tag{13.5}$$

M_L Lademenge [kg]
V_A Ausbruchsvolumen [m³]
q spezifischer Sprengstoffaufwand [kg/m³]

Beispiel:

V_A = 4000 m^3
q = 0,380 kg/m^3

$$M_L = 4000\,\text{m}^3 \cdot 0{,}380\,\text{kg}/\text{m}^3 = 1520\,\text{kg} \tag{13.6}$$

Wird der ermittelte Wert durch die Anzahl der Bohrlöcher dividiert (die Bohrlöcher müssen dabei in etwa die gleiche Tiefe haben), so ergibt sich die Sprengstoffmenge in kg je Bohrloch. Die Sprengstoffmenge [kg] je Bohrloch wird durch die vorausermittelte, bekannte Sprengstoffmenge je Meter [kg/m] dividiert. Dies ergibt die tatsächliche Ladesäule. Die Differenz zwischen Bohrlochlänge und ermittelter Ladesäule wird mit Zwischen- und Endbesatz verfüllt. Die genaue Lage der möglichen Teilladungen innerhalb der Ladesäule wird während des Ladens durch Ausloten kontrolliert [1, 17, 43, 59]. Auch bei durchgehender Ladesäule ist ein mehrfaches Ausloten durchzuführen. Wird loser Sprengstoff eingesetzt, so ist festzustellen, wie viel Sprengstoff 1 m Bohrloch aufnehmen kann. Hierbei ist es notwendig, dass das Bohrlochvolumen ermittelt wird. Das Bohrlochvolumen V_{BL} errechnet sich gemäß folgender Formel:

$$V_{BL} = d^2 \cdot \pi / 4 \cdot l \tag{13.7}$$

oder

$$V_{BL} = r^2 \cdot \pi \cdot l \tag{13.8}$$

wobei d der Bohrlochdurchmesser in dm, r der Radius in dm, l die Bohrlochlänge [m] und π = 3,14 ist. Um den Literinhalt per Meter zu bekommen, muss das Ergebnis der beiden Formeln mit 10 dm multipliziert werden [1 dm² = 0,01 m²]. Soll das Ergebnis gleich in Liter per Bohrmeter (L/Bm) umgerechnet werden, so gilt [1 dm³ = 0,001 m³]:

$$V_{LR} = d^2 \cdot \pi / 4 \cdot l \cdot 10^3 \tag{13.9}$$

Wie bereits erwähnt, beruhen alle Formeln, die der Berechnung der Lademenge dienen, auf der direkten Proportionalität zwischen der Lademenge (M_L) und dem zu sprengenden Haufwerksvolumen (V_A).

$$M_L \sim V_A \tag{13.10}$$

Zur Herleitung wird zunächst der einfache Fall eines Trichterauswurfs betrachtet. Hier ist das Haufwerksvolumen, stark vereinfacht, das Volumen eines Kegels:

$$V_A = \tfrac{1}{3} \pi \, l_W \, r^2 \tag{13.11}$$

l_W Vorgabe
r Trichterradius

Zur weiteren Vereinfachung wird der günstigste Fall eines Trichterwinkels von 90° betrachtet, woraus sich ergibt, dass die Vorgabe gleich dem Trichterradius wird:

$$V_A = \tfrac{1}{3} \pi \, {l_W}^3 \tag{13.12}$$

Diese Beziehung kann noch weiter vereinfacht werden, wenn bedacht wird, dass ⅓ und π konstante Größen darstellen:

$$V_A \sim {l_W}^3 \tag{13.13}$$

Nun wird die grundlegende Beziehung zwischen Lademenge (M_L) und zu sprengendem Haufwerksvolumen (V_A), $V_A \sim M_L$ betrachtet:

$$M_L \sim {l_W}^3 \tag{13.14}$$

Da diese direkte Proportionalität einen Proportionalitätsfaktor voraussetzt, wird dieser als der „spezifische Sprengstoffwert“ q eingeführt:

$$M_L = q \cdot l_W{}^3 \tag{13.15}$$

Diese Formel hat aber praktisch keinen großen Nutzen, da sie ausschließlich für einen rechtwinkligen Trichter gilt. Daher wird der Faktor n eingeführt. Dieser ist eine Funktion des Wurfvektors η:

$$n = f(\eta) \tag{13.16}$$

η ist das Verhältnis aus Vorgabe und Radius des Trichters. Somit folgt:

$$n = f(r / l_W) \tag{13.17}$$

Wird dieser Faktor jetzt in die Formel für die Lademengenberechnung eingesetzt, folgt eine Beziehung, die für jede Trichterform ihre Gültigkeit behält:

$$M_L = n \cdot q \cdot l_W{}^3 \tag{13.18}$$

Die meisten Formeln zur Ladungsberechnung lassen sich auf diese zurückführen. Lediglich der Faktor n wird je nach Gegebenheit anders bestimmt.

13.5.2 Berechnung für Reihensprengungen

In der Praxis hat sich folgende erweiterte Massenberechnungsformel bewährt:

$$M_L = M \cdot q \cdot d \cdot E \tag{13.19}$$

M_L Lademenge Sprengstoff je Bohrloch
M Masse in m^3, die der Sprengstoff zu lösen hat
q spezifischer Sprengstoffaufwand pro m^3 in kg
d Verdämmungswert (im Bohrloch = 1)
E Ergänzungswert

Die in Tabelle 13.1 angeführten q-Werte können als Anhalt herangezogen werden, müssen jedoch durch Versuchssprengungen überprüft werden (Stauchung der Patronen beachten). Die Werte gelten für gelatinöse und lose Sprengstoffe. Bei Emulsionen erhöht sich aufgrund des Füllungsgrades von 1 der Wert um ca. 20 % bis 25 %. In Tabelle 13.2 sind die E-Werte dargestellt.

Tabelle 13.1 *q*-Werte

	q-Wert
Kalkstein, dünnbankig	0,175 - 0,200
Kalkstein, dickbankig	0,200 - 0,280
Hartgestein, dünnbankig	0,230 - 0,260
Hartgestein, dickbankig	0,260 - 0,280
Hartgestein, massig	0,300 - 0,350
Hartgestein, Säulen	0,300 - 0,450

Tabelle 13.2 *E*-Werte (Ergänzungswerte)

	E-Wert
eine freie Fläche	1
zwei freie Flächen	0,8
drei freie Flächen	0,65

Lademengentabellen für Reihensprengungen

Die Werte für Lademengen aus Tabelle 13.3 bis Tabelle 13.5 können als Anhalt herangezogen werden, müssen jedoch überprüft werden. Die Angaben der Hersteller sind zu beachten.

Tabelle 13.3 Lademengen loser Sprengstoffe

Bohrlochdurchmesser in mm	Lademenge von ANC (ANFO) in kg/m	Lademenge der Emulsion in kg/m
50	1,7	2,4
60	2,3	3,4
65	2,7	4,0
70	3,1	4,6
75	3,5	5,3
80	4,0	6,0
85	4,5	6,8
90	5,1	7,6
100	6,3	9,4
110	7,6	11,4
120	9,0	13,6
125	9,8	14,7

Tabelle 13.4 Lademengen gelatinöser Sprengstoffe

Bohrlochdurchmesser in mm	Patronendurchmesser in mm	Lademenge in kg/m
60 - 80	50	3,0 - 3,5
75 - 90	65	5,0 - 6,0
85 - 95	75	6,5 - 8,0
90 - 110	80	7,1 - 8,5
über 110	90	8,4 - 10,0

Tabelle 13.5 Lademengen patronierter Emulsion

Bohrlochdurchmesser in mm	Patronendurchmesser in mm	Lademenge in kg/m
60 - 80	50	2,2 - 2,7
75 - 90	65	4,0 - 5,0
85 - 95	70	6,0 - 6,0
90 - 110	80	6,0 - 8,0
über 110	80	7,0 über 8,0

13.5.3 Besatz (Verdämmung)

Ein wichtiger Parameter hinsichtlich des Gelingens einer Sprengung ist der Besatz oder das sogenannte Verdämmen eines Laderaums. Durch das Einbringen von Besatz im Endbereich eines Bohrlochs wird angestrebt, dass der Laderaum während der Umsetzung der Sprengstoffe verschlossen bleibt. Dadurch wird ein Entweichen der Reaktionsprodukte (Expansionsenergie der Schwaden) verhindert, wodurch die Energie dieser Produkte zum Zerkleinern und Werfen der Vorgabe besser ausgenutzt wird. Daher werden die richtige Art und Menge eines Besatzes sich auf die Beschaffenheit eines geworfenen Haufwerks auswirken [43]. Zu wenig oder schlechter Besatz wird bei ansteigendem, hohem Expansionsdruck aus dem Bohrloch ausgeblasen. Dabei kommt es zum Entweichen der Reaktionsprodukte, dem sogenannten „Auspfeifen" oder „Ausblasen" eines Bohrlochs.

Wegen der Schleudergefahr müssen grundsätzlich grobe Gesteinsstücke aus dem Besatzmaterial entfernt werden. Besatz wird als Vollbesatz bis zum Bohrlochmund oder als Hohlraumbesatz zwischen Teilladungen einer Ladesäule eingebracht. Für die Länge eines erforderlichen Besatzes gibt es keine verbindlichen Vorschriften. Bei kleinkalibrigen Bohrlöchern sollte erfahrungsgemäß die Länge des Besatzes, je nach den Sprengparametern, zwischen 15 cm und 50 cm liegen. Bei Großbohrlöchern wird der Besatz einige Meter betragen, er sollte jedoch mindestens der Länge der Vorgabe entsprechen [16, 43]. Die gebräuchlichsten Besatz- oder Verdämmungsstoffe sind folgende:

- Bohrklein, Sand, Splitt usw. bei Großbohrlöchern
- Lehm, Letten, Ton usw. bei Bohrlöchern mit kleinem Durchmesser
- Wasser oder Besatzpasten in allen anderen und ansteigenden Bohrlöchern

Besatz wird in der Regel als End- oder Zwischenbesatz in das Bohrloch eingebracht. Als Endbesatz bei Gewinnungssprengungen soll er, wie bereits erwähnt, etwa der Größenordnung der Vorgabe entsprechen. Als Zwischenbesatz dient er zur Reduzierung des Sprengstoffs in einer Ladesäule bzw. zum Unterbrechen einer Ladesäule im Bereich von Schwächezonen innerhalb einer Sprenganlage.

Bei großen Bohrlochdurchmessern ab 65 mm hat sich neben Bohrklein, Splitt mit einer Korngröße von z. B. ca. ⅜ bis ⅝ als Endbesatz gut bewährt. Der Splitt verkantet sich im Besatzbereich und verhindert dadurch ein zu schnelles „Ausblasen" (wie z. B. feines Bohrmehl) des Besatzmaterials während des Detonationsvorgangs. Dieselbe Wirkung kann auch der Einsatz von sogenannten „Besatzkappen" erzielen, die direkt über der Ladesäule vor dem Endbesatz eingebracht werden und ebenfalls ein Ausblasen verhindern. Neben den dargestellten Besatzarten hat sich das definierte Einbringen von Luft in die Ladesäule bewährt. Der Einsatz sogenannter Luftpuffer (Air Decks) in der Ladesäule trägt in vielen Fällen zu einer besseren Haufwerkszerkleinerung bei [43].

13.6 Gesteinszerkleinerung durch Stoßwelleneinfluss (Luftpuffer)

Die Anwendung handelsüblicher Sprengstoffe bei herkömmlichen Sprengverfahren, insbesondere bei Gewinnungssprengungen, wird durch eine starke Überzerkleinerung des Gesteins, in der der Ladung anliegenden Zone begleitet. Diese Zone wird gleichzeitig zu einem Bereich erheblicher Energieabsorption. Diese Energieverluste in der Anfangsphase der Explosionsentwicklung können in der weiteren Folge nicht kompensiert werden, da die Energieübertragung bei der einhergehenden Detonation (Explosion) einer durchgehenden Ladesäule im Prinzip augenblicklich erfolgt [22, 25].

Aus dieser Betrachtung heraus lässt sich schließen, dass die Anwendung von herkömmlich durchgehenden Ladesäulen für die Gesteinszerkleinerung, sowohl hinsichtlich der Zerkleinerungsmechanik als auch wegen der großen Energieverluste sowie dem dabei auftretenden unrationellen Mechanismus der Übertragung der Detonationsenergie, nicht immer ausreichend effektiv ist.

Bei der explosiven Zertrümmerung von Gestein muss die Hauptdruckwelle, an deren Front die erste Zerkleinerung erfolgt, eine Amplitude haben, die in ihrer

Größenordnung den Festigkeitsbereich des Gesteins übersteigt. Daher muss die Ladesäule im Großbohrloch dicht und ohne radiale Zwischenräume an dem zu zertrümmernden Gestein anliegen. In dem Maße, wie die Stoßwellenamplitude abnimmt, hört die Zertrümmerung an der Front auf. Die Stoßwelle entwickelt sich zur Druckwelle, die ihrerseits nur noch in der Lage ist, den Beginn von Mikrorissen hervorzurufen.

Trotz eines entstandenen dichten Netzes von Mikrorissen hört die Zertrümmerung und Zerkleinerung des Gesteins auf, d. h., das Spannungsfeld rings um die Ladung geht in einen quasistatischen Zustand über. Folglich musste ein System entwickelt werden, das in der Lage war, eine gleichmäßigere Zerkleinerung des Gesteinsmassivs zu bewirken. Das bedeutet, dass günstigere Bedingungen für das Wachsen und Verzweigen der Risse geschaffen werden mussten.

Dies kann erreicht werden, wenn durch das Medium zusätzliche Spannungswellen laufen, die im Ladungsraum hinter der Stoßwellenfront generiert werden müssen. Die Idee, den Anfangsdruck in den Detonationsprodukten zu reduzieren und deren Einwirkungszeit auf das zu zerkleinernde Gebirge zu erhöhen, um die einhergehend dissipativen Verluste in der Umgebungszone der Detonation zu senken, um damit eine Überzerkleinerung des Gesteines zum einen zu reduzieren und zum anderen um die Effizienz der Detonationsprodukte zu erhöhen, fand ihre Verwirklichung in der Herstellung von Ladesäulen mit Luftpuffern (auch Air Cushions oder Air Decks genannt, siehe Bild 13.19 und Bild 13.20). Eine Herabsetzung des Drucks der eingesetzten Detonationsprodukte ist im Großbohrloch nur durch Luftpuffer möglich, die zwischen den einzelnen Teilen der Ladesäule längs ihrer Achse in definiertem Abstand eingebracht werden [1, 43].

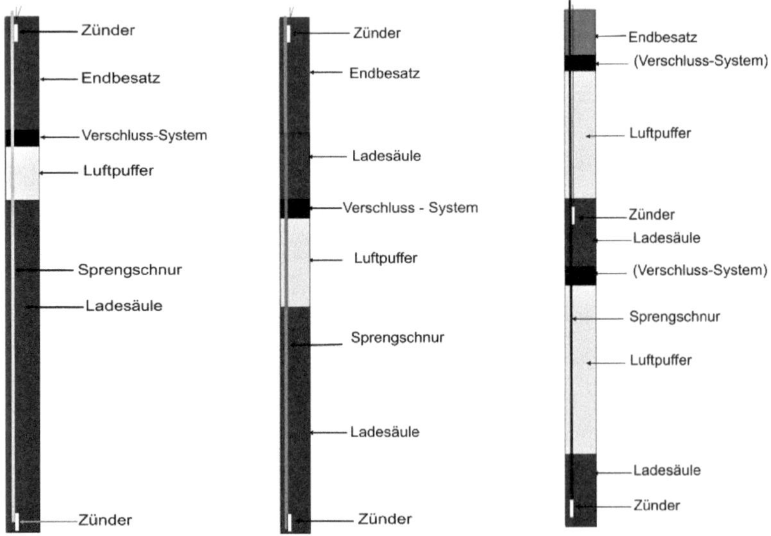

Bild 13.19 Ladesäulen mit unterschiedlicher Luftpufferung

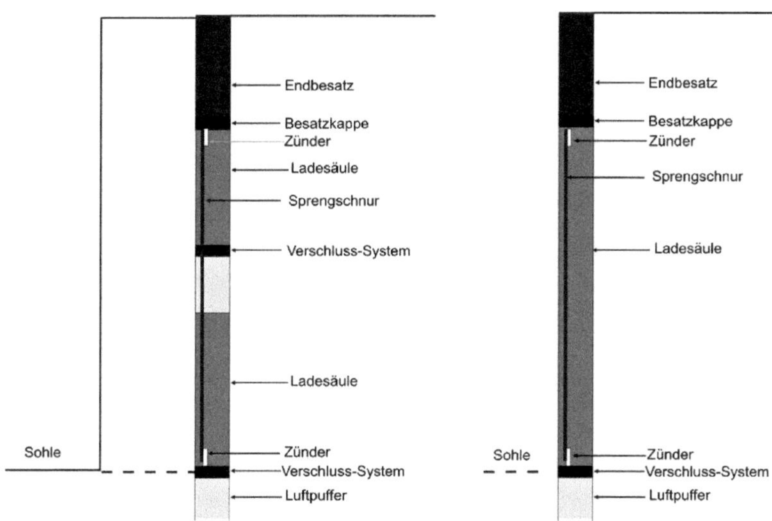

Bild 13.20 Luftpuffer unter der Sohle

In Anordnung 1 von Bild 13.19 ist der Luftpuffer unter dem Endbesatz eingebracht, um so grob anfallendes Gestein im oberen Bereich zu reduzieren. In Anordnung 2 von Bild 13.19 ist der Luftpuffer in der Mitte eingebracht, um eine günstigere Kantenlänge des Materials zu erzielen. In Anordnung 3 von Bild 13.19 sind zwei Luftpuffer zum Einsatz für eine geteilte Ladesäule eingebracht. In Anordnung 1 von Bild 13.20 sind die Luftpuffer in der Mitte der Ladesäule sowie in der Unterbohrung eingebracht, um generell verbesserte Material- und Sohlenergebnisse nach der Sprengung zu ermöglichen. In Anordnung 2 von Bild 13.20 ist der Luftpuffer in die Unterbohrung eingebracht, um so eine ebene und saubere Sohle zu schaffen. Zur Sicherheit werden alle dargestellten Beispiele redundant gezündet. Diese Fähigkeit von unterteilten gepufferten Ladesäulen, den Prozess der Umwandlung der Energie der Detonationsprodukte in eine Energie zur Zertrümmerung des Gesteins auszudehnen, ist eine der Hauptkennzahlen, die die Verbesserung der Gesteinszerkleinerung charakterisieren.

Unter Berücksichtigung unterschiedlicher Parameter wird den geologischen Verhältnissen, den verschiedenen Sprengstoffarten sowie den angewandten Sprengschemata dabei eine besondere Bedeutung zukommen. Unter diesem Aspekt wird es zu unterschiedlichen Festlegungen hinsichtlich der Luftpuffer im Großbohrloch kommen. Unter Einbeziehung der vorausgegangenen Beschreibung des Mechanismus unterliegt die Fähigkeit einer Detonation, radiale Rissbildungen in der Umgebung des Großbohrloches zu produzieren, folgenden Faktoren:

- der Bruchfestigkeit des zu sprengenden Materials
- dem Verhältnis der Druckabnahme im dimensionierten Luftpuffer
- der Länge des Luftpuffers

Aus der Erkenntnis, dass die Amplitude der Stoßwelle, die sich durch den Luftpuffer bewegt, größer sein muss als der Festigkeitsbereich des Gesteins, sowie der allgemein anerkannten Feststellung, dass die effektive Arbeit eines Sprengstoffes auf nahezu null reduziert wird, wenn der Druck unter 100 MPa abfällt, kann folgende Beziehung für die Gesamtlänge l_{Sp} in m einer Ladesäule ANFO (ANC) Sprengstoff mit integriertem Luftpuffer angenommen werden:

$$2{,}6 = L_{\text{Luftp}} / \left(\pi \cdot r^2 \cdot l_{\text{Sp}} \cdot \rho_{\text{L}}\right)[\text{m}] \tag{13.20}$$

r Ladungsradius in m
ρ_L Ladedichte

Weiterhin können Ladesäulen (inklusive Luftpuffer) von 10,0 m bis 40,0 m wie folgt bestimmt werden, wobei der Durchmesser der Ladung in Metern angegeben ist:

$$L_{\text{luftp}} = k_1 \cdot l_{\text{Sp}} ; k_1 = \left(0{,}15 - 0{,}35\right) \tag{13.21}$$

$$L_{\text{luftp}} = k_2 \cdot d_{\text{L}} ; k_2 = \left(8 - 12\right) \tag{13.22}$$

In der Praxis kann Tabelle 13.6 als Anhalt herangezogen werden.

Tabelle 13.6 Dimension der Luftpuffer in % von der Ladesäule

	Dimension der Luftpuffer in %
hartes Gestein	10 – 13 %
mittelhartes Gestein	15 – 20 %
weiches Gestein	20 – 30 %

Um den Effekt der unterschiedlichen Größenordnungen von Luftpuffern bestimmen zu können, müssen zwei unterschiedliche Ausgangssituationen berücksichtigt werden:

- Vergrößerung der Luftpuffer bei gleichbleibendem Besatz (Reduzierung des Sprengstoffgewichts)
- Vergrößerung der Luftpuffer bei gleichbleibendem Sprengstoffgewicht (Reduzierung des Besatzes)

Hartes Material im Bereich des Endbesatzes bei Gewinnungssprengungen lässt oftmals folgende Probleme aufkommen:

- ungenügende Zerkleinerung und dadurch Nacharbeit
- Steinflug bei zu geringem Endbesatz

Luftpuffer sind in solchen Situationen oftmals die einzige Möglichkeit, um die gewünschte Zerkleinerung sowie die Sicherheit innerhalb des Betriebs zu gewährleisten. Nachhaltig wird diese Anwendungsart beim Vor- und Nachspalten einer Sprenganlage zum Einsatz kommen. Für Untersuchungsergebnisse wurden Versuche durchgeführt, welche die Abschätzung der Fraktion in der folgenden Weise darstellten:

$$\text{Mittlere Stückigkeit}\left[\text{mm}\right] = \text{Masse}\,\% \cdot \text{Mittlere Siebgröße} \,/\, \text{Masse}\,\% \tag{13.23}$$

Das Resultat im Extrem zeigte, dass bei einem Luftpuffervolumen bis zu in etwa 40 % (gleichzeitige Reduzierung des Sprengstoffs) kein Anfall von gröberem Haufwerk zu verzeichnen war [43]. Unter Einbeziehung aller Faktoren ist jedoch von der Erkenntnis auszugehen, dass bei allen Versuchen, die bei Gewinnungssprengungen durchgeführt wurden, eine Luftpufferlänge von 10 % bis 30 % der Sprengstoffladesäule nicht überschritten werden soll.

13.6.1 Stückigkeit bei konstantem Sprengstoffgewicht

Bei Versuchen wurde der Endbesatz progressiv durch Luft reduziert. Das Resultat zeigte, dass die Größenordnungen der Stückigkeit den größten Anteil an kleinem Material aufwiesen, in dem extreme Luftpuffer mit bis zu 44 % des ursprünglichen Besatzes eingesetzt wurden. Nach Erkenntnissen aus Gewinnungsbetrieben sollten Luftpuffer jedoch 20 % bis 35 % des ursprünglichen Endbesatzes nicht überschreiten. Berücksichtigt wurden auch Luftpuffer im Bohrlochtiefsten, deren Wirkungsweise denen in der Besatzzone ähnlich ist. Versuche, um damit Sprengerschütterungen zu reduzieren, haben gute bis sehr gute Ergebnisse erbracht. Weiterhin können aufgeteilte Luftpuffer in das Bohrloch eingebracht werden. Nachhaltig wird diese Anwendungsart beim Vor- und Nachspalten einer Sprenganlage zum Einsatz kommen. In Tabelle 13.7 sind die „Jas“ und „Neins“ zu den Luftpuffern aufgeführt. Die Hinweise gelten für den Einsatz mit allen herkömmlichen Sprengstoffen.

Tabelle 13.7 Anwendung von Luftpuffern in der Praxis

Ja	Nein
als zusätzliche Hilfe zur Haufwerkszerkleinerung	nicht generell zur Einsparung von Sprengstoffen
mit genauer Berechnung über die Ladesäule	nicht in etwa oder über den Daumen berechnen
genaue Festlegung des Luftpuffers	nicht in etwa oder über den Daumen berechnen
im festen Bereich des Gebirges anordnen	nicht wahllos einbringen (Vermessung!)
mit kleinem Luftpuffer beginnen	nicht mit maximalem Luftpuffer beginnen
bis max. 35 % der Ladesäule oder des Endbesatzes	niemals über 50 % der Ladesäule

13.6.2 Anwendung von Luftpuffern im Gewinnungsbetrieb

Bei allen Anfangsversuchen oder Anwendungen dieser Technik sollte mit einem relativ kleinen Volumen des Luftpuffers begonnen werden. Die Zahl liegt, je nach Eigenart des Gesteines und der geologischen Verhältnisse, bei 10 % bis 30 %. Unter Einbeziehung der experimentellen, theoretischen und praktischen Erkenntnisse bei der Anwendung von Luftpuffern bei Gewinnungssprengungen sind hinsichtlich der Position innerhalb der Ladesäule sowie unter dem Aspekt der Zerkleinerung des Haufwerks folgende Einsatzmöglichkeiten erkennbar:

- Das Volumen des Luftpuffers sollte generell nicht 30 % der Gesamtladesäule überschreiten (außer grobes Haufwerk ist erwünscht oder kann toleriert werden, z. B. Flussbausteine).
- Das Volumen des Luftpuffers soll mit zunehmender Bruchfestigkeit des Materials abnehmen.
- Luftpuffer in der Mitte der Ladesäule produzieren die beste Haufwerkszerkleinerung.
- Luftpuffer in der Endbesatzzone erhöhen die Zerkleinerung in diesem Bereich. Das Volumen soll jedoch 35 % des Besatzes nicht überschreiten.
- Luftpuffer mit einem Volumen über 50 % sollten niemals eingesetzt werden, da ansonsten die Bruchwand nicht geworfen werden kann. Bei allen Anfangsversuchen oder Anwendungen dieser Technik im laufenden Betrieb sollte mit einem relativ kleinen Volumen des Luftpuffers begonnen werden. Die Zahl liegt, je nach Eigenart des Gesteines und den geologischen Verhältnissen, bei 10 % (hartes Gestein) bis 20 % (weiches Gestein) [1, 23, 25, 43].

13.7 Einfluss der Zeitverzögerung

Neben den geometrischen und sprengstoffspezifischen Parametern hat die Festlegung der Zündung eine große Bedeutung für die Sicherheit und das Gelingen einer Sprengung. Mit der heutzutage zur Verfügung stehenden umfangreichen Palette von Zündmitteln ist die Möglichkeit gegeben, eine optimale Abstimmung aller auf eine Sprengung einwirkenden Faktoren durchzuführen. Hinsichtlich des verarbeitungsgerechten Lösens der Massenvorgabe ist daher zu bedenken, dass der Vorgang des Zündens bei jeder Zündart unterschiedlich ist. Es gibt die zwei bereits beschriebenen, vom zeitlichen Ablauf grundlegend verschiedenen Arten der Zündung von Sprengbohrlöchern. Diese werden in Momentzündung und Zeitzündung unterteilt. Bei der *Momentzündung* wird der Abschlag einer Bohrlochreihe im selben Moment vom Gebirgsverband getrennt, d. h., die Gesamtlademenge der Sprengung wird initiiert. Dabei ist, außer in der Verbindungsebene der Bohrlochreihe, kein Zusammenwirken der Ladungen möglich. Weiterhin ist die Haufwerkszerkleinerung eher gering, und die Sprengerschütterungen sind groß [1, 23, 43]. Die Momentzündung kann in Ausnahmefällen dann zweckmäßig sein, wenn das zu werfende Gebirge von ausgeprägten Schichten und Kluftscharen durchsetzt ist und keine Gefährdung durch Erschütterungen in der Umgebung des Emissionsortes gegeben ist.

Wie bereits ausführlich beschrieben, ist die zweite Art die *Zeitzündung*. Diese Art bietet zwei Möglichkeiten, das Sprengergebnis zu beeinflussen, nämlich die Wahl des Zündintervalls und die Anordnung der Zeitstufen. Die begleitenden Erschütterungen beim Sprengen werden dadurch geringer, da die Gesamtladung eines Abschlages in mehrere Teilladungen mit verschiedenen Detonationszeitpunkten aufgeteilt wird. Zur Zeitzündung zählen die elektrische Kurzzeitzündung, z. B. von 25, 50, 80 und 100 ms, und die Langzeitzündung von 250 ms und 500 ms. Bei der Langzeitzündung ist jeder Schuss wie ein Einzelschuss zu betrachten, d. h., die Vorgabe eines Bohrlochs wird jeweils ausgebrochen, bevor die nächste Ladung wirkt. Die Langzeitzündung ist vor allem auf bestimmte Einsatzbereiche unter Tage beschränkt. Zur nichtelektrischen Kurzzeitzündung zählen die verbreiteten Zeitverzögerungen von 17, 25, 42 und 67 ms sowie elektronische Zünder mit programmierbarer Zeitverzögerung.

Die konventionellen Kurzzeitzünder werden allgemein im Tagebau angewandt. Hier ermöglichen entsprechende Zeitstufen ein kontinuierliches Ausbrechen des gesamten Abschlags. Die Wirkungsphasen der benachbarten Schüsse überschneiden sich und bieten so eine bessere Energieausnutzung. Weiterhin kommt es zu einer besseren Zerkleinerung des Haufwerks und zu geringeren Sprengerschütterungen als bei den vorangegangenen Zündungsarten. Von besonderer Bedeutung sind elektronische Zünder, die aufgrund ihrer streuungsfreien Verzögerungszeiten das Sprengergebnis beträchtlich verbessern können. Kleinstückigkeit und Gleichmäßigkeit des Haufwerks werden dadurch positiv beeinflusst. Ist die Vorgabe größer als der Seitenabstand der Bohrlöcher, wird üblicherweise mit einer Zündverzögerung von 17 ms bis 25 ms (nonel/elektrisch) gezündet, um das Abschlagen von Sprengschnüren durch Nachbarschüsse zu vermeiden. Im Ausland (z. B. Schweden) vertritt man den Standpunkt, dass die Zündverzögerung zwischen zwei benachbarten Schüssen umso größer sein sollte, je größer die Vorgabe im Verhältnis zum Seitenabstand ist, umgekehrt kann sie umso kleiner sein, je kleiner das Verhältnis Vorgabe-Seitenabstand ist. Das würde im Extremfall bedeuten, dass, wenn der Seitenabstand doppelt so groß wie die Vorgabe ist, eigentlich die Momentzündung eingesetzt werden müsste, um eine Verschlechterung bei der Zerkleinerung des Gebirges zu vermeiden [1, 23, 43].

Ist das Verhältnis Seitenabstand-Vorgabe größer als 1,0, sollten die Verzögerungssätze von 25 ms (elektrisch) oder 17 ms bis 42 ms (nonel) angewandt werden. Bei einer Vorgabe, die größer ist als der Seitenabstand, könnte hingegen mit den höheren Zündverzögerungen von 50 ms (elektrisch) bzw. 67 ms (nonel) gearbeitet werden. Weiterhin kann in massigem, kompaktem Gebirge bei einer Vorgabe, die gleich dem Abstand der Bohrlöcher ist, mit Zündverzögerungen von 50 ms (elektrisch) oder 42 ms bis 67 ms (nonel) gezündet werden, um ein gutes Haufwerk zu erzielen. Hingegen sollte in stark verwittertem oder geklüftetem Gebirge mit einer Zündverzögerung, die nicht höher als 25 ms ist, gearbeitet werden. Nach praktischen Erfahrungen ist das optimale Seitenabstand-Vorgabe-Verhältnis 1,2 bis 1,3 und in Sonderfällen bis 1,5 [14]. Hier kann eine Verzögerung von 25 ms bis 50 ms zu einem guten Sprengergebnis führen. Während die niedrigen Verzögerungen im weichen bis mittelharten Gestein verwendet werden sollten, kommen die höheren Verzögerungen im Hartgestein zur Anwendung [1, 43].

13.7.1 Festlegung der Zündfolge

Nach allgemeinen Erkenntnissen steht die Zeitverzögerung in engem Zusammenhang mit der Zündfolge einer Sprenganlage [14, 43]. Die Zündfolge kann durch ihre Anordnung innerhalb eines Zündkreises die Zündverzögerung zwischen den einzelnen Schüssen beeinflussen. Dies wiederum kann sich erheblich auf den Zerkleinerungsgrad des zu sprengenden Gebirges auswirken. Insbesondere bei Mehrreihensprengungen kann neben einer besseren Energieausnutzung der Sprengstoffe ein besseres Vorgaben-Seitenabstands-Verhältnis abgestimmt werden. Aus den Beispielen Bild 13.21 und Bild 13.22 wird ersichtlich, dass das Vorgaben-Seitenabstands-Verhältnis geometrisch zwar quadratisch ist, doch die Vorgabe durch die Schüsse, die mit gleicher Zündfolge zünden, im Verhältnis zum Seitenabstand relativ gering ist. Bild 13.21 und Bild 13.22 zeigt die geometrische l_W und a_B und deren Änderung. In Bild 13.23 bis Bild 13.28 sind verschiedene Zündfolgen dargestellt.

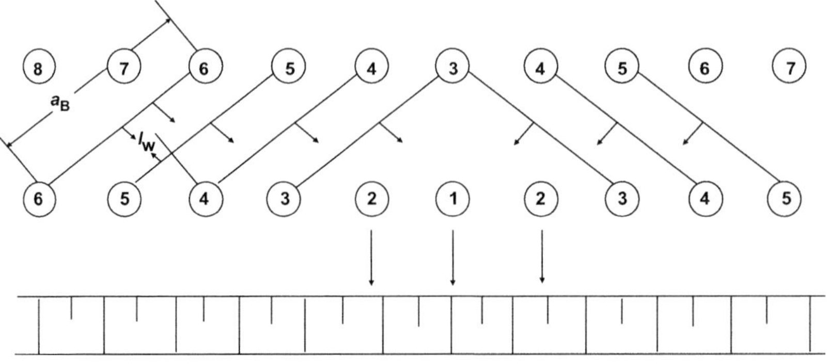

1, 2, 3 usw. Zündstufen
Bohrraster: 5 m x 5 m = 25 m²
Zündschema: Vorgabe l_w = ~ 2,3 m; Seitenabstand a_B = ~ 11,2 m

$a_B : l_w \sim 5{,}0$

Bild 13.21 Geometrische l_W und a_B

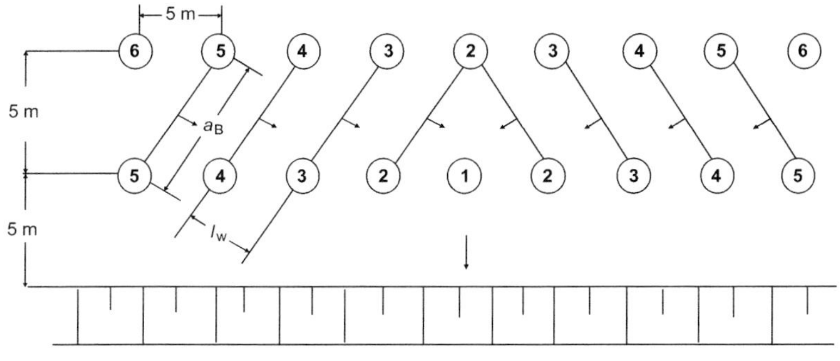

1, 2, 3 usw. Zündstufen Bohrraster: 5 m x 5 m = 25 m²
Zündschema: Vorgabe l_w = ~ 3,5 m; Seitenabstand a_B = ~ 7,0 m

$a_B : l_w \sim 2{,}0$

Bild 13.22 Änderung der geometrischen l_W und a_B

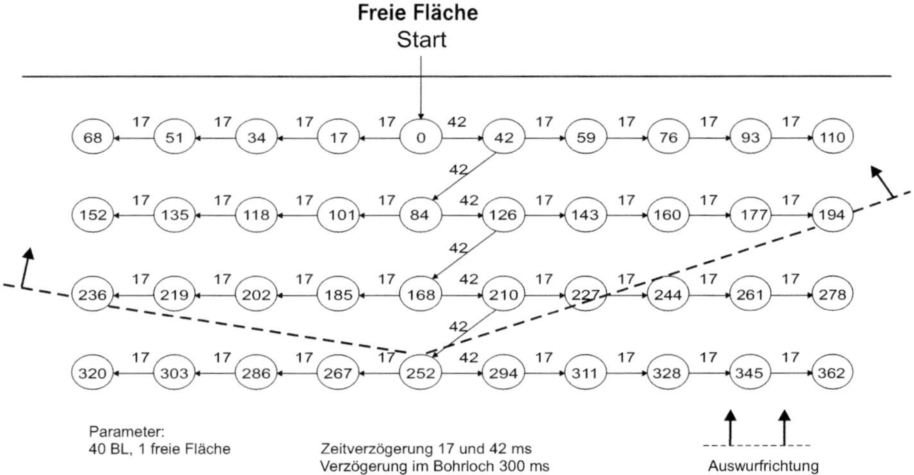

Bild 13.23 Zündfolge mit 17 ms und 42 ms (nonel)

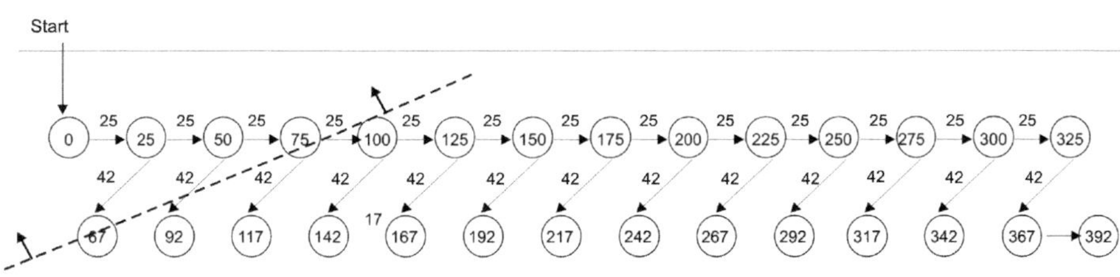

Parameter:
z.B. 28 BL, 1 freie Fläche

Zeitverzögerung 25 und 42 ms
Verzögerung im Bohrloch 300 und 325 ms
(300 ms im BL-Tiefsten, 325 ms am BL-Mund)

Auswurfrichtung

Bild 13.24 Zündfolge mit 17 ms und 25 ms (nonel)

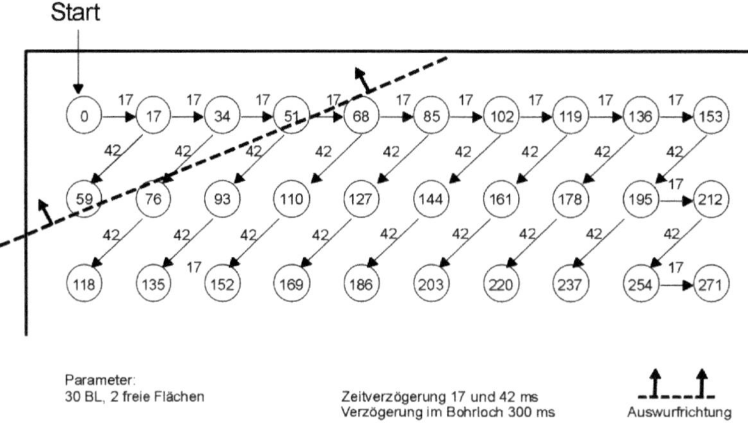

Bild 13.25 Zündfolge mit 17 ms und 42 ms (nonel)

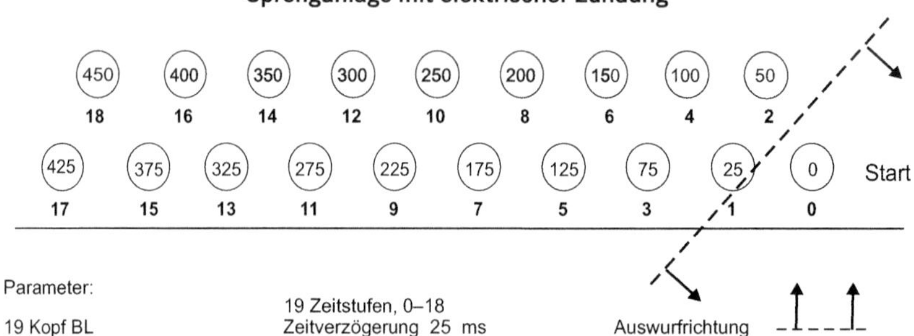

Bild 13.26 Zündfolge mit 25 ms (elektrisch)

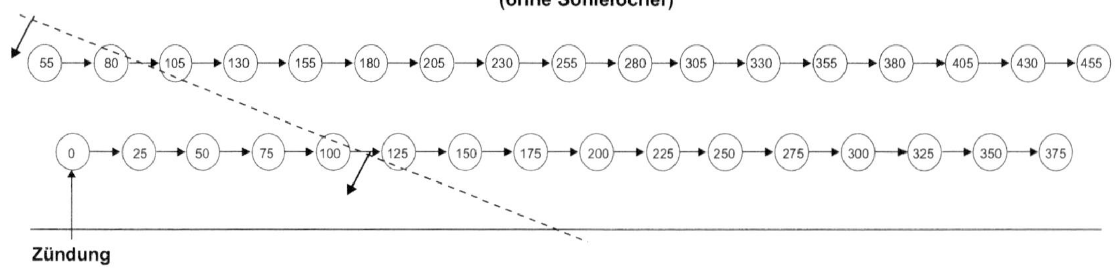

Bild 13.27 Zündfolge mit 25 ms „zur Seite“ (elektronisch)

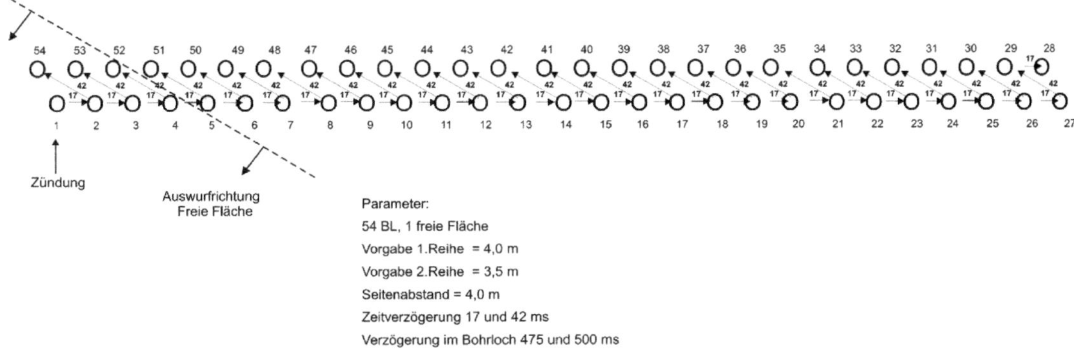

Bild 13.28 Zündfolge mit 17 ms und 42 ms „zur Seite“ (nonel)

13.7.2 Ort der Zündung

Neben Art und Zusammensetzung sowie Dimension der Ladesäule ist die ausgewählte Zündart für den geplanten Sprengerfolg ebenso wichtig wie die richtige Wahl der geometrischen Parameter [47]. Alle Parameter stehen in einem unmittelbaren Zusammenhang in Bezug auf ein optimales Sprengergebnis. Den unterschiedlichen Haufwerksanforderungen entsprechend, wurden zahllose Ladungsanordnungen entwickelt, die den gewünschten Sprengerfolg, auch unter dem Aspekt der begleitenden Immissionen, erbringen sollten. Insbesondere bei der Zündung von langen Ladesäulen stellt sich die Frage nach einer optimalen Initiierung (Bild 13.29).

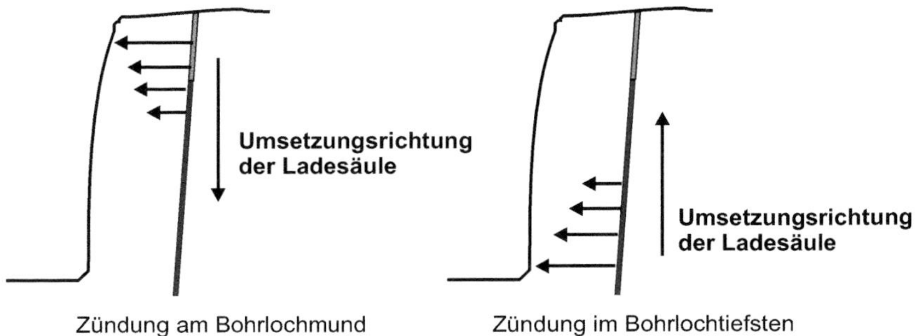

Bild 13.29 Beginn und Bewegungsrichtung des Ausbruchs der Vorgabe bei Zündung am BL-Mund und im BL-Tiefsten

13.7.3 Zündung vom Bohrlochmund

Bei Initiierung der Ladesäule am Bohrlochmund kann durch Ausblasen des Endbesatzes bei gleichzeitiger Expansion der Reaktionsprodukte ein Energieverlust stattfinden, der die Bruchentwicklung der gesamten Ladesäule beeinflusst (Bild 13.30 und Bild 13.31) [43].

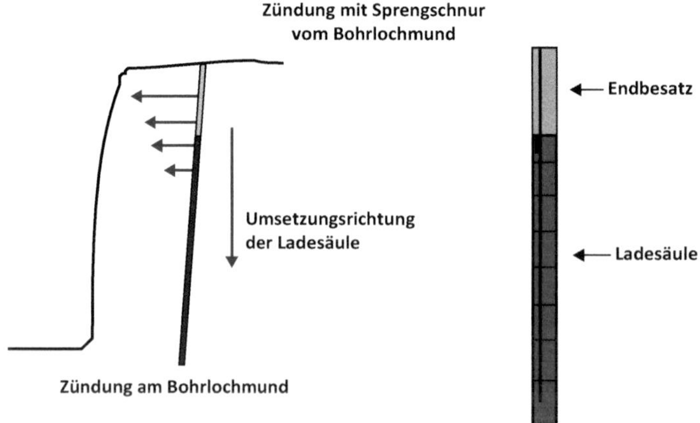

Bild 13.30 Bewegungsrichtung bei Zündung am BL-Mund

Bild 13.31 Hohe Schallentwicklung bei Zündung am BL-Mund

In der Folge kann es beim Lösen des Gebirgsverbands, innerhalb der Zone des größten Gebirgswiderstands im Bohrlochtiefsten, zu Unebenheiten bzw. zu Wandfüßen auf der Sohle kommen (Bild 13.30). Weiterhin kann eine vorzeitige Schwadenexpansion im oberen Teil der Ladesäule zu einer nicht einwandfreien Detonationsübertragung im Rest der Ladesäule führen. Daneben ist die Gefahr des

Abschlagens einer Ladesäule durch Bewegungen innerhalb des Gebirgsmassivs während des Durchdetonierens von oben bedeutend größer als beim Zünden aus dem Bohrlochtiefsten [1, 47].

13.7.4 Zündung im Bohrlochtiefsten

Aus Sicht der sprengtechnischen Abläufe innerhalb einer Ladesäule ist die Zündung aus dem Bohrlochtiefsten die günstigste (Bild 13.32 und Bild 13.33). Aufgrund der ersten Umsetzung des Sprengstoffs in der Zone des größten Gebirgswiderstands kommt es zu einer Energiekonzentration (*GRP*) mit Bruchwirkung im Wandfuß. Die gesamte Ladesäule wirkt dabei als Verdämmung, die ein schnelles Entweichen der Reaktionsprodukte nach oben zum Bohrlochmund verhindert.

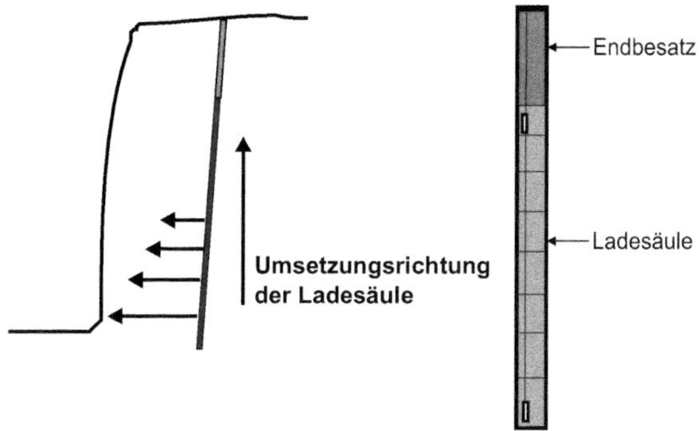

Bild 13.32
Bewegungsrichtung bei Zündung im BL-Tiefsten

Bild 13.33
Geringe Schallentwicklung bei Zündung im BL-Tiefsten

Bei Zündung aus dem Bohrlochtiefsten richtet sich die Wirkung bei der Umsetzung bzw. Expansion der Reaktionsprodukte (*GRP*) auf den Ort der größten Verspannung im Gebirge, nämlich den Wandfuß (Bild 13.32). Die Initiierung von Sprengbohrlöchern im Bohrlochtiefsten bewirkt neben einer günstigeren Haufwerkszerkleinerung eine bessere Beschaffenheit der Sohle und trägt in vielen Fällen zu Erschütterungen mit höheren Frequenzen bei. Die Zündung mit nur einem Zünder aus dem Bohrlochtiefsten ist nur bis zu einer Bohrlochtiefe von maximal 12 m erlaubt. Bei einer Bohrlochtiefe von über 12 m muss redundant gezündet werden [43, 47].

13.7.5 Redundante Zündung

Hinsichtlich einer sicheren Zündung, insbesondere bei Mehrreihensprengungen oder bei Verdacht des vorzeitigen Abschlagens von Sprengschnüren, ist zur Vermeidung von nicht durchdetonierten Ladesäulen eine redundante Zündung unumgänglich (Bild 13.34). Durch den Umstand, dass jedes Bohrloch sicher gezündet wird, trägt diese Art der Initiierung erheblich zur Vermeidung von Versagern bei und wirkt dadurch indirekt Erschütterungen entgegen. Des Weiteren besteht der Vorteil der Initiierung des Sprengstoffs im Bohrlochtiefsten, was sich positiv auf das Ausbrechen an der Sohle sowie die Haufwerksbeschaffenheit auswirkt. Entsprechend der Vorgehensweise bei geteilten Ladesäulen (Bild 13.35) ist der Zünder in die Schlagpatrone eingebracht. Abweichend davon muss die Sprengschnur zusammen mit dem Zünderdraht über die gesamte Länge des Bohrlochs und die gesamte Ladesäule reichen. Am Bohrlochmund wird ein zweiter Zünder mit der nächsthöheren Zündzeitstufe angebracht. Die niedrigere Zeitstufe befindet sich dabei im Bohrlochtiefsten, die nächsthöhere Zeitstufe am Bohrlochmund (Bild 13.34 und Bild 13.35).

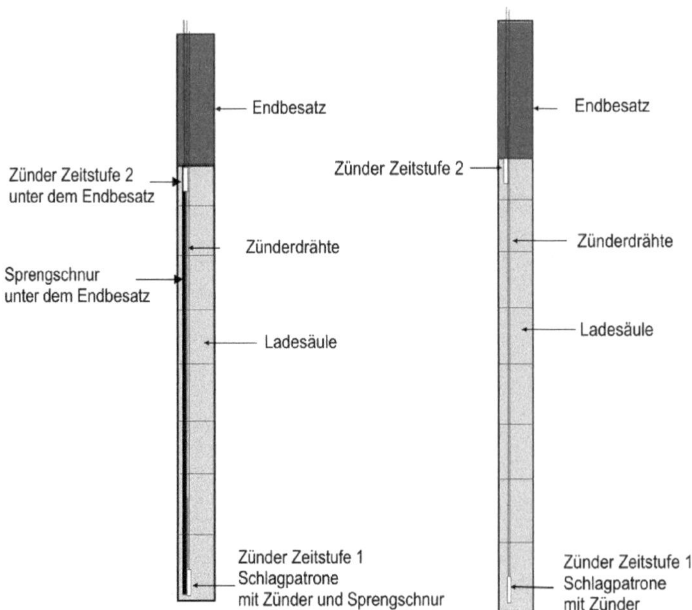

Bild 13.34 Redundant mit/ohne Sprengschnur

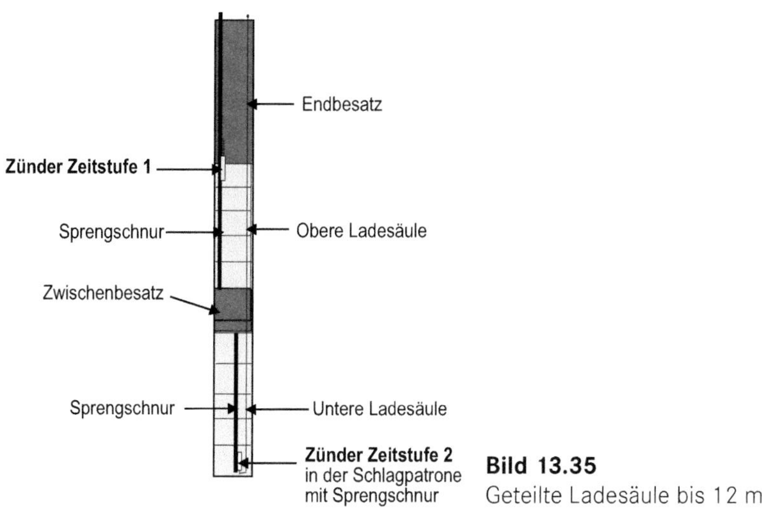

Bild 13.35
Geteilte Ladesäule bis 12 m

Grund dieser Vorgehensweise ist, dass bei einem möglichen Abschlagen innerhalb der Ladesäule zuerst die Ladesäule mit dem Zünder im BL-Tiefsten detoniert und anschließend nach der durch die in ms bestimmte Verzögerung die abgeschlagene Ladesäule von oben. Verläuft die Durchdetonation der Ladesäule normal, wird der obere Zünder zerstört, bevor seine Zeitstufe die Sprengschnur oder den Sprengstoff initiiert. Der obere Zünder ist in diesem Falle überflüssig (redundant) [43].

Der Einsatz mit oder ohne Sprengschnur richtet sich nach den örtlichen geologischen Eigenschaften des Gebirges. Besteht aufgrund von homogenen Gebirgsverhältnissen die Möglichkeit, dass auf die Sprengschnur verzichtet werden kann, so sollte diese Art der Zündung angewandt werden [20, 43, 47].

Aufgrund der sprengtechnischen Abläufe während der detonativen Umsetzung innerhalb des Bohrlochs werden hierbei die besten Sprengergebnisse erzielt. Bei Anwendung dieser Zündtechnik wird auch bei Einbringen von Luftpuffern ein Abschlagen der Ladesäule in höchstem Maße ausgeschlossen. Daneben wirkt die redundante Zündung Sprengerschütterungen entgegen.

13.7.6 Geteilte Ladesäule

Die Reduzierung von Sprengerschütterungen verlangt im Einzelfall die erhebliche Verkleinerung der Lademenge pro Zündzeitstufe. Dies kann bis zur Hälfte der augenblicklich eingesetzten Lademenge reichen. Oftmals kann aber im laufenden Betrieb die zur Produktion notwendige Wandhöhe nicht umgehend halbiert werden. In solch einem Fall ist die Teilung des Bohrlochs in zwei Ladezonen die einzig verbleibende Möglichkeit, um den Immissionen entgegenzuwirken. Beim Abtun der

Sprengung detoniert zuerst die obere Ladesäule und eine Zeitstufe danach die untere Ladesäule (Bild 13.36 und Bild 13.37).

Die Forderung der Unfallverhütung für Bohrlochtiefen über 12 m ist sinngemäß erfüllt, da im Einzelnen der Aufbau der beiden getrennten Ladesäulen im Bohrloch dem einer einzelnen Ladesäule gleicht. Im Prinzip weicht nur die untere Ladesäule dahingehend ab, als dass der Zünder in die Schlagpatrone eingeführt und nicht an der Sprengschnur befestigt wird. Die Sprengschnur ist an der Schlagpatrone befestigt. Bei Initiierung der Schlagpatrone [43] mit Sprengschnur durch den Zünder erfolgt eine augenblickliche Umsetzung der an der Sprengschnur anliegenden Ladesäule. Die obere Ladesäule ist den Regeln der Technik entsprechend aufgebaut. Eine Sprengstoffpatrone ist mit der Sprengschnur fest verbunden und in das BL-Tiefste eingebracht. Die Zündung erfolgt über einen an der Sprengschnur befestigten Zünder vom BL-Mund.

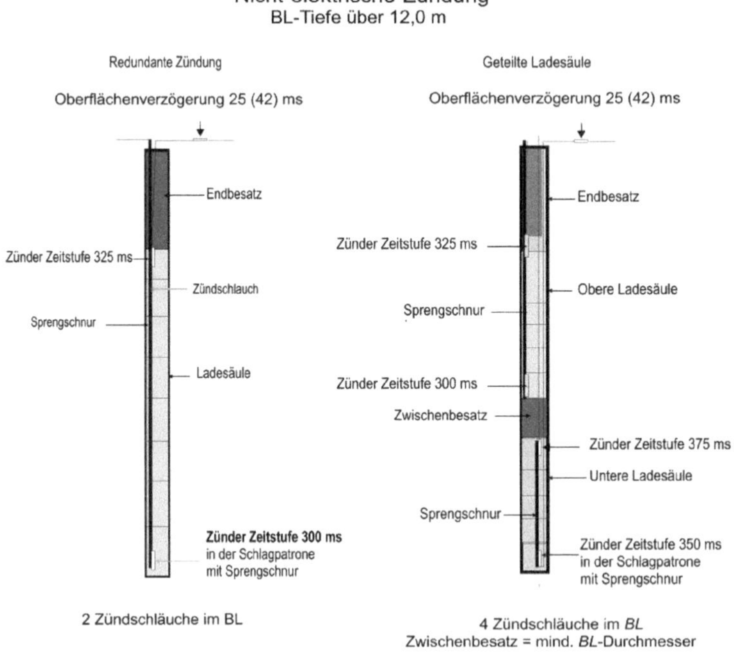

Bild 13.36 Geteilte Ladesäule über 12 m (nonel)

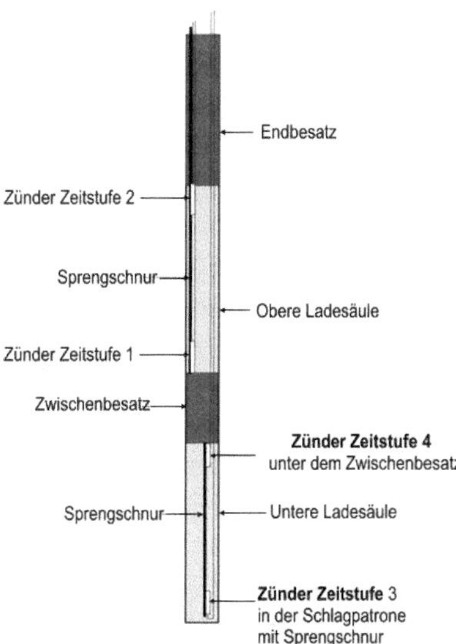

Bild 13.37
Geteilte Ladesäule über 12 m (elektrisch)

14 Sprengen unter Tage

Sprengarbeiten unter Tage sind Sprengarbeiten zur untertägigen Mineralgewinnung und Sprengarbeiten zur Durchführung von Untertagebauarbeiten, insbesondere Arbeiten zur Herstellung und zum Ausbau von unterirdischen Hohlräumen wie Stollen-, Tunnel- oder Schachtbauten. Bei der Auswahl eines Abbauverfahrens ist die Ausprägung der Lagerstätte, insbesondere die Teufenlage, die Mächtigkeit, das Einfallen und die Standfestigkeit des Lagerstätten- und Nebengesteins, der Haupteinflussfaktor. Im Tunnel- und Stollenbau spricht man dabei nicht von Abbau, sondern vom Vortrieb in bergmännischer Bauweise. Dieser unterliegt ebenfalls den bereits genannten Ausprägungen des anliegenden Gebirges in Kapitel 5.

14.1 Abbau und Vortrieb

Die Verfahren, nach denen der Abbau von festen mineralischen Rohstoffen im Tiefbau vorgenommen wird, sind sehr vielfältig. Es kann gesagt werden, dass die Abbauverfahren in ihrer Erscheinungsform so vielfältig sind wie die Lagerstätten selbst. Nur durch Abstimmung des Abbauverfahrens auf diese Lagerstättenparameter wird ein Abbau des mineralischen Rohstoffs wirtschaftlich und technisch möglich. Die Abbauverfahren können nach verschiedenen Merkmalen eingeteilt werden. Die Merkmale können in drei Ordnungen eingeteilt werden. Merkmale der ersten Ordnung sind die Bauweise und die Dachbehandlung, Merkmale der zweiten Ordnung umfassen Angaben über die Verhiebsart und -richtung. Die Merkmale der dritten Ordnung geben letztlich Auskunft über die Abbauführung und Abbaurichtung [39]. Neben den bergmännischen Merkmalen zur Rohstoffgewinnung werden die Merkmale für die Verfahren der Stollen- und Tunnelvortriebe sowie der Schachtteufen eingeteilt. Die Merkmale entsprechen im Prinzip den Grundlagen der bereits dargelegten Einordnungen in Kapitel 5.

14.1.1 Bergmännischer Vortrieb, Tunnelbau

Die Begriffsdefinition des bergmännischen Tunnelbaus umfasst folgende Bezeichnungen:

- *Abschlag:* Hohlraums eines Zyklus
- *Abschlagtiefe:* Tiefe eines Abschlags
- *Firste:* Höchstpunkt des Ausbruchs im Querschnitt
- *Kalotte:* oberer gewölbter Teil eines Ausbruchsquerschnitts
- *Strosse:* unterer Teil des Ausbruchsquerschnitts
- *Ulmen:* Seitenwände des Hohlraums
- *Kern:* zwischen den Ulmen verbleibender Teil der Strosse
- *Sohle:* Tiefstpunkt eines Ausbruchsquerschnitts
- *Ortsbrust:* Hohlraumwandung in Richtung des Vortriebs

14.1.2 Bergmännische Abbauverfahren, unter Tage

Eine grundsätzliche Einteilung der verschiedenen Abbauverfahren wird mittels der Bauweise vorgenommen. Die Bauweise beschreibt, wie ein abzubauender Lagerstättenabschnitt in Angriff genommen wird. Folgende Bauweisen sind möglich:

- langfrontartige Bauweise
- stoßartige Bauweise
- pfeilerartige Bauweise
- kammerartige Bauweise
- blockartige Bauweise

Bei der langfrontartigen Bauweise wird die Lagerstätte in einer Front von bis zu mehreren Hundert Metern abgebaut. Die Abbaufront rückt dabei quer zu ihrer Erstreckung vor. Eine solche Bauweise wird bei großflächig abgelagerten plattenförmigen Lagerstätten mit mäßigem Einfallen angewandt und ist typisch für den Abbau von Steinkohle. Wird die bestehende Lagerstätte in schmale Abschnitte, sogenannte Stöße, eingeteilt, so wird dies als stoßartige Bauweise bezeichnet. Die einzelnen Stöße weisen dabei meist eine ein- bis dreifache Streckenbreite auf, können neben-, über- oder untereinander angeordnet werden und werden nacheinander abgebaut. Abbauverfahren mit stoßartiger Bauweise werden meist bei gangartigen Vorkommen des Erzbergbaus angewandt.

14.1.3 Strossenabbau

Nur durch Abstimmung des Abbauverfahrens auf diese Lagerstättenparameter wird ein Abbau des mineralischen Rohstoffs wirtschaftlich und technisch möglich. Die Abbauverfahren können nach verschiedenen Merkmalen eingeteilt werden. Diese Merkmale wiederum können in drei Ordnungen eingeteilt werden. Merkmale der ersten Ordnung sind die Bauweise und die Dachbehandlung, Merkmale der zweiten Ordnung umfassen Angaben über die Verhiebsart und -richtung. Die Merkmale der dritten Ordnung geben letztlich Auskunft über die Abbauführung und die Abbaurichtung [40, 41, 43, 48].

Die untertägige Gewinnung in der mineralstoffgewinnenden Industrie wird z. B., insbesondere im Streckenvortrieb, als Kammer-Pfeiler-Abbau (etwa Gips, Anhydrit, Kalk, Salz) und z. B. als Strossenabbau oder als Kalottenvortrieb durchgeführt (Bild 14.1 und Bild 14.2). Bei allen Vortrieben wird grundsätzlich der Vollausbruch angestrebt, da für einen kompletten Abschlag nur ein Arbeitsgang nötig ist, wodurch – vom Standpunkt der Sicherheit wichtig – das Gebirge geschont wird und – in wirtschaftlicher Hinsicht wichtig – eine bessere Organisation des Vortriebs sowie durch einen höheren Mechanisierungsgrad eine kürzere Bauzeit möglich ist.

Bild 14.1 Strossenabbau im Salzbergbau

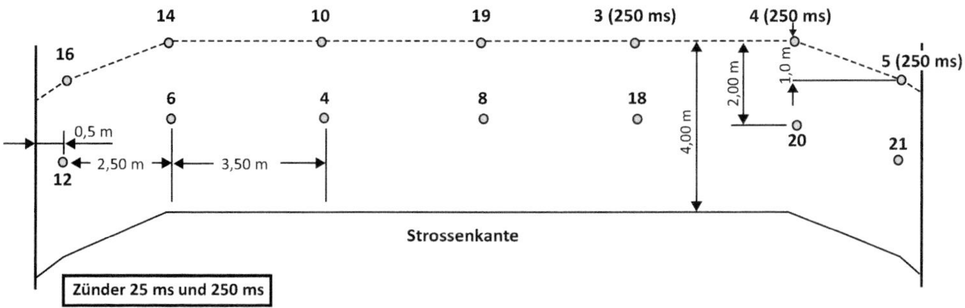

Bild 14.2 Beispiel für die Parameter eines Strossenabbaus (Salz)

14.1.4 Kammer-Pfeiler-Abbau

Bei der pfeilerartigen Bauweise wird die Lagerstätte in Abschnitte, sogenannte Pfeiler, eingeteilt. Die Pfeiler werden durch vollständiges oder teilweises Umfahren hergestellt. Nachdem dieses Pfeilerstreckensystem aufgefahren wurde, kann in einem zweiten Arbeitsschritt damit begonnen werden, die Pfeiler und damit einhergehend den größten Teil der Lagerstätte abzubauen. Die Pfeiler können dabei, je nach Ausprägung des Rohstoffvorkommens, neben- oder übereinanderliegen. Die kammerartige Bauweise zeichnet sich durch das Herstellen von Kammern oder Örtern aus. Kammern und Örter sind gleichmäßig geformte Abbauräume mit einem lang gestreckten, meist rechteckigen Grundriss. Wird der Hohlraum dabei in einem Arbeitsgang aufgefahren, entsprechen die Abmessungen also ungefähr denen einer Strecke, dann handelt es sich um Örter. Werden diese Abmessungen vor allem hinsichtlich der Höhe überschritten, so spricht man von einer Kammer. Die untertägige Herstellung z. B. eines Kammerabbaus unterliegt einem einzuhaltenden System. In Bild 14.3 bis Bild 14.6 sind einige Beispiele aufgezeigt.

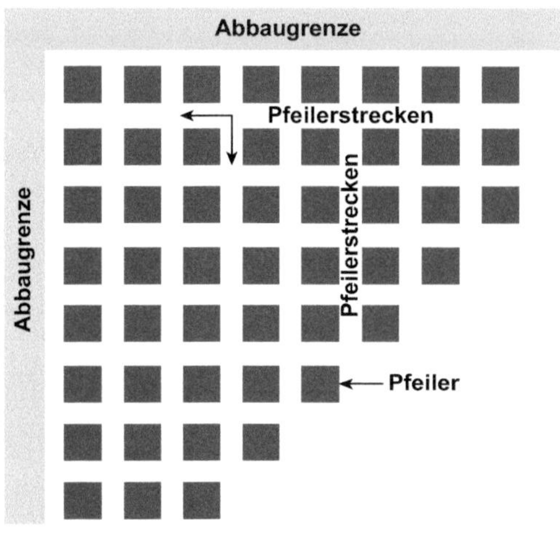

Bild 14.3
Beispiel für einen Kammer-Pfeiler-Abbau

Bild 14.4
Beispiel für einen Kammer-Pfeiler-Abbau (Kalk)

Bild 14.5 Kammer-Pfeiler-Abbau im Magnesit

Bild 14.6 Kammer-Pfeiler-Abbau im Gips/Anhydrit

14.2 Sprengvortrieb

Beim Bohren und Besetzen hat der verantwortliche Leiter der Sprengung dafür zu sorgen, dass Ansatzpunkt und Richtung der Bohrlöcher überprüft werden. Abweichungen von der beabsichtigten Richtung und Tiefe der Bohrlöcher sind zu ermitteln. Unzulänglichkeiten während der Bohrarbeiten sind zu beachten (z. B. Hohlräume). Die Lademengenberechnung ist dahingehend zu berichtigen. Zudem müssen die in Bild 14.7 dargestellten Gewinnungszyklen beachtet werden.

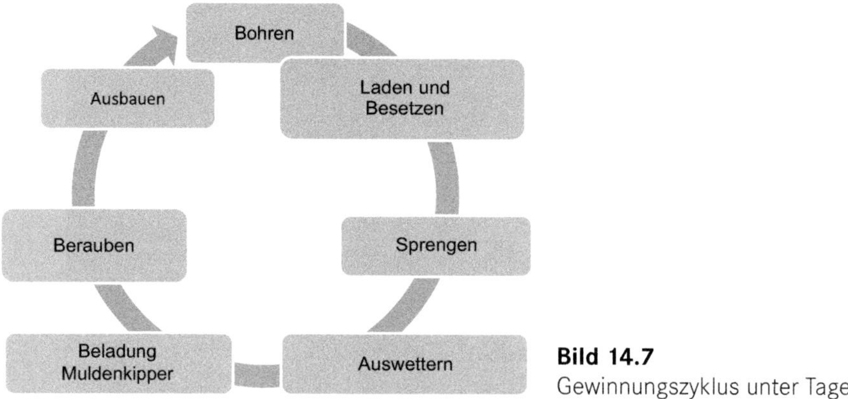

Bild 14.7
Gewinnungszyklus unter Tage

14.2.1 Vorgabe

Die eingesetzten Sprengstoffe sollen eine bestimmte Vorgabe mit vorher bestimmter Masse an Gestein werfen. Die zur Verwendung kommenden Sprengstoffe sollen die Vorgabe werfen, wobei die Vorgabe die kürzeste Entfernung zwischen der Sprengladung und der nächstgelegenen freien Fläche ist. Die Größe der Vorgabe hängt entscheidend von der Sprengbarkeit des Gesteins, der Art (Dichte) und Menge des Sprengstoffs ab, die man im Laderaum (Bohrloch) unterbringt. Ein richtig ausgeladenes Bohrloch hilft Bohrarbeit zu sparen, wobei das Bohren aus wirtschaftlicher Sicht immer teurer als der Sprengstoff selbst ist. Deshalb sollte das Bohrlochvolumen auch immer ausgenutzt werden. Die Größe der Vorgabe ist abhängig von der Sprengbarkeit des Gesteins sowie der Art (Dichte) und Menge des Sprengstoffs, die im Laderaum (Bohrloch) untergebracht werden kann.

14.2.2 Verspannung

Im Übertagebereich stehen beim Sprengen zwei freie Flächen zur Verfügung. Die Verspannung ist dort geringer als unter Tage. Beim Vortrieb unter Tage ist meist nur eine freie Fläche vorhanden, die zweite muss durch den Einbruch geschaffen werden, der die Verspannung löst. Die Verspannung wächst mit kleinerem Querschnitt und/oder mit großer Abschlaglänge. Man benötigt dann mehr Sprengstoff je m^3 zu sprengendem Gestein. Der Sprengstoffbedarf beim Sprengen von Kalotte und Strosse/Sohle ist unterschiedlich. In der Strosse/Sohle – mit zwei freien Flächen – ist oftmals nur ⅓ der Sprengstoffmenge im Vergleich zur Kalotte notwendig. Die vorher bestimmten Parameter müssen anhand von Analysen und Messergebnissen sorgfältig beobachtet und ausgewogen festgelegt werden.

14.3 Einbruch

In den jeweiligen kiesigen Vorstoßschottern soll der Einbruch ein leichtes Ausbrechen aus der Ortsbrust garantieren. Daneben ist er in hohem Maße für den Grad der zu überwindenden Verspannung des Gebirgsverbands an der Ortsbrust beteiligt und damit einhergehend auch ausschlaggebend für die begleitenden Sprengerschütterungen sowie für die gewünschte Zerkleinerung der jeweiligen Abschläge. Wie in Abschnitt 14.3.1 beschrieben, können neben einem Keileinbruch auch andere Einbrucharten zur Anwendung kommen, wenn dies die Umgebung zulässt.

14.3.1 Einbruchschüsse

Im Tunnelbau werden zwei Arten von Einbrüchen angewandt, nämlich Einbrüche mit schrägen Bohrlöchern (Schrägeinbrüche) und mit parallelen Bohrlöchern (Paralleleinbrüche). Die Parallellochmethode wird heute vorwiegend auch wegen des wirtschaftlichen Einsatzes von Bohrwagen immer häufiger angewandt. Der Bohrlochabstand hängt von der Art des gewählten Einbruchs ab. Weiterhin wird das Ausmaß von Sprengerschütterungen maßgeblich durch den Einbruch bestimmt (Verspannung) [20, 44, 45, 47]. In Bild 14.8 sind verschiedene Einbruchsarten dargestellt.

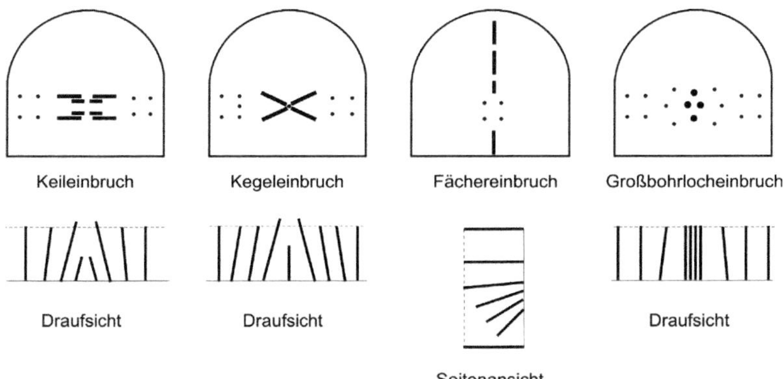

Bild 14.8 Beispiele verschiedener Einbruchsarten

Da der Einbruch erst die Verspannung löst und die notwendigen freien Flächen für die nachfolgenden Sprengladungen schafft, muss zur Vermeidung von Sprengerschütterungen Folgendes beachtet werden:

- kürzere Abschlagtiefe
- Aufteilen des Querschnitts in mehrere Zündgänge

- Halbieren des Querschnitts
- bei Schrägeinbrüchen mehrere Staffeln
- eine andere Einbruchform wählen
- den Einbruch niemals überbohren
- die Sprengung nicht unterladen
- Kurzzeitzünder einsetzen

Die Wahl der Vortriebsmethode hängt auf jeden Fall von der Größe des Ausbruchs, der Standfestigkeit und Lagerung des Gebirges sowie vom verfügbaren Gerät ab.

14.3.2 Schrägeinbruch

Zu den gebräuchlichsten Schrägeinbrüchen zählen der Kegeleinbruch, der Keileinbruch und der Fächereinbruch. Darüber hinaus ist durch Kombination dieser Grundformen eine große Anzahl von Einbruchsformen möglich. Bei kleinen Profilen und der Verwendung von Bohrwagen können Schrägeinbrüche nicht angewendet werden, da die Lafetten der Bohrwagen wegen des geringen Durchmessers nicht in die entsprechende Schrägstellung gebracht werden können [40, 41, 43]. Ein Vorteil der Schrägeinbrüche liegt darin, dass Bohrungenauigkeiten eher „verziehen" werden als beim Paralleleinbruch, d. h., auch bei Bohrungenauigkeiten wird noch ein zufriedenstellendes Sprengergebnis (Abschlagtiefe) geliefert. Grundsätzlich ist zu sagen, dass der Trend zu möglichst einfachen Sprengbildern besteht. Komplizierte Sprengbilder werden in der heutigen Zeit, die primär auf schnellen Vortrieb ausgerichtet ist, kaum mehr angewandt. Aus diesem Grund (und auch wegen des Sprengerfolgs) wird von den Schrägeinbrüchen vor allem der Keileinbruch in der Praxis angewandt.

14.3.2.1 Kegeleinbruch

Beim Kegeleinbruch erfolgt die Anordnung der Schrägbohrlöcher so, dass sich für den Einbruch ein kegelförmiger Ausbruch ergibt (Bild 14.9). Die im Bohrlochtiefsten eng zusammenstehenden Ladungen der einzelnen Einbruchsbohrlöcher haben, durch ihre vereinte Wirkung, den Effekt einer geballten Ladung. Meist ist bei größeren Abschlaglängen ein einfacher Kegeleinbruch unzureichend. Es muss ein zweiter, gestaffelter Kegeleinbruch angeordnet werden.

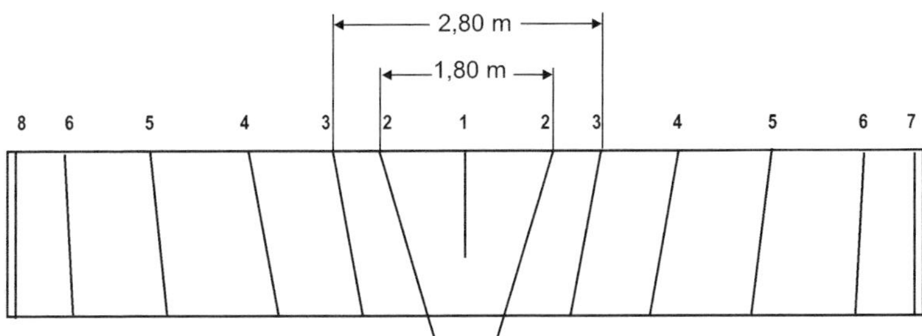

Bild 14.9 Kegeleinbruch

In Bild 14.10 bis Bild 14.12 sind Beispiele fürs Schachabteufen dargestellt.

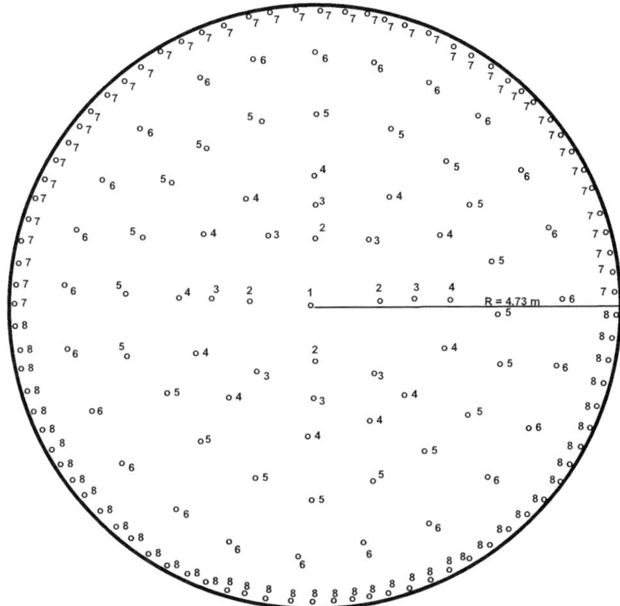

Bild 14.10 Beispiel für Schachtabteufen (Leitbild)

Bild 14.11 Abdeckung von Schachtabteufen

Bild 14.12 Schachtabteufen

14.3.2.2 Keileinbruch

Anstelle eines Kegels wird beim Keileinbruch ein Keil durch mehrere senkrecht oder waagerecht angeordnete Paare von Bohrlöchern herausgesprengt. Bei größeren Abschlagtiefen wird noch ein zweiter Keil vorgesetzt. Wegen seiner Übersichtlichkeit wird der Keileinbruch von den Praktikern vor Ort gern angewandt. Zu berücksichtigen ist allerdings die relativ große Schleuderwirkung, speziell dann, wenn als Einbruch der Keil nicht gestaffelt, sondern als Ganzes in einer Zeitstufe herausgesprengt wird (Bild 14.13).

Der Vortrieb eines Stollens oder Tunnels kann also entweder durch Vollausbruch des gesamten Querschnitts erfolgen oder aber in Teilausbrüchen durch Vortrieb eines Richtstollens über die gesamte Tunnellänge und in nachträglichem Hereingewinnen des restlichen Querschnitts mit Brustschüssen oder auch radial angesetzten Bohrlöchern. Der Vortrieb in Teilausbrüchen wird vor allem dann angewandt, wenn die Standzeit des Gebirges nicht ausreichend groß ist. Dabei spielen die Einflussfaktoren der Querschnittsgröße und -form eine Rolle oder Situationen, in denen die für einen wirtschaftlichen und sicheren Vollausbruch erforderlichen Bohrwagen und Schuttereinrichtungen nicht zur Verfügung stehen.

Die Beispiele in Bild 14.13 bis Bild 14.18 ermöglichen einen Überblick.

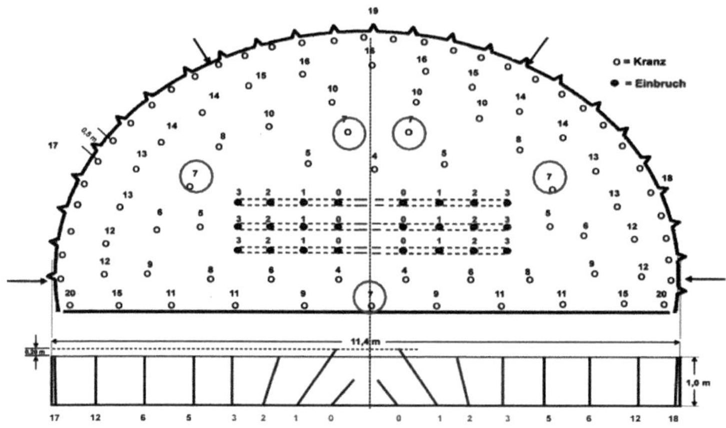

Bild 14.13 Kalotte mit Keileinbruch (Abschlagtiefe: 1,0 m), elektrische Zündung

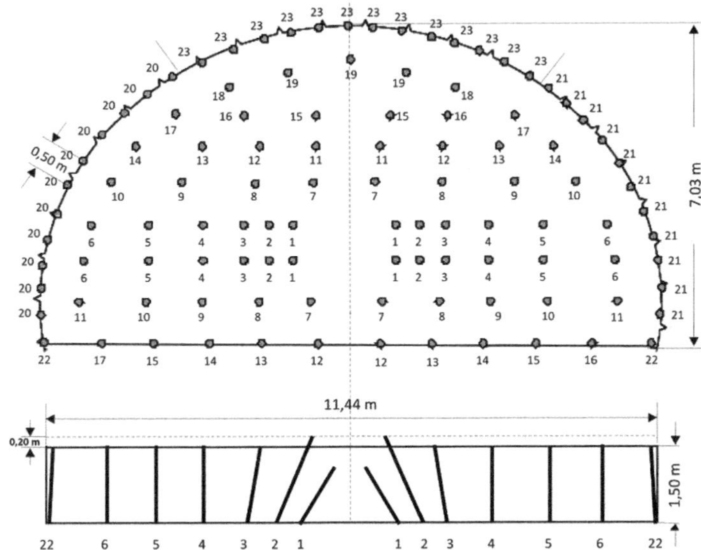

Bild 14.14 Kalotte mit Keileinbruch (Abschlagtiefe: 1,0 m)

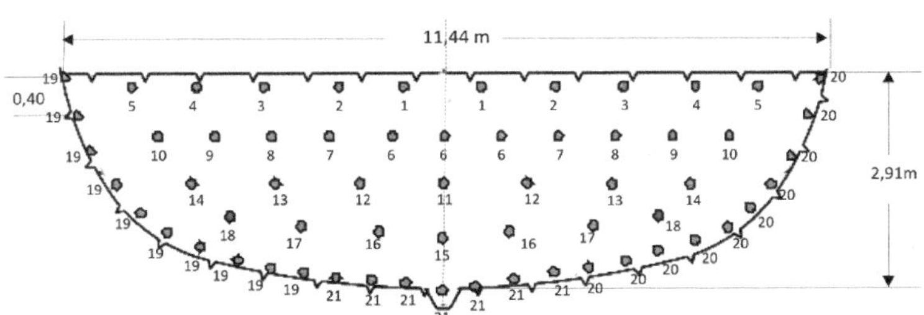

Bild 14.15 Nachgezogene Strosse und Sohle

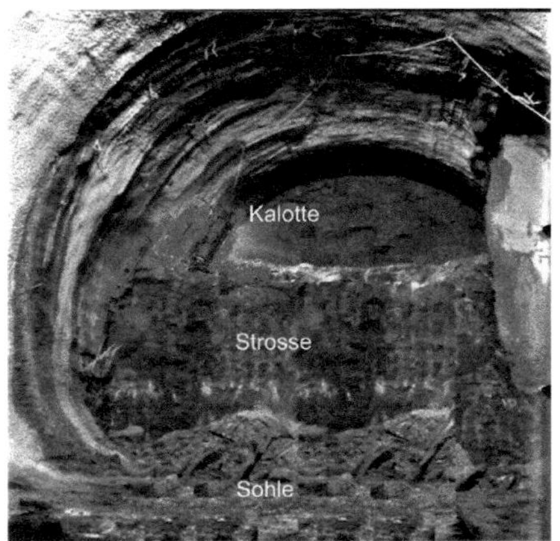

Bild 14.16 Kalotte, Strosse und Sohle

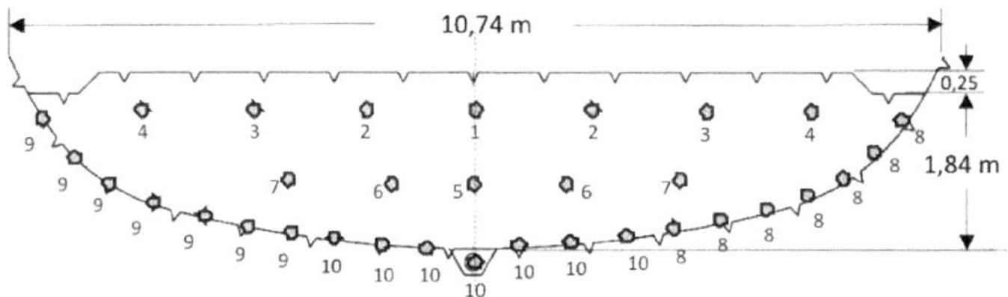

Bild 14.17 Nachgezogene Sohle

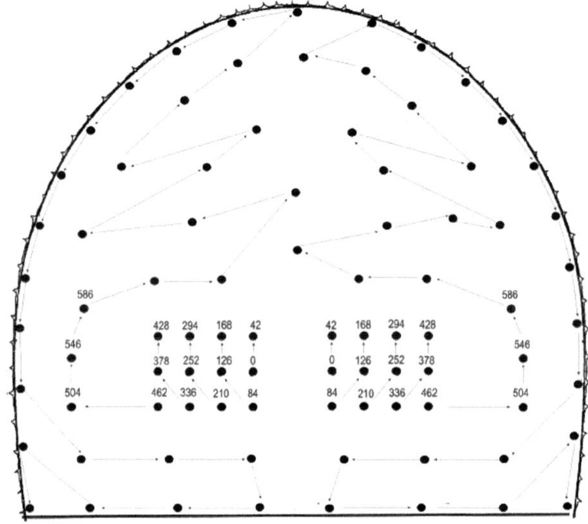

Bild 14.18
Kalotte mit Keileinbruch (Abschlagtiefe: 1,0 m), duale Nonel-Zündung

14.3.2.3 Fächereinbruch

Beim Fächereinbruch werden die ersten Einbruchsbohrlöcher unter einem spitzen Winkel zur Ortsbrust und mit geringer Vorgabe entweder senkrecht oder waagerecht geneigt, angesetzt und die weiteren Bohrlöcher fächerartig, bis zum Erreichen der vollen Abschlaglänge, angeordnet (Bild 14.19 und Bild 14.20).

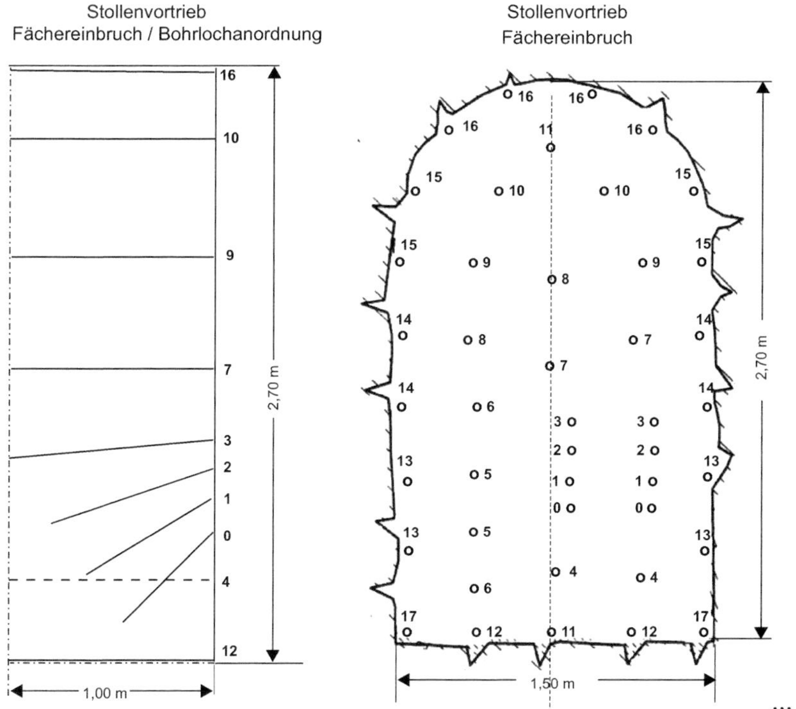

...

Bild 14.19 Fächereinbruch nach unten, Beispiel für BL-Anordnung

Bild 14.20 Ausbruchsfläche eines Fächereinbruchs

14.3.3 Paralleleinbruch

Paralleleinbrüche weisen ausschließlich parallel zur Vortriebsrichtung und damit normal zur Ortsbrust verlaufende Bohrlöcher auf. Zur Erzielung des gewünschten Sprengerfolgs ist ein exaktes Bohren auf die gesamte Tiefe unumgänglich. Der Einsatz von Bohrlafetten ist daher Bedingung. Besonders bei engen Tunnelprofilen sind mit dem Einsatz von Bohrwägen große Abschlagtiefen mit Schrägeinbrüchen erreichbar. Die im Bohrlochtiefsten eng zusammenstehenden Ladungen der einzelnen Einbruchsbohrlöcher haben durch ihre vereinte Wirkung den Effekt einer geballten Ladung. Zu den Paralleleinbrüchen zählen der Brennereinbruch und der Großbohrlocheinbruch (Bild 14.21). Darüber hinaus ist eine Vielzahl von Variationen möglich [20, 43, 44, 45, 47].

14.3.3.1 Brennereinbruch

Der Brennereinbruch ist die älteste Form des Parallelbohrlocheinbruchs. Der Sprengerfolg beruht dabei nicht auf dem Werfen der Vorgabe wie bei den Schrägeinbrüchen, sondern auf der Zertrümmerungswirkung des Sprengstoffs auf das zwischen den Bohrlöchern liegende Gestein. Zwischen den geladenen Bohrlöchern werden mit einem Bohrlochabstand von 8 cm bis 15 cm ungeladene Bohrlöcher angeordnet, die den Auswurf des zwischen den Bohrlöchern zertrümmerten Gesteins ermöglichen. Wird dabei die Ladung zu stark bemessen, kommt es statt des Auswurfs zum Festbrennen (Sintern) des Gesteins. Heute wird der Brennereinbruch sehr selten verwendet [40, 43, 46].

14.3.3.2 Großbohrlocheinbruch

Wie bereits vorangehend als wichtiger Faktor beschrieben, wird der Einbruch, wie z. B. der Großbohrlocheinbruch, mit seiner Anordnung maßgeblich am Erfolg der Abschläge beteiligt sein (Bild 14.21 bis Bild 14.26). Dies wird zu Beginn der Sprengarbeiten durch einen mit Sprengstoff besetzten Keileinbruch mit max. Ø = 40 mm der Sprengbohrlöcher realisiert. Die gängigsten Bohrlochdurchmesser unter Tage betragen in der Regel 36 mm bis 45 mm, in Ausnahmefällen wird auch über 50 mm Durchmesser gebohrt. Großbohrlöcher für den Einbruch können je nach Bedarf mit einem Durchmesser von 76 mm bis zu 300 mm gebohrt werden. Bei dieser Einbruchsart werden die geladenen Einbruchsbohrlöcher auf Vorgabe um das ungeladene Großbohrloch angeordnet; womit der eigentliche Einbruch nicht gesprengt, sondern gebohrt wird (Bild 14.22 und Bild 14.24). Zu den heute verwendeten Einbruchsarten zählen der Spiraleinbruch und der Doppelspiraleinbruch. Beim Spiraleinbruch und beim Doppelspiraleinbruch (Bild 14.26) werden die Einbruchsbohrlöcher spiralförmig um das Großbohrloch angeordnet. Eine Sonderform des Doppelspiraleinbruchs stellt der Coromanteinbruch dar. Bei diesem werden anstelle des Großbohrlochs zwei unter Zuhilfenahme einer Schablone ineinander gebohrte Bohrlöcher angeordnet.

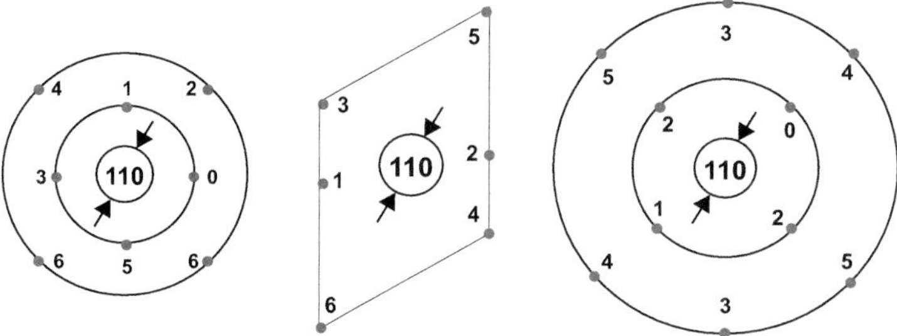

Bild 14.21 Großbohrlocheinbruch und Möglichkeiten der Zeitstufenverteilung (konzentrische Anordnung)

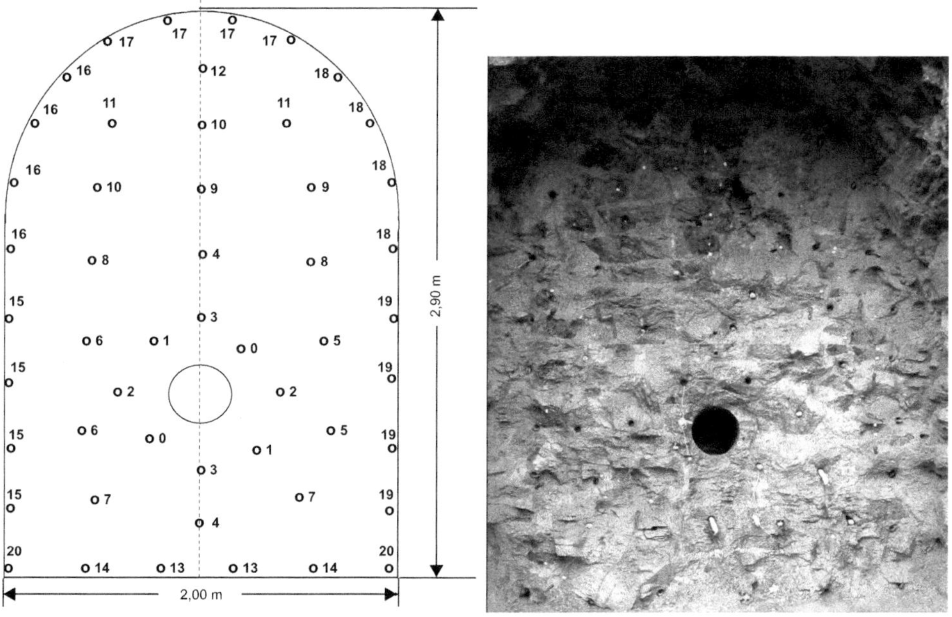

Abstand Kranzlöcher a_B: ca. 30 cm

Abstand der Kranzlöcher zum Brust BL = max. 75% des Abstandes der BL auf der Ortsbrust

Bild 14.22 Stollenvortrieb, Großbohrlocheinbruch (300 mm) und BL-Anordnung

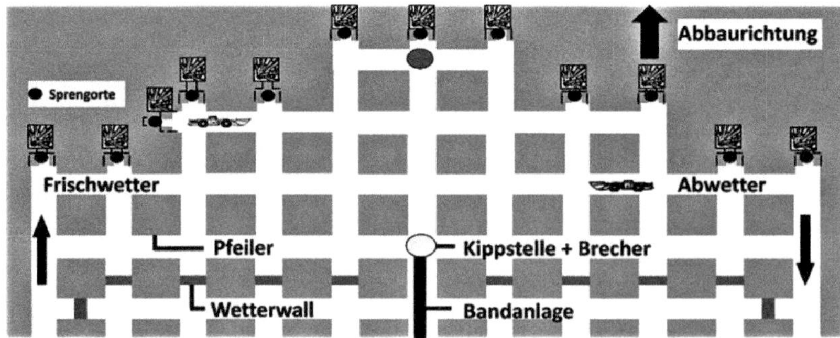

Bild 14.23 Kammer-Pfeiler-Abbau im Salzbergbau

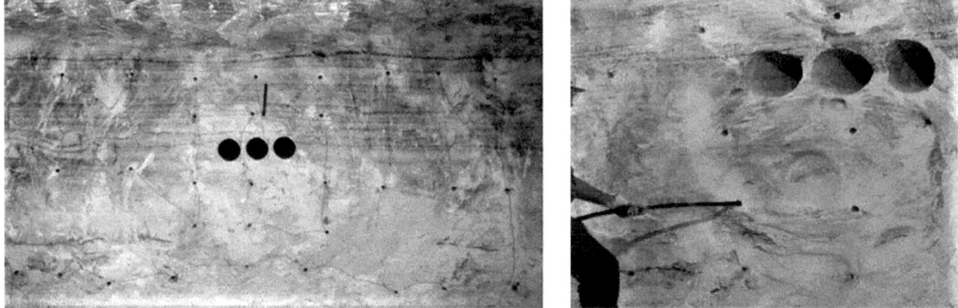

Bild 14.24 Großbohrlocheinbruch (300 mm) und BL-Anordnung

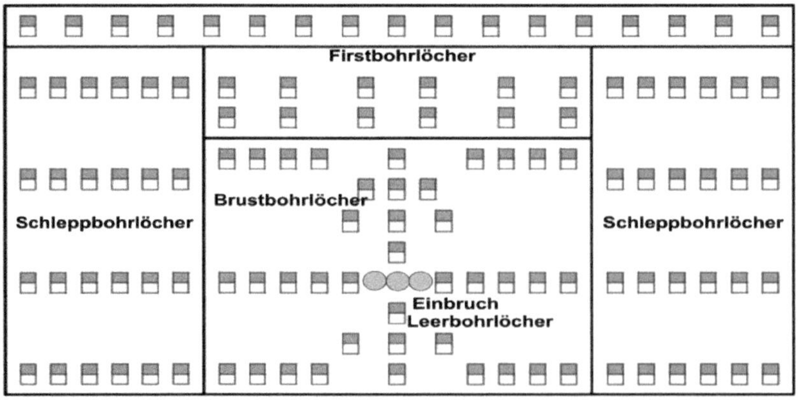

Firstbohrlöcher
Brustbohrlöcher
Schleppbohrlöcher
Schleppbohrlöcher
Einbruch
Leerbohrlöcher

Bild 14.25 Beispiel eines computergestützten Leitsprengbilds und BL-Anordnung

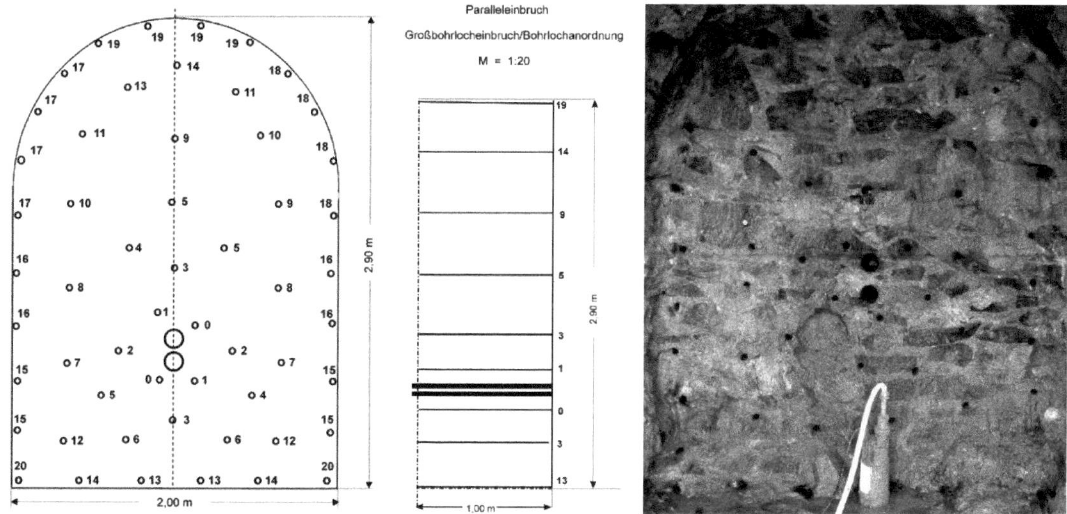

Bild 14.26 Stollenvortrieb, Paralleleinbruch und Beispiel für BL-Anordnung

14.4 Sprengtechnische Parameter

Nach der Regel der Technik hat die Sprengstoffmenge pro Zündzeitstufe, d.h. die Sprengladungen, die gleichzeitig gezündet werden, den größten Einfluss auf die Höhe der Erschütterungen. Die Sprengladungen sind so zu bemessen, dass der gewünschte Sprengzweck erreicht wird, wobei eine Unterladung der Sprengbohrlöcher generell zu vermeiden ist. Aus sprengtechnischer und umweltrelevanter Sicht (Reduzierung der Einwirkungen) sind, wie bereits dargelegt, neben dem Keileinbruch auch andere Einbruchsarten, wie z.B. Großbohrloch-Paralleleinbrüche, möglich, wobei diese unbedenklich und dem Stand der Technik entsprechend sind. Die Parameter der jeweiligen Sprenganlage mit allen Details kann sich jedoch ausschließlich aus den jeweils vorgefundenen Gebirgseigenschaften ergeben. Daraus wird sich letztendlich der Istzustand der sprengtechnischen Parameter ergeben.

Die Vortriebsparameter stehen zusammen mit den vorgegebenen Abschlaglängen in ständiger Wechselwirkung zueinander. Das bedeutet, dass kein Arbeitsvorgang für sich allein betrachtet wird, da sonst die Wirtschaftlichkeit des Vortriebsvorgangs infrage gestellt würde. Ausgangspunkt aller Überlegungen im Vortrieb ist der ordnungsgemäße Ausbruch (auch unter Einhaltung der vorgegebenen Erschütterungswerte) in den zu sprengenden kiesigen Vorstoßschottern unter Schonung von Firsten und Stößen. Allein dieser Zweck legt die Eigenschaften fest, wie die Parameter der Sprengungen auszusehen haben.

Tunlichst zu vermeiden sind mehr oder weniger unregelmäßige und unebene sowie durch die Sprengladungen angerissene, angeschlagene und aufgelockerte Stöße und auch Firsten, die hinsichtlich Festigkeit und Maßhaltigkeit den Anforderungen des Tunnel- bzw. Tunnelausbaus nicht gerecht werden. Bei wiederholten nicht optimalen Abschlägen ist die augenblickliche Form des Einbruchs zu überarbeiten. Die Ergebnisse sind mit den entsprechenden Leitbildern zu dokumentieren.

14.4.1 Sprengstoff

Es gibt zum gegenwärtigen Zeitpunkt noch keinen Universalsprengstoff, der für alle Sprengaufgaben gleich gut geeignet ist. Daher muss die Auswahl der Sprengstoffe gut überlegt sein. Im Tunnelbau werden bisher überwiegend die im Folgenden genannten Sprengstoffe verwendet.

Gelatinöse Ammonsalpeter-Sprengstoffe sind plastisch-knetbar und werden in PE-Schläuchen mit einem Durchmesser von ca. 30 mm und Längen bis 700 mm verwendet. Unter den gelatinösen Sprengstoffen besitzen sie die höchste Dichte (ca. 1,5 g/cm^3) und zeichnen sich durch gute Wasserfestigkeit sowie eine brisante Wirkung aus.

Pulverförmige Ammonsalpeter-Sprengstoffe werden in Patronenform geliefert. Der Sprengstoff ist feuchtigkeitsempfindlich (hygroskopische Eigenschaften). Patronierte Sprengstoffe haben stets einen um circa 10 mm kleineren Durchmesser als das Bohrloch. Die nicht wasserfesten Sprengstoffe haben eine niedrige Dichte (ca. 0,8 - 1,0 g/cm^3) mit schiebender Wirkung.

Bei Emulsionssprengstoffen handelt es sich um Gemische aus Öl (Brennstoff) und Salzlösungen (Sauerstoff). Sie werden entweder als pumpfähiger Sprengstoff oder in Patronenform geliefert. Im Vergleich zu gelatinösen Sprengstoffen besitzen sie eine etwas geringere Sprengleistung, haben jedoch weniger toxische Bestandteile in den Schwaden, wodurch sich die Lüftungszeiten verkürzen. Emulsionssprengstoffe besitzen eine geringere Dichte (ca. 1,2 g/cm^3) als gelatinöse Sprengstoffe und zeichnen sich durch sehr gute Wasserfestigkeit sowie eine brisante Wirkung aus.

In den Kranzbohrlöchern sollten in der Regel gestreckte Ladungen verwendet werden. Speziell unter Tage soll der Sprengstoff gewählt werden, der den gewünschten Sprengerfolg mit sich bringt. Darüber hinaus soll er mit dem geringsten sicherheitstechnischen Risiko behaftet sein, d. h., er hat in der Handhabung am sichersten zu sein und bringt die geringsten gesundheitlichen Beeinträchtigungen mit sich.

Aufgrund erfolgreich durchgeführter Sprengungen im Bergbau ist festzustellen, dass z. B. ein Bohrlochdurchmesser von Ø = 45 mm als sehr gut angesehen werden kann. Der Bohrlochdurchmesser wird als Mindestdurchmesser angenommen.

Bohrlochdurchmesser kleiner 45 mm dürfen nur mit ausdrücklicher Genehmigung der Emulsionshersteller verwendet werden. Auch sind für die ordnungsgemäße Anwendung die Mindestdurchmesser für die sichere Detonationsübertragung der Emulsionen der Zulassungen zu beachten. In der Regel ist Folgendes festzustellen. Je größer der Bohrlochdurchmesser, desto besser ist die Detonationsübertragung und damit einhergehend ebenso das Sprengergebnis. Die unterschiedlichen spezifischen Dichten von Emulsionen liegen zwischen ca. 0,8 kg/l und 1,2 kg/l. Damit können bei geeigneten Bedingungen die Kranzlöcher mit einer reduzierten Dichte geladen werden (String-Charging-Verfahren). Dabei sind grundsätzlich die allgemeinen Sicherheitsbestimmungen wie auch die Anweisungen der Hersteller einzuhalten.

14.4.2 Zündmittel

Im untertägigen Sprengvortrieb kommen die nichtelektrische Zündschlauchzündung (nonel) wie auch die elektrische und elektronische Zündung zum Einsatz. Durch den Einsatz von elektronischen Zündern bei Kranzschüssen, die exakt zum gewünschten Zeitpunkt zur Zündung gebracht werden, kann Folgendes erzielt werden:

- eine Verbesserung der Profilgenauigkeit
- eine Verringerung der Erschütterungen
- eine bessere Schonung des stehen bleibenden Gebirges und damit geringere Nachbearbeitungskosten

Voraussetzung für einen sinnvollen Einsatz der elektronischen Zünder sind, damit der genaue Zündzeitpunkt überhaupt relevant wird, eine sorgfältige Verteilung und ein genaues Bohren der Kranzbohrlöcher. Hierbei bietet sich die Kombination mit nichtelektrischen Zündern an, die für die Einbruch- und Helferschüsse eingesetzt werden können, während die elektronischen Zünder nur im Kranz zur Anwendung kommen.

Hinsichtlich der Anordnung der Zündmittel, d.h. der Schlagpatrone im Bohrloch, hat sich im Bergbau die Zündung aus dem Bohrlochtiefsten durchgesetzt und wird heute nahezu ausnahmslos angewendet. Für die Zündung aus dem Bohrlochtiefsten sprechen sprengtechnische Gründe: So beginnt die Detonation an der Stelle, wo die meiste Arbeit zu leisten ist (und auch die größte Verspannung bzw. der größte Gebirgswiderstand ist). Zudem werden sicherheitstechnische Aspekte berücksichtigt. Bei Verwendung von Emulsionen wird zur sicheren Initiierung der Ladesäule meistens ein Booster oder Primer bzw. ein Stück einer 80-g-Sprengschnur, das über den Ladeschlauch ins Bohrlochtiefste eingebracht wird, verwendet.

14.4.3 Abstimmung der Lademengen auf das Gebirge

Um den Sprengstoffbedarf für ein untertägiges Abbau-(Bau-)Projekt im Planungsstadium zu berechnen oder für Probesprengungen festzulegen zu können, ist es üblich, dass die gewonnenen Erfahrungen aus Sprengungen, die bei ähnlichen Vortrieben gemacht wurden, zugrunde gelegt werden. Das gilt auch für die Anwendung folgender Formel:

$$q = 14 / Q_A + 0{,}8\left(0{,}4 - 0{,}6 \text{ bei leicht sprengbarem Gestein}\right) \tag{14.1}$$

Q_A Ausbruchsquerschnitt [m^2]
q spezifischer Sprengstoffaufwand [kg/m^3]

Als Lademengenberechnung kann die Formel [40, 41, 43] in ihrer allgemeinen Form zur Abschätzung herangezogen werden. Diese ist auf die Tektonik (Schichtenlagerung) und die Bewegungen der Erdkruste, speziell für die Anforderungen unter Tage, abgestimmt. In Tabelle 14.1 sind Beispiele von Lademengen bei untertägigen Sprengungen dargestellt.

Folgende Aspekte sind zu berücksichtigen:

- Einbruchschüsse haben die größte Verspannung zu überwinden. Sie sind daher am stärksten und mit dem leistungsfähigsten Sprengstoff zu laden. Hier kann der Einsatz von gelatinösem Sprengstoff für die Schlagpatrone erforderlich sein.
- Einbruch- und Helferbohrlöcher werden im Regelfall auf etwa zwei Drittel der Bohrlochtiefe geladen.
- Bei der Wahl des Bohrlochabstands ist die Hebewirkung der Sprengstoffe zu berücksichtigen. Die Hebewirkung eines Sprengstoffkalibers von 35 mm beträgt etwa 80 cm bis 110 cm.
- Anhand der Ergebnisse der ersten Sprengungen werden das Bohrschema und die Lademenge für die Folgesprengungen nötigenfalls korrigiert. Auf diese Weise können auch wechselnde Gebirgseigenschaften berücksichtigt werden.
- Die Werte müssen auf das zu sprengende Gestein abgestimmt werden. Das bedeutet, dass – je nach Ort und Lage – auf die Gebirgseigenschaften eingegangen werden muss.

Zusammenfassend wäre daher die Verwendung von Emulsion anzustreben, wobei zur Sicherstellung des gewünschten Sprengerfolges, im Einbruch- und Firstbereich des Profils, größenordnungsmäßig um ca. 5 % bis 10 % mehr Bohrlöcher als bei gelatinösem Sprengstoff vorzusehen sein werden. Das bedeutet hinsichtlich der Wirtschaftlichkeit, dass voraussichtlich im Einbruch- und Firstbereich ein Mehraufwand von ca. fünf Bohrlöchern auftreten wird.

Neben dem Konvergenzen (= aufgrund des Gebirgsdrucks Annäherung von Hängendem und Liegendem) ergebenden Längenbetrag der Kalotte von bis zu 40 cm wurden Hebungen der Kalottensohle von über 1 m festgestellt [40, 41 ,43].

Bei herkömmlich durchgeführten Sprengungen sind Begleiterscheinungen wie Mehrausbrüche, Auflockerungen und Rissbildung, Sprengerschütterungen und dergleichen bekannt.

Tabelle 14.1 Beispiele von Lademengen bei untertägigen Sprengungen

	Querschnitt bis 6 m^2	Querschnitt bis 10 m^2	Querschnitt bis 40 m^2
weiches Gestein (Mergel, Lehm, Ton)	0,8 - 1,5 kg/m^3 Emulsion	0,6 - 1,3 kg/m^3 Emulsion	0,3 - 1,0 kg/m^3 Emulsion
mittelhartes Gestein (Sandstein, Kalkstein, Schiefer)	2,0 - 2,8 kg/m^3 Emulsion	2,0 - 2,5 kg/m^3 Emulsion	1,2 - 1,7 kg/m^3 Emulsion
Hartgestein (harter Kalkstein, Dolomit, Granit)	2,5 - 3,5 kg/m^3 Emulsion	2,5 - 3,0 kg/m^3 Emulsion	1,5 - 2,0 kg/m^3 Emulsion
hartes Gestein (Granit, Gneis, Basalt)	2,8 - 3,8 kg/m^3 gelatinöser Sprengstoff	3,0 - 3,5 kg/m^3 gelatinöser Sprengstoff	2,0 - 2,5 kg/m^3 gelatinöser Sprengstoff

14.4.4 Helferschüsse

Nachdem durch die entsprechenden Einbruchschüsse eine zweite freie Fläche geschaffen wurde, können die sogenannten Helferschüsse auf Vorgabe zum Einbruch hin gesprengt werden. Für das im Tunnelbau oftmals gebrauchte Sprengstoffkaliber von 35 mm, aber auch wenn Emulsionssprengstoff oder spezielle ANC-(ANFO-) Sprengstoffe geladen werden, ist das Werfen einer Vorgabe von etwa 80 cm bis maximal 110 cm bei sehr guten Gebirgseigenschaften möglich. Der Bohrlochabstand ist für Helferschüsse gleichbedeutend mit der zu werfenden Vorgabe. Entscheidend für den Bohrlochabstand sind

- die Gebirgsgüte,
- die Größe des Ausbruchsquerschnitts und, bezogen auf den nötigen Sprengstoff,
- die Größe des Sprengstoffkalibers.

Das im Tunnelbau gebräuchlichste Sprengstoffkaliber von 35 mm ist in der Lage, etwa 80 cm bis maximal 110 cm Vorgabe zu werfen. Somit ergibt sich ein maximaler Bohrlochabstand für Helferschüsse von 110 cm [40, 41, 43].

Im untertägigen Abbau wie auch Tunnelbau wird zwischen drei Arten von Bohrlöchern und Schüssen unterschieden: Die Einbruchschüsse brechen die Verspannung an der Ortsbrust. Die Helferschüsse vergrößern den durch den Einbruch geschaffenen Hohlraum und bringen so die gewünschte Abschlagtiefe. Die Kranzschüsse erweitern den Hohlraum auf das gewünschte Profil.

14.4.5 Kranz-(Profil-)Schüsse

In vielen Fällen bestehen hohe Anforderungen an das Sprengergebnis, wie z. B. das maßgerechte Herauslösen des Gebirges mit der Auflage zur Vermeidung oder erheblichen Reduzierung der genannten Begleiterscheinungen. Oftmals ist in solchen Fällen das Spaltsprengverfahren die einzige Möglichkeit, um negativen Begleiterscheinungen vorzubeugen. Das Spaltsprengverfahren, auch bekannt unter der Bezeichnung Profilsprengung, ist identisch mit dem Pre-Splitting, welches in Kapitel 9 dargelegt ist. Darunter versteht man die Loch-an-Loch-Reihung mit geringen Bohrlochabständen, die in ihrer Verbindungsebene eine gewollte Schwächezone schafft. Die Sprengwirkung der Ladungen soll hierbei nur eine Rissbildung erzeugen, bevor andere unkontrollierte Sprengeinwirkungen um das Bohrloch entstehen. Die Luftpufferung innerhalb der Ladesäule führt zu einer Reduzierung des hohen Anfangsdrucks der Reaktionsprodukte. Die Stoßwelle dringt in den Luftpuffer ein, wird reflektiert und beendet die Zertrümmerung in ihrer Front. Damit hört die Rissbildung um das Bohrloch auf. Die nachfolgenden Reaktionsprodukte haben nur noch die Kraft, eine Rissbildung zum nächsten geringsten Gebirgswiderstand zu erzeugen. Dies sind die beiden angrenzenden Profilbohrlöcher, in denen die gleichen Abläufe stattfinden. Der Anwendungsbereich des untertägigen Spaltsprengens ist vielfältig und immer auf das jeweilige Gebirge zugeschnitten. Dabei können die Bohrlöcher mit 80–100-Gramm-Sprengschnüren oder kleinkalibrigen Stabladungen, bis hin zum „String-Charging"-Verfahren besetzt werden [1, 40, 41, 43].

Das Prinzip des Sprengens mit Profil- bzw. Kranzschüssen (Bild 14.27) bringt folgende Vorteile: Es werden maßgenaue Begrenzungen hergestellt. Ein Mehrausbruch mit erhöhten Verfüllungskosten bleibt erspart, ebenso wie die Nachbearbeitungskosten bei einem Minderausbruch. Das verbleibende Gebirge wird geschont, Risse oder eine Auflockerung werden vermieden, und zudem wird die Erschütterung auf die Umgebung stark verringert. Das profilgenaue Sprengen erfordert aber einen höheren Aufwand an Bohr- und Sprengmittelkosten. Dieser wird wiederum durch den profilgenauen, erschütterungsreduzierten Ausbruch des Gesteins ausgeglichen. Beispiele aus der Praxis für das schonende und erschütterungsarme Sprengen, mit halbierter Kalotte und Zündung mit Sektoren, sind nachfolgend aufgeführt.

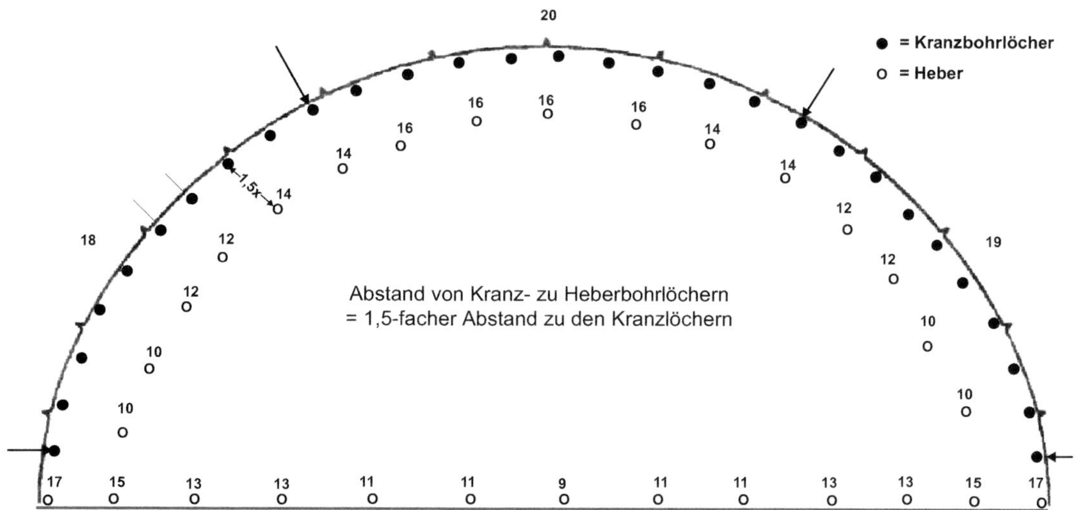

Bild 14.27 Beispiel für Kranz- und Heberlöcher sowie BL-Anordnung

14.4.6 Abschlagtiefe

Die Tiefe (Länge) eines Abschlags ist vor allem vom Ausbruchs-(Tunnel-)Querschnitt sowie den Gebirgseigenschaften und den damit notwendigen Verbaumaßnahmen abhängig, d.h., die die Sicherung bestimmende Stabilität des Gebirges ist zu beachten. Als grober Richtwert wird (bei Kreisquerschnitten) die Abschlagtiefe bei kleinen Profilen etwa die Hälfte und bei größeren Profilen, wie z.B. beim Schrägeinbruch, etwa ein Viertel des Tunneldurchmessers betragen. Beim Paralleleinbruch entspricht sie etwa bis zu einem Drittel des Tunneldurchmessers. Die größte Abschlagtiefe beträgt in etwa 4,0 m bis 4,5 m. Größere Abschlagtiefen scheitern zumeist an der zu großen Verspannung des Gebirges, aber auch aufgrund des unwirtschaftlichen Bohrens und in der Regel am Abschlagzyklus, der aus baubetrieblichen Gründen weniger optimal ist. Generell ist zu bemerken, dass eine allgemein gültige Bemessung der Abschlagtiefe angesichts der Vielzahl der Einflussgrößen nicht möglich ist. Die sprengtechnisch günstigste Abschlagtiefe und die in Anbetracht der Gebirgseigenschaften und der darauf beruhenden Verbaumaßnahmen möglichen Abschlagtiefen sind aufeinander abzustimmen. Grundsätzlich bringen größere Abschläge Vorteile hinsichtlich zeitlicher wie auch wirtschaftlicher Sicht. Die Abhängigkeit der möglichen Abschlaglänge vom Ausbruchquerschnitt wird in Bild 14.28 dargestellt.

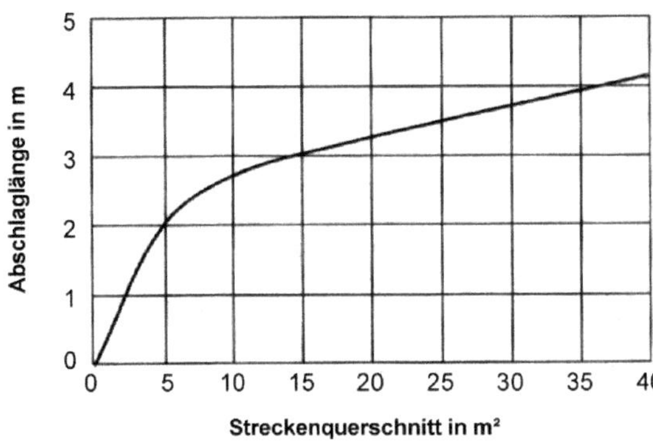

Bild 14.28
Richtwerte der möglichen Abschlagtiefe in Abhängigkeit vom Ausbruchquerschnitt

14.4.7 Abschlaglänge bei einer freien Ausbruchfläche

Demnach beträgt die maximale Abschlaglänge l_A für den Fall, dass der Ausbruch profilgenau und gebirgsschonend erfolgen soll, 0,5 · d_{min} (Bild 14.29). Für ein Gebirge mit mittlerer Lösbarkeit ergibt sich die maximale Abschlaglänge in Abhängigkeit vom Sollausbruchquerschnitt überschlägig zu (Bild 14.24)

$$\text{Schrägeinbruch: } I_A = 0{,}50 \cdot (A_A)^{0{,}5} \leq 4{,}00\,\text{m}\,(\text{Bohrlochtiefe}) \quad (14.2)$$

$$\text{Paralleleinbruch: } I_A = 0{,}75 \cdot (A_A)^{0{,}5} \leq 4{,}00\,\text{m}\,(\text{Bohrlochtiefe}) \quad (14.3)$$

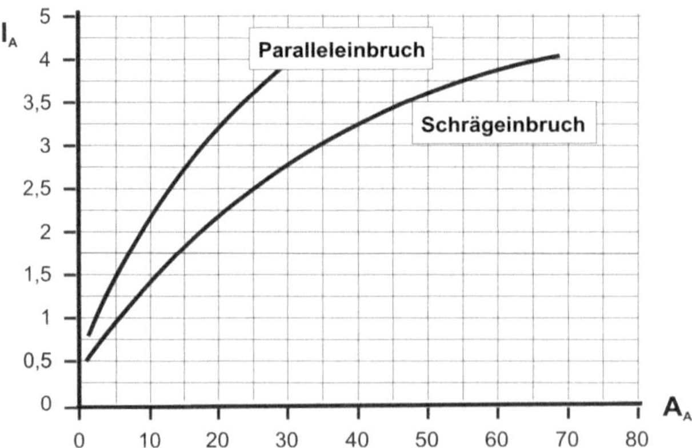

Bild 14.29 Maximale Abschlaglänge in Abhängigkeit von der Sollausbruchfläche

14.4.8 Bohrlochanzahl

Die Anzahl der Bohrlöcher Z_{Bn} kann näherungsweise mit folgender empirischer Formel bestimmt werden (siehe auch Tabelle 14.2):

$$Z_{Bn} = c + k \cdot A_A \tag{14.4}$$

A_A Ausbruchfläche
c, k Konstanten, abhängig von Gesteinsfestigkeit und Abbauart (ein oder zwei freie Flächen)

Tabelle 14.2 Anhaltswerte für die Bestimmung der Anzahl der Bohrlöcher

Gesteinsart	*c*	*k*
Abbau mit einer freien Fläche (Vortrieb)		
leicht sprengbar: Mergel, Tonstein, Gips, Kreide	25	0,67
mittelschwer sprengbar: Sandstein, Kalkstein, Schiefer	31	1,00
schwer bis sehr schwer sprengbar: Dolomit, Granit, Gneis, Basalt, Quarz	38	1,40
Abbau mit zwei freien Flächen (Nachtrieb)		
gut lösbar	4	1,00
schwer lösbar	5	1,20

14.4.9 Bohrlochdurchmesser

Die gängigsten Bohrlochdurchmesser im Untertageabbau bzw. Vortrieb wie auch im Tunnelbau betragen in der Regel 36 mm bis 45 mm. In Ausnahmefällen wird auch über 50 mm Durchmesser gebohrt. Großbohrlöcher für den Einbruch werden mit einem Durchmesser von 76 mm bis zu 600 mm gebohrt.

14.5 Sicherheitstechnische Aspekte

Sprengarbeiten unter Tage sind Sprengarbeiten zur untertägigen Mineralgewinnung sowie Sprengarbeiten zur Durchführung von Untertagebauarbeiten, insbesondere Arbeiten zur Herstellung und zum Ausbau von unterirdischen Hohlräumen wie Stollen, Tunnel- oder Schachtbauten. Es ist dabei Folgendes besonders zu berücksichtigen: Bei der detonativen Umsetzung von Sprengstoffen entstehen gasförmige Produkte, die als Sprengschwaden bezeichnet werden (dies ist auch über Tage zu beachten). Neben ungiftigen Bestandteilen wie Wasserdampf (H_2O), Kohlendioxid (CO_2) und Stickstoff (N_2) treten auch immer gesundheitsschädliche Gase wie Kohlenmonoxid (CO), Stickstoffmonoxid (NO) und Stickstoffdioxid (NO_2) auf. Stickstoffmonoxid (NO) und Stickstoffdioxid (NO_2) sind Stickoxide und werden als „nitrose Gase“ (No_X) bezeichnet. Eine Schädigung für den Menschen hängt von deren Konzentration und Einwirkungszeit ab. Der Abzug von Sprengschwaden kann durch Messung einer Leitkomponente der Sprengschwaden z. B. Kohlenmonoxid (CO) oder Stickstoffdioxid (NO_2) festgestellt werden [61].

Für die Belüftung kommen die natürliche Lüftung, die durch eine Luftströmung infolge von Temperaturdifferenzen entsteht, und Lüftungsanlagen bestehend aus Ventilatoren und den sogenannten Lutten, in denen die Luft transportiert wird, infrage. Die natürliche Lüftung kann bei vorhandenen Erkundungs- oder Lüftungsstollen funktionieren, es besteht jedoch die Gefahr, dass die Luft im Tunnel zum Stehen kommt [40, 41, 43, 45, 48].

In den einschlägigen Sicherheitsbestimmungen sind für Sprengungen unter Tage spezielle Regelungen hinsichtlich der vorangehend genannten Problematik vorgesehen. Prinzipiell sind alle Regelungen auf Folgendes fokussiert: Durch geeignete organisatorische und technische Maßnahmen, wie Arbeitsunterbrechungen, Lüftungsmaßnahmen und Messungen, ist sicherzustellen, dass die Sprengstelle nach erfolgter Sprengung erst dann betreten wird, wenn die MAK-Werte, insbesondere für Kohlenmonoxid und für Stickstoffdioxid, unterschritten sind. Im untertägigen Bergbau wird aus diesem Grunde oftmals der Schuss zu Schichtende abgetan, wobei durch geregelte Wetterzufuhr am nächsten Tag zu Schichtbeginn die Sprengschwaden ausgewettert sind. Im Tunnelbau ist dies meist nicht möglich. Als geeignete Maßnahmen [40, 41, 43, 48] gegen schädliche Einwirkungen von Sprengschwaden sind folgende zu nennen:

- Sprengschwaden enthalten immer gesundheitsgefährdende Anteile an tödlichen Gasen. Kurz nach der Sprengung sind sie vor Ort unverdünnt.
- Man sollte warten, bis die Schwaden durch die Belüftung aus dem Ort abgeführt sind.
- Wasser- oder Pastenbesatz vermindern die Schadstoffe um bis zu 25 %.
- Es ist auf eine gute Wetterführung, vor allem auf intakte Lutten, zu achten.
- Es sollte nur so viel Sprengstoff eingesetzt werden, wie zum einwandfreien Sprengen eines Abschlags unbedingt notwendig ist.
- Auf ein gutes Verhältnis zwischen Bohrloch- und Patronendurchmesser (maximal 1 : 1,3) ist zu achten.
- Man sollte Emulsionssprengstoffe einsetzen.
- Man sollte Schwadencontainer benutzen.

Der MAK-Wert (Maximale Arbeitsplatz-Konzentration) ist die Konzentration eines Stoffes in der Luft am Arbeitsplatz, bei der im Allgemeinen die Gesundheit der Arbeitnehmer nicht beeinträchtigt wird (§ 3 (5) GefStoffV) [58]. Die dabei einzuhaltenden zulässigen MAK-Werte sind als Acht-Stunden-Mittelwerte angegeben. Zu beachten ist allerdings, dass auch kurzzeitige Abweichungen von diesen Mittelwerten nur begrenzt erlaubt sind. Tabelle 14.3 und Tabelle 14.4 geben eine Übersicht über die Bemessungskriterien für die Bewetterung und Grenzwerte für kritische Stoffe im Tunnelbau. Dabei gelten die Unfallverhütungsvorschriften der TBG speziell für den Tunnelbau. Bei den Grenzwerten der TRGS 900 handelt es sich um allgemeine Vorgaben. Benzinmotoren dürfen unter Tage nicht eingesetzt werden, da sie die zehnfache Menge an Frischluft benötigen. Um jegliche Unsicherheiten zu vermeiden, ist die *TRK* (= Technische Richtkonzentration, also die Konzentration eines Stoffes in der Luft am Arbeitsplatz, die nach dem Stand der Technik erreicht werden kann) einzubeziehen [61].

Tabelle 14.3 Schädliche Gase in Sprengstoffen

Sprengstoffart	CO l/kg	NO_x l/kg
Gelatinöse Sprengstoffe	16 - 24	3,5 - 4,0
ANC-Sprengstoffe	5,1	3,0
Emulsionssprengstoff	1,1 - 4,6	0,1 - 0,2

Tabelle 14.4 Beispiele von Grenzwerten für kritische Stoffe im Tunnelbau

Gas bzw. Staub	Zulässiger MAK-Wert	
Kohlenmonoxid CO	30 ml/m³	33 mg/m³
Kohlendioxid CO_2	5000 ml/m³	9000 mg/m³
Nitrose Gase NO, NO_2, N_2O_2	5 ml/m³	9 mg/m³
Schwefeldioxid SO_2	2 ml/m³	5 mg/m³
Quarzhaltiger Staub mit Korngröße < 5 µm (Alveolen gängige Fraktion)	–	0,15 mg/m³

In sicherheitstechnischer Hinsicht überwiegen eindeutig die Vorteile [43] von Emulsionen gegenüber gelatinösen Sprengstoffen: Emulsion enthält kein Sprengöl, sodass Kopfschmerzen beim Ladevorgang nicht auftreten können. In den Schwaden sind, sowohl hinsichtlich der auftretenden Spitzenwerte der Schadstoffkonzentrationen wie auch hinsichtlich der gesamten Schadstoffmenge, deutlich weniger Schadstoffe enthalten. Messungen der Schadstoffkonzentrationen nach Sprengungen mit Emulsionssprengstoffen und mit gelatinösen Sprengstoffen zeigten: Beim Einsatz von Emulsionen entstanden nur ca. 40 % der bei gelatinösen Sprengstoffen auftretenden Spitzenwerte der Schadstoffkonzentrationen [5, 16, 58, 61]. Somit kann die Wartezeit nach einem Abschlag reduziert und eventuell auch, verbunden mit den notwendigen Kontrollmessungen der Schadstoffe, die Bewetterungsleistung geringer als bei gelatinösen Sprengstoffen dimensioniert werden [43].

Bei Verwendung von Emulsionen kann es zu intensivem Ammoniakgeruch kommen, wenn gepumpte Emulsionssprengstoffe mit alkalischem Gestein (Kalk) und mit (Spritz-)Beton reagieren. Sicherheitstechnisch vorteilhaft ist, dass nur noch ein kleines Sprengmittellager für Booster und Zünder benötigt wird und somit die Problematik der Lagerung von großen Sprengstoffmengen entfällt. Dies gilt nur bei der Sprengstoffgeneration unter Verwendung von Matrixsystemen. Zusammenfassend ist daher die Verwendung von Emulsion anzustreben. Dabei werden zur Sicherstellung des gewünschten Sprengerfolges im Einbruch- und Firstbereich des Tunnelprofils größenordnungsmäßig um 5 % bis 10 % mehr Bohrlöcher als bei gelatinösem Sprengstoff vorzusehen sein.

Im Gegensatz zu patronierten Emulsionen stellt die Verwendung von gepumpten Emulsionen Ansprüche an das Gebirge (kompakt, wenig verkarstet, nur geringe Wasserführung). Es kommt meist zu einem geringfügig höheren Sprengstoffverbrauch. Dafür sollte ab einer gewissen Bohrlochtiefe (ab etwa 1,5 m) ein schnellerer Ladevorgang eine merkliche Arbeitsersparnis mit sich bringen [43].

14.5.1 Besatz unter Tage

Das Verdämmen (Besetzen) der Sprengladungen ist umso notwendiger, je langsamer ein Sprengstoff detoniert. Die Verbrennungsvorgänge unter 1000 m/s werden als „Deflagration“ bezeichnet. Schwarzpulver z. B. brennt mit einer Geschwindigkeit von nur ca. 600 m/s ab. Es detoniert somit nicht und muss deshalb immer verdämmt werden.

Bei Bohrlochdurchmessern bis zu ca. 45 mm genügt eine Besatzpatrone, die etwa 300 ml Wasser enthält. Bei größeren Bohrlöchern und beim Einsatz von Patronen mit größerem Durchmesser braucht man zwar weniger Bohrlöcher, aber nicht weniger Wasser zur Staubniederschlagung. Deshalb sollten in diesem Fall Wasser- oder Pastenbesatzpatronen von 40 mm Durchmesser und 500 ml Inhalt verwendet werden. In der Praxis des Tunnelbaus ist es üblich geworden, die Ladesäulen der Einbruch- und Helferschüsse nicht mit Besatz abzuschließen (Zeit- und Geldersparnis). Durch die Länge der Ladesäule wirkt für die Schlagpatrone im Bohrlochtiefsten der danach eingebrachte Sprengstoff gleichsam als Besatz, wodurch eine einwandfreie Umsetzung der Schlagpatrone und damit die gewünschte Abschlagtiefe garantiert sind. Wenn dabei grobstückigeres Material anfällt, ist es im Tunnelbau nur dann von Bedeutung, wenn der Abtransport über Förderbänder erfolgt.

Mit Kleinkaliberpatronen (Kontur) geladene Kranzbohrlöcher werden aus Sicherheitsgründen in jedem Fall verschlossen, um ein Auswerfen der dünnen, im Bohrloch nicht verdichteten Sprengstoffpatronen nach der Zündung aus dem Bohrlochtiefsten zu verhindern. Wegen der schwachen Ladung der Kranzbohrlöcher könnte aber ein in normaler Stärke aufgebrachter Besatz dazu führen, dass im Bereich des

Besatzes keine ausreichende Rissbildung zwischen den Bohrlöchern erfolgt, somit „Vorhänge" stehen bleiben und Nacharbeiten notwendig sind. Daher werden für mit Kleinkaliberpatronen geladene Kranzschüsse bevorzugt Dämmschirme zum Abschließen der Kranzbohrlöcher eingesetzt [16, 43].

Mit Sprengschnüren geladene Kranzbohrlöcher hingegen werden üblicherweise nicht verschlossen, da ein Auswerfen der im Bohrlochtiefsten zur Zündung gebrachten Sprengschnüre unwahrscheinlich ist. Dabei ist zu berücksichtigen, dass die Sprengschnur ca. 30 cm innerhalb des Bohrlochmunds enden muss.

14.5.2 Zündfolge

Gezündet wird ausschließlich mit Zeitzündern. Entscheidend für die Wahl der Zeitstufen ist der Umstand, dass der vorhergehende Schuss genügend Zeit zum Auswurf haben muss. Bei den elektrischen Zündern werden die Zeitstufen 80 ms und 100 ms, aber auch 25 ms und 50 ms, bei nichtelektrischen Zündern die Zeitstufen 25 ms, 42 ms und 67 ms verwendet. Dies bringt in den meisten Fällen ausreichend Zeit für das Werfen des Materials mit sich. Gleichzeitig kommt es aber auch zu einer günstigen Beeinflussung der einzelnen Schüsse durch Überlagerung der Schwingungen im Boden und durch die Wirkung des Gasdrucks auf die nachfolgenden Schüsse. Lediglich bei den Einbruchschüssen kann es sich von Fall zu Fall lohnen – vor allem bei hartem Gestein –, jeweils eine Zeitstufe auszulassen, um die Zeit für ein sicheres Werfen des vorhergehenden Schusses sicherzustellen. Als feste Regel für die Wahl der Zündfolge gilt, dass die Einbruchschüsse mit den niedrigsten Zeitstufen zu zünden sind. Die Helferschüsse werden mit höheren Zeitstufen gezündet, wobei die Zeitstufen mit wachsendem Abstand vom Einbruch steigen sollen. Als letzte werden die Kranzschüsse abgetan. Die Zündung der Kranzschüsse soll möglichst gleichzeitig erfolgen, damit auch eine gleichzeitige und somit gleichmäßige Spaltbildung von jedem Bohrloch ausgehend zum Nachbarbohrloch erfolgen kann. Bei gleichzeitiger Zündung der Kranzschüsse kommt es allerdings zu einer größeren Erschütterungswirkung. Bei der Abschätzung der erwarteten Sprengerschütterungen ist dies zu beachten.

Wie bereits erwähnt, hat neben der Verspannung die Sprengstoffmenge pro Zündzeitstufe, d. h. die Sprengladungen, die gleichzeitig gezündet werden, den größten Einfluss auf die Höhe der Erschütterungen. Aus der ermittelten Sprengstoffmenge, die gleichzeitig gezündet wird, ergibt sich, dass beim Sprengen die Gesamtlademenge eines Abschlags auf möglichst viele Zündstufen verteilt wird. Die Ermittlung der Lademengen pro Zündzeitstufen ergibt sich aus den verwendeten Zündern in den einzelnen Sprengbohrlöchern und der eingesetzten gesamten Sprengstofflademenge. Bei der nichtelektrischen Zündung mit Sektoren werden die Zündzeitstufen gebündelt und mit definierten Zündzeitstufen initiiert. Die Sektorenzündung wird in den Beispielen in Bild 14.30 bis Bild 14.39 dargestellt.

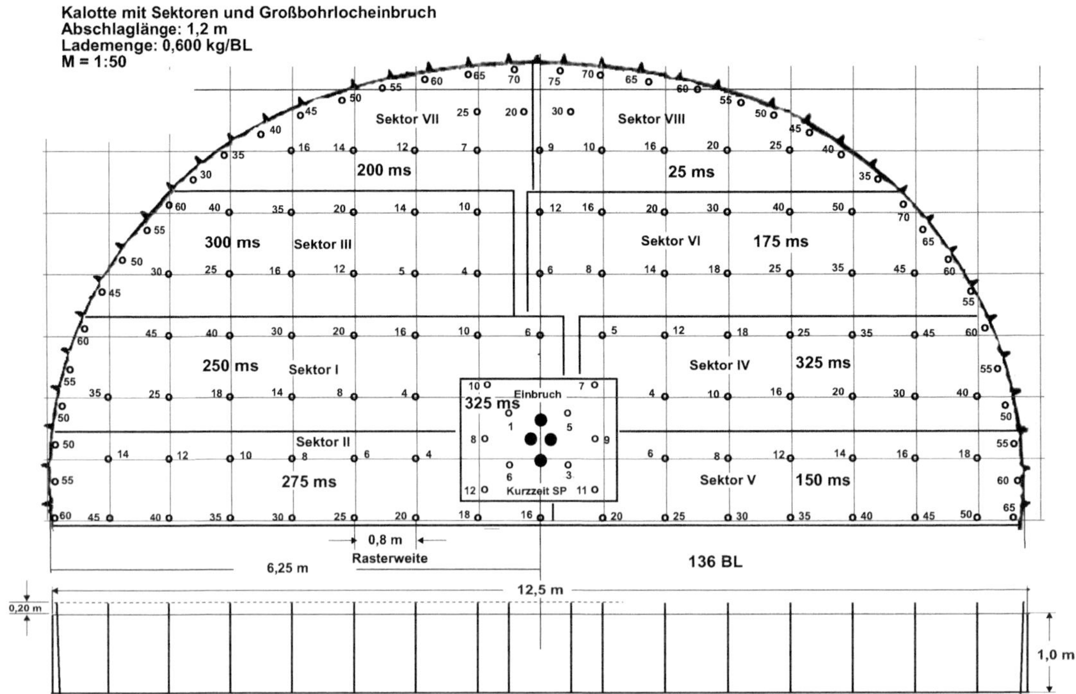

Bild 14.30 Kalotte, Sektorenzündung mit Großbohrlocheinbruch

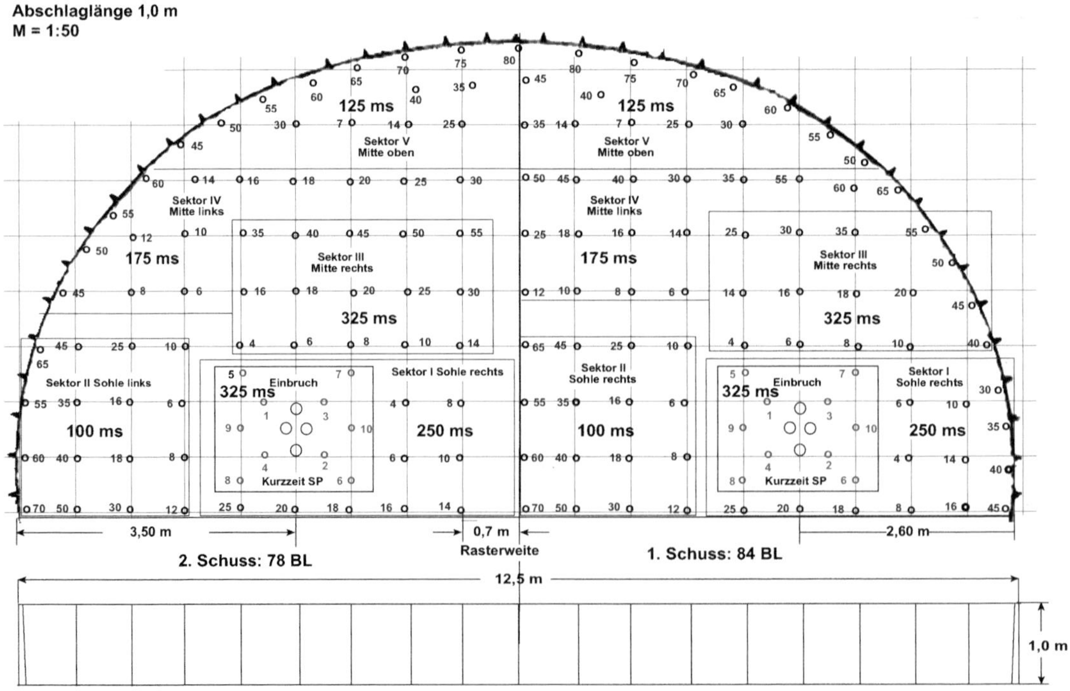

Bild 14.31 Kalotte, Sektorenzündung mit zweifachem Großbohrlocheinbruch

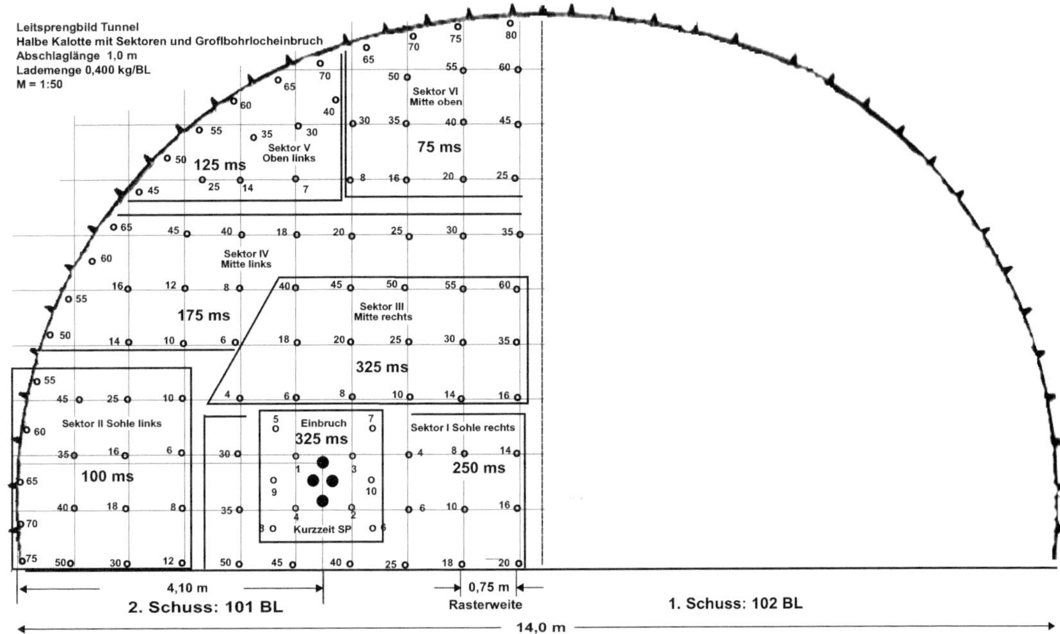

Bild 14.32 Kalotte, halbiert, Sektorenzündung mit Großbohrlocheinbruch

Bild 14.33 Kalotte, halbiert, Sektorenzündung mit Großbohrlocheinbruch

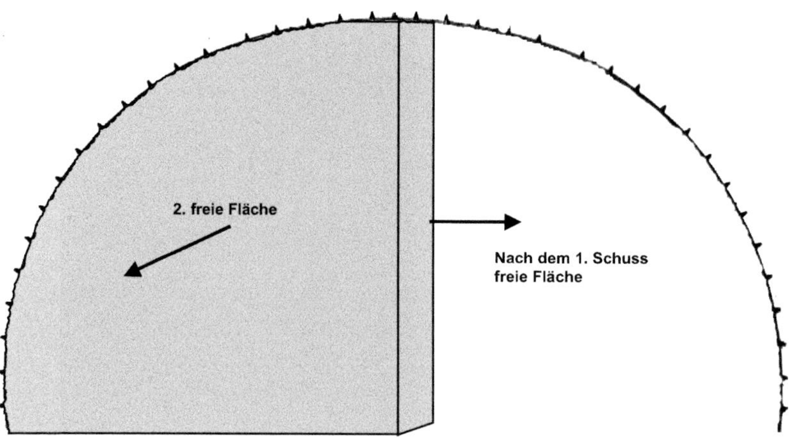

Bild 14.34 Kalotte, halbiert

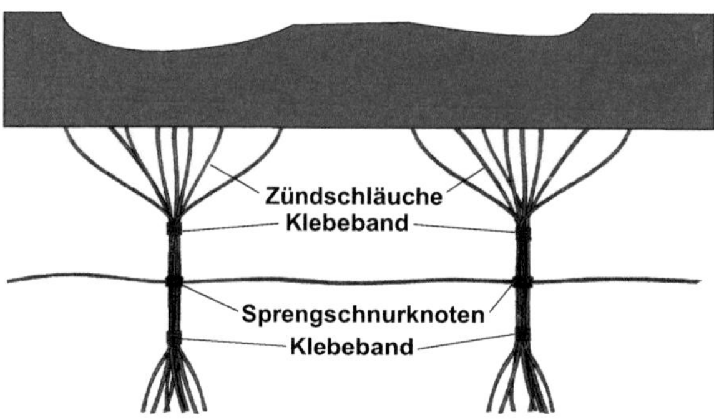

Bild 14.35 Schlauchbündel

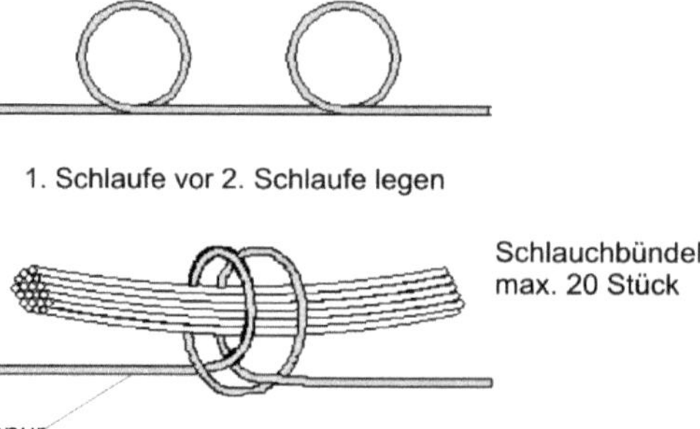

Bild 14.36 Schlauchbündel für maximal 20 Schläuche

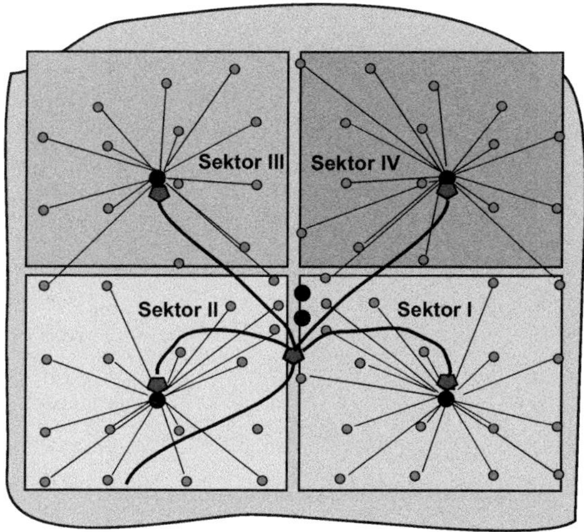

Bild 14.37 Kalotte, Sektorenzündung mit Schlauchbündel

Anzahl BL	Kontrolle ZZstf	Zünd Reihenfolge	Zündzeit ms	Verzögerung SP - Nr.	Verzögerung LP - Nr.	Verzögerung ms
1	1	1	225	9	0	225
2	1	2	250	9	1	225
3	1	3	275	9	2	225
4	1	4	300	9	3	225
5	1	5	325	9	4	225
6	1	6	350	9	5	225
7	1	7	375	9	6	225
8	1	8	400	9	7	225
9	1	9	425	9	8	225
10	1	10	450	9	9	225
11	1	11	475	9	10	225
12	1	12	500	9	11	225

Bild 14.38 Kalotte, Sektorenzündung mit Keileinbruch

Bild 14.39
Kalotte, Sektorenzündung mit Keileinbruch

Bei der Bündelung der Schläuche ist auf die Herstellerangaben zu achten. In der Regel werden nicht mehr als 20 Schläuche in einem Bündel zusammengefasst. Bei der Ermittlung geringerer Lademengen pro Zündzeitstufe ist davon auszugehen, dass im Tunnel nichtelektrische Zünder eingesetzt werden. Die Ortsbrust wird dabei in gebündelte „Sektoren" hinsichtlich der Zündfolge eingeteilt. Die Anzahl der Zünder ist dadurch nicht an begrenzte Zeitstufen – wie z.B. bei der elektrischen Zündung – gebunden. Bei der Verteilung der Zünder auf die Sprengladungen wird von der höchsten Lademenge pro Zündzeitstufe ausgegangen. Die Lademengen werden in einem Leitsprengbild mit Berechnung dargestellt, wobei das Leitsprengbild nur als Anhalt gelten kann. Es muss grundsätzlich von Fall zu Fall auf die unterschiedlichen Gegebenheiten vor Ort eingegangen werden.

14.5.3 Sprengschnüre

Schwere Sprengschnüre (80 g bzw. 100 g), als Sprengstoff für Kranzschüsse, weisen für das schonende Sprengen sehr gute sprengtechnische Eigenschaften auf. Das hochbrisante Nitropenta sorgt für einen entsprechenden starken Detonationsstoß, der eine Trennfuge zwischen den Kranzbohrlöchern bildet, eine Rissbildung des stehen bleibenden Gebirges aber vermeidet und so ein relativ glattes und genaues Ausbruchsprofil erzeugt. Sprengschnüre für Kranzschüsse werden in geringerer Gewichtsmenge benötigt. Hier beträgt das Ladegewicht je Bohrloch nur etwa ein Drittel verglichen mit Sprengstoffpatronen. Dafür ist normalerweise allerdings ein etwas geringerer Bohrlochabstand erforderlich, d. h., es werden mehr Bohrlöcher benötigt. Nachteile der Sprengschnüre bestehen in gesundheitlicher Hinsicht, in der negativen Sauerstoffbilanz bei der Umsetzung und im relativ großen Schadstoffanteil an Kohlenmonoxid in den Schwaden. Es wurde der ca. fünfundzwanzigfache Wert gegenüber Emulsionssprengstoffen gemessen. Dies wird aber durch die geringe Masse der Sprengschnüre, verglichen mit der für die Einbruch- und Helferschüsse eingesetzten Sprengstoffmenge, ebenso relativiert wie die höheren Anschaffungskosten für die Sprengschnüre.

Die Verwendung von gepumpten Emulsionen auch für Kranzschüsse hängt von den technischen Möglichkeiten ab. So muss der flüssige Sprengstoff im Kranzbohrloch so dosiert werden, dass der für das schonende Sprengen notwendige Luftraum zwischen Sprengstoff und Bohrlochwand sichergestellt ist. Zufriedenstellende Ergebnisse lassen sich durch eine erfahrene Bedienungsfachkraft dadurch erzielen, dass sie während des Ladens den Ladeschlauch aus dem Bohrloch zieht (die Geschwindigkeit ist Erfahrungssache) [40, 41, 43, 48] und so für das notwendige Luftpolster zwischen Sprengstoff und Bohrlochwand sorgt.

14.5.4 Laden vor Ende der Bohrarbeiten

In der Praxis des Tunnelbaus, speziell bei größeren Profilen, kann es durchaus vorkommen, dass mit dem Laden der Bohrlöcher noch vor dem Ende der Bohrarbeiten begonnen wird, um so Zeit und Kosten zu sparen. Bei der Arbeitsdurchführung besteht die Gefahr, dass unbeabsichtigt ein bereits geladenes Nachbarbohrloch angebohrt und dadurch die Ladung zur Detonation gebracht wird. Dieser Gefahr kann nur dadurch begegnet werden, dass auf die Einhaltung eines Sicherheitsabstands zwischen dem arbeitenden Bohrhammer und der in das Nachbarbohrloch bereits eingebrachten Ladung geachtet wird: Der Abstand des neu zu bohrenden Bohrlochs zu den bereits geladenen Bohrlöchern darf ein Drittel der größten Bohrlochtiefe des Abschlags, mindesten jedoch einen Meter nicht unterschreiten. Dies muss die Ausnahme bleiben. Der sicherste Weg ist, dass sich niemals ein geladenes Bohrloch in der Nähe des Bohrhammers befindet [40, 41, 43, 48].

14.6 Leitsprengbilder – Beispiele für unter Tage

Um eine Übersicht der Vorgehensweisen beim untertägigen Sprengen zu gewährleisten, sind sogenannte Leitsprengbilder anzufertigen, welche die sprengtechnischen Parameter darstellen. Die Leitbilder, die zu Beginn eines Vortriebs erstellt wurden, müssen eventuell im weiteren Verlauf, anhand wechselnder Gegebenheiten vor Ort, abgeändert werden. Hierbei spielen die gewonnenen Erkenntnisse aus den vorhergehenden Sprengungen eine große Rolle. Um einen sicheren Vortrieb zu gewährleisten, müssen die Parameter schnellstmöglich auf die aktuellen Verhältnisse eingestellt werden. In Bild 14.40 bis Bild 14.59 sind Beispiele unterschiedlicher Leitsprengbilder dargestellt.

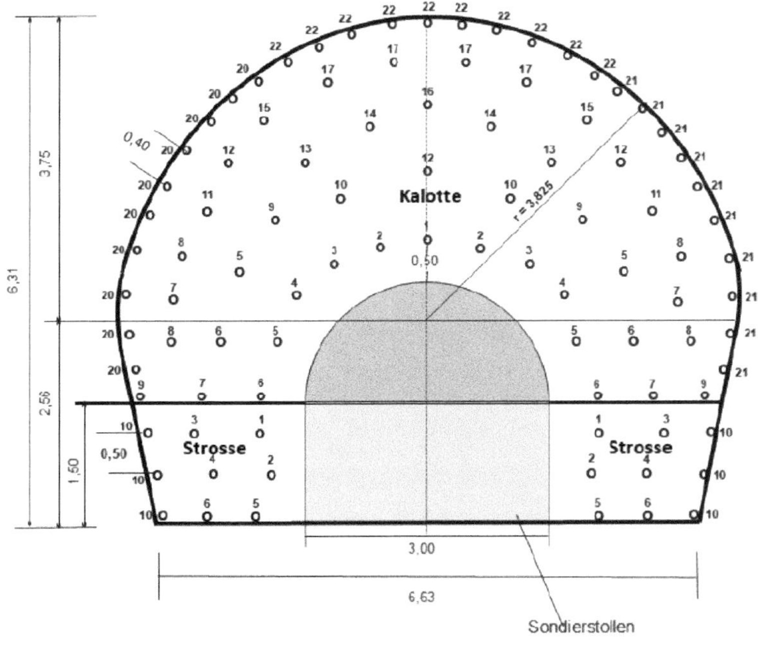

Bild 14.40 Kalotte mit Zufahrtsstollen

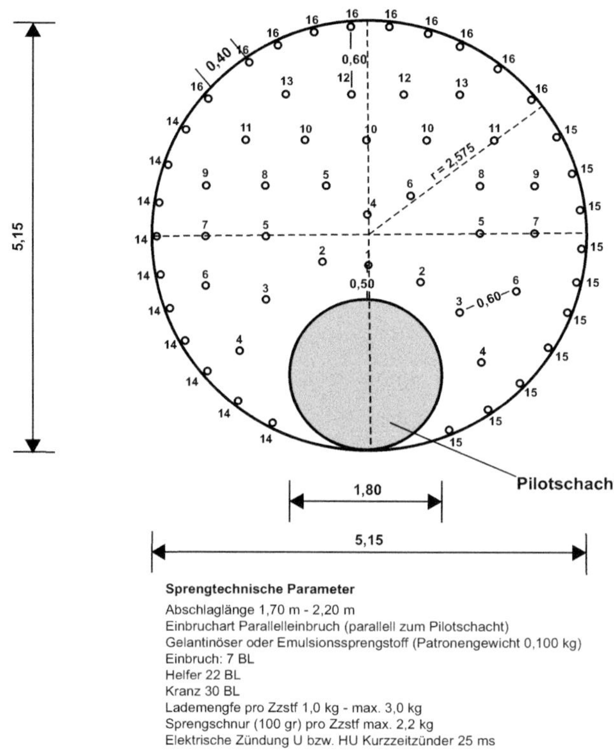

Bild 14.41 Druckschacht

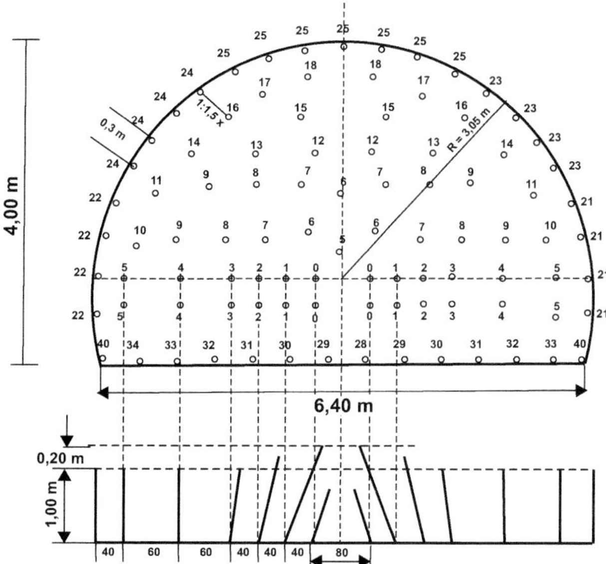

Bild 14.42 Tunnel, Kalotte und Vollausbruch

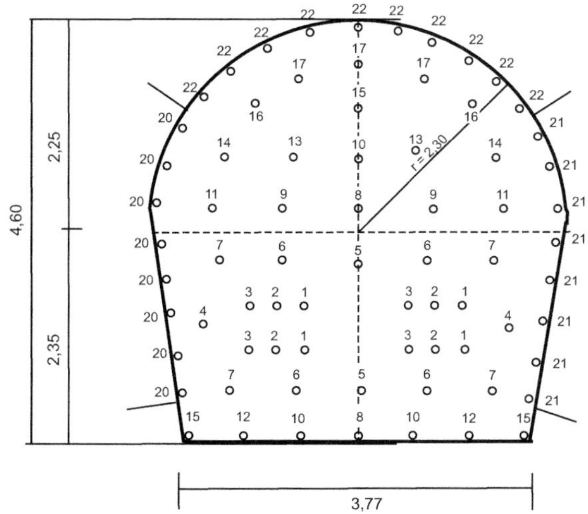

Sprengtechnische Parameter
Abschlaglänge 1,70 m - 2,20 m
Einbruchart Doppel-Keileinbruch
Gelantinöser oder Emulsionssprengstoff (Patronengewicht, 0,100 kg)
Einbruch: 12 BL
Helfer 39 BL
Kranz 26 BL
Lademengfe pro Zzstf 2,0 kg - max. 4,0 kg
Sprengschnur (100 gr) pro Zzstf max. 2,2 kg
Elektrische Zündung U bzw. HU Kurzzeitzünder 25 ms + 50 ms

Bild 14.43 Schutterstollen

Sohle, Auflockerung.
Abschlaglänge

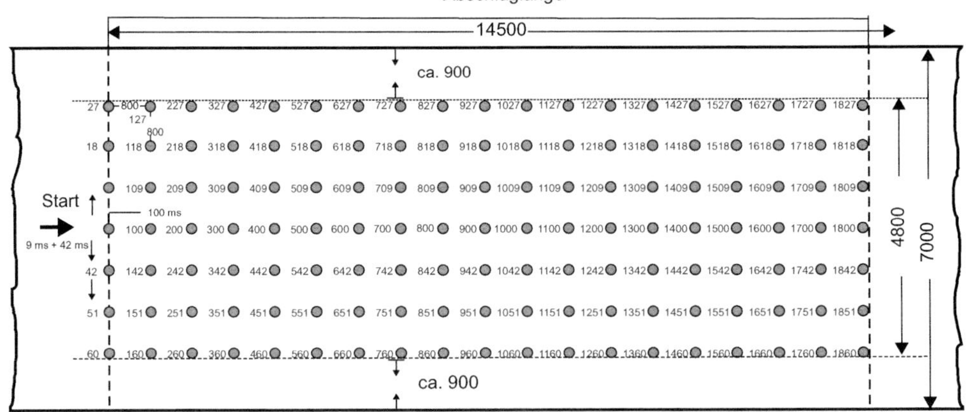

Vortriebsrichtung

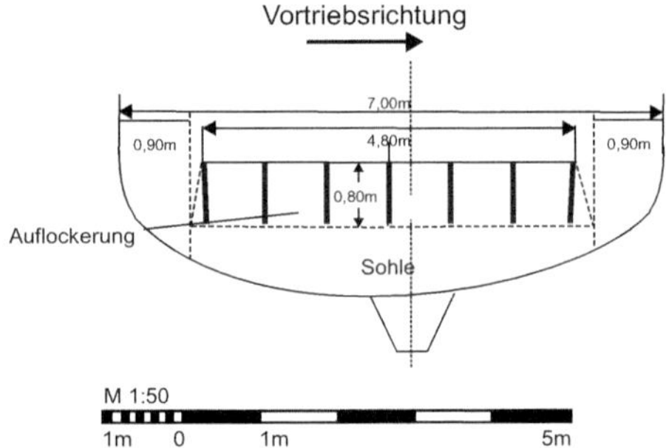

Sprengtechnische Parameter
Vortriebsklasse 4A-3 und 4A-4
Ausbruchsfläche 69,90 m²
Sohle: 133 BL
BL Tiefe: 0,80 m
Nichtelektrische Zündung (nonel)
Zündzeitstufen: (z.B. INDETSHOCK)1000 ms
Oberflächenverzögerung (z.B. SHOCK STAR) 9 ms, 42 ms und 100 ms
Gelantinöser oder Emulsionssprengstoff (Patronengewicht ca. 0,400 kg)
Lademenge pro Zzstf max. 0,200 kg

Bild 14.44 Tunnelsohle und Auflockerung

Sohlauflockerung, halbiertes Sprengfeld
Abschlaglänge

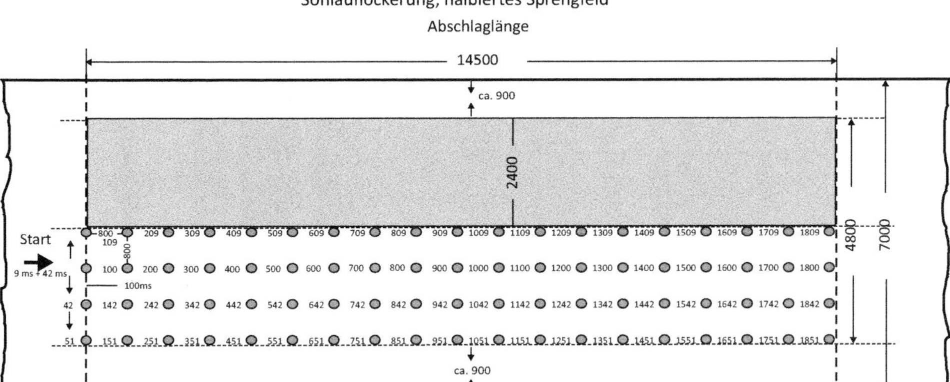

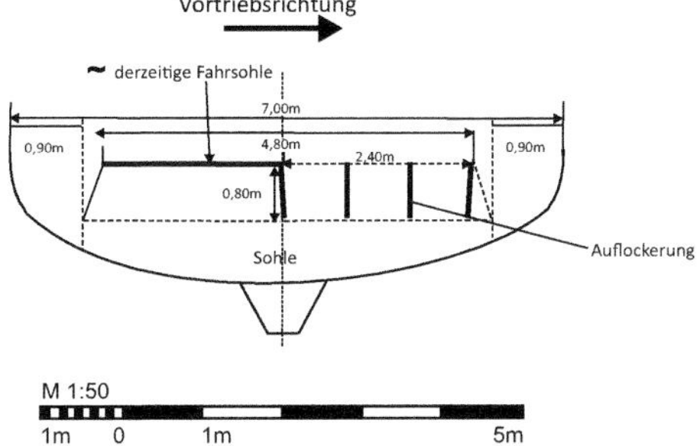

Sprengtechnische Parameter
Homogenklasse 3 (Vortriebssklasse 4A-3 und 4A-4)
Ausbruchfläche 34,80 m²
Sohle: 76 BL
BL Tiefe: 0,80 m
Nichtelektrische Zündung (nonel)
Zündzeitstufen: (z.B. INDETSHOCK) 1000 ms
Oberflächenverzögerung (z.B. SHOCK STAR) 9 ms, 42 ms und 100 ms
Gelantinöser oder Emulsionssprengstoff (Patronengewicht ca. 0,400 kg)
Lademengfe pro Zzstf max. 0,200 kg

Bild 14.45 Tunnelsohle und Auflockerung (halbiert)

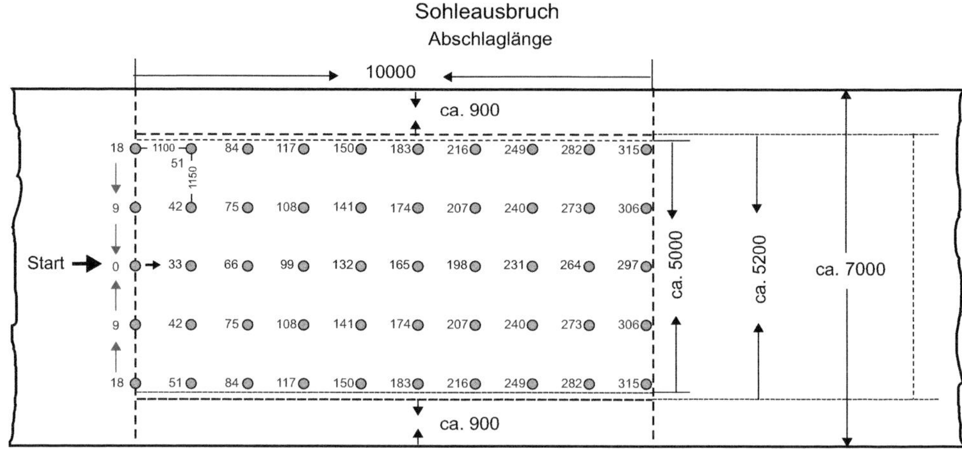

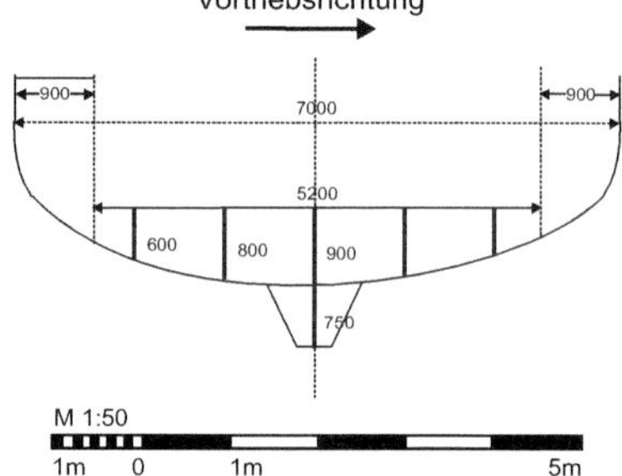

Sprengtechnische Parameter
Vortriebssklasse 4A-1 und 4A-2
Ausbruchfläsche 52 m²
Sohle: 50 BL
BL Tiefe: 0,60 m, 0,80 m und 1,65 m)
Nichtelektrische Zündung (nonel)
Zündzeitstufen: (z.B. INDETSHOCK) 300 ms
Oberflächenverzögerung (z.B. SHOCK STAR) 9 ms und 33 ms
Gelatinöser oder Emulsionssprengstoff (Patronengewicht ca. 0,400 kg)
Lademengfe pro Zzstf max. 0,800 kg

Bild 14.46 Ausbruch an der Tunnelsohle

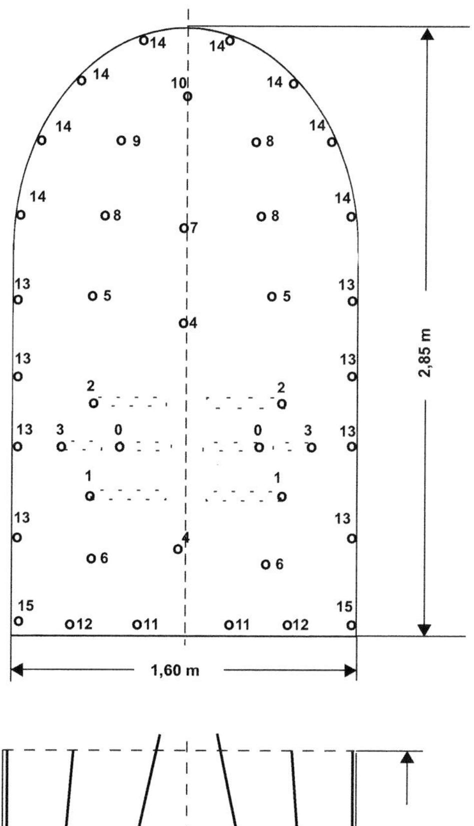

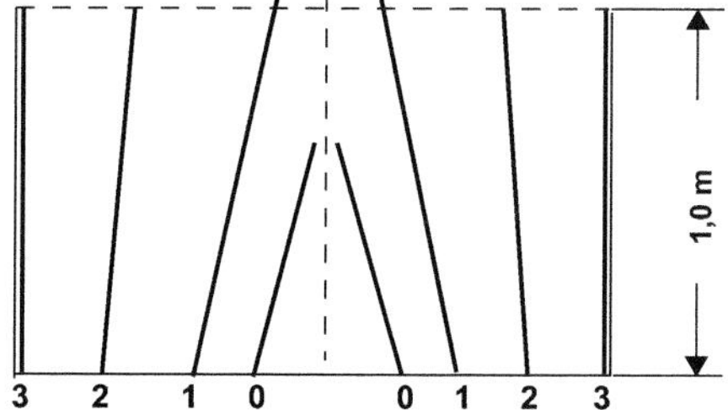

Bild 14.47 Stollenvortrieb, Keileinbruch

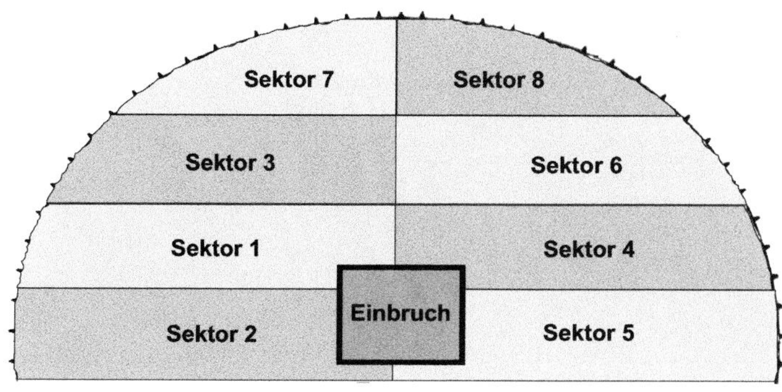

Bild 14.48 Kalotte, acht Sektoren

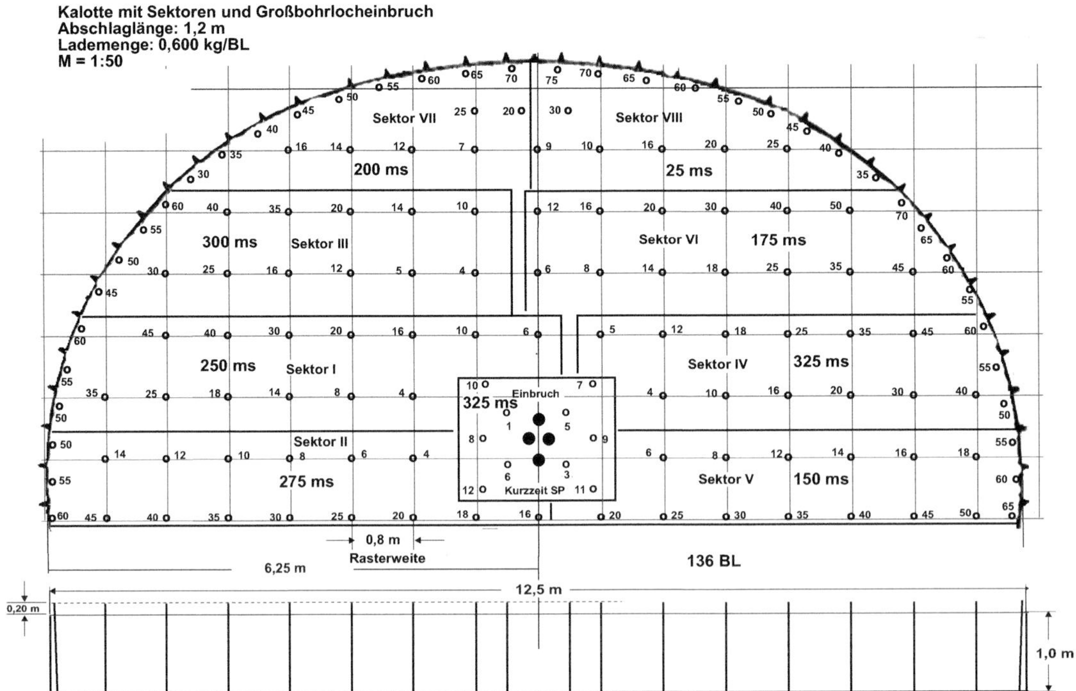

Bild 14.49 Kalotte, acht Sektoren mit Zündfolge

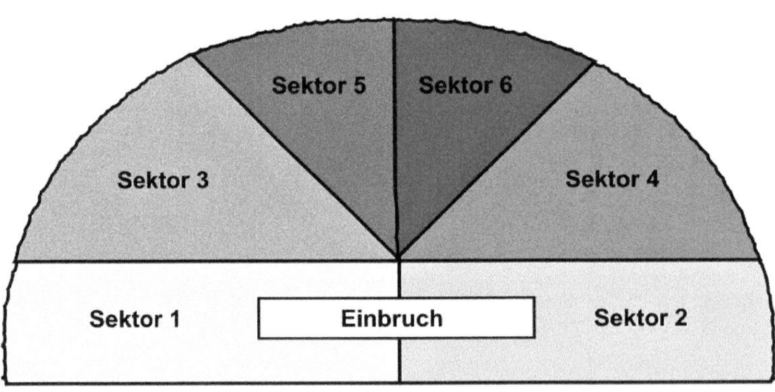

Bild 14.50 Kalotte, sechs Sektoren

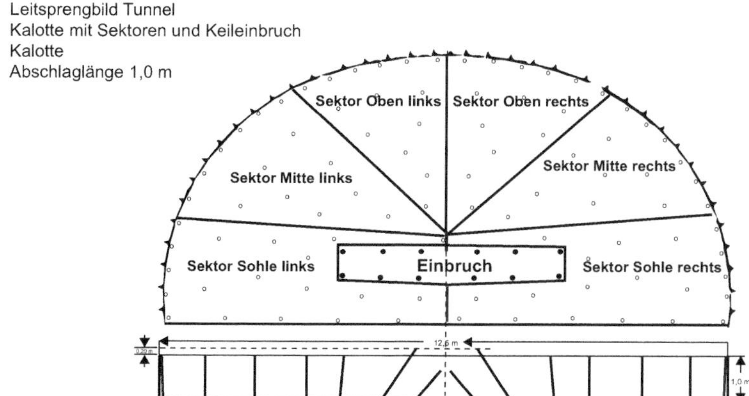

Bild 14.51 Kalotte, sechs Sektoren mit Zündfolge

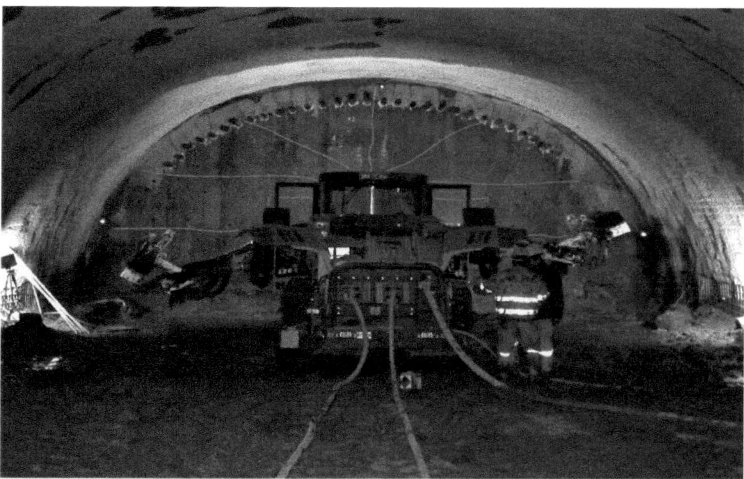

Bild 14.52 Kalottenvortrieb mit sechs Sektoren

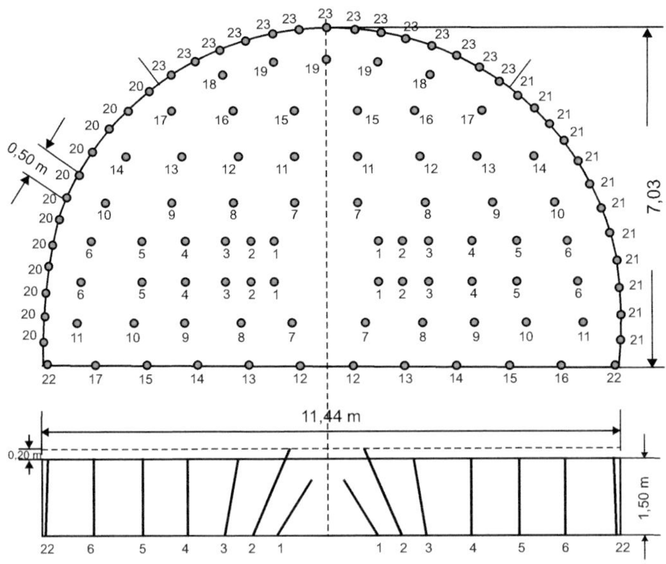

Kalotte: Sprengtechnische Parameter
Abschlaglänge 1,20 bis 1,50 m
Einsbruchart Doppel-Keileinbruch
Gelatinoser Ammonsalpetersprengstoff oder
Emulsionssprengstoff (Patronengewicht 0,400 kg)
Einbruch: 24 BL
Helfer 49 BL
Kranz 35 BL
Lademengfe pro Zzstf 3,2 kg bis max 4,8 kg
Sprengschnur (100 gr) pro Zzstf max 2,4 kg
Elektrische Zündung U bzw. HU Kurzzeitzünder oder
nichtelektrische Zündung, Kurzzeitzünder

Bild 14.53 Beispiel für Kalotte mit Keileinbruch

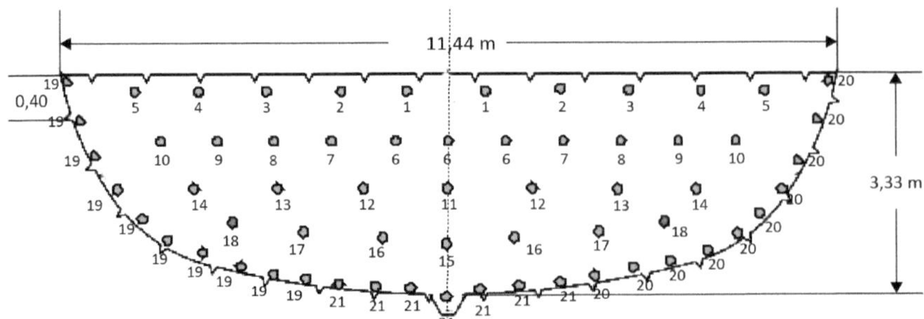

Strosse/Sohle: Sprengtechnische Parameter
Abschlaglänge 2,40 m
Gelatinöser Ammonsalpetersprengstoff oder
Emulsionssprengstoff (Patronengewicht, 0,400 kg)
Helfer 35 BL
Kranz 27 BL
Lademengfe pro Zzstf max. 4,0 kg
Sprengschnur (100 gr) pro Zzstf (Kranz)
Elektrische Zündung U bzw. HU Kurzzeitzünder oder
nichtelektrische Zündung, Kurzzeitzünder

Bild 14.54 Beispiel für eine nachgezogene Strosse

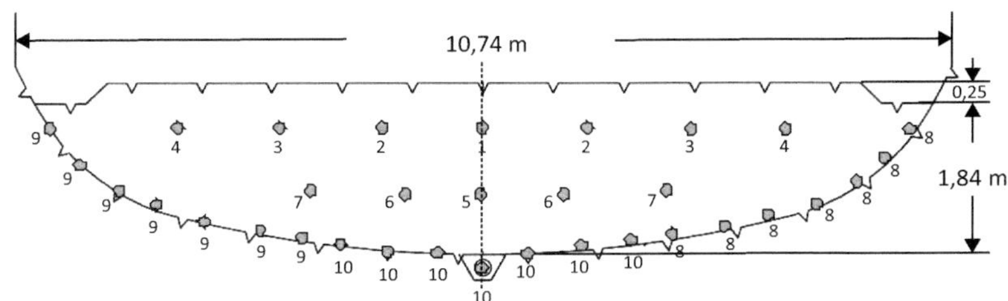

Sohle: Sprengtechnische Parameter
Abschlaglänge 3,00 bis 5,00 m
Ausbruchfläche 18,32 m^2
Gelatinöser Ammonsalpetersprengstoff oder
Emulsionssprengstoff (Patronengewicht, 0,400 kg)
Helfer 12 BL
Kranz 21 BL
Lademengfe pro Zzstf max. 7,2 kg
Sprengschnur (100 gr) pro Zzstf
Elektrische Zündung U bzw. HU Kurzzeitzünder oder
nichtelektrische Zündung, Kurzzeitzünder

Bild 14.55 Beispiel für eine nachgezogene Sohle

Kaverne,
Abschlagslänge max. 3,0 m

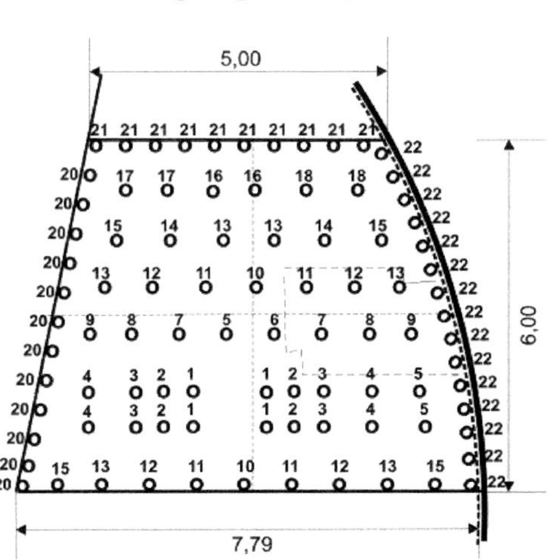

Sprengtechnische Parameter
Abschlaglänge 1,70 m - max. 3,0 m
Einbruchart Doppel-Keileinbruch
Gelantinöser oder Emulsionssprengstoff (Patronengewicht, 0,100 kg)
Kranzlöcher Abstand, aussen 0,40 m
Kranzlöcher Abstand, innen 0,50 m
Kranzlöcher Abstand zu Helfer 0,75 m
Helfer Abstand 0,80 - 1,0 m
Lademengfe pro Zzstf 1,0 kg - max. 3,6 kg
Sprengschnur (100 gr) pro Zzstf max. 1,3 kg
Elektrische Zündung U bzw. HU Kurzzeitzünder 25 ms + 50 ms
Zeitabstand von den Kranzlöchern zu den Helfern mind. 2 Zeitstufen

Bild 14.56 Beispiel für Kaverne und Teilausbruch

Zündung

Parameter:
z.B. 144 BL, 1 freie Fläche
Vorgabe/Seitenabstand = 2,0 m

Zeitverzögerung 17 und 42 ms
Verzögerung im Bohrloch 500 ms

Lademenge: 144 BL x 3,0m x 2,0m x 2,0m = 1.728m³ x 0,280kg = ca. 480kg Sprengstoff

480 kg = 18 BL = ca. 1,0 kg pro BL/Einbruch

18 BL = ca. 1,5 kg pro BL/Einbruch

108 BL = ca. 4,0 kg pro BL

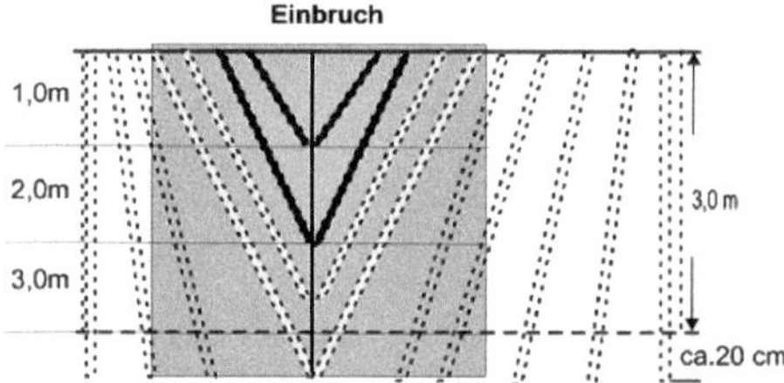

Bild 14.57 Auffahrung einer Strosse mit Sohle, keilförmiger Einbruch

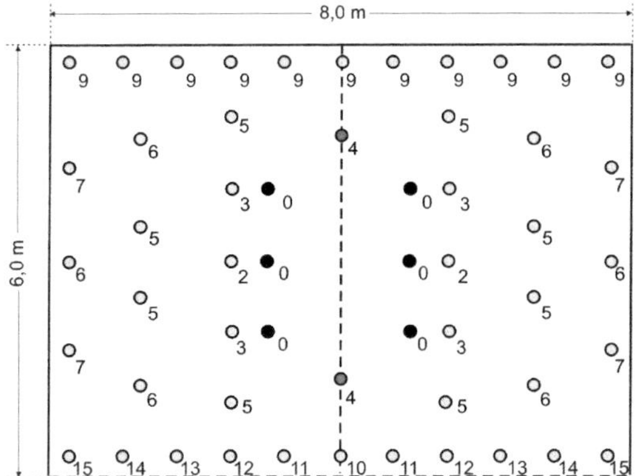

Bild 14.58 Kammerabbau, keilförmiger Einbruch mit Zünderanordnung

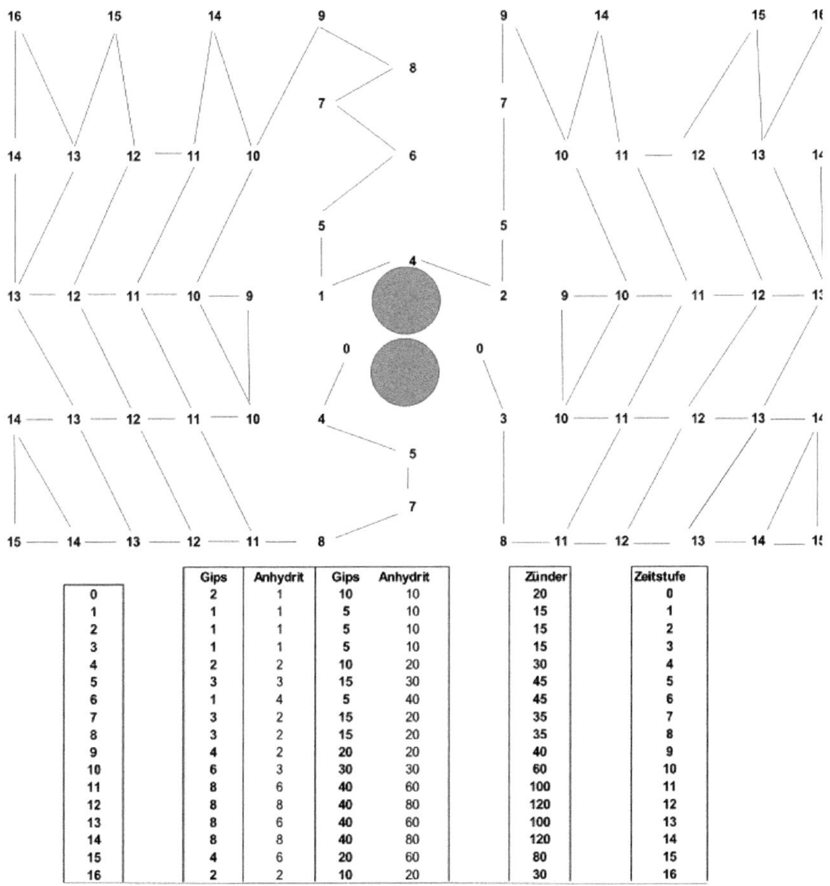

	Gips	Anhydrit	Gips	Anhydrit	Zünder	Zeitstufe
0	2	1	10	10	20	0
1	1	1	5	10	15	1
2	1	1	5	10	15	2
3	1	1	5	10	15	3
4	2	2	10	20	30	4
5	3	3	15	30	45	5
6	1	4	5	40	45	6
7	3	2	15	20	35	7
8	3	2	15	20	35	8
9	4	2	20	20	40	9
10	6	3	30	30	60	10
11	8	6	40	60	100	11
12	8	8	40	80	120	12
13	8	6	40	60	100	13
14	8	8	40	80	120	14
15	4	6	20	60	80	15
16	2	2	10	20	30	16

Bild 14.59 Kammerabbau, Großbohrlocheinbruch (GB-Einbruch) mit Zünderanordnung

15 Lagerung von Explosivstoffen

Der Bereich der Explosivstoffe ist sehr breit gefächert. Er umfasst Sprengstoffe, Zündmittel und pyrotechnische Sätze, aber auch Gegenstände mit Explosivstoff, wie Zünd- und Anzündmittel, und pyrotechnische Gegenstände. Für all diese Stoffe und Gegenstände gelten die gleichen Grundsätze bei der sicherheitstechnischen Beurteilung. Um die Darlegungen nicht über ein vertretbares Maß hinaus ausufern zu lassen, ist eine inhaltliche Beschränkung erforderlich, ohne dabei die sicherheitstechnisch relevanten Faktoren außer Acht zu lassen.

Aus diesem Grunde beschränke ich mich an dieser Stelle insbesondere auf die Belange der Lagerung der gewerblichen Sprengstoffe und Zündmittel. Dabei werden die Grundsätze der sicherheitstechnischen Beurteilung dieser Sprengmittel und deren Lagerung durch Darstellung der Zusammenhänge zwischen der Umsetzungsart, die zu einer Reaktion führen können, erläutert. Daneben werden einerseits die Wirkung der Sprengstoffe und andererseits die Widerstandsfähigkeit von baulichen Anlagen gegenüber Explosionswirkungen dargelegt. Aus diesen Darstellungen kann der geltende Sicherheitsstand für die Lagerung von Sprengmitteln abgeleitet werden.

■ 15.1 Grundsätzliches zur Lagerung von Sprengmitteln

Ein sicherheitstechnisch besonders wichtiger Punkt von grundlegender Bedeutung ist, dass alle Explosivstoffe entsprechend ihrer Wirkungsart und ihres Schädigungspotenzials einer von vier Stoffgruppen zugeordnet sind. Die für den Umgang mit den Stoffen der einzelnen Gruppen festgelegten Schutz- und Sicherheitsmaßnahmen sind auf deren Wirkungsart und Schädigungspotenzial abgestellt. Dies bedeutet, dass der Schädigungsgrad für ein beliebiges zu schützendes Objekt bei Beachtung der jeweiligen für die einzelnen Stoffgruppen charakteristischen Schutz- und Sicherheitsmaßnahmen für alle Stoffe, unabhängig von deren Wirkungsart und Schädigungspotenzial, in etwa gleich groß ist.

Es ist aber dabei zu berücksichtigen, dass die Schadenswirkungen von Explosionen räumlich begrenzt sind, d. h., dass die Explosionswirkungen mit zunehmendem Abstand vom Explosionsort bis auf einen Wert null abnehmen. Dies bedeutet, dass das Schadensausmaß von Explosionen nicht nur von der Masse der explodierenden Stoffe und der Widerstandsfähigkeit der betrachteten Objekte, sondern auch noch von deren Abstand vom Explosionsort bestimmt wird. Die Schlussfolgerung daraus ist, dass das Schadensrisiko für ein Objekt in der Nähe eines potenziellen Explosionsorts umso kleiner ist, je kleiner die Explosionseintrittswahrscheinlichkeit und das Schadensausmaß sind.

Das wichtigste Grundprinzip bei der Beurteilung bei der Lagerung von Sprengstoffen besteht darin, dass grundsätzlich von der Erkenntnis ausgegangen wird, dass sich Explosionsunfälle, selbst bei Beachtung aller diesbezüglicher Vorschriften zur Verhinderung von Unfällen, nicht mit letzter Sicherheit ausschließen lassen, d. h., dass sich die Explosionseintrittswahrscheinlichkeit nicht auf den Wert null absenken lässt. Da aber andererseits das Schadensausmaß im Falle von Explosionen zumindest in der unmittelbaren Umgebung des Explosionsorts unvertretbar groß ist, werden zur Lagerung von Sprengmitteln schon immer die Maßnahmen zur Unfallverhütung durch Maßnahmen zur Begrenzung der Unfallfolgen ergänzt.

Alle der zur Sicherheit beitragenden genannten Maßnahmen haben ihre verbindliche Einbeziehung in die Gesetze und Verordnungen gefunden [37, 68, 69, 70, 73]. Diese gehen umfassend auf den Stand der Technik und insbesondere der Sicherheitstechnik ein und zeichnen sich durch eine extreme Regelungstiefe aus, die dem Anwender nur einen sehr begrenzten Ermessensspielraum lässt.

Zu den Sicherheitsanforderungen an Sprengmittellager gehören grundlegende technische Überlegungen. Seit Bestehen der industriellen Sprengstofffertigung hat sich kontinuierlich ein Sicherheitskonzept für die Lagerung von Sprengmitteln entwickelt. Ausgangspunkt dieses Konzepts ist es, dass es nicht ausreicht, nur Maßnahmen zur Verhinderung von Unfällen zu ergreifen. Stattdessen müssen, da sich Unfälle nicht mit 100%iger Sicherheit vermeiden lassen, zusätzliche Maßnahmen vorgesehen werden, die im Falle einer Schadensexplosion die nähere und weitere Umgebung eines Explosionsorts vor unakzeptablen Schäden bewahren. Diesen zusätzlichen Maßnahmen kommt auch deshalb eine besondere Bedeutung zu, weil eine Schadensexplosion in aller Regel mit dem Verlust von Menschenleben und der Zerstörung von Sachwerten verbunden sind. Die Beeinflussung der Unfallhäufigkeit kann nur an den dabei zur Anwendung kommenden Lagerungsweisen von Sprengmitteln ansetzen. Dabei kann die Schwere der Schäden infolge einer Sprengstoffexplosion nur durch Verringerung der Masse der gleichzeitig detonierenden Sprengstoffe, durch Einhaltung ausreichender Abstände zwischen dem potenziellen Explosionsort und dem Ort des zu schützenden Objekts sowie durch Anwendung bestimmter Bauweisen für die Anlagen eines Sprengmittellagers minimiert werden [37].

15.2 Lagerort

Nach sicherheitsrelevanten Grundsätzen werden Sprengmittellager nach Möglichkeit in Gebieten mit nur dünner Besiedlung angelegt, um so die Zahl der zu schützenden Objekte in der Umgebung der Lager von vornherein kleinzuhalten. Besonders günstig erweisen sich Gelände mit geringen Niveauunterschieden und starkem natürlichen Baum- und Buschwerkbestand. Dieser Bewuchs, der allgemein für Sprengmittellager typisch ist, wirkt im Falle einer Explosion sozusagen als Filter und verringert die Schadenswirkungen von Explosionen beträchtlich. Vorteilhaft haben sich in diesem Zusammenhang von Vertiefungen durchzogene Gelände erwiesen, weil natürliche Wälle und Gräben dem Schutz von Einrichtungen in der unmittelbaren Umgebung potenzieller Explosionsorte dienen können. Vorteilhaft ist die Lagerung von Sprengmitteln unter Tage.

15.3 Bauweise

Ein weiteres sicherheitsrelevantes Prinzip bei der Errichtung von Anlagen zur Lagerung von Sprengmitteln beruht auf der Tatsache, dass nahezu alle Explosionswirkungen Funktionen der Masse der gleichzeitig detonierenden Sprengstoffe sind. Da die Wirkungen von Detonationen auch sehr stark von der Bauweise der Lagergebäude abhängig sind, geht das Sicherheitskonzept auch auf diesen Aspekt ein. Es besteht zunächst die Forderung, dass alle Lagergebäude nur ebenerdig und eingeschossig zu errichten sind. Hinsichtlich der Bauart der Gebäude besteht jedoch ein grundsätzliches Dilemma, da jedes Lagergebäude sowohl als gefährdendes als auch als gefährdetes Objekt zu betrachten ist. Dies bedeutet, dass die Lagergebäude sowohl durch Explosionen von innen als auch durch Explosionswirkungen von außen beansprucht werden können.

Die an sich günstigste Bauweise wäre danach diejenige, die beiden Beanspruchungsarten gleichermaßen standhalten würde. Diese Bauweise der vollständigen Einkapselung ist jedoch außerordentlich aufwendig und in der Praxis nur dann realisierbar, wenn die Sprengstoffmasse im Lagergebäude relativ klein ist. Lagergebäude in leichter Bauart werden sowohl durch die Beanspruchungen von innen als auch von außen zerstört und bieten keinen Schutz.

Als Kompromiss hat sich deshalb die sogenannte „Ausblasebauart" der Lagergebäude entwickelt [37, 68, 69, 70, 74]. Bei diesen Gebäuden werden mindestens eine Wand und/oder die Decke in leichter und alle anderen Elemente in schwerer Bauart errichtet. Im Falle einer Explosion im Lagergebäude wird dessen Ausblasefläche zerstört, während die übrigen Bauelemente der Beanspruchung relativ unzerstört widerstehen. Nachteilig bei dieser Bauart ist, dass die Explosionswirkungen in Richtung der Druckentlastung größer als bei einer sogenannten Oberflächenexplosion sind. Auch in allen übrigen Richtungen ist noch mit einer zwar verminderten, aber immer noch beträchtlichen Wirkung zu rechnen. Wie in Abschnitt 15.7 dargestellt, ist die Umgebung vor der Wirkung von Spreng- und Wurfstücken zu sichern, wobei die Lagergebäude in Richtung der Druckentlastung mit Erdwällen oder Schutzwänden zu versehen sind.

Gegen Einwirkungen von außen sind die Bauelemente in schwerer Bauart in aller Regel widerstandsfähig. Dicke Erdeindeckungen der Gebäude haben sich als besonders wirksame Schutzeinrichtungen gegen Einwirkungen von außen bewährt. Sie bewirken außerdem eine deutliche Reduzierung der Explosionswirkungen in die Richtungen der erdüberdeckten Wände. Um auch die Druckentlastungsflächen vor Einwirkungen von außen zu schützen, dürfen Lagergebäude mit Explosivstoffen nicht unmittelbar vor diesen Flächen errichtet sein, es sei denn, dass von diesen Lagergebäuden keine Gefährdung zu erwarten ist. Aus diesem Grund ist die Errichtung von Lagergebäuden, deren Druckentlastungsöffnungen einander gegenüberliegen, zu vermeiden.

15.4 Verträglichkeitsgruppen

Wie bereits erwähnt, ist oberstes Ziel des Sicherheitskonzepts bei der Lagerung von Sprengmitteln der Schutz der Öffentlichkeit und der Beschäftigten vor den Wirkungen von Sprengstoffexplosionen. Im Falle der Öffentlichkeit ist dieser Schutz nur durch die Einhaltung ausreichender Schutzabstände zwischen den potenziellen Explosionsorten im Lagerbetrieb und den außerbetrieblichen zu schützenden Objekten zu erreichen. Die innerbetrieblich zu beachtenden Sicherheitsabstände dienen dem Schutz von Beschäftigten. Die Absolutwerte der Schutz- und Sicherheitsabstände sind nach der Größe der zu erwartenden und von der detonierenden Sprengstoffmasse sowie der Bauweise der jeweiligen Lagergebäude abhängigen Explosionswirkungen als auch nach dem Grad der „Schutzwürdigkeit“ der zu schützenden Objekte zu bemessen [37, 74].

Ein sicherheitstechnisch besonders wichtiger Punkt ist, dass alle Explosivstoffe entsprechend ihrer Wirkungsart und ihres Schädigungspotenzials einer von vier Stoffgruppen zugeordnet sind (Tabelle 15.1). Die für den Umgang mit den Stoffen der einzelnen Gruppen festgelegten Schutz- und Sicherheitsmaßnahmen sind auf deren Wirkungsart und Schädigungspotenzial abgestellt. Dies bedeutet, dass der Schädigungsgrad für ein beliebiges zu schützendes Objekt, bei Beachtung der jeweiligen für die einzelnen Stoffgruppen charakteristischen Schutz- und Sicherheitsmaßnahmen für alle Stoffe, unabhängig von deren Wirkungsart und Schädigungspotenzial, in etwa gleich groß ist.

Alle vorgenannten Maßnahmen haben ihre verbindliche Einbeziehung in die die Sprengstoffindustrie regelnden Vorschriften gefunden [37, 68, 69, 70, 74]. Die dabei aus den letzten Erkenntnissen beruhenden neuen Vorschriften, die auf den Stand der Technik umfassend eingehen, zeichnen sich durch eine extreme Regelungstiefe aus und lassen dem Anwender nur einen sehr begrenzten Ermessensspielraum. Abweichungen von den bestehenden Vorschriften sind in der Sprengstoffindustrie nur zulässig, wenn für diese eine sicherheitstechnische Gleichwertigkeit im Sinne des Sicherheitskonzepts nachvollziehbar nachgewiesen wird.

Tabelle 15.1 Lagergruppenzuordnungen

Lagergruppe	Explosivstoffe	Gegenstände mit Explosivstoff
1.1	gewerbliche Sprengstoffe, Schwarzpulver, Zündstoffe, einbasige poröse Treibladungspulver, bestimmte pyrotechnische Sätze wie z. B. Blitz-, Leucht- oder Sternsätze	bestimmte Munition wie z. B. Geschosse, Bomben, Minen, Torpedos, Raketen, Hohlladungen, Verstärkungsladungen, Sprengschnur, bestimmte Großfeuerwerkskörper, Sprengkapseln und bestimmte Sprengzünder
1.2	–	bestimmte Munition wie z. B. Bomben, Minen, Geschosse, Torpedos, Raketen, Hohlladungen und bestimmte Zündeinrichtungen
1.3	nicht poröse, mehrbasige Treibladungspulver, bestimmte pyrotechnische Sätze wie z. B. Rauch- oder Verzögerungssätze	Brandmunition, größere Feuerwerkskörper, Leucht- und Signalmunition, Treibladungen, Kartuschen und Raketenmotore
1.4	–	Anzünder, Anzündschnur, Anzündhütchen, Handfeuermunition, Signalmittel, Feuerwerksartikel, bestimmte elektrische Sprengzünder und Sprengniete

15.5 Aufbewahrung gefährlicher Stoffe

Die Aufbewahrung explosionsgefährlicher Stoffe und Gegenstände mit Explosivstoff wird durch das Sprengstoffgesetz und insbesondere durch Verordnungen zum Sprengstoffgesetz geregelt. Beim Betrieb des Lagers ist darauf zu achten, dass die Sprengstoffe nur im verpackten Zustand in die Lager verbracht werden dürfen. Als Verpackung kommt entweder die Versandverpackung oder bei der Herstellung eine innerbetrieblich dazu bestimmte Verpackung infrage. Die einzelnen Packstücke werden übersichtlich im Lager abgestellt, damit eine Verwechslungsgefahr ausgeschlossen ist. Werden die Packstücke gestapelt, so wird darauf geachtet, dass dies nur bis zu einer solchen Höhe geschieht, die ein sicheres Handhaben auch der obersten Packstücke gewährleistet. Außerdem werden die Stapel derartig geschichtet, dass sich die Packstücke nicht von allein in ihrer Lage verändern können oder gar von dem Stapel herabfallen. Enthält der Lagerraum eine Heizung, so darf diese keine höhere Oberflächentemperatur als 75 °C aufweisen. Packstücke dürfen nicht in unmittelbarer Nähe der Heizflächen abgestellt werden, damit eine unzulässige Erwärmung der Sprengstoffe vermieden ist. In Sprengmittellagern dürfen explosive Stoffe und Gegenstände mit Explosivstoff nur gelagert werden. Alle anderen Arbeiten, wie z. B. das Öffnen oder Verschließen der Packstücke oder das Entnehmen von Stoffen oder Gegenständen aus den Packstücken, darf nicht in den Lagerräumen erfolgen, weil es dabei unter Umständen zu einer unzulässigen Beanspruchung mit nachfolgender Zündung kommen könnte, die dann eine Explosion des gesamten Lagerinhalts nach sich ziehen würde.

Sind an Sprengmittellagern Reparaturarbeiten auszuführen, so werden die Lager vor Aufnahme der Reparaturarbeiten leer geräumt. Dies gilt insbesondere, wenn während der Arbeiten geschweißt, getrennt oder sonst mit offenen Flammen gearbeitet werden muss. In Sprengmittellagern dürfen nur explosive Stoffe und Gegenstände mit Explosivstoff aufbewahrt werden. In einem Lagerraum dürfen nur solche Stoffe und Gegenstände zusammengelagert werden, die miteinander verträglich sind (Tabelle 15.2). Miteinander verträglich sind solche Güter, bei denen durch die Zusammenlagerung das Risiko im Vergleich zu einer getrennten Lagerung nur unwesentlich erhöht wird. Allen explosiven Stoffen und Gegenständen mit Explosivstoff sind sogenannte Verträglichkeitsgruppen zugeordnet, welche Bestandteil des Gefahrklassifizierungscodes der Güter sind. Güter gleicher Verträglichkeitsgruppen gelten als miteinander verträglich.

Tabelle 15.2 Verträglichkeitsgruppen hinsichtlich der Zusammenlagerung

Verträglichkeitsgruppe	A	B	C	D	E	F	G	H	J	L	N	S
A	x											
B		x										x
C			x	x	x		x				a), b)	x
D			x	x	x		x				a), b)	x
E			x	x	x		x				a), b)	x
F						x						x
G			x	x	x		x				a), b)	x
H								x				x
J									x			x
L										c)		
N			a), b)	a), b)	a), b)						a)	x
S		x	x	x	x	x	x	x	x		x	x

Allen einheitlichen Sekundärsprengstoffen und allen gewerblichen Sprengstoffmischungen ist die Verträglichkeitsgruppe D zugeordnet. Das Gleiche gilt unter anderem auch für die verschiedenen Sprengschnüre. Allen elektrischen, elektronischen und nichtelektrischen Zündern ist demgegenüber die Verträglichkeitsgruppe B bzw. S zugeordnet. Daraus ergibt sich, dass zwar alle Sprengstoffe und auch Sprengschnur miteinander in einem Lagerraum zusammen gelagert werden dürfen, dass aber Zünder in räumlich getrennten Lagern oder Lagerräumen aufbewahrt werden müssen.

15.6 Verantwortliche Personen

Eine wichtige Position nehmen die verantwortlichen Personen ein, die nach Umfang des Betriebs und Art der Tätigkeit für einen sicheren Umgang mit den Explosivstoffen verantwortlich sind. Durch innerbetriebliche Anordnungen ist sicherzustellen, dass die bestellten verantwortlichen Personen die ihnen obliegenden Pflichten erfüllen können. Verantwortliche Personen sind Erlaubnisinhaber, die Leiter von Betrieben sowie Aufsichtspersonen, wie die unselbstständig tätigen mittleren und unteren Führungskräfte im Betrieb. Die verantwortlichen Personen müssen für ihre Tätigkeit einen behördlichen Befähigungsschein besitzen.

Die personenbezogenen Voraussetzungen für die Erlangung eines Befähigungsscheines sind im Prinzip die gleichen wie die für die Erlangung einer Erlaubnis. Die Antragsteller müssen zuverlässig sein, die körperliche Eignung besitzen und das 21. Lebensjahr vollendet haben sowie die erforderliche Fachkunde nachweisen können.

Zu den Aufgaben der verantwortlichen Personen gehört insbesondere, dass sie die Betriebsanlagen und -einrichtungen den vorgenannten Anforderungen entsprechend einrichten und unterhalten und insbesondere für die Einhaltung der erforderlichen Schutzabstände der Betriebsanlagen untereinander und zu den betriebsfremden Gebäuden, Anlagen und öffentlichen Verkehrswegen zu sorgen haben, Vorsorge- und Überwachungsmaßnahmen im Betrieb zu treffen und insbesondere den Arbeitsablauf zu regeln haben sowie den Beschäftigten oder Dritten im Betrieb ein den Anforderungen entsprechendes Verhalten vorzuschreiben haben. Auch haben sie die erforderlichen Maßnahmen zu treffen, damit Explosivstoffe nicht abhandenkommen oder Beschäftigte oder Dritte diese Stoffe nicht unbefugt an sich nehmen können. Sie haben die Beschäftigten vor Beginn der Beschäftigung in angemessenen Zeitabständen wiederholend über die Unfall- und Gesundheitsgefahren, denen sie bei der Beschäftigung ausgesetzt sind, sowie über die Einrichtungen und Maßnahmen zur Abwendung dieser Gefahren zu belehren.

15.7 Schutz- und Sicherheitsabstände

Ein sicherheitsrelevantes Prinzip zur Lagerung von Sprengmitteln beruht auf der Tatsache, dass nahezu alle Explosionswirkungen Funktionen der Masse der gleichzeitig detonierenden Sprengstoffe sind. Da die Wirkungen von Detonationen auch sehr stark von der Bauweise der Lagergebäude abhängig sind, muss auch auf diesen Aspekt näher eingegangen werden.

Im Verlaufe der Zeit hat sich die sogenannte „Ausblasebauart" der Sprengstofflager entwickelt und bewährt (Bild 15.1). Bei diesen Lagern werden mindestens eine Wand und/oder die Decke in leichter und alle anderen Elemente in schwerer Bauart errichtet. Im Falle einer Explosion im Lagergebäude wird dessen Ausblasefläche zerstört, während die übrigen Bauelemente der Beanspruchung relativ unzerstört widerstehen. Bei dieser Bauart sind die Explosionswirkungen in Richtung der Druckentlastung größer als bei einer sogenannten Oberflächenexplosion. In alle übrigen Richtungen ist noch mit einer zwar verminderten, aber immer noch beträchtlichen Wirkung zu rechnen.

Zum Schutz der Umgebung vor der Wirkung von Spreng- und Wurfstücken müssen die Lagergebäude zumindest in Richtung der Druckentlastung mit Erdwällen oder Schutzwänden versehen werden. Dicke Erdeindeckungen der Gebäude haben sich als besonders wirksame Schutzeinrichtungen bewährt. Sie bewirken eine deutliche Reduzierung der Explosionswirkungen in die Richtungen der erdüberdeckten Wände. Wie bereits erwähnt, ist oberstes Ziel bei der Lagerung von Sprengmitteln der Schutz der Öffentlichkeit und der Beschäftigten vor den Wirkungen von Sprengstoffexplosionen.

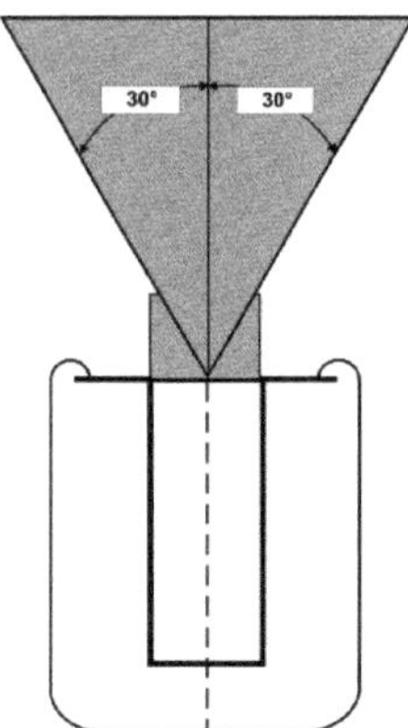

Bild 15.1
Ausblasrichtung eines Sprengstofflagers

Im Allgemeinen werden Sicherheitsabstände nach Formeln ermittelt, die an das Konzept des NATO-Standards AASTP-1 sowie des US-Standards DoD 6055.9-STD und die darin zugrunde liegenden Erfahrungswerte angelehnt sind [37, 66, 67, 68,

69, 70, 74]. Das Konzept arbeitet mit schadensbezogenen Faktoren (*k*-Werte), aus denen sich durch Multiplikation mit der dritten Wurzel der Sprengstoffmenge (in kg) die Mindestentfernung errechnet, in der keine schwerwiegenderen Effekte auftreten, wenn sie mit der Definition des *k*-Werts verbunden sind. Dort sind mehrere Zonen zur Schadensbegrenzung aufgeführt. Zu Wohngebäuden ist der erforderliche Mindestabstand mit einem *k*-Faktor 22 und zu Verkehrswegen mit einem *k*-Faktor 15 festgelegt. Es ist dabei zu berücksichtigen, dass diese Werte für ebenes und freies Gelände gelten. Werden besondere Vorkehrungen getroffen oder sind besonders günstige Umgebungsverhältnisse vorhanden, so können diese Mindestabstände entsprechend den Maßnahmen verändert werden (Ausnahmeregelung). Die Werte der Schutz- und Sicherheitsabstände sind nach der Größe der detonierenden Sprengstoffmasse sowie der Bauweise der jeweiligen Lagergebäude als auch nach dem Grad der „Schutzwürdigkeit" der zu schützenden Objekte zu bemessen. Die 2. Verordnung zum Deutschen Sprengstoffgesetz kennt nur zwei Zonen mit ihrer Möglichkeit zur Ausnahmeregelung.

15.8 Ausnahmeregelung

Die Gesetzmäßigkeiten und Erkenntnisse, nach denen die Schutzabstände (Wohngebäude) und Sicherheitsabstände (Verkehrswege) zu berechnen sind, werden nachfolgend beschrieben (Tabelle 15.3). Sie basieren einerseits auf grundlegenden Erkenntnissen über die Wirkungen von Explosionen, Detonationen und Bränden und andererseits auf dem Wissen über das Verhalten von baulichen Einrichtungen und Personen gegenüber den Einwirkungen von Explosionen. Bezüglich der Sicherheitsabstände, die von Lagern und Betriebsgebäuden oder -anlagen zu anderen zu schützenden Objekten einzuhalten sind, wird hier auf eine ins Einzelne gehende Darstellung verzichtet. Nur die Regelungen für die Schutz- und Sicherheitsabstände werden einer genaueren Betrachtung unterworfen [37, 66, 67, 70, 74].

Tabelle 15.3 *k*-Faktoren

Zu schützendes Objekt	Einzuhaltender skalierter Abstand (*k*-Faktor)
Wohnbereich	> 15,87
öffentliche Verkehrswege	60 % von > 15,87

Für Lager mit Explosivstoffen der Lagergruppen 1.1 bis 1.3 kann der Abstand verringert werden oder entfallen, wenn es sich um kleine Explosivstoffmengen handelt oder durch die Art der Explosivstoffe oder durch bauliche Maßnahmen gewährleistet ist, dass eine gefährliche Wirkung in bestimmter Richtung nicht auftreten kann. Dies ist beim Sprengstofflager z. B. durch die erhöhte Erdüberdeckung gegeben. Die Schutzabstände zwischen Lagern für explosionsgefährliche Güter der Lagergruppe 1.1 und Wohnbereichen sind gemäß folgender Formel (anstelle von *k*-Faktor 22) zu berechnen:

$$E = 15{,}87 \cdot M^{1/3} \tag{15.1}$$

E Schutzabstand [m]
M gelagerte Nettoexplosivstoffmasse (*NEM*) [kg]

Werden in den Lagern Gegenstände aufbewahrt, bei denen im Falle einer Explosion mit der Bildung schwerer Sprengstücke zu rechnen ist, berechnen sich die Schutzabstände nach der gleichen Formel, wobei jedoch die Einhaltung eines Mindestabstands von 275 m zu berücksichtigen ist. Zu öffentlichen Verkehrswegen berechnen sich die einzuhaltenden Schutzabstände für das Lager gemäß folgender Formel (anstelle von *k*-Faktor 15):

$$60\,\% \text{ von } E = 15{,}87 \cdot M^{1/3} \tag{15.2}$$

Der Mindestabstand, der bei der Lagerung von Gegenständen, deren Explosion die Bildung schwerer Sprengstücke befürchten lässt, zu berücksichtigen ist, beträgt 180 m. Die Schutzabstände zu Wohnbereichen werden weltweit als ausreichend angesehen, um normale Wohngebäude, die z. B. aus 23 cm dickem Ziegelmauerwerk errichtet sind, vor ernsten, aus den Explosionswirkungen stammenden Gefahren zu schützen. Dies bedeutet jedoch nicht, dass alle Objekte in den vorgesehenen Schutzabständen absolut sicher sind.

Die Schutzabstände zu Verkehrswegen werden in gleicher Weise als ausreichend angesehen, um Beförderungsmittel und ihre Insassen vor den direkten Explosionswirkungen zu schützen. Handelt es sich bei den Verkehrswegen um solche hoher Benutzungsfrequenz, wie bereits angesprochen, so müssen zu diesen die Schutzabstände zu Wohnbereichen gemäß Formel 15.1 eingehalten werden, um die Fahrzeugführer im Falle des Auftretens von Explosionswirkungen vor einer den Verkehr beeinträchtigenden Fehlreaktion zu bewahren. Die angewandte Formel hat aufgrund der umfangreichen Erkenntnisse aus dem Kriegswaffeneinsatz ihre weltweite Gültigkeit. Wenn keine gegenseitige Beeinflussung von Lagern zu erkennen ist, kann z. B. unter Einbeziehung der 2 SprengV, Artikel 111 des Gesetzes vom 29. März 2017, nach Anlage 2, Nummer 2, „*k*-Faktoren und Mindestabstände“, wie nachfolgend geschildert vorgegangen werden, sofern durch bauliche Maßnahmen gewährleistet ist, dass eine gefährliche Wirkung in bestimmter Richtung nicht auftreten kann.

Der *k*-Faktor ist in der nachfolgenden Beschreibung gemäß DoD NUMBER 6055.09-M, Volume 1, February 29, 2008, Administratively Reissued August 4, 2010, Incorporating Change 1, March 12, 2012, dargestellt. Bei der Abstandberechnung wurde die schwer zerlegbare Bauweise mit einer steinfreien Erdüberdeckung von 1,0 m bzw. mit Big Bags von 2,0 m berücksichtigt [70].

Englischsprachige Abkürzungen und deren Bedeutung (international gültig):

- *ECM* (Earth-Covered Magazine), d. h. ein erdüberdecktes Lager
- *IMD* (Intermagazine Distance JHCS), d. h. der Lagerabstand untereinander
- *NEWQD* (Net Explosive Weight for Quantity-Distance), *NEM* (Lagermenge-Abstands-Verhältnis)

Aufgrund der Bauweise, Überdeckung und Druckentlastungszone ist der *k*-Faktor (Tabelle 15.4) für den Abstand zwischen den beiden Sprengstofflagern mit 0,44 festgelegt:

$$E = 0{,}44 \cdot M^{1/3} \tag{15.3}$$

E Abstand [m]

k Konstante, die von den Lagergruppen sowie der Bauart und den Schutzeinrichtungen von Donator und Akzeptor abhängig ist

M Nettoexplosivstoffmasse (*NEM*) [kg]

Tabelle 15.4 *k*-Faktoren zur Abschätzung des Übertragungsrisikos; Auszug aus den DoD Ammunition and Explosives Safety Standards, Table 3.E3.T7, 2012 [70]

Hazard Factor, *k* (Gefährdungsfaktor, *k*)						
NEWQD (NEM)	*0.44*	0.50	0.79	1.09	1.79	1,98
[kg]	[m/kg$^{1/3}$]	[m/kg$^{1/3}$]	[m/kg$^{1/3}$]	[m/kg$^{1/3}$]	[m/kg$^{1/3}$]	[m/kg$^{1/3}$]
45,4	2,1	2,1	2,8	3,9	6,4	7,1
68,0	2,1	2,1	3,2	4,4	7,3	8,1
90,7	2,1	2,2	3,5	4,9	8,0	8,9
136,1	2,3	2,6	4,1	5,6	9,2	10,2
226,8	2,7	3,0	4,8	6,6	10,9	12,1
317,5	3,0	3,4	5,4	7,4	12,2	13,5
453,6	3,4	3,8	6,1	8,4	13,8	15,2
680,4	3,9	4,4	6,9	9,6	15,7	17,4
907,2	*4,3*	4,8	7,6	10,6	17,3	19,2
1360,8	4,9	5,5	8,8	12,1	19,8	21,9

So kann mit der nachfolgenden Formel der Abstand von zwei Lagern untereinander bestimmt werden. Für eine Belagsmenge von jeweils 1000 kg Sprengstoff pro Lager käme das folgende Beispiel infrage. Das Beispiel gilt für eine Ausnahme der vorangehend genannten Belagsmenge nach Tabelle 15.4:

$$E = 0{,}44 \cdot M^{1/3} \tag{15.4}$$

E Abstand [m]
K Konstante, die von den Lagergruppen sowie der Bauart und den Schutzeinrichtungen von Donator und Akzeptor abhängig ist
M Nettoexplosivstoffmasse (*NEM*) [kg]

Tabelle 15.5 Berechnung der maximalen Lagermenge je Lagerkörper bei berechnetem Abstand

Lagergruppe	Sicherheitsabstände	
	Formel	Mindestabstand E [m]
1.1	$M = (E / 0{,}44)^3$	4,4

In der 2. Verordnung zum Sprengstoffgesetz ist in der Anlage 1 zum Anhang unter 1 und 2 vorgesehen, dass die Schutzabstände verringert werden dürfen, wenn dies aufgrund der Bauart des Lagers und der günstigen Umgebungsbedingungen gerechtfertigt ist. Die Abstände müssen aber andererseits entsprechend vergrößert werden, wenn in der betrachteten Richtung mit einer erhöhten Explosionswirkung zu rechnen ist oder die zu schützenden Objekte einen besonderen Schutz verlangen.

Hierzu ist zu bemerken, dass der Vorschriftentext durch sogenannte Durchführungsanweisungen, die selbst keinen Bestimmungscharakter besitzen, näher erläutert oder interpretiert ist. Diese veranschaulichen, dass mit der 2. Verordnung zum Sprengstoffgesetz alle sicherheitstechnischen Notwendigkeiten, die bei der Lagerung von Sprengmitteln beachtet werden müssen, vollständig und umfassend berücksichtigt sind. Sie definieren indirekt die sicherheitstechnischen Zielvorstellungen, lassen aber dem Betreiber eines Sprengstofflagers ausreichend Spielraum in Hinblick auf die technische Realisierung.

15.9 Begriffsbestimmungen für die Lagerung

Im Folgenden sind die einheitlichen Begriffsbestimmungen für die Lagerung aufgeführt [37, 67, 68, 70, 73]:

- *Explosivstoffe* sind Sprengstoffe, Treibstoffe (Treibladungspulver, Treibladungen, Raketentreibstoffe), pyrotechnische Munition, pyrotechnische Gegenstände, Zündmittel, pyrotechnische Sätze und die zu deren Herstellung bestimmten explosionsgefährlichen Stoffe sowie die nach § 1 SprengG gleichgestellten Stoffe und Gegenstände.

- *Sonstige explosionsgefährliche Stoffe* sind explosionsgefährliche Stoffe, die nicht Explosivstoffe sind.
- Der *Durchsatz* ist der bei einem Brandversuch zum Zwecke der Zuordnung zu Lagergruppen ermittelte Quotient aus der Nettomasse des eingesetzten Stoffes [kg] und der gemessenen Brenndauer [min]. Für die Lagergruppenzuordnung der sonstigen explosionsgefährlichen Stoffe wird das Abbrandverhalten eines Stoffes in seiner Verpackung, bezogen auf eine Nettomasse von 10 000 kg, durch den korrigierten Stoffdurchsatz A_k [kg/min] charakterisiert. In ihm sind das Maß der Vollständigkeit und Gleichmäßigkeit des Abbrands sowie das Wärmestrahlungsvermögen (Emissivität) der Flammen berücksichtigt.
- *Flugfeuer* sind brennende umherfliegende Teile aus einem Brand- oder Explosionsherd.
- Der *Lagerbereich* ist die zur Lagerung explosionsgefährlicher Stoffe festgelegte Fläche.
- Die *Nettoexplosivstoffmasse* (*NEM*) ist die Masse der Explosivstoffe (einschließlich der Phlegmatisierungsmittel) ohne deren Umhüllung und Verpackung.
- Die *Nettomasse* ist die Masse der sonstigen explosionsgefährlichen Stoffe (einschließlich der Phlegmatisierungsmittel) ohne deren Umhüllung und Verpackung.
- *Ortsfeste Lager* sind betretbare und nicht betretbare Lager, die mit dem Erdboden fest verbunden sind oder länger als sechs Monate an demselben Ort verbleiben.
- *Ortsbewegliche Lager* sind Lager, die mit dem Erdboden nicht fest verbunden sind und nicht länger als sechs Monate an demselben Ort verbleiben.
- *Schutzabstände* (Fernbereich) sind die zur Allgemeinheit oder Nachbarschaft einzuhaltenden Abstände.
- *Sicherheitsabstände* (Nahbereich) sind die innerhalb eines Betriebs einzuhaltenden Abstände.
- *Sprengstücke* sind Teile explodierter Gegenstände nach Nummer 1.1.
- *Verkehrswege* sind Straßen, Schienen- und Schifffahrtswege, die uneingeschränkt dem öffentlichen Verkehr zugänglich sind, ausgenommen solche mit geringer Verkehrsdichte.
- Der *Wohnbereich* ist der nicht mit dem Betrieb in Zusammenhang stehende Bereich bewohnter Gebäude. Gebäude und Anlagen mit Räumen, die nicht nur zum vorübergehenden Aufenthalt von Personen bestimmt und geeignet sind, stehen bewohnten Gebäuden gleich.
- *Wurfstücke* sind Teile des Lagers, seiner Einrichtungen oder der Verpackung, die bei einer Explosion entstehen und fortgeschleudert werden.

- *Zündstoffe* sind Stoffe, die bei Auslösung einer chemischen Reaktion schon in kleinen Massen detonieren.

■ 15.10 Ausrichtung von Lagereingängen

Für die Ausrichtung von Lagereingängen werden folgende Bezeichnungen in englischer Sprache benötigt [68, 69, 70]:

- *ECM* (Earth-Covered Magazine), d. h. ein erdüberdecktes Lager
- *IMD* (Applicable Intermagazine Distance), d. h. der zulässige Lagerabstand

Bild 15.2 zeigt eine Übersicht der Auswirkungen der *ECM*-Orientierung auf den *IMD*-Wert. Der Abstand wird über die Lagermenge (*NEM*) bestimmt. Die international anerkannten Seite-zu-Seite-Ausrichtungen mit Winkel sind ebenfalls in Bild 15.2 aufgeführt.

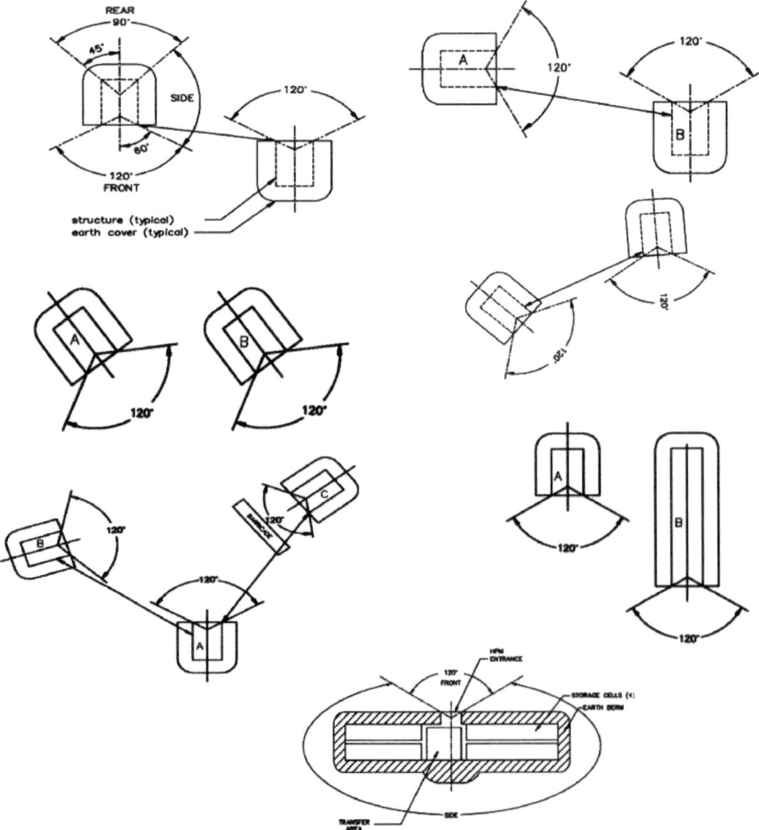

Bild 15.2 Ausblaserichtung zwischen Sprengstofflagern untereinander

Im nachfolgenden Beispiel eines Sprengstofflagers sind die Ausblaswinkel bei mindestens 4,0 m Abstand und 2 · 60° entsprechend der Bauweise des Lagers. Wie bereits vorangehend angemerkt, kann die Behörde auf schriftlichen Antrag Ausnahmen von den Vorschriften des Anhangs einer Verordnung zulassen, wenn

- eine andere, ebenso wirksame Maßnahme getroffen wird oder
- die Durchführung der Vorschrift im Einzelfall zu einer unverhältnismäßigen Härte führen würde und die Abweichung mit dem Schutz der Arbeitnehmer und Dritter sowie mit den Belangen der öffentlichen Sicherheit vereinbar ist.

Das Beispiel in Bild 15.3 zeigt ein Sprengmittellager, bestehend aus zwei zugelassenen ortsbeweglichen Lagern mit einer Lagerungskapazität von jeweils 1000 kg Sprengstoffen der Klasse 1.1. Als wirksame Sicherheitsmaßnahmen bei Explosion gelten dabei die von 1,0 m auf 2,0 m erweiterte Erdüberdeckung sowie der Sicherheitsabstand zwischen den ortsbeweglichen Lagern. Aufgrund der Maßnahme kann der Lagerabstand untereinander von 4,4 m auf 4,0 m verkürzt werden. Dieses Lager wäre z. B. für eine Tunnelbaustelle oder eine befristete Langzeitbaustelle geeignet.

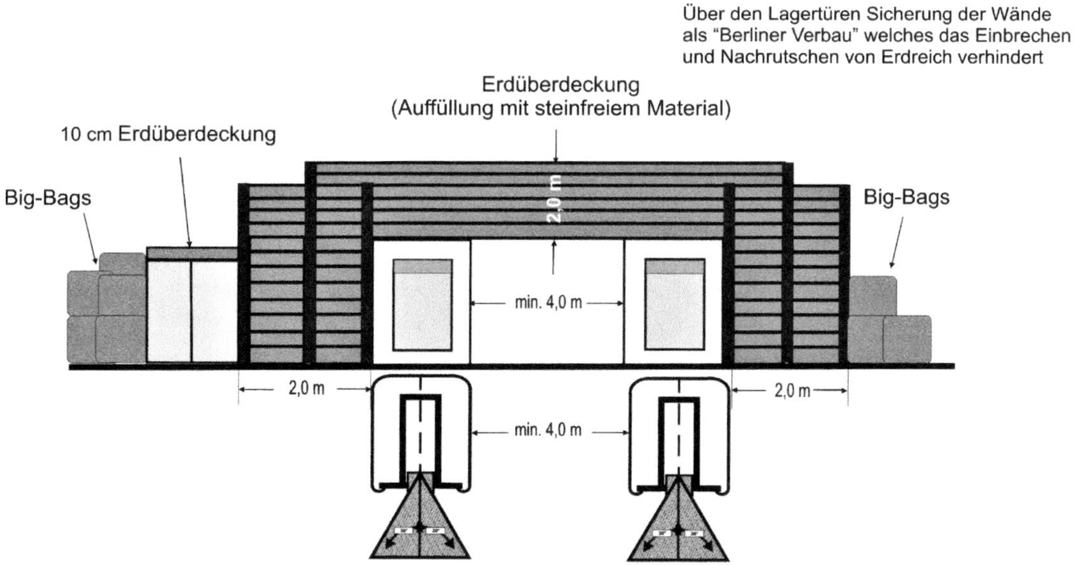

Bild 15.3 Beispiel eines Sprengstofflagers mit Sicherheitsabständen untereinander

In Bild 15.3 sind in der Frontmitte die beiden Eingänge für die Sprengstoffe und Zündmittel der Klasse 1.1 dargestellt. Links ist ein Lager für nichtelektrische Zünder (nonel), die der Klasse 1.4 entsprechen, dargestellt. Dieses Lager muss mit einer steinfreien Erdüberdeckung von mindestens 10 cm versehen sein. Die Abstände entsprechen Tabelle 15.5 (Abschnitt 15.8).

Für das Beispiel gilt die Voraussetzung, dass sich keine Objekte (auch Betriebsgebäude) oder Verkehrswege in der Ausblasfront befinden. Durch die Erdüberdeckung und direkte Ausblasrichtung der Lager kann diese Lage als günstig beurteilt werden, da im Falle einer Explosion im Lager die Hauptrichtung der Druckentlastung hinweg von etwaig gefährdeten Bereichen zeigen würde. Würden sich im Ausblasbereich Objekte oder Verkehrswege befinden, so müsste der Ausblasbereich mit besonderen Maßnahmen, wie z. B. einem Erdwall, der mindestens 1,0 m höher ist als die maximale Höhe des Lagers selbst, gesichert werden. Bei den Festlegungen ist zu beachten, dass alle Maßnahmen zur Sicherheit hinsichtlich der örtlichen Gegebenheiten genau betrachtet und grundsätzlich im Einzelfall entschieden werden müssen.

Allgemein ist die Sicherheit der Sprengstofflager als hoch anzusehen. Dies liegt sicherlich nicht zuletzt daran, dass die Sprengstoffe seit Jahren in so hoher Qualität gefertigt werden, sodass eine Explosion infolge auftretender Instabilität ausgeschlossen werden kann. Wie bereits mehrfach erwähnt, wird das Schadensrisiko einer Explosion im Wesentlichen durch die Eintrittswahrscheinlichkeit der Explosion und deren Wirkung bestimmt. Die Wirkung einer Explosion wird, wie bereits dargestellt, im Wesentlichen durch drei Faktoren beeinflusst:

- Masse und Art des Explosivstoffes
- räumlicher Abstand vom Explosionsort
- Widerstandsfähigkeit des betroffenen Objekts gegen die Beanspruchung durch die Explosionswirkung

Die Schadenswirkung einer Explosion ist in jedem Falle umso geringer,

- je kleiner die Explosivstoffmasse,
- je schwächer der Explosivstoff,
- je größer der Abstand des betroffenen Objekts vom Explosionsort und
- je widerstandsfähiger das betroffene Objekt ist.

16 Risikomanagement

In die kritische Betrachtung für ein sprengtechnisches Risikomanagement sind alle qualitativen und quantitativen Planungen für die Sprengarbeit und damit einhergehend alle bekannten Fakten, aber auch schwer abschätzbaren Faktoren, die mit der Ausführung der Sprengarbeit verbunden sind, zu untersuchen. Unter diesem Gesichtspunkt wird nicht nur die betriebliche Qualitätssicherung hinsichtlich des Sprengerfolgs, sondern auch das notwendige Risikomanagement bei Sprengarbeiten mit in die Betrachtungen einbezogen [39, 43, 56, 61, 62].

Sprengarbeiten über und unter Tage gehören sicherheitstechnisch und emissionstechnisch zu einem hochsensiblen Bereich und entscheiden vielfach über die Akzeptanz und den Erfolg eines Betriebs. Belästigungen, aber auch Gefahren, die mit der Sprengarbeit verbunden sind, sind eine unvermeidliche Eigenart dieser Tätigkeiten. Aus diesem Grund ist das Sprengmittelwesen ausführlich im Rahmen von Gesetzen und Verordnungen geregelt, nach denen Behörden, Betreiber und Sprengberechtigte/-befugte vorzugehen haben. Zur Vermeidung von Gefahren ist ein Risikomanagement für die Sprengarbeit mit einzubeziehen. Anhand dieser Überlegungen wird das Risikomanagement bei der Auslegung sowie bei der Durchführung von Sprengarbeiten eine maßgebliche Rolle bei den betriebsspezifischen sowie den umweltgerechten Abläufen spielen. Für das Risikomanagement werden Maßnahmen zur Abwehr von Gefahren sowie zur Reduzierung von Sprengemissionen fokussiert und ausgearbeitet. Die maßgeblichen Emissionen und eventuellen Gefahrenmomente bei der Sprengarbeit werden darin dargestellt.

■ 16.1 Auswirkungs- und Sicherheitsanalyse

Eine Analyse (Auflösung) ist eine systematische Untersuchung, bei der das untersuchte Objekt oder Subjekt in seine Bestandteile zerlegt wird. Anschließend werden die Bestandteile geordnet, untersucht und ausgewertet bzw. erfolgt die systematische Untersuchung eines Sachverhalts hinsichtlich aller einzelnen Komponenten oder Faktoren, die ihn bestimmen. Dabei dürfen die Vernetzung der einzelnen Elemente und deren Integration nicht außer Acht gelassen werden. Das bedeutet, dass alle Fakten, die Sprengmitteln betreffen, in den Analysen berücksichtigt werden müssen.

16.2 Abwehr von Gefahren

Wie bereits aufgeführt, gehören Sprengarbeiten sicherheitstechnisch und emissionstechnisch zu einem sensiblen Bereich. Aus diesem Grund müssen Sprengarbeiten unter dem Gesichtspunkt der Abwehr von Gefahren sowie der Vermeidung von Umweltbelästigungen geplant und durchgeführt werden. Um diesem Umstand gerecht zu werden, ist es notwendig, dass Sprengbetriebe eine Gefährdungsanalyse (Evaluierung) durchführen, in der alle sicherheitstechnischen und emissionsrelevanten Kriterien erfasst werden [39, 40]. Anhand dieser Kriterien können in allen Bereichen der Abläufe besondere Maßnahmen ergriffen werden, die unter wirtschaftlichen, sicherheitstechnischen und emissionsrelevanten Aspekten einen optimalen Sprengerfolg gewährleisten können.

16.3 Sicherheitsbestimmungen

Die sicherheitstechnischen Anforderungen für die Durchführung von Sprengarbeiten sind in den einschlägigen Vorschriften geregelt. Vom Betreiber eines Sprengbetriebes werden die Verbringung, die Lagerung und der Umgang mit Spreng- und Zündmitteln geregelt. Ebenso sind der Verantwortungsbereich, die Anforderungen an die beschäftigten Personen, die sicherheitstechnischen Anforderungen für den Arbeitnehmer- und Anrainerschutz sowie der Ablauf von Sprengungen geregelt.

Für auszuführende Sprengarbeiten dürfen ausschließlich handhabungssichere, zugelassene Spreng- und Zündmittel verwendet werden. Damit wird sichergestellt, dass eine Sprenganlage ausschließlich gezielt zu einem definierten Zeitpunkt von einer bestimmten Person (also kontrolliert) initiiert wird und ein selbstständiges Auslösen der Sprengung auszuschließen ist. Dies gilt für über und unter Tage arbeitende Betriebe gleichermaßen. Die Planung und Auslegung von Sprengungen über und unter Tage wird ausschließlich von den durch die Behörde anerkannten „verantwortlichen Personen“ mit entsprechendem Befähigungsschein ausgeführt.

16.4 Einzuhaltende Regelwerke

Die wesentlichen Schutzziele der Spreng-Rechtsnormen und -Verordnungen sind auf folgende Punkte ausgerichtet:

- die Arbeitnehmer
- das Leben und die Gesundheit von Menschen
- die unzumutbare Belästigung von Menschen
- die Umwelt (Tiere, Pflanzen, Boden, Luft, Wasser)
- fremde Sachen

Die Gesetze und Verordnungen beruhen dabei auf der Harmonisierung der Bestimmungen über das Inverkehrbringen und die Kontrolle von Explosivstoffen für zivile Zwecke und den Regelungen des Arbeitnehmerschutzes, welche im Prinzip auf einer vertraglich festgelegten und bereits national umgesetzten EU-Harmonisierung beruhen [56, 62]. Im EU-Recht setzen die Richtlinien an zwei verschiedenen Stellen an:

- Richtlinien gemäß Art. 118 a des EWG-Vertrags: Angleichung der Regelungen und Verhältnisse zum Schutze der Sicherheit und Gesundheit von Arbeitnehmern am Arbeitsplatz
- Richtlinien gemäß Art. 100 a des EWG-Vertrags: Beseitigung von Handelshemmnissen bei Produkten (z. B. Sprengmitteln) unter gleichzeitiger Wahrung der Sicherheit und des Gesundheitsschutzes

Ein wichtiges Instrument zur Umsetzung der genannten Ziele ist die Evaluierung von Sprengarbeiten. Die Aufgabe, eine Gefährdungsanalyse (Evaluierung) vorzunehmen oder vornehmen zu lassen, obliegt dem Arbeitgeber.

16.5 Evaluierung (Gefährdungsanalyse)

Die Bemühungen der EU um einheitliche Mindeststandards für den Schutz von Arbeitnehmern sind unabdinglich mit dem Begriff „Evaluierung" verbunden. Der Begriff ist einheitlich als Gefährdungsanalyse am Arbeitsplatz anzusehen und bedeutet dabei im Wesentlichen (ab)schätzen, bewerten, taxieren, auswerten und beurteilen. Durch die Umsetzung der EU-Richtlinien in nationales Recht sind Arbeitgeber verpflichtet, die für die Sicherheit und Gesundheit der Arbeitnehmer bestehenden Gefahren zu ermitteln und zu beurteilen. Dies gilt für die Arbeitsstätte, Arbeitsmittel, Arbeitsstoffe, Arbeitsplätze, Arbeitsverfahren und -vorgänge sowie für die Ausbildung und Unterweisung.

Auf Grundlage der Ermittlung und Beurteilung der Gefahren sind die durchzuführenden Maßnahmen zur Gefahrenverhütung festzulegen. Dies ist in einem Sicherheits- und Gesundheitsschutzdokument festzuhalten. Das Dokument muss

- als Dauerauftrag mit laufender Optimierung,
- als kontinuierlich ablaufende Folge von Kontrollen und Korrekturmaßnahmen und
- als Regelkreislauf

behandelt werden. Hierbei spielen die Gefährdung und Belastung bei den Abläufen eine maßgebliche Rolle.

16.6 Gefährdung und Belastung

Um den Unterschied zwischen Gefährdung und Belastung darzustellen, werden beide Begriffe gegenübergestellt. Unter *Gefährdung* wird im Arbeitsschutz verstanden, wenn schädigende Energie oder schädigende Stoffe räumlich und zeitlich mit dem Menschen zusammentreffen können und daraus ein Gesundheitsschaden entstehen kann. Unter *Belastung* ist die Gesamtheit der äußeren Bedingungen und Anforderungen im Arbeitssystem zu verstehen, die den physischen und/oder psychischen Zustand einer Person beeinflussen.

Bei der Gefährdungsermittlung (Evaluierung) besteht somit ein Ursache-Wirkungs-Zusammenhang zwischen „Körperschaden" und „Gefahrenquelle". Eine Beurteilung beinhaltet daher auch immer subjektive Einschätzungen von Gefahren, die aus konkreten Arbeitsabläufen resultieren. Bei der Beurteilung der Gefährdungen kommt den jeweiligen Leitungsverantwortlichen und deren Mitarbeitern eine besondere Bedeutung zu, da externe Stellen durch sporadische Begehungen immer nur eine „Momentaufnahme" des Arbeitsbereichs erhalten. Diese Aufnahme kann bei der nächsten Begehung bereits eine völlig andere sein.

Wie bereits angesprochen, ist der Arbeitgeber aufgrund der Verordnungen angehalten, die Ergebnisse der Gefährdungsanalyse (Evaluierung) und die von ihm festgelegten Schutzmaßnahmen zu dokumentieren. Den Verantwortlichen im Betrieb verbleiben dabei vielfältige Möglichkeiten der Dokumentation. Das bedeutet, dass alle bisherigen Unterlagen über Arbeitsplätze (z.B. Begehungsprotokolle, Sicherheitsdatenblätter, Betriebsanweisungen und Betriebsanleitungen) bereits als Dokumentation anzusehen sind. Die geforderte Dokumentation (Ergebnis der Gefährdungsbeurteilung, festgelegte Maßnahmen, Ergebnis der Überprüfung) besteht aber nicht nur aus den bearbeiteten Checklisten zur Gefährdungsermittlung, sondern setzt sich schließlich aus einer Vielzahl verschiedener Dokumente zusammen, die z. B. aus Organisationsanweisungen, Betriebsanweisungen, Betriebshandbüchern, Gefahrenabwehrplänen, Freigabescheinen, Besprechungs- und Begehungsprotokollen, Schulungsnachweisen, Unterweisungsbestätigungen, Arbeitsberichten usw. bestehen.

Diese Unterlagen sind bei den verantwortlichen Personen an zentraler Stelle zu sammeln und mindestens drei Jahre aufzubewahren. Basis für die Durchführung einer Evaluierung ist das sicherheitsbezogene Regelwerk (Gesetze, Verordnungen, Unfallverhütungsvorschriften, Sicherheitsregeln usw.), in dem für viele Bereiche und Tätigkeiten die möglichen Gefährdungen bereits in allgemeiner Form ermittelt wurden und entsprechende Schutzmaßnahmen beschrieben sind.

Ziel der Gefährdungsermittlung sind eine Beurteilung der Gefährdungen und das Festlegen von wirksamen Maßnahmen zum Schutz der Beschäftigten.

16.7 Mit Sprengmitteln und Sprengarbeiten einhergehende Risiken

Im Sprengstoffgesetz sind folgende grundlegenden Anforderungen geregelt:

- Anforderungen an die Sprengmittel
- grundlegende Anforderungen an die Betriebssicherheit
- harmonisierte Normen
- Verfahren zum Nachweis der Konformität
- benannte Stellen
- CE-Konformitätskennzeichnung
- generelle Beschränkungen
- Ausnahmen
- bestehende Inverkehrbringen-Rechte
- Übergangsbestimmungen für Prüftätigkeit
- Notifikation

Die Belästigungen, aber auch Gefahren, die mit den Tätigkeiten der Sprengarbeit verbunden sind, sind in der Regel durch betriebsspezifische Risiken gegeben. Bei der Abwehr von Gefahren konzentrieren sich die Überlegungen für das Risikomanagement auf die betriebsspezifischen Risiken sowie auf die Reduzierung von Emissionen:

Unter Einbeziehung aller Fakten für das Risikomanagement bei Sprengarbeiten müssen technische und organisatorische Maßnahmen ergriffen werden, wobei die bereits genannte Gefährdungsanalyse (Evaluierung) am Arbeitsplatz mit einbezogen wird. Wenn bei einer Sprengung aufgrund des Sprengorts eine schutzwürdige Anlage (innerbetrieblich, Anrainer, Verkehrswege usw.) in Auswurfrichtung ausgemacht wird, ist es notwendig, diese Wurfrichtung als „Hauptgefährdungsrichtung“ zu definieren [31, 43]. Wesentlich für die Sicherheit in diesem Raum dürften hierfür organisatorische Festlegungen im Vorfeld sowie weiterführende Maßnahmen am Sprengort sein. Maßgeblich hierzu ist die bereits angesprochene Gefährdungsanalyse am Arbeitsplatz (Evaluierung), die alle relevanten Gefährdungen aufzeigt. Als Sprengarbeiten sind folgende Aufgaben definiert:

1. Übernahme, Verwahrung und Transport von Sprengmitteln innerhalb der Arbeitsstätte, Arbeitsstelle oder Baustelle
2. Herstellen von Sprengladungen und Besetzen
3. Herstellung und Prüfung von Zündanlagen
4. Abtun der Sprengladungen
5. Entschärfen von Sprengladungen
   a) Beseitigung von Versagern
   b) Entsorgung von Sprengmitteln
   c) Lagerung von und Umgang mit Sprengmitteln bei Sprengarbeiten
   d) Sprengerschütterungen
   e) Luftschallentwicklung

Zu den wichtigsten Gefährdungen, die bei den vorangehend dargelegten Sprengarbeiten auftreten können, zählen folgende:

- Lärm
- Staub
- Streuflug
- Sprengerschütterungen
- unzeitige Zündung
- Versager
- Steinfall
- Schwaden (diese enthalten NO_X, NO_2 und CO)
- Hautkontakt mit den oder inhalative Aufnahme von in Sprengstoffen gegebenenfalls enthaltenen Sprengölen (Nitroglycol, Nitroglycerin) und aromatischen Aminoverbindungen
- Einwirkung elektromagnetischer Strahlung von Sendern und Hochspannungsleitungen auf Zündmittel

In Bild 16.1 sind die Gefährdungsfaktoren bei der Sprengarbeit dargestellt.

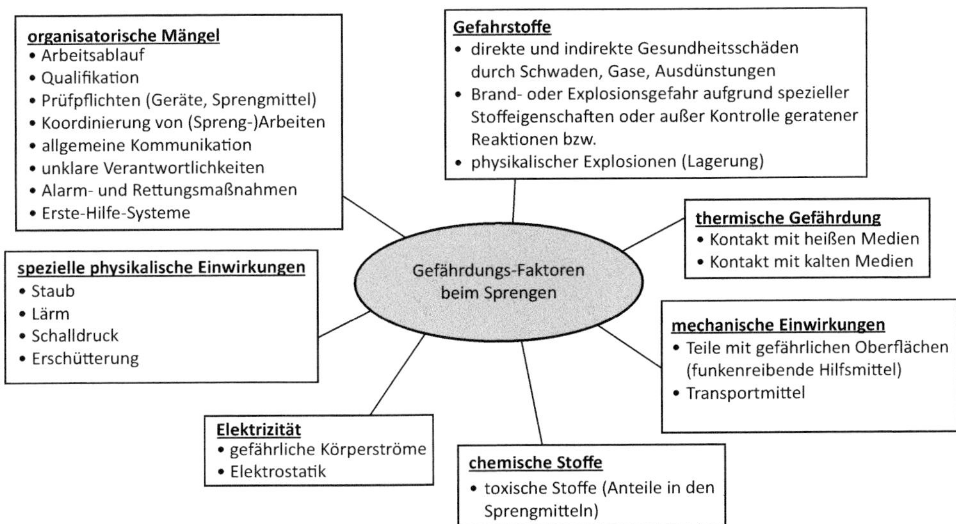

Bild 16.1 Gefährdungsfaktoren bei der Sprengarbeit

16.8 Gefährdungsbereich (Sprengbereich)

Der räumliche Bereich (Gefährdungsbereich), in dem Personen und Sachen durch Sprengstücke und Druckeinwirkung gefährdet werden können, wird Sprengbereich genannt. Durch eine exakte und gewissenhafte Auslegung der Sprenganlage hat die verantwortliche Person dafür zu sorgen, dass dieser Bereich möglichst klein gehalten wird. Die eventuelle Annäherung eines Sprengfelds an Wohngebiete, Verkehrswege oder Betriebsanlagen bedarf einer genaueren Betrachtung. Der in der deutschen Technischen Regel Sprengarbeiten [58], der österreichischen Sprengarbeitenverordnung (SprengV) [77] und der Schweizer Sprengstoffverordnung (SprstV) [78] angesprochene Sprengbereich (Streubereich) umfasst in der Regel einen Umkreis von 300 m. Abweichend dazu darf der Sprengberechtigte/Sprengbefugte im Einvernehmen mit dem Unternehmer den Sprengbereich verkleinern, wenn sichergestellt ist, dass Personen und Sachen nicht gefährdet werden. In nicht abschätzbaren Situationen hinsichtlich der Gefährdungen muss der Sprengbereich vergrößert werden. Eine Verkleinerung des Sprengbereichs kann nur dann vorgenommen werden, wenn durch besondere Maßnahmen eine Streuwirkung durch Steinflug oder sonstige gefährliche Einwirkungen ausgeschlossen werden kann.

Die Definition des Sprengbereichs lautet sinngemäß wie folgt: Die für die Sprengung verantwortliche Person hat den Sprengbereich festzulegen. Er umfasst normalerweise einen Umkreis von 300 m von der Sprengstelle. Abweichend davon hat der Unternehmer auf Veranlassung des Sprengberechtigten dafür zu sorgen, dass der Sprengbereich vergrößert wird, wenn mit einem Streubereich von mehr als 300 m zu rechnen ist. Als Sprengbereich gilt dabei jener Bereich, in dem mit Sprengstücken gerechnet werden muss. Der Sprengbereich wird im Allgemeinen als kreisförmige Fläche um die Sprengstelle herum angenommen. Daraus folgt, dass die Entfernungen waagerecht zu messen sind. Dies bedeutet, dass z.B. bei stark abfallendem Gelände der Sprengbereich nicht dem Hang folgend festgelegt werden darf. Hier empfiehlt es sich, das Gelände genau zu vermessen und den Verlauf des Geländes aufzuzeichnen. Dann ist in die einzelnen Schnitte das Maß von 300 m waagerecht aufzutragen und der Endpunkt senkrecht nach unten zu verlängern. Dort erst endet unter diesen örtlichen Verhältnissen der Sprengbereich. Dies entspricht auch in etwa der fortgeführten Wurfparabel. In besonders gelagerten Fällen muss jedoch auch von einem kugelförmig die Sprengstelle umschließenden Sprengbereich ausgegangen werden, wenn sich Objekte in diesem Bereich befinden [42].

■ 16.9 Gefährdung durch Steinflug

Der als relativ sicher geltende Sprengbereich setzt aber übliche Betriebsverhältnisse voraus, d.h., die Bohrlöcher sind an der beabsichtigten Stelle niedergebracht worden, haben die richtige Neigung und Tiefe, durchfuhren keine Hohlräume, ließen sich störungsfrei laden und besitzen noch die vorher gemessene Vorgabe. Weiterhin ist zu beachten, dass nicht grundsätzlich nur eine Ladesäule für eventuellen Steinflug ausschlaggebend sein muss, sondern dass bei falsch ausgelegten Sprengparametern die gesamte Lademenge in einer Sprenganlage als Faktor zu betrachten ist. Mit einem größeren Streubereich ist insbesondere in folgenden Fällen zu rechnen:

- bei stark klüftigem Gebirge
- wenn die Vorgabe nicht zuverlässig ermittelt werden kann oder sich durch Abrutschen von Massen oder auf andere Weise ungewollt verringert hat
- wenn Sprengstoff verlaufen ist
- bei der Versagerbeseitigung

Steinflug nach vorne

Die Möglichkeit eines Steinflugs nach vorne kommt in der Regel durch eine unglückliche Verkettung von mehreren Faktoren zustande. Zum einen können dies vorhandene Mehrausbrüche von vorangegangenen Sprengungen und zum anderen nicht einsehbare Hohlräume sowie Schwächezonen innerhalb des Gebirges sein. Daneben besteht die Gefahr des Verlaufens von Bohrlöchern. Eine Über- oder Unterladung von Bohrlöchern spielt dabei primär eine entscheidende Rolle [42].

Steinflug nach hinten

Es hat sich herausgestellt, dass nicht grundsätzlich nur eine Ladesäule für eventuellen Steinflug ausschlaggebend sein muss, sondern dass die gesamte Lademenge in einer Sprenganlage als Faktor zu betrachten ist [43]. Ist durch vorhandene Schiefrigkeit des Gebirges oder durch vorhergehende Sprengungen die Gebirgsoberfläche bereits vorgeschwächt bzw. ist eine Unterladung der Sprenganlage vorhanden, so kann es zu einem möglichen Steinflug nach hinten kommen, wenn die Ladesäulen zu lang und der benötigte Endbesatz zu gering bemessen sind.

16.10 Vergrößerung bzw. Verkleinerung des Sprengbereichs

Die Forderung, dass bei der Vergrößerung bzw. Verkleinerung des Sprengbereichs der Unternehmer die erforderlichen Maßnahmen zu treffen hat, wurde aus dem Grunde aufgenommen, da zunächst nur er für die von seinem Betrieb ausgehenden Gefahren verantwortlich ist und die notwendigen Mittel bereitzustellen vermag. Der Unternehmer hat dabei mehrere Möglichkeiten, Teile der ihm durch Vorschriften auferlegten Unternehmerpflichten zu delegieren. Die dem verantwortlichen Sprengberechtigten eingeräumte Möglichkeit, den Sprengbereich eigenverantwortlich festzulegen bzw. im Ausnahmefall zu verkleinern, bürdet ihm eine sehr große Verantwortung auf. Er wird keinerlei Entlastungsgründe anführen können, wenn er den Sprengbereich verkleinert hat und sich in der Zone bis zur Grenze des üblichen Sprengbereichs Unfälle ereignen. Die Sprengberechtigten/Sprengbefugten können deshalb nicht eindringlich genug auf die Schwere der Verantwortung hingewiesen werden, wenn sie den Sprengbereich verkleinern. Bedingung ist, dass eine Streuwirkung mit Sicherheit verhindert wird und Beschäftigte und Sachen durch Sprengstücke nicht gefährdet werden können.

Es wird dabei zunächst auf eine besondere Art der Abdeckung der Sprengladungen hingewiesen. Dies entspricht der Regel der Technik [34]. Diese Vorgehensweise wird jedoch nur bei geringen Lademengen den gewünschten Erfolg haben.

Die Lage der Sprengladung dagegen kann eine Verkleinerung des Sprengbereichs durchaus rechtfertigen. Hiermit soll der Hinweis gegeben werden, dass z. B. bei in Steinbrüchen üblichen Gewinnungssprengungen der Sprengbereich in Wurfrichtung der Sprengung andere Ausmaße haben kann als entgegen der Wurfrichtung (nach hinten). Die erforderliche Vergrößerung oder eine zulässige Verkleinerung des Sprengbereichs kann unter Berücksichtigung der jeweiligen örtlichen Gegebenheiten in unterschiedlichen Richtungen und Abmessungen vorgenommen werden. Dies bezieht sich insbesondere auf die vorangehend genannte Wurfrichtung bei Gewinnungssprengungen.

■ 16.11 Reduzierung von Sprengemissionen

Bei Sprengungen wird das begleitende Geräusch oder eine gefühlte Bewegung einer seismischen bzw. impulsförmigen Einwirkung wahrgenommen. Daraus lässt sich instinktiv der Rückschluss ziehen, dass Lärm und Bewegung potenzielle Indikatoren für auftretende Schäden sind. Da aber Menschen bereits geringste Bewegungen (seismisch) und Geräusche (Schalldruck) fühlen und hören können, ist es sehr schwierig, Verständnis dafür zu finden, dass es nicht möglich ist, Sprengungen durchzuführen, ohne dass diese im Umfeld wahrgenommen werden. Resultierend daraus ergibt sich nur die Möglichkeit, dass die auftretenden Emissionen durch Maßnahmen reduziert werden [43].

Insbesondere das Gewinnen mineralischer Rohstoffe über und unter Tage, also das Lösen von Gestein aus dem Gebirgsverband, erfolgt im Festgesteinsberg wie auch im Tunnelbau größtenteils mittels Sprengarbeit, die wiederum mit unvermeidbaren Immissionen verbunden ist. Neben Lärm, Schwaden und Staub sowie Steinflug zählen die durch Sprengen hervorgerufenen Erschütterungen zu jenen Begleiterscheinungen, die allenfalls zu Beeinträchtigungen von Nachbarn führen können.

■ 16.12 Leitgedanken

„So eine Arbeit wird eigentlich nie fertig,
man muss sie für fertig erklären,
wenn man nach Zeit und Umständen das Möglichste getan hat."

Johann Wolfgang von Goethe
(Italienische Reise II, 16. 03. 1686)

Dieses Kapitel schließt mit einigen Leitgedanken zum Thema Sicherheit:

- Sicherheit ist ein unverzichtbarer Wert von dauerhafter Gültigkeit, denn sie erhält unser wertvollstes Gut – unsere Gesundheit.
- Ich verhalte mich als Vorbild und trage Verantwortung für mich und andere.
- Sicherheit beginnt zuallererst bei mir.
- Der Vorgesetzte im Betrieb ist ein Schlüssel zur Sicherheit.
- Sicherheit muss erlernt werden.
- Wir alle zusammen schaffen den Rahmen für sicheres Arbeiten.
- Unfälle sind kein Zufall. Erst überlegen, dann handeln!

17 Berechnungsbeispiele

Zur Ausführung und Überwachung aller sprengtechnischen Abläufe sind die einschlägigen Ermittlungen und Berechnungen durchzuführen. Im Folgenden werden im Feld erprobte und praxisnahe Berechnungsmodelle dargestellt und erklärt, die zum Aufgabengebiet der Sprengtechnik gehören.

17.1 Gebräuchliche Verfahren der Erschütterungsprognose

Die Prognose von Sprengerschütterungen ist für Bergbaubetriebe und Steinbrüche bis ca. 1000 m, für andere Sprengbetriebe bis ca. 500 m Abstand zu Bauwerken von Bedeutung.

Für die Erschütterungsprognose sind in der Regel folgende vier Verfahren gebräuchlich:

- Abstandslademengenberechnungen [43]
- Koch'sche Formel [43]
- Scaled-Distance-Verfahren [1]
- Erschütterungszahlverfahren [43]

17.1.1 Abstandslademengenberechnungen

In vielen Veröffentlichungen wurden die Berechnungen und Abschätzungen über Lademengen in Relation zum Abstand vom Emissionsort dargestellt. Diese Abstandslademengenberechnungen werden für die Vorausermittlung der erwarteten Erschütterungseinwirkung benötigt. Bei den Berechnungen wird die Lademenge per Zündzeitstufe als ein wichtiger Faktor mit einbezogen. Für die Vorausermittlung der Erschütterungen wird die Abstandslademengenberechnung von Bedeutung sein, wenn Lademengen und Abstand öfter variieren. Die einzige Ungenauigkeit bei dieser Methode liegt in der oftmals beobachteten breiten Streuung der Spitzen der Schwinggeschwindigkeiten. Unter Berücksichtigung oft schwieriger geologischer Verhältnisse und damit einhergehender unterschiedlicher Ausbreitung der Bodenwellen kann die Abstandslademengenberechnung nur eine zusätzliche Hilfe sein und muss objektiv betrachtet werden. Das bedeutet, dass die Berechnungen sehr hilfreich sind und einen Anhalt über zu erwartende Einwirkungen ermöglichen, aber nicht überinterpretiert werden dürfen. Um eine realistische exakte Abschätzung hinsichtlich der Einwirkungen auf Gebäude zu erhalten, ist es auf jeden Fall notwendig, dass Erschütterungsmessungen durchgeführt werden. Die Abstandslademengentabellen beruhen auf folgender Formel unter Einbezug des Abstands R_S, der Lademenge L, des Faktors k und des Exponenten α:

$$R_S = k \cdot L^{\alpha} \tag{17.1}$$

Durch die Auswahl von k werden Gefährdungsklassen definiert, die durch besondere sprengtechnische oder örtliche Gegebenheiten vorhanden sind. Mit diesen Tabellen werden Lademengen, jedoch keine Schwinggeschwindigkeiten vorhergesagt [43].

17.1.2 Koch’sche Formel

Eine von vielen Varianten der Abstandslademengenbeziehungen ist die Koch’sche Formel, die jedoch eine Schwinggeschwindigkeit angibt:

$$v = k \cdot L^{0,5} \cdot R^{-1} = v = R / L^{0,5} \tag{17.2}$$

v Schwinggeschwindigkeit [mm/s]
R Entfernung des Messorts vom Sprengort [m]
L maximale Lademenge je Zündzeitstufe [kg]
k Bodenfaktor

Zur Abschätzung wird ein empirischer k-Wert zwischen 40 und 100 eingesetzt. Über die Ergebnisse von Erschütterungsmessungen kann der k-Wert verbessert und angepasst werden. Eine lineare Abnahme der Schwinggeschwindigkeit mit der Entfernung wird nur sehr selten beobachtet. In der Regel ist die Abnahme größer.

17.1.3 Scaled-Distance-Verfahren

Andere Berechnungsmethoden wie z.B. das bereits erwähnte Scaled-Distance-(Skalierte-Distanz-)Verfahren kommen ebenfalls als mögliche rechnerische Regel infrage. Das Verfahren wird hauptsächlich im anglikanischen Sprachraum (USA, UK, AUS usw.) angewandt [1].

Die Abstandslademengenbeziehung ist das Scaled-Distance-Verfahren, welches auf folgenden Zusammenhängen beruht:

$$v = k \cdot \left[\left(R / R_0 \right) / \left(L / L_0 \right)^{0,5} \right]^{-\beta} \tag{17.3}$$

v Schwinggeschwindigkeit [mm/s]
R Entfernung des Messorts vom Sprengort [m]
R_0 Entfernung von 1 m
L maximale Lademenge je Zündzeitstufe [kg]
L_0 Lademenge von 1 kg
k, β Parameter, die auf die örtliche Situation eingehen (Bodenfaktor) und durch Regressionsrechnungen aus der Schwinggeschwindigkeit v und der skalierten Distanz SD $[(D / D_0) / (L / L_0)^{0,5}]^{-\beta}$ abgeleitet werden

Resultierend daraus gilt:

$$SD = D / L^{0,5} \tag{17.4}$$

Nachfolgend wird das Scaled-Distance-Verfahren anhand von zwei unterschiedlichen Beispielen dargestellt.

Beispiel 1

In einer Distanz von D = 152,4 m zu einer Sprengstelle wurde eine Schwinggeschwindigkeit von v = 5,8 mm/s gemessen. Es soll die Schwinggeschwindigkeit für eine Distanz D von 76,2 m und 305 m ermittelt werden. Der Faktor $-\beta$ ist mit $-1,6$ einzusetzen.

$$\left(D_2 / D_1 \right)^{-1,6} \cdot v_1 = v_2 \tag{17.5}$$

Aus dem Vergleich der Distanzen von 76,2 m und 152,4 m ergibt sich Folgendes:

$$\left(76,2\,\text{m} / 52,4 \right)^{-1,6} = 3,03 \tag{17.6}$$

Diese Zahl ergibt, dass die Schwinggeschwindigkeit in 76,2 m normalerweise um 3,03 größer ist als in 152,4 m Distanz.

Bei Einsetzen der Schwinggeschwindigkeit von 5,8 mm/s ergibt sich

$$3,03 \cdot 5,8\ \text{mm/s} = \sim 17,5\,\text{mm/s} \tag{17.7}$$

Im Vergleich der Distanzen D von 304,8 m zu D von 152,4 m ergibt sich

$$(304{,}8\,\mathrm{m} / 152{,}4)^{-1{,}6} = 0{,}33 \tag{17.8}$$

$$0{,}33 \cdot 5{,}8\ \mathrm{mm/s} = \sim 1{,}9\,\mathrm{mm/s} \tag{17.9}$$

in einer Distanz D von rund 305 m.

Beispiel 2

In einer Distanz von D = 300 m zu einer Messstelle soll eine Lademenge von L = 50 kg pro Zündzeitstufe zum Einsatz kommen. Es soll der „obere Grenzwert“ ermittelt werden. Es wird wiederum nach der skalierten Distanz gesucht:

$$v = k \cdot \left[(R / R_0) / (L / L_0)^{0{,}5} \right]^{-\beta} \tag{17.10}$$

$$SD = D / L^{0{,}5} \tag{17.11}$$

$$v = k \cdot SD^{-1{,}6} \tag{17.12}$$

$$k = v \cdot SD^{-1{,}6} \tag{17.13}$$

v Schwinggeschwindigkeit [mm/s]
D Distanz des Messorts vom Sprengort [m]
L Lademenge je Zündzeitstufe [kg]
k, β Parameter, die auf die örtliche Situation eingehen (Bodenfaktor)
Der Faktor $-\beta$ ist mit -1,6 einzusetzen [1].

Folgende k-Werte (Bodenfaktor) für typische Datenermittlungen stehen zur Auswahl:

- unterer Grenzwert: 172
- durchschnittlicher Grenzwert: 1140
- **oberer Grenzwert: 1725**
- Grenzwert für hohe Schwingübertragung: 4316

Die Berechnung der Schwinggeschwindigkeit für einen oberen Grenzwert erfolgt so:

$$\begin{aligned} v &= 1725 (D / L^{0{,}5})^{-1{,}6} \\ v &= 1725 (300 / 50^{0{,}5})^{-1{,}6} \\ v &= 1725 (42)^{-1.6} = 0{,}002528 \\ v &\approx 4{,}4\,\mathrm{mm/s} \end{aligned} \tag{17.14}$$

17.1.4 Erschütterungszahlverfahren

Das Erschütterungszahlverfahren baut auf einer Abstandslademengenbeziehung auf, in der aus der Entfernung des Prognosepunkts R und der eingesetzten Lademenge pro Zündzeitstufe L die zu erwartende Schwinggeschwindigkeit v nach einer exponentiellen Näherungsformel berechnet wird.

$$v = k \cdot \left(L / L_0\right)^b \cdot (R / R_0)^{-m} \tag{17.15}$$

v Schwinggeschwindigkeit v_i im Freifeld
L Lademenge pro Zündzeitstufe (kg Sprengstoff)
L_0 Bezugslademenge (1 kg Sprengstoff)
R Entfernung von der Sprengstelle
R_0 Bezugsentfernung (1 m)
k Faktor (Bodenfaktor)
b, m empirisch ermittelte Kennzahlen

Die Exponenten b und m wurden aus einer großen Zahl von Schwinggeschwindigkeitsmessungen v_i im Freifeld in der Umgebung von unterschiedlichen Sprengungen [43] an unterschiedlichen Orten durch eine Regressionsrechnung für eine allgemeine Beziehung ermittelt. Für jede Erschütterungsmessung, bei der v_J, L_j und R_j bekannt sind, kann mithilfe dieser Exponenten der Faktor k_j bestimmt werden.

$$l_j = \log k_j = \log v_j - b \cdot \log L_j + m \cdot \log R_j \tag{17.16}$$

Für die so ermittelten Faktoren k zeigt die statistische Auswertung eine logarithmische Normalverteilung. Der dekadische Logarithmus von k wird als Erschütterungszahl l bezeichnet und stellt eine Größenordnung für die Erschütterungswirksamkeit einer Sprengung an einem Ort dar. Die statistische Auswertung (v = mm/s, L = kg Sprengstoff, R = m) zeigt, dass die Streuung der Erschütterungszahlen durch eine Normalverteilung mit dem Mittelwert 3,0 und der Standardabweichung 0,3 beschrieben werden kann.

Für die Prognosesicherheit α kann somit die zugehörige Erschütterungszahl bestimmt und mit folgender Formel der Faktor k^α berechnet werden:

$$k^\alpha = 10^\alpha \tag{17.17}$$

Durch Einsetzen von k^α ergibt sich folgende Abstandslademengenbeziehung für die Prognose:

$$v = k^\alpha \cdot \left(L /_0\right)^b \cdot \left(R / R_0\right)^{-m} \tag{17.18}$$

Die Schwinggeschwindigkeit der Erschütterungen wird bei Gewinnungssprengungen durch die Entfernung zur Erschütterungsquelle, die Größe der Sprengladung je Zündzeitstufe, den zeitlichen Verlauf der Sprengung und die Eigenschaften des zu sprengenden Gebirges bestimmt. Ein weiterer Faktor ist die Streubreite der mithilfe der vorangehend genannten Abstandslademengenbeziehung abgeschätzten Schwinggeschwindigkeit. Die Berechnungen basieren auf dem Medianwert aller vorliegenden Erschütterungsmessungen. Die Streubreite der nach der Abstandslademengenbeziehung aufbereiteten Messwerte beträgt Faktor ±2. Die aufgeführten Verfahren haben das Ziel, dass die in der Praxis auftretenden Streuungen bei Sprengerschütterungen möglichst praktikabel für Prognosezwecke aufbereitet werden. Wie bereits angesprochen, wird für die Vorausermittlung das gleiche Datenkollektiv beschrieben. Alle Formeln beziehen sich daher auf Erschütterungen im Freifeld [15].

17.2 Erschütterungsprognose für unterschiedliche Gesteine

Für die Vorausermittlung der Einwirkungen von Sprengerschütterungen auf

- den Menschen,
- den Untergrund und
- empfindliche Maschinensysteme

kann die Prognose mit der Ermittlung nach dem vorangehend beschriebenen Erschütterungszahlverfahren errechnet werden. Dieses Verfahren baut auf einer Abstandslademengenbeziehung auf, in der aus der Entfernung des Prognosepunkts R und der eingesetzten Lademenge pro Zündzeitstufe L der Sprengung die zu erwartende Schwinggeschwindigkeit v nach einer exponentiellen Näherungsformel berechnet wird, wobei die Exponenten für die allgemeinen Beziehungen empirisch ermittelt sind [15].

Das angeführte Prognoseverfahren unterscheidet zwei unterschiedliche Gesteinstypen, nämlich weiche bis mittelharte Sedimentgesteine und die Gruppe der kristallinen Hartgesteine, also im Wesentlichen Granit, Gneise, Diabas oder Basalt (Bild 17.1). Diesen beiden Hauptgesteinstypen werden unterschiedliche empirische Kennzahlen zugeordnet. Beide Gesteine unterscheiden sich in der Übertragungseigenschaft von Erschütterungen erheblich (Bild 17.3). Es ist wichtig zu wissen, dass die mithilfe der Abstandslademengenbeziehungen bestimmten Maximalwerte der Schwinggeschwindigkeit v_i einen sogenannten Freifeldwert angeben, d. h. die Schwinggeschwindigkeit im Gelände außerhalb eines Gebäudes. Dieser

Wert entspricht erfahrungsgemäß in etwa dem zu erwartenden Gebäudewert auf Erdgeschossniveau unter der Voraussetzung, dass keine Deckenresonanzen auftreten. Die Darstellungen in Formel 17.2 bis Formel 17.22 gelten als mögliche rechnerische Regel zur Ermittlung der Lademenge pro Zeitstufe in Beziehung zur Entfernung zum Sprengort und der zulässigen Schwinggeschwindigkeit.

Prognose von Sprengerschütterungen nach dem Erschütterungszahlverfahren			
Eingabefelder	Maximale Lademenge pro Zündzeitstufe	**150**	**kg**
	Entfernung der Sprengstelle zum Schutzobjekt	**300**	**m** Umgebung Sprengort
	weitere Messintervalle	**100**	**m**

	Mein Gebirge	kristallines Gestein	hartes Gestein	harter Kalkstein	Hartgestein	Sedimente	weiches bis mittelhartes Gestein
	Dolomit	z.B. Granit, Granodiorit	z.B. Gneise	z.B. Massenkalk	z.B. Dolomit	z.B. weicher Kalk	z.B. Schiefer
k	897	206	235	646	897	969	1299
l	0,68	0,80	0,80	0,59	0,68	0,60	0,60
r	-1,51	-1,30	-1,27	-1,52	-1,51	-1,50	-1,52
Frequenz [Hz]	10,0	sind keine Messwerte oder Erfahrungswerte für Freqenzen vorhanden, ist 10 Hz einzusetzen					
Entfernung [m]	Schwinggeschwindigkeit v, [mm/s]						
300	4,92	6,83	9,25	2,13	4,92	3,77	4,51
400	3,19	4,70	6,42	1,38	3,19	2,45	2,91
500	2,28	3,52	4,83	0,98	2,28	1,75	2,07
600	1,73	2,77	3,83	0,74	1,73	1,33	1,57
700	1,37	2,27	3,15	0,59	1,37	1,06	1,24

$v_{prognose}$ =	4,92
$v_{zulässig}$ =	Normen
$v_{Messpflicht}$ =	wenn gleich oder größer als 2/3 der Prognose

$$v_{\text{Prognose}} = k \cdot L^{l} \cdot R$$

$KB_{Prognose}$ =	1,82
$KB_{zulässig}$ =	3
$KB_{Messpflicht}$ =	wenn gleich oder größer als 2/3 der Prognose

$$KB = \frac{1}{\sqrt{2}} \cdot \frac{v_{\max}}{\sqrt{1 + (f_0/f)^2}}$$

Bild 17.1 Beispiel für Erschütterungsprognose mit *KB*-Wert

Gewerblich genutzte Bauten, Industriebauten	20 mm	20 bis 40 mm (15 + 0,5 f)	40 bis 50 mm (30 + 0,2 f)	40 mm	20 mm
Wohngebäude	5 mm	5 bis 15 mm (2,5 + 0,25 f)	15 bis 20 mm (10 + 0,1 f)	15 mm	20 mm
Besonders erschütterungsempfindliche Bauwerke (u.a. denkmalgeschützte)	3 mm	3 bis 8 mm (1,75 + 0,125 f)	8 bis 10 mm (6 + 0,04 f)	8 mm	20 mm

Bild 17.2 Beispiel für Anhaltswerte nach DIN und BSpV

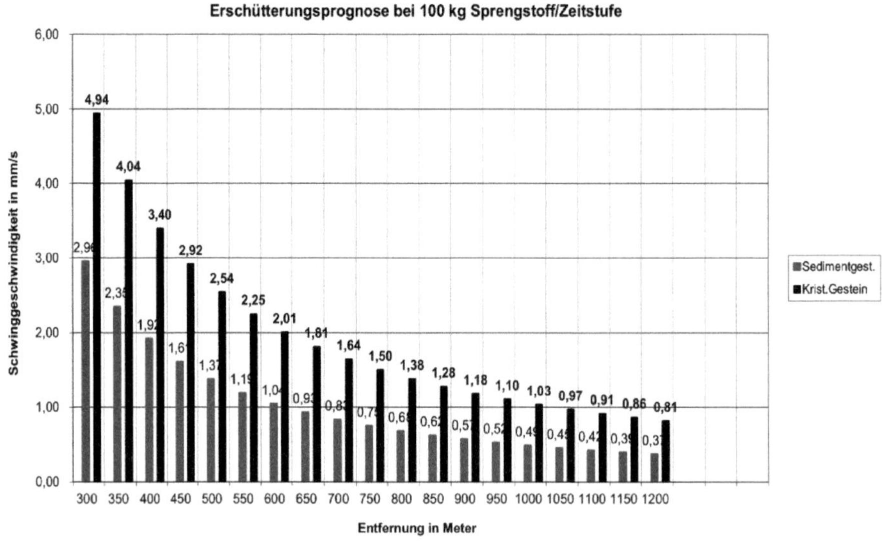

Bild 17.3 Unterschiedliche Erschütterungswerte in Abhängigkeit vom Gestein

Es ist jedoch zu berücksichtigen, dass bei Sprengungen die Schwinggeschwindigkeit der Erschütterungen an einem zu beurteilenden Ort in der Umgebung der Sprengung von mehreren Kriterien bestimmt wird:

- eingesetzte Lademenge per Zündzeitstufe
- Zündfolge
- Entfernung von der Sprengstelle
- Geometrie der Sprenganlage
- zeitlicher Verlauf der Sprengung
- Eigenschaften des zu sprengenden Gebirges

Vorgehensweise bei kristallinem Gestein

Für die Vorausermittlung von Sprengerschütterungen nach dem Erschütterungszahlverfahren können nachfolgende Formeln angewandt werden. Für kristallines Gestein wird Formel 17.19 angewandt. Die Prognoseberechnung für einen Granodiorit-Steinbruch wird in den folgenden Schritten dargestellt.

Auswahl der Gesteinsart (Granodiorit) nach Bild 17.1:

$$v = 206 \cdot L^{0,8} \cdot R^{-1,3} \left[\mathrm{mm/s}\right] \tag{17.19}$$

Für die Berechnung einer Prognose für eine Lademenge v_{max} pro Zündzeitstufe von 100 kg Sprengstoff wird wie folgt vorgegangen (Tabelle 17.1 und Bild 17.4): Die Prognose wird nach der Formel für kristallines Gestein $v = 206 \cdot L^{0,8} \cdot R^{-1,3}$ [mm/s] von 300 m bis 1000 m in 50-m-Intervallen durchgeführt.

Beispiel 1: Kristallines Gestein

Eine Schwinggeschwindigkeit von 5,0 mm/s soll nicht überschritten werden.

Resultat: Bis zu einem Abstand von 300 m zum nächsten betroffenen Gebäude dürfen 100 kg geladen werden.

Tabelle 17.1 Prognosewerte für kristallines Gestein, 100 kg

Abstand in m	v_{max} in mm/s
300	4,94
350	4,04
400	3,40
450	2,92
500	2,54
550	2,25
600	2,01
650	1,81
700	1,64
750	1,50
800	1,38
850	1,28
900	1,18
950	1,10
1000	1,03

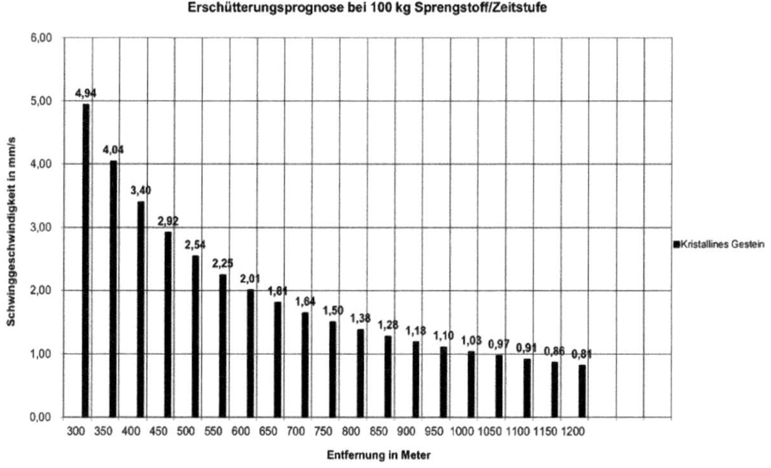

Bild 17.4 Grafische Darstellung der Prognosewerte für kristallines Gestein, 100 kg

Vorgehensweise bei sedimentärem Gestein

Für die Vorausermittlung von Sprengerschütterungen nach dem Erschütterungszahlverfahren können nachfolgende Formeln angewandt werden. Die Prognoseberechnung für einen Kalksteinbruch wird in den folgenden Schritten dargestellt.

Auswahl der Gesteinsart (weicher Kalk) nach Bild 17.1:

$$v = 969 \cdot L^{0,6} \cdot R^{-1,5} \left[\text{mm/s}\right] \tag{17.20}$$

Für die Berechnung einer Prognose für eine Lademenge v_{max} pro Zündzeitstufe von 100 kg Sprengstoff wird wie folgt vorgegangen (Tabelle 17.2 und Bild 17.5): Die Prognose wird nach der Formel für sedimentäres Gestein $v = 969 \cdot L^{0,6} \cdot R^{-1,5}$ [mm/s] von 300 m bis 1000 m in 50-m-Intervallen durchgeführt.

Beispiel 2: Sedimentäres Gestein

Eine Schwinggeschwindigkeit von 5,0 mm/s soll nicht überschritten werden.

Resultat: Bis zu einem Abstand von 200 m zum nächsten betroffenen Gebäude dürfen 100 kg geladen werden.

Tabelle 17.2 Prognosewerte für sedimentäres Gestein, 100 kg

Abstand in m	v_{max} in mm/s
300	5,43
350	3,89
400	2,96
450	2,35
500	1,92
550	1,61
600	1,37
650	1,19
700	1,04
750	0,93
800	0,83
850	0,75
900	0,68
950	0,62
1000	0,57

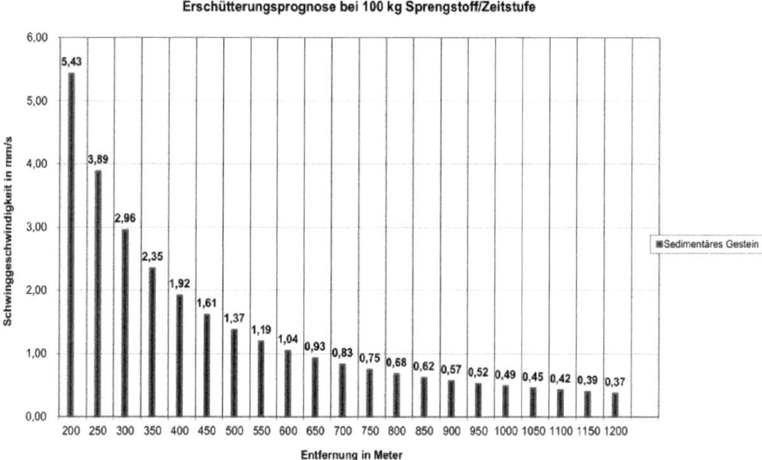

Bild 17.5 Grafische Darstellung der Prognosewerte für sedimentäres Gestein, 100 kg

Vorgehensweise bei Gips/Anhydrit

Für die Vorausermittlung von Sprengerschütterungen nach dem Erschütterungszahlverfahren können nachfolgende Formeln angewandt werden: Die Prognoseberechnung für einen Granodiorit-Steinbruch wird in den folgenden Schritten dargestellt.

Auswahl der Gesteinsart nach Bild 17.1:

$$v = 969 \cdot L^{0,6} \cdot R^{-1,5} \left[\text{mm/s}\right] \text{ für Gips} \tag{17.21}$$

$$v = 897 \cdot L^{0,68} \cdot R^{-1,51} \left[\text{mm/s}\right] \text{ für Anhydrit} \tag{17.22}$$

Für die Berechnung einer Prognose für eine Lademenge v_{max} pro Zündzeitstufe von 35 kg Sprengstoff wird wie folgt vorgegangen (Tabelle 17.3 und Bild 17.6): Die Prognose wird nach den vorangehend genannten Formeln für sedimentäres Gestein und Hartgestein von 100 m bis 800 m in 50-m-Intervallen durchgeführt.

Beispiel 3: Gips/Anhydrit

Eine Schwinggeschwindigkeit von 5,0 mm/s soll nicht überschritten werden.

Resultat: Im Gips dürfen bis zu einem Abstand von ca. 150 m zum nächsten betroffenen Gebäude 35 kg geladen werden. Im Anhydrit ist voraussichtlich eine etwas geringere Lademenge zu verwenden.

Tabelle 17.3 Prognosewerte für Gips und Anhydrit, 35 kg

Gestein Abstand [m]	Gips v_{max} [mm/s]	Anhydrit v_{max} [mm/s]
100	8,18	9,61
150	4,45	5,21
200	2,89	3,37
250	2,07	2,41
300	1,57	1,83
350	1,25	1,45
400	1,02	1,18
450	0,86	0,99
500	0,73	0,85
550	0,63	0,73
600	0,56	0,64
650	0,49	0,57
700	0,44	0,51
750	0,40	0,46
800	0,36	0,42

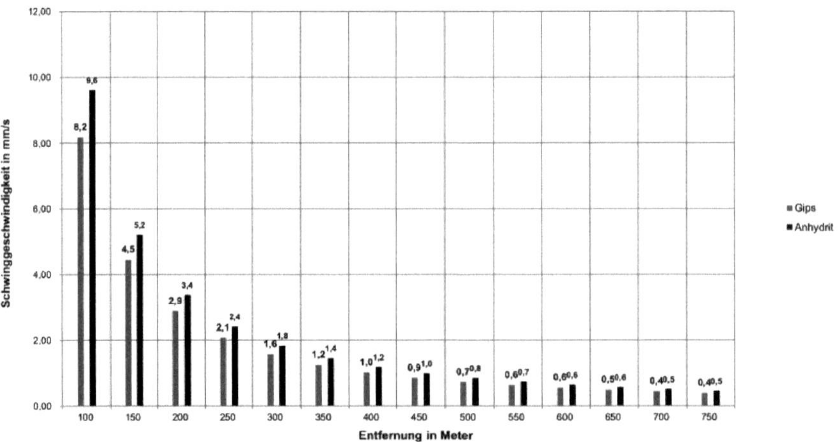

Bild 17.6 Grafische Darstellung der Prognosewerte für Gips und Anhydrit, 35 kg

17.3 Sprengtechnische Parameter

Die aus den Parametern (Lademenge pro Zündzeitstufe) resultierenden Prognosewerte können zur Abschätzung der zu erwartenden Sprengerschütterung herangezogen werden. Nach den Regeln der Technik haben die Prognosewerte einen genügend großen rechnerischen Sicherheitsspielraum zu den wirklich gemessenen Erschütterungswerten und überschreiten diese in der Regel nicht. Weiterhin können die Prognosewerte mit den Anhaltswerten der einschlägigen Normen [43] verglichen werden. Die ermittelten Prognosewerte müssen durch die Sprengarbeiten begleitende Erschütterungsmessungen bestätigt werden.

Die sprengtechnischen Parameter wie auch die Übertragungseigenschaften des Gebirges zwischen Spreng- und Messort haben eine große Bedeutung für die Vorausermittlung der zu erwartenden Werte. Die Annahme, dass eine Radialsymmetrie nur eine sehr grobe Näherung ist, wurde bereits angesprochen. Erschütterungsmessungen sind in jedem Falle notwendig, um das Erscheinungsbild der gemessenen Werte mit ihren Frequenzen zu betrachten und auswerten zu können. Mit diesen Daten können neue Erschütterungszahlen berechnet und zur Verbesserung der Prognose sowie zur Emissionskontrolle herangezogen werden. Wichtig ist, dass alle Prognosen durch Erschütterungsmessungen bestätigt werden müssen.

17.4 Bauwerksbezogene Wahrnehmungsstärke *KB*

In Räumen, die für den dauernden Aufenthalt von Menschen bestimmt sind, haben „spürbare" Erschütterungen eine unerwünschte Eigenschaft. Die Wirkungen, die Erschütterungen bei Menschen verursachen, sind nicht nur von der Stärke der Schwingungen, sondern auch von anderen augenblicklichen Einwirkungen abhängig wie z. B. Lärm, sichtbare Bewegungen, Klappern von Gegenständen, Vibrieren von Fenstern und Türen und anderes mehr. Dies kann durch Sprengarbeiten ausgelöst werden.

Um die für die Beurteilung auf den Decken der Wohngebäude auftretenden Erschütterungen zu ermitteln, muss die Vergrößerung der Erschütterungen vom Fundament zum Obergeschoss bedingt durch die dynamischen Eigenschaften der Gebäude berücksichtigt werden. Die Beurteilung der Wirkung der Erschütterungen [43, 51] erfolgt durch einen sogenannten Wert KB_{Fmax}. Er kann aus der Schwinggeschwindigkeit und der begleitenden Frequenz näherungsweise mit folgender Formel ermittelt werden:

$$KB = \frac{1}{2}\sqrt{2 \cdot v_{max}} \,/\, \sqrt{1 + (f_0 / f)^2} \quad (17.23)$$

v_{max} gemessene Schwinggeschwindigkeit in mm/s
f Schwingfrequenz in Hz
f_0 Bezugsfrequenz 5,6 Hz

Beispiel:

Für die Berechnung des KB_{Fmax}-Werts wurde nachfolgendes Messergebnis einer Sprengung verwendet. Für die Berechnung gilt:

v_{max} = 5,3 mm/s

f = 12 Hz

f_0 = 5,6 Hz

Der in Tabelle 17.4 angeführte KB_{Fmax}-Wert aus diesem Beispiel zeigt, dass die Anhaltswerte von Menschen in Gebäuden eingehalten wurden [43, 50, 61, 62, 63].

Tabelle 17.4 Prognose *KB*-Wert

gemessener Wert:	f = 12 Hz	
gemessener Wert:	v_{max} = 5,3 mm/s	
berechneter Wert:	KB_{ist} = 3,4	
berechneter Wert:	KB_{Fmax} = 2,72	mit Resonanzbeteiligung c_F 0,8
berechneter Wert:	KB_{Fmax} = 2,04	ohne Resonanzbeteiligung c_F 0,6
	$KB_{Fmax\,zulässig}$ = 3 - 6	DIN 4150-02, Tabelle 1, Seite 6

17.5 Sprengerschütterungen und sensible Maschinen

Auswirkungen von Sprengungen auf empfindliche Industrieanlagen und Gerätschaften wie durch z.B. Erschütterungen sind oftmals nur sehr schwer abzuschätzen. In vielen Fällen muss hierbei die Abschätzung über die Zulässigkeit von Vibrationen durchgeführt werden, die die Fremdeinwirkungen mit den eigenen erzeugten Erschütterungen am Standort vergleicht. Im Prinzip kann die Erschütterung außerhalb einer Anlage genauso groß sein wie die selbst erzeugte Erschütterung innerhalb einer Anlage. Grundsätzlich kann davon ausgegangen werden, dass je kürzer die Einwirkungszeit ist, desto weniger können empfindliche Gerätschaften beeinträchtigt werden. Internationale Standards enthalten Erschütterungsgrenzwerte, welche die Toleranzen von Vibrationen an z.B. elektronischen Bauteilen darlegen. Zwei internationale Quellen für solche Standards sind hier benannt:

die International Electrical Commission und das Institute of Electrical and Electronics Engineers [1, 6].

In Bild 17.7 ist zu erkennen, dass die Erschütterungslimits als relativ hoch anzusehen sind. Eine Untersuchung von Computerherstellern [1, 6] ließ erkennen, dass Diskettenlaufwerke am kritischsten zu bewerten sind. An den Diskettenlaufwerken waren kurzzeitige Bewegungen mit einer Schwingbeschleunigung (α) von 2 g bis 3 g (1 g = 9,81 m/s^2) bei einer maximalen Zeit von 10 ms erlaubt. Die Folgerung daraus ist, dass eine maximale Beschleunigung (α) von 2 g und eine halbe Periode von 10 ms an Diskettenlaufwerken erlaubt sind.

$$f = 1/(2)(0{,}01) = 50\,\text{Hz} \tag{17.24}$$

an Diskettenlaufwerken erlaubtan

$$s = \alpha/(2\pi f)^2 = (2)(9810)/4\pi^2\,2500\,\text{Hz} \tag{17.25}$$

$$s = 0{,}2\,\text{mm} = 0{,}078\,\text{in} \approx 10\,\text{mils} = \text{ca.}\,2\,\text{mm/s} \tag{17.26}$$

s Verschiebung [mm]
α Beschleunigung [mm/s^2]
f Frequenz [Hz]
π Kreiszahl

Bei Versuchen des Telefonherstellers TELEVERLET widerstanden die Geräte bzw. die Geräteeinrichtungen Sprengerschütterungen von 17 mm/s (0,6 ips) und 0,6 g. Die Bewegungen sind auch in Bild 17.7 dargestellt. TELEVERLET erlaubt 50 mm/s, gemessen an anliegenden Wänden neben den Geräten [1, 6, 19].

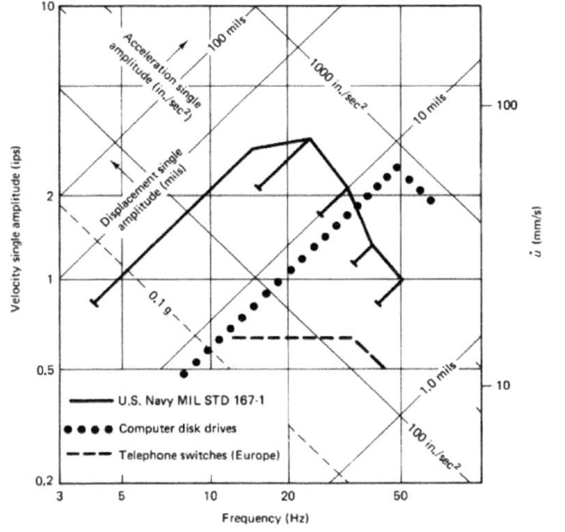

1 mil = 0,001 in = 0,00254 mm (aus: US MIL STD-167-1)

durchgehende Linie: US Navy MIL STD 167-1

gepunktete Linie: computer disk drives

gestrichelte Linie: Telefonschalteinheiten (Europa)

Bild 17.7 Electrical Equipment Vibration Limits

Im nachfolgenden Beispiel erlaubte z. B. die Firma IBM 3 *g* bei 3 ms. Dies bedeutet, dass eine maximale Schwingbeschleunigung (α) von 3 *g* und eine Drittelperiode von 10 ms an empfindlichen Anlagen erlaubt wäre (Bild 17.8). Wichtig: Eine vorherige Kontaktaufnahme mit den Geräteherstellern ist zu empfehlen.

$$f = 1/(3)(0{,}01) = 33\,\text{Hz} \tag{17.27}$$

$$s = \alpha/(2\pi f)^2 = (3)(9810)/4\pi^2 1089\,\text{Hz} \tag{17.28}$$

$$s = 0{,}68\,\text{mm} = 0{,}27\,\text{in} \approx 12\,\text{mils} = \text{ca. } 3{,}0\,\text{mm/s} \tag{17.29}$$

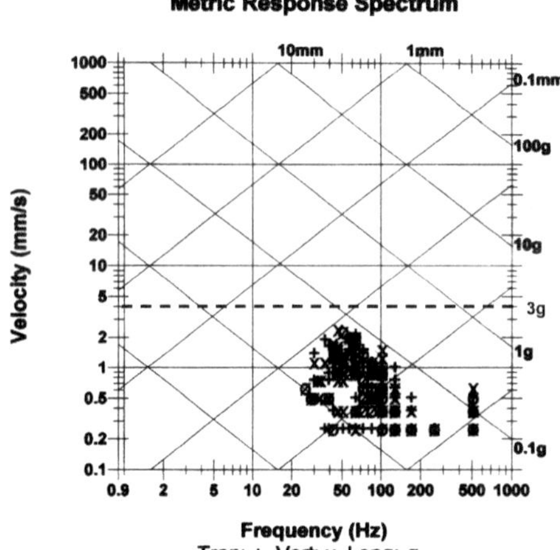

Bild 17.8
Erschütterungseinwirkungen einer Sprengung mit einem Limit von 3 *g*

Die Schwingbeschleunigung von 0,2 *g* in Tabelle 17.5 zeigt die Abhängigkeit von Schwinggeschwindigkeit und Frequenz [1, 6, 19, 43]. Allgemein wird die Schwingbeschleunigung durch die Beschleunigung der Gravitation der Erdoberfläche, die 9810 mm/s^2 beträgt, dividiert. Eine Beschleunigung von z. B. 2000 mm/s^2 ist daher

$$2000/9810 = 0{,}2\,g \tag{17.30}$$

Die Schwinggeschwindigkeiten bei Sprengungen im Steinbruch, im Tunnel, im Baubereich oder unter Tage können stark variieren. Dies ist stets abhängig vom Ablauf der Sprengung sowie der Übertragungseigenschaft des Mediums (Untergrund, Material usw.) [43].

In Tabelle 17.6 werden die Bereiche typischer Parameter von Sprengungen aufgezeigt.

Tabelle 17.5 Schwingbeschleunigung 0,2 *g*

Frequenz, Hz	4	10	15	20	25	30	40	50	100	200
Schwinggeschwindigkeit in mm/s bei 0,2 *g*	7,80	3,18	2,08	1,55	1,25	1,04	0,79	0,64	0,30	0,15

Tabelle 17.6 Bereiche typischer Parameter beim Sprengen

Schwinggeschwindigkeit (v)	10^{-4} - 10^{3} mm/s
Spitzenverschiebung (s)	10^{-4} - 10 mm
Spitzenbeschleunigung (a)	10 - 10^{5} mm/s
Taktzeit (T)	0,5 - 2
Wellenlänge (λ)	30 - 1500 m
Frequenz (f)	0,5 - 200 Hz

17.6 Wirkung von kurzzeitigen Erschütterungen auf erdverlegte Leitungen

Für die Beurteilung von erdverlegten Rohrleitungen sind Anhaltswerte in den Normen (je nach Art der Baustoffauskleidung von 40 - 80 mm) und Drainagerohren (je nach Art der Leitungsbaustoffe von 50 - 100 mm), wie der DIN 4150-3, angegeben (Bild 17.9). Die Anwendung der Anhaltswerte setzt voraus, dass die Leitungen nach dem heutigen Stand der Technik hergestellt und verlegt wurden. Andernfalls sind gesonderte Betrachtungen erforderlich. Das gilt ebenso für alle Leitungen, wenn Folgen aus bodenmechanischen Vorgängen zu befürchten sind oder unterschiedliche Einspannungsverhältnisse, z. B. bei Anschlüssen an Bauwerke, vorliegen. Für Hausanschlussleitungen bis zu einem Abstand von 2 m zum Bauwerk gelten die Anhaltswerte für das Fundament des Bauwerks. Weitere Hinweise für Gastransportleitungen enthält DIN EN 1594.

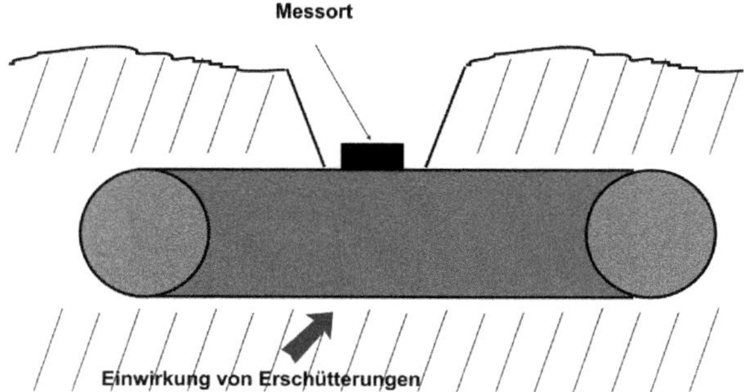

Bild 17.9 Messort für erdverlegte Rohrleitungen

Als Berechnungsbeispiel kann z. B. die Schwingungsanfälligkeit von einer Rohrleitung, d. h. deren Fähigkeit, dynamische Spannungen ohne Schaden aufzunehmen, angeführt werden.

Die Schwingungsanfälligkeiten werden durch Festlegungen des DVGW (Deutscher Verein des Gas- und Wasserfaches e. V.), wie zum Beispiel die Technische Regel DVGW G 463, geregelt ((D) Technische Regel – Arbeitsblatt DVGW G 463 (A)). Gashochdruckleitungen aus Stahlrohren für einen Auslegungsdruck von mehr als 16 bar; Planung und Errichtung. Oktober 2021. Diese Informationen müssen auf jeden Fall als Berechnungsgrundlage für Gas- und Wasserleitungen mit einbezogen werden.

Im folgenden Beispiel wird eine Beurteilung für eine alte Gasleitung dargestellt:

$$R_{\mathrm{min}} = 206 \cdot F \,/\, K \cdot D_{\mathrm{A}} \tag{17.31}$$

R_{min} Biegeradius
F Sicherheitsbeiwert
K Mindeststreckgrenze
D_{A} Außendurchmesser

Der Sicherheitsbeiwert muss nach EN 10208-1 (DIN 2470, Teil 1) festgelegt werden. Für das Beispiel gilt als Beiwert 1,5 bis 1,6. Nach Einsicht in die Verlegungspläne wurde das Rohr im Jahr 1971 gefertigt.

Im vorliegenden Fall handelt es sich um einen Stahl unter der Bezeichnung CMSt 3 sp mit einem Durchmesser von 325/4 mm. Für diesen Stahl kann nach Auskunft des VDEh (Verein Deutscher Eisenhüttenleute, jetzt Stahlinstitut VDEh) eine Mindeststreckgrenze von 255 N/mm angenommen werden.

Nach der vorangehend genannten Formel ergibt sich ein Biegeradius von

$$R_{\mathrm{min}} = 393{,}82\ \mathrm{mm} \tag{17.32}$$

Bei der Berechnung der Einwirkung von Sprengimmissionen auf solch ein zu beurteilendes Objekt muss vordringlich festgestellt werden, ob die Rohrleitung in einem Graben mit einem üblichen Durchmesser von 110 cm verbaut bzw. verlegt ist. Dazu gehören auch eindeutige Unterlagen bzw. genaue Erkenntnisse über das Auffüllmaterial im Graben. Anliegende, feste und druckausübende Gesteine dürfen nicht an der Rohrleitung anliegen.

Im Zweifelsfall müssen weitere Informationen zu den Leitungsbaustoffen der Rohre beim DVGW (Deutscher Verein des Gas- und Wasserfaches e. V.) und/oder beim VDEh (Verein Deutscher Eisenhüttenleute, jetzt Stahlinstitut VDEh), eingeholt werden.

Formelverzeichnis

Formelzeichen	Benennung
A_A	Ausbruchsquerschnitt/Fläche [m^2]
A_B	Bohrlochseitenabstand [m]
a_R	Bohrlochreihenabstand [m]
d	Durchmesser [m]
d	Verdämmungswert
d_B	Bohrloch (BL)-Durchmesser [m]
D	Distance (Abstand)
E	Arbeitsvermögen, spezifisch, maximal [J/kg = Nm/kg]
e	Arbeitswerte der Sprengstoffe
E	Ergänzungswert
EG	Erdgeschoss
F	Fläche [m^2]
f_{Gest}	Gesteinsfestigkeitswert
f	Frequenz
GOK	Geländeoberkante
h	Objektdicke in Bohrlochrichtung [m]
h_S	Masseschwerpunkt bei Baukörpern
h_S	Strossenhöhe [m]
h_B	Besatzlänge [m]
h_{GL}	Länge der Grundladung [m]
h_{OL}	Länge der Oberladung [m]
h_W	Wandhöhe [m]
k_{Abl}	Koeffizient für Gesteinsablagerung
KB	bauwerksbezogene Wahrnehmungsstärke (-)
k	Faktor (Bodenfaktor)
l_{AA}	Länge der Auswurffläche [m]
l_A	Abschlaglänge

Formelzeichen	Benennung
l_B	Bohrlochlänge [m]
l_{GL}	Ladungsgewicht der Grundladung [kg/m]
l_L	Ladungsgewicht [kg/m]
L_{OL}	Ladungsgewicht der Oberladung [kg/m]
l_S	Längenvorgabe (söhlig) [m]
l_W	Längenvorgabe (echte) [m]
l_{Sp}	Ladelänge [m]
L	Lademenge [kg]
L_0	Bezugslademenge
L_{BL}	Lademenge je Bohrloch [kg]
L_{GL}	Grundladung je Bohrloch [kg]
L_{OL}	Oberladung je Bohrloch [kg]
M_L	Lademengen für Massenberechnung [kg]
mph	miles per hour
OG	Obergeschoss
p	Druck (Schall)
psf	pounds per square foot
Q_A	Ausbruchsquerschnitt [m^2]
q	spezifischer Sprengstoffaufwand [kg/m^3]
q_{Fe}	spezifischer Sprengstoffaufwand für Eisen [kg/m^2]
q_V	Füllungsgrad (Bruch oder %), $q_v = V_{Sp} / V_{Lr}$
r	Radius [m]
R	Entfernung von der Sprengstelle
R_0	Bezugsentfernung (1 m)
SD	Scaled Distance (Skalierte Distanz)
s	Verschiebung [mm]
s	Strukturwert/Bauteilstärke [m]
s_p	Bauteilstärke parallel zur Bohrlochachse [m]
S_P	Schwerpunkt
s_S	minimale Bauteilstärke senkrecht zur Bohrlochachse [m]
u	Unterbohrung [m]
v	Windgeschwindigkeit [km/h]
v_i	Schwinggeschwindigkeit v_i im Freifeld [mm/s]
v_{max}	maximale Schwinggeschwindigkeit [mm/s]
v_{Rmax}	resultierende Schwinggeschwindigkeit [mm/s]
V	Volumen [m^3]
V_A	Ausbruchsvolumen [m^3]

Formelzeichen	Benennung
V_{BL}	Bohrlochvolumen [m^3]
V_{Lr}	Laderaumvolumen [m^3]
V_{Sp}	Volumen der Bauteilstärke [m^3]
V_w	Volumenvorgabe [m^3]
W	Watt
Z_{Bn}	Anzahl der Bohrlöcher
α	Beschleunigung [mm/s^2]
α	Faktor
β	Faktor
π	Kreiszahl
ρ_{Sp}	Sprengstoffdichte [kg/dm^3]
ρ_L	Ladedichte, $\rho_L = l_{Sp} / V_{Lr}$

Literaturverzeichnis

Allgemeine Literatur

[1] Blasters Handbook. 17. Auflage. International Society of Explosives Engineers 1998

[2] *Böttcher, G./Lüdeling, R./Wüstenhagen, K.:* Zum Immissionsschutz bei Sprengerschütterungen. In: Nobel-H., Jg. 45., 1979, S. 33 – 50

[3] *Brady B. H. G./Brown E. T.:* Rock Mechanics for underground mining. Kluwer Academic Publishers 2004

[4] *Brammer, A. J.:* Human Response to Vibration and Mechanical Shock. Institute for Microstructural Sciences, National Research Council, Ottawa, Ontario/Canada 2002

[5] *Bundesanstalt für Materialforschung und -prüfung (BAM):* Normenserie EN-13631. Liste der europäischen harmonisierten Normen für die Prüfung von Explosivstoffen. Bundesanstalt für Materialforschung und -prüfung (BAM), Spreng- und Treibmittel, Fachbereich 2.3 Explosivstoffe, Berlin, Juli 2016

[6] *Dowding, C.:* Blast Vibration, Monitoring and Control. Prentice-Hall 1985

[7] *Fiederling, N.:* Emulsionssprengstoffe in Theorie und Praxis. Nobel-Hefte 1988

[8] *Fuchs, B./Haugwitz, H.-G.:* Homogenbereiche: Aus Bodenklassen werden Homogenbereiche – technische und rechtliche Auswirkungen auf die VOB Teil C. Bundesanzeiger Verlag 2017

[9] Kali und Salz. Genehmigte Fotos und Internetpräsenz. 2012 – 2022

[10] *Kinney, G. F./Graham, K. J.:* Explosive Shocks in Air. 2nd Edition. Springer Verlag, Berlin/Heidelberg/New York/Tokio 1985

[11] *Koch, H. W.:* Zur Möglichkeit der Abgrenzung von Lademengen bei Steinbruchsprengungen nach festgestellten Erschütterungsstärken. Nobel-Hefte 24 (1958) H. 2.

[12] *Korth, D./Lippok, J.:* Abbrucharbeiten. Verlag f. Bauwesen, Berlin 1987/Verlag R. Müller 2004

[13] *Lafferenz, R./Lingens, P.:* Explosivstoffe. In: *Winnacker, K./Küchler, L./Harnisch, H. (Hrsg.):* Chemische Technologie. Band 7: Organische Technologie III. 4. Auflage. Carl Hanser Verlag, München/Wien 1986

[14] *Langefors, U./Kihlström, B.:* The modern technique of rock blasting. Almquist u. Wiksell, Stockholm 1967

[15] *Lüdeling, R./Hinzen, K. G.:* Erschütterungsprognose und Erschütterungskataster – Forschungsarbeiten auf dem Gebiet der Sprengerschütterungen. Nobel-Hefte 52, H 2/3, S. 105–123, 1986

[16] *Moser, P.:* Sprengen und Gebirge. Scriptum Sprengingenieurwesen, Montanuniversität Leoben, Februar 2010

[17] *Müller, B./Pippig, U.S.:* Geotechnische Klassifikationen von Festgesteinen und Festgebirgen. Springer Verlag 2019

[18] *Nicholls, H. R./Johnson, C. F./Duvall, W. J.:* Blasting Vibrations and their Effects on Structures. 1971

[19] Noise and Vibration Technical Report. FRA High-Speed Ground Transportation Noise and Vibration Impact Assessment Manual (FRA 2005, 2012). US Department of Transportation, April 2014

[20] *Petzold, J./Hammelmann, F.:* The Second Generation of Electronic detonators. European Federation of Explosives Engineers, 1st Symposium on Blasting Technique, Munich 2000

[21] *Schillinger, R.:* Human Response to Structure-Related Perception Strength of Vibration and its Significance to Blasting Works. 8th World Conference on Explosives & Blasting Techniques, Lyon, France, 26th - 28th April 2015

[22] *Schillinger, R.:* Der Einfluss von Schalldruck und Schallintensität bei Sprengarbeiten. In: Spreng Info, DSV, Heft 1, S. 40 - 48, 2005

[23] *Schillinger, R.:* Sprengtechnik und Umwelt in der Praxis. Carl Hanser Verlag 2009

[24] *Schillinger, R.:* Die bauwerksbezogene Wahrnehmungsstärke von Erschütterungen und ihre Bedeutung für die Sprengarbeit. 54. Jahrestagung für Sicherheit im Bergbau, Mauterndorf im Lungau, 11. bis 13. Juni 2014

[25] *Schillinger, R.:* Die Anwendung von Luftpuffern bei Großbohrlochsprengungen. In: Spreng Info, DSV 1994, Heft 2, S. 48 - 51

[26] *Schillinger, R.:* Blasting Vibrations and other Environmental Effects of Blasting Works. Explosives 94. University of Leeds, U. K., September 1994

[27] *Schillinger, R.:* Environmental Effects of Blast Induced Immissions. ISEE Conference 1995, Orlando, Florida

[28] *Schillinger, R.:* Der praktische Einsatz von Air-Decks bei Gewinnungssprengungen. 3. Schweizer Sprengtechnik-Symposium, Luzern, 27. - 29. Juni 1996

[29] *Schillinger, R.:* Zur Vermessung der räumlichen Lage von Sprengbohrlöchern. 11. Kolloquium zu Fragen des Tagebau- und Steinbruchbetriebes, Montanuniversität Leoben, 6. - 7. November 1996

[30] *Schillinger, R.:* Sicherheit bei Sprengarbeiten. In: Sprengmittel/Sprengtechnik, Heft 2, 1999

[31] *Schillinger, R.:* Der Einfluss von Schalldruck und Schallintensität bei Sprengarbeiten. In: Spreng Info, DSV 2005, Heft 1, S. 40 - 48

[32] *Schillinger, R./Veress, C.:* Der beste Stand der Technik und seine Bedeutung für die Gewinnung von mineralischen Rohstoffen. In: BHM - Berg- und Hüttenmännische Monatshefte, Volume 159, Oktober 2014

[33] *Schillinger, R.:* Das Umweltzertifikat nach ISO 14001 und seine Bedeutung für die Rohstoffindustrie. Jahrestagung für Sicherheit im Bergbau, St. Lambrecht, Juni 2010

[34] *Schillinger, R.:* Die bauwerksbezogene Wahrnehmungsstärke von Erschütterungen und ihre Bedeutung für die Sprengarbeit: In: Spreng Info 36, Heft 3, 2014

[35] *Schillinger, R./Stadlober, K.:* Prognose von Sprengerschütterungen. In: BHM - Berg- und Hüttenmännische Monatshefte, Volume 159, Oktober 2014

[36] *Steidinger, M./Krüning, B.:* Ermittlung des Standes der Sicherheitstechnik in Anlagen zur Herstellung und Lagerung von Sprengstoffen. Bundesanstalt für Materialforschung und -prüfung/Umweltbundesamt, FB 10409211

[37] *Steinhauser, P.:* Zur Bedeutung der Sprengerschütterungen für die Rissbildung an Gebäuden. In: BHM - Berg- und Hüttenmännische Monatshefte, 142. Jg. (1997), Heft 2

[38] *Studer, J. A./Laue, J./Koller, M. G.:* Bodendynamik. 3. Auflage. Springer Verlag 2007

[39] *Martens, P.N. et al.:* Technischer Bericht der Fa. ICEM (R. Schillinger) über die Einwirkung von Sprengimmissionen. Beurteilung von Immissionen beim Abbau im Gipsbergbau Camamu: Bergmännische Planung eines untertägigen Gipsbergwerkes. RWTH Aachen, April 2015

[40] TU München, Lehrstuhl für Grundbau, Bodenmechanik, Felsmechanik und Tunnelbau. 2013

[41] *Tudeshki, H.:* Abbau fester mineralischer Rohstoffe im untertägigen Bergbau, Abbau fester mineralischer Rohstoffe im untertägigen Bergbau. In: AMS Online - Advanced Mining Solutions, Ausgabe 01/2013

[42] *Vrettos, C.:* Bodendynamik. In: *Witt, K.J. (Hrsg.):* Grundbau-Taschenbuch. Teil 1. 7. Auflage. Verlag Ernst & Sohn 2008

[43] *Wagner, H./Schillinger, R./Moser, P.:* Sprengerschütterungen, Sprengimmissionen, Sprengen und Umwelt. Scriptum Sprengingenieurwesen. Montanuniversität Leoben, Februar 2010

[44] *Werner, W./Thomas, K.:* Lademengenberechnung für Abbruchsprengungen. 1989

[45] *Urbanski, T.:* Chemistry and Technology of Explosives. Volume IV. Pergamon Press, Oxford/New York/Toronto/Sydney/Frankfurt 1984

[46] Handbuch Sprengtechnik. Verlag für Grundstoffindustrie, Leipzig 1980

[47] *Vogel, G.:* Zünden von Sprengladungen. Verlag Leopold Hartmann 2000

[48] *Konietzky, H./Hausdorf A.:* Skript Hohlraumbau zur Vorlesung. TU Bergakademie Freiberg, Fakultät für Geowissenschaften, Geotechnik und Bergbau, Institut für Geotechnik 2009

Regeln, Standards und Verordnungen

[49] BS 6472: Guide to evaluation of human exposure to vibration in buildings

[50] DIN EN 13857-1:2003: Explosivstoffe für zivile Zwecke – Teil 1: Terminologie

[51] DIN 4150, 01-03: Erschütterungen im Bauwesen. 1999 – 2016

[52] DIN 45669-1:2020-06: Messung von Schwingungsimmissionen

[53] DIN 20163: Sprengtechnik – Begriffe, Einheiten, Formelzeichen. 1994

[54] Directive 2014/28/EU of the European Parliament and of the Council, 26. Februar 2014

[55] ÖNORM S 9020, 2016

[56] SN 640 312a, 1992

[57] Technische Regeln zur Lärm- und Vibrations-Arbeitsschutzverordnung (TRLV Vibrationen), GMBl, Ausgabe Januar 2010

[58] Technische Regel Sprengarbeiten (SprengTR 310 – Sprengarbeiten), 2016

[59] Vermessung und Berechnung von Bohrlochsprengungen, DGUV Information 213-006, November 2015

[60] *Ausschuss für die Betriebssicherheit und den Gesundheitsschutz im Steinkohlenbergbau und in den anderen Mineralgewinnenden Industriezweigen:* Leitfaden für den sicheren Umgang mit Sprengmitteln in Steinbrüchen. EU Dok. Nr. 1396/1/01 06 2001

[61] *Deutsche Forschungsgemeinschaft:* MAK- und BAT-Werte-Liste 2018. Ständige Senatskommission zur Prüfung gesundheitsschädlicher Arbeitsstoffe, Mitteilung 54

[62] IEC 61260:1995: Electroacoustics – Octave-band and fractional-octave-band filters – Part 1: Specifications

[63] ISO 2631-1:1997/Amd 1:2010: Mechanical vibration and shock – Evaluation of human exposure to whole body vibration – Part 1: General requirements. International Organization for Standardization, Genf
ISO 2631-1:1997: Mechanische Schwingungen und Stöße – Bewertung der Einwirkung von Ganzkörper-Schwingungen – Teil 1: Allgemeine Anforderungen. International Organization for Standardization, Genf

[64] ISO 2631-2:2003: Mechanical vibration and shock – Evaluation of human exposure to whole body vibration – Part 2: Vibration in buildings (1 Hz to 80 Hz)

ISO 2631-2:2003: Mechanische Schwingungen und Stöße – Bewertung der Einwirkung von Ganzkörper-Schwingungen – Teil 2: Schwingungen in Gebäuden (1 Hz–80 Hz)

[65] ISO 2631-5:2018-07: Mechanische Schwingungen und Stöße – Bewertung der Einwirkung von Ganzkörper-Schwingungen auf den Menschen – Teil 5: Verfahren zur Bewertung von stoßhaltigen Schwingungen

[66] (US) Guide to the Evaluation of Human Exposure to Vibration in Buildings. ANSI S3.29-1983. American National Standards Institute

[67] *United Nations:* Transport of Dangerous Goods. Volume 1, 18th revised edition. New York/Geneva 2013

[68] (US) AASTP-1 NATO Manual of NATO Safety Principles for the Storage of Military Ammunition and Explosives AASTP-1, May 2010, Change 3

[69] (US) DoD Ammunition and Explosives Safety Standards, DoD 6055.9-STD, 27. August 2002

[70] (US) DoD Ammunition and Explosives Safety Standards: General Explosives Safety Information and Requirements. Number 6055.09-M, Volume 1, February 29, 2008, Administratively Reissued August 4, 2010, Incorporating Change 1, March 12, 2012

[71] (US) (EU) Compilation of Air Pollutant Emissions Factors (AP-42), 03-22

[72] (D) Gesetz über explosionsgefährliche Stoffe (SprengG) in der Fassung der Bekanntmachung vom 10. September 2002 (BGBl. I S. 3518), zuletzt geändert durch Artikel 4 Absatz 67 des Gesetzes vom 7. August 2013 (BGBl. I S. 3154)

[73] (D) Erste Verordnung zum Sprengstoffgesetz (1. SprengV) in der Fassung der Bekanntmachung vom 31. Januar 1991 (BGBl. I S. 169), zuletzt geändert durch Artikel 1 der Verordnung vom 11. Juni 2017 (BGBl. I S. 1617)

[74] (D) Zweite Verordnung zum Sprengstoffgesetz in der Fassung der Bekanntmachung vom 10. September 2002 (BGBl. I S. 3543), zuletzt geändert durch Artikel 111 des Gesetzes vom 29. März 2017 (BGBl. I S. 626)

[75] (D) Zwölfte Verordnung zur Durchführung des Bundes-Immissionsschutzgesetzes (Störfall-Verordnung – 12. BImSchV, Ausfertigungsdatum: 26.04.2000) in der Fassung der Bekanntmachung vom 15. März 2017 (BGBl. I S. 483), zuletzt geändert durch Art. 107, 19.6.2020 (BGBl. I S. 1328)

[76] (D) Technische Regel – Arbeitsblatt DVGW G 463 (A). Gashochdruckleitungen aus Stahlrohren für einen Auslegungsdruck von mehr als 16 bar; Planung und Errichtung. Oktober 2021

[77] (AT) Sprengarbeitenverordnung – SprengV) StF: BGBl. II Nr. 358/2004 [CELEX-Nr.: 31992L0104], Änderung BGBl. II Nr. 13/2007

[78] (CH) Verordnung über explosionsgefährliche Stoffe (Sprengstoffverordnung, SprstV) vom 27. November 2000 (Stand am 1. Januar 2022) Gashochdruckleitungen aus Stahlrohren für einen Auslegungsdruck von mehr als 16 bar; Planung und Errichtung

Index

T